人工智能专业核心教材体系建设——建议使用时间

年级						
四年级上		人工智能核心	数理基础 专业基础	智能感知	人工智能系统、设计智能	人工智能实践
三年级下	理论计算机科学导引		计算机视觉导论		设计认知与设计智能	
三年级上		人工智能伦理与安全		自然语言处理导论		人工智能芯片与系统
二年级下	优化基本理论与方法	面向对象的程序设计	高级数据结构与算法分析		机器学习	
二年级上	概率论	数据结构基础		人工智能基础		认知神经科学导论
一年级下	数学分析 II	线性代数 II		高等数学理论基础		
一年级上	数学分析 I	线性代数 I		程序设计与算法基础		

面向新工科专业建设计算机系列教材

机器学习

编 著

翟懿奎 秦传波
麦超云 周文略
梁艳阳 朱胡飞
曾军英 邓辅秦

清華大學出版社
北京

内容简介

本书全面且深入浅出地介绍了机器学习技术，不仅涵盖机器学习算法原理及其实现和运行，还包括Python编程基础和深度学习入门知识，有助于初学者快速掌握算法的实际应用。本书每一节都提供了相应的Python代码实例，通过文字、公式、图像、代码和运行结果的结合，读者可以深入理解算法的实现过程。

全书分为3部分：第一部分（第1～3章）提供必备的预备知识，包括机器学习概述、Python和NumPy基础；第二部分（第4～11章）详细介绍各种机器学习算法，涉及回归、分类、聚类等任务；第三部分（第12、13章）介绍深度学习的背景知识，并介绍近年来备受关注的对抗生成网络。

本书适合作为高等院校计算机、信息工程专业高年级本科生、研究生的教材，同时也可供从事相关领域学术研究、工程实践专业人员以及对机器学习和深度学习感兴趣的初学者参考。

图书在版编目（CIP）数据

机器学习 / 翟懿奎等编著. -- 北京：清华大学出版社，2024.11.
（面向新工科专业建设计算机系列教材）. -- ISBN 978-7-302-67679-9

Ⅰ. TP181

中国国家版本馆CIP数据核字第2024DT5447号

责任编辑：白立军　战晓雷
封面设计：刘　键
责任校对：王勤勤
责任印制：宋　林

出版发行：清华大学出版社
网　　址：https://www.tup.com.cn，https://www.wqxuetang.com
地　　址：北京清华大学学研大厦A座　　**邮　　编**：100084
社 总 机：010-83470000　　**邮　　购**：010-62786544
投稿与读者服务：010-62776969，c-service@tup.tsinghua.edu.cn
质量反馈：010-62772015，zhiliang@tup.tsinghua.edu.cn
课件下载：https://www.tup.com.cn，010-83470236
印 装 者：三河市铭诚印务有限公司
经　　销：全国新华书店
开　　本：185mm×260mm　**印　　张**：20　**插　　页**：1　**字　　数**：490千字
版　　次：2024年12月第1版　　**印　　次**：2024年12月第1次印刷
定　　价：69.00元

产品编号：090791-01

出版说明

一、系列教材背景

人类已经进入智能时代，云计算、大数据、物联网、人工智能、机器人、量子计算等是这个时代最重要的技术热点。为了适应和满足时代发展对人才培养的需要，2017 年 2 月以来，教育部积极推进新工科建设，先后形成了“复旦共识”、“天大行动”和“北京指南”，并发布了《教育部高等教育司关于开展新工科研究与实践的通知》《教育部办公厅关于推荐新工科研究与实践项目的通知》，全力探索形成领跑全球工程教育的中国模式、中国经验，助力高等教育强国建设。新工科有两个内涵：一是新的工科专业；二是传统工科专业的新需求。新工科建设将促进一批新专业的发展，这批新专业有的是依托于现有计算机类专业派生、扩展而成的，有的是多个专业有机整合而成的。由计算机类专业派生、扩展形成的新工科专业有计算机科学与技术、软件工程、网络工程、物联网工程、信息管理与信息系统、数据科学与大数据技术等。由计算机类学科交叉融合形成的新工科专业有网络空间安全、人工智能、机器人工程、数字媒体技术、智能科学与技术等。

在新工科建设的“九个一批”中，明确提出“建设一批体现产业和技术最新发展的新课程”“建设一批产业急需的新兴工科专业”。新课程和新专业的持续建设，都需要以适应新工科教育的教材作为支撑。由于各个专业之间的课程相互交叉，但是又不能相互包含，所以在选题方向上，既考虑由计算机类专业派生、扩展形成的新工科专业的选题，又考虑由计算机类专业交叉融合形成的新工科专业的选题，特别是网络空间安全专业、智能科学与技术专业的选题。基于此，清华大学出版社计划出版“面向新工科专业建设计算机系列教材”。

二、教材定位

教材使用对象为“211 工程”高校或同等水平及以上高校计算机类专业及相关专业学生。

三、教材编写原则

(1) 借鉴 *Computer Science Curricula* 2013(以下简称 CS2013)。CS2013

的核心知识领域包括算法与复杂度、体系结构与组织、计算科学、离散结构、图形学与可视化、人机交互、信息保障与安全、信息管理、智能系统、网络与通信、操作系统、基于平台的开发、并行与分布式计算、程序设计语言、软件开发基础、软件工程、系统基础、社会问题与专业实践等内容。

(2) 处理好理论与技能培养的关系,注重理论与实践相结合,加强对学生思维方式的训练和计算思维的培养。计算机专业学生能力的培养特别强调理论学习、计算思维培养和实践训练。本系列教材以"重视理论,加强计算思维培养,突出案例和实践应用"为主要目标。

(3) 为便于教学,在纸质教材的基础上,融合多种形式的教学辅助材料。每本教材可以有主教材、教师用书、习题解答、实验指导等。特别是在数字资源建设方面,可以结合当前出版融合的趋势,做好立体化教材建设,可考虑加上微课、微视频、二维码、MOOC等扩展资源。

四、教材特点

1. 满足新工科专业建设的需要

系列教材涵盖计算机科学与技术、软件工程、物联网工程、数据科学与大数据技术、网络空间安全、人工智能等专业的课程。

2. 案例体现传统工科专业的新需求

编写时,以案例驱动,任务引导,特别是有一些新应用场景的案例。

3. 循序渐进,内容全面

讲解基础知识和实用案例时,由简单到复杂,循序渐进,系统讲解。

4. 资源丰富,立体化建设

除了教学课件外,还可以提供教学大纲、教学计划、微视频等扩展资源,以方便教学。

五、优先出版

1. 精品课程配套教材

主要包括国家级或省级的精品课程和精品资源共享课的配套教材。

2. 传统优秀改版教材

对于已经出版、得到市场认可的优秀教材,由于新技术的发展,计划给图书配上新的教学形式、教学资源的改版教材。

3. 前沿技术与热点教材

反映计算机前沿和当前热点的相关教材,例如云计算、大数据、人工智能、物联网、网络空间安全等方面的教材。

六、联系方式

联系人：白立军
联系电话：010-83470179
联系和投稿邮箱：bailj@tup.tsinghua.edu.cn

面向新工科专业建设计算机系列教材编委会
2019 年 6 月

面向新工科专业建设计算机系列教材编委会

FOREWORD

前言

习近平总书记在党的二十大报告中指出：教育、科技、人才是全面建设社会主义现代化国家的基础性、战略性支撑。必须坚持科技是第一生产力、人才是第一资源，创新是第一动力，深入实施科教兴国战略、人才强国战略、创新驱动发展战略，这三大战略共同服务于创新型国家的建设。报告同时强调：推动战略性新兴产业融合集群发展，构建新一代信息技术、人工智能、生物技术、新能源、新材料、高端装备、绿色环保等一批新的增长引擎。

在过去的几十年里，机器学习已经取得了令人瞩目的进展。从最初的统计学习方法到如今的深度学习，机器学习的应用正以前所未有的速度增长，并深刻影响着我们的社会、经济和生活。机器学习不仅推动了计算机科学的发展，还在医疗诊断、金融风险评估、自动驾驶等领域取得了重大突破。当前，人工智能日益成为引领新一轮科技革命和产业变革的核心技术，在制造、金融、教育、医疗和交通等领域的应用场景不断落地，极大地改变了既有的生产和生活方式。机器学习是人工智能的基础，其不仅在计算机科学中扮演着关键角色，而且在各个学科领域中都具有巨大的潜力。对于许多人来说，学习机器学习可能会显得具有挑战性，因为它涉及复杂的数学和算法。然而，本书的目标正是要帮助读者以简单、直观的方式入门，并掌握实际应用所需的技能。

本书首先从基础知识开始，引导读者了解机器学习的核心概念，并掌握编程基础。然后，逐步介绍和分析各种常用算法，包括线性回归算法、逻辑回归算法、支持向量机、*K*-means 算法等。每一章都为读者提供了丰富的资源和实现工具，通过这些工具和实例代码，读者可以更加高效地理解机器学习的算法，并在实践中不断改进和提升。最后，本书详细介绍深度学习的原理和应用，并详细介绍对抗生成网络的原理和实现。此外，本书还涵盖了不同任务的评估指标和调优方法，为读者提供了全面的机器学习资料。

本书内容分为 3 部分：

第一部分（第 1～3 章）为基础篇。第 1 章概要介绍机器学习的背景知识。第 2 章介绍机器学习所必须掌握的 Python 编程基础，并提供算法环境、安装流程和编程语法的详细说明。第 3 章介绍 NumPy 的相关知识，为后续算法的复杂数据操作和数学计算提供基础。

第二部分（第 4～11 章）为机器学习篇。第 4、5 章介绍线性回归算法和逻辑回归算法，并提供两种优化方法，最后分析两种算法的区别。第 6～9 章介绍机器学习中的4种常用的有监督分类算法，包括 k 近邻算法、经典贝叶斯算法、决策树和支持向量机，并提供相应的实例。第10、11章介绍聚类算法——K-means 算法和降维算法——主成分分析算法，详述这两种算法的实现逻辑，并提供实例展示这两种算法的联合使用。

第三部分(第12、13章)为深度学习篇。第12章介绍深度学习的背景，探讨深度学习计算的重要组成部分——卷积神经网络。第13章介绍近年来备受关注的生成对抗网络，并通过手写体生成、人脸生成和条件生成对抗网络3个实例展示生成对抗网络的实际运用。

需要特别强调的是，本书对实践的重视。机器学习是一个实践性很强的领域，只有通过实践才能真正理解其原理和应用。本书提供了大量的实例，读者可以通过动手实践巩固所学知识，并将其应用于自己感兴趣的领域。对学术研究人员来说，本书将帮助他们深入理解机器学习的理论和方法，并激发他们在研究中的创新思维。对工程师来说，本书将帮助他们掌握机器学习的实际应用技巧，并将其应用于解决实际问题。对初学者来说，本书将帮助他们系统地掌握机器学习的基础知识，为未来的学习和发展奠定坚实的基础。

此外，特别感谢王文琪、周建宏、黄嘉扬和许韵四位同学，他们通过认真细致的检查，在本书编写过程中修正了许多细节问题，提升了本书的准确性和质量。

最后，我衷心希望本书能够激发读者对机器学习的兴趣，帮助读者学习和掌握机器学习的理论、方法和应用技巧。机器学习是一个充满挑战和机遇的领域，我相信，读者通过不断学习和实践必将在这个领域中取得突破和成就。

翟懿奎

2024年9月

CONTENTS

目录

第1章

机器学习概述

人工智能从早期的逻辑推理,到中期的专家系统,通过不断发展,与人们的距离越来越近。人工智能虽然与理想还存在着很大的距离,但在机器学习诞生之后,人工智能似乎找到了正确的发展方向,基于机器学习的图像识别和语音识别在某些领域甚至达到了跟人类媲美的程度。

1.1 人工智能的概念和发展

人工智能(Artificial Intelligence,AI)在学术界至今还没有统一的定义,具有代表性的定义有以下几个:

- 1956年达特茅斯会议的定义:人工智能是使一台机器的反应方式像具有一个人在行动时所依据的智能。
- 美国斯坦福大学人工智能研究中心 Nelson 教授的定义:人工智能是关于知识的学科,即关于知识的表示、获得和使用的学科。
- 美国麻省理工学院的 Winston 教授的定义:人工智能研究如何使计算机代替人类做智能工作。

1. 人工智能的概念

人工智能是指使用机器代替人类实现认知、识别、分析、决策等功能,其本质是模拟人的意识与思维的过程,是一门综合了计算机科学、生理学和哲学的交叉学科。客观来说,凡是使用机器实现了原本人类独有的认知、识别、分析、决策等功能,均可认为其属于人工智能技术。另外,根据人工智能实现推理、思考和解决问题的准确度,可以将人工智能分为弱人工智能和强人工智能。弱人工智能指不能真正实现推理和解决问题能力的智能机器。目前,研究重心仍然在弱人工智能上,如语音识别、图像处理和物体分割、机器翻译等。而强人工智能指可完成寻找问题、思考问题、解决问题等多种人类活动的智能机器。

人工智能作为新时代社会发展和技术创新的产物,也是促进人类进步的重要技术形态。目前,人工智能已经成为新一轮科技革命和产业变革的核心驱动力,正在深刻影响着全世界的经济、社会和生活。首先,人工智能是引领未来的战略性技术,全球主要国家及地区为增强国家综合实力、提升国家竞争力、推动国家经济增长都将发展人工智能作为重大战略。其次,人工智能技术为社会治理提供了全新的技术和思路,在社会治理中运用人工智能,能直接有效地降低治理成本,提升治理效率，减少治理干扰。最后，在日常生活中，智能终端、智能家居、移动支付等领域已经广泛应用了深度学习、图像识别、语音识别等人工智能技术。未来人工智能技术还将在教育、医疗、交通等与人们的生活息息相关的领域里发挥更为显著的作用，让生活服务覆盖范围更广、体验感更优、便利性更佳。

随着时代的发展，人工智能不再仅仅是一个流行词，而是已逐渐变成一大趋势。作为一种基础技术，理论上人工智能能够被应用在各个基础行业（如人工智能＋金融、人工智能＋医疗、人工智能＋传统制造业等），同时也有智慧机器人等应用行业概念。

2. 人工智能的发展

1）人工智能的诞生：1943—1956 年

在 20 世纪 40—50 年代，一批来自不同领域（数学、心理学、工程学、经济学和政治学）的学者开始探讨制造人工大脑的可能性。1956 年，人工智能被正式确立为一门学科。

1956 年夏天，在美国达特茅斯学院（见图 1.1），约翰·麦卡锡等开会研讨如何用机器模拟人的智能，会上提出“人工智能”这一概念，成为人工智能学科诞生的标志。

图 1.1　1956 年的达特茅斯学院

2）黄金时期：1957—1970 年

达特茅斯会议之后的十余年是人工智能发展的黄金时期。研究者在私下的交流和公开发表的论文中都表现出非常积极乐观的情绪，认为 20 年内将会出现具有完全智能的机器。美国国防部高级研究计划署（DARPA）等政府机构向这一新兴领域投入了大笔资金。

早期，人工智能研究就是首先了解人类是如何产生智能的，然后让计算机按照人的思路去做。但是，在语音识别、机器翻译等领域久久不能突破瓶颈，因此人工智能研究陷入低谷。

3）第一次低谷：1971—1980 年

由于人工智能研究者对项目难度没有正确的把握，到了 20 世纪 70 年代，人工智能开始遭遇批评，研究经费也被转移到那些目标明确的特定项目上。人工智能研究项目的停滞也让批评者有机可乘。1973 年，在针对英国人工智能研究状况的报告中，James Lighthill 强烈批评了人工智能在实现其“宏伟目标”上的完全失败。这个报告也影响了项目资金的流向。人工智能因此遭遇了 6 年左右的低谷。

4）繁荣时期：1981—1986 年

在 20 世纪 80 年代，人工智能程序——专家系统开始为很多公司所采纳，而主流人工智能研究的焦点转向了知识处理。

5）第二次低谷：1987—1993 年

1987 年，人工智能硬件市场需求突然下跌。Apple 和 IBM 公司生产的台式机性能不断提升，到 1987 年时其性能已经远远超过了 Symbolics 和价格高昂的 Lisp 机。人工智能硬件产品已经没有了市场竞争力，一夜之间这个价值 5 亿美元的产业土崩瓦解。

到了 20 世纪 80 年代晚期，DARPA 大幅削减对人工智能项目的资助。DARPA 的新任领导认为现在的人工智能没有足够的潜力和能力成为"后浪"，因此资金投入仍倾向于那些看起来更容易出成果的项目。

1991 年，人们发现 10 年前日本人提出的"第五代工程"并没有成功。事实上直到 2010 年，其中一些目标，例如"与人展开交谈"等，也没有实现，与其他人工智能项目一样，期望远远超过真正可能实现的。

6）走在正确的路上：1994—2004 年

1996 年，IBM 公司的超级计算机"深蓝"与人类国际象棋世界冠军卡斯帕罗夫展开大战，卡斯帕罗夫以 4∶2 战胜了"深蓝"。对于这次比赛，媒体认为，虽然"深蓝"输了比赛，但这也是计算机的一个巨大进步。时隔一年，改进后的"深蓝"卷土重来（图 1.2），以 3.5∶2.5 战胜了卡斯帕罗夫。自 1997 年以后，计算机下棋的能力不断提高。如今，计算机已经可以轻松地在各种棋类游戏中完败任何人类棋手。

图 1.2　IBM 公司"深蓝"战胜国际象棋世界冠军卡斯帕罗夫

越来越多的人工智能研究者开始开发和使用复杂的数学工具。人们普遍认识到，许多人工智能需要解决的问题已经成为数学、经济学和运筹学领域的研究课题。数学语言的共享不仅使人工智能可以与其他学科展开高层次、高水平的合作，而且更易于评估和证明研究结果。人工智能已成为一门更严格的学科。

7）大数据：2005 年至今

2005 年，在机器翻译领域从来没有技术积累、鲜为人知的 Google 公司凭借巨大的优势打败了全世界所有机器翻译研究团队，一度在该领域领先世界。

Google 公司请到了当时世界上水平最高的机器翻译专家弗朗兹·奥科（Franz Och）博士。奥科用了数据量为原来的上万倍的数据训练系统，量变的积累促成了质变的发生，当时大部分研究团队的数据量只能够训练三元模型，奥科却能够训练出六元模型。

数据驱动方法从 20 世纪 70 年代开始起步，在 20 世纪 80—90 年代发展缓慢但比较稳定。进入 21 世纪后，由于互联网的出现，使得可用的数据量剧增，数据驱动方法的优势越来越明显，最终实现了从量变到质变的飞跃。如今计算机已经完全可以胜任很多以往需要人类智能才能做的事情，数据量的增加成为人工智能性能的重要驱动力。

全世界各个领域的数据不断向外扩展，一个新的特点逐渐形成，那就是很多数据开始出现交叉，各个维度的数据从点和线渐渐连成了网。或者说，数据之间的关联性极大地增强了，大数据就在这样的背景下出现了。

在大数据出现之前，计算机并不擅长解决需要人类智能解决的问题；但是今天只要换个思路，这些问题就可以解决，其核心就是用数据问题代替智能问题。由此，全世界开始了新一轮技术革命——智能革命。

迄今为止，人工智能的技术发展经历了 3 次跌宕起伏，业内对这 3 个阶段有着不同的划分和称谓，从人工智能的技术发展路线来看，可划分为推理期、知识期、机器学习期 3 个阶段。人工智能发展历程如图 1.3 所示，从人工智能的诞生直到 20 世纪 70 年代初，人们认为，如果赋予计算机逻辑推理能力，计算机就能具有智能，此时，人工智能研究处于推理期。当人们意识到人类之所以能够判断、决策，除了推理能力外，还需要知识，人工智能就在 20 世纪 70 年代进入了知识期，这一时期诞生了大量专家系统。随着研究不断向前发展，研究者发现人类知识无穷无尽，且有些知识本身难以总结，如果直接交给计算机，还需要赋予计算机学习知识的能力。发展到 20 世纪 90 年代，机器学习成为一个独立的学科领域，相关技术层出不穷，深度学习模型在这个阶段形成。20 世纪 90 年代初期，人工智能逐渐成为产业，但因为第五代计算机的失败再一次进入低谷。2010 年后，在语音识别、计算机视觉领域相继取得重大进展，围绕语音、图像等人工智能技术的创业公司大量涌现，人工智能技术正在实现从量变到质变的巨大进步。

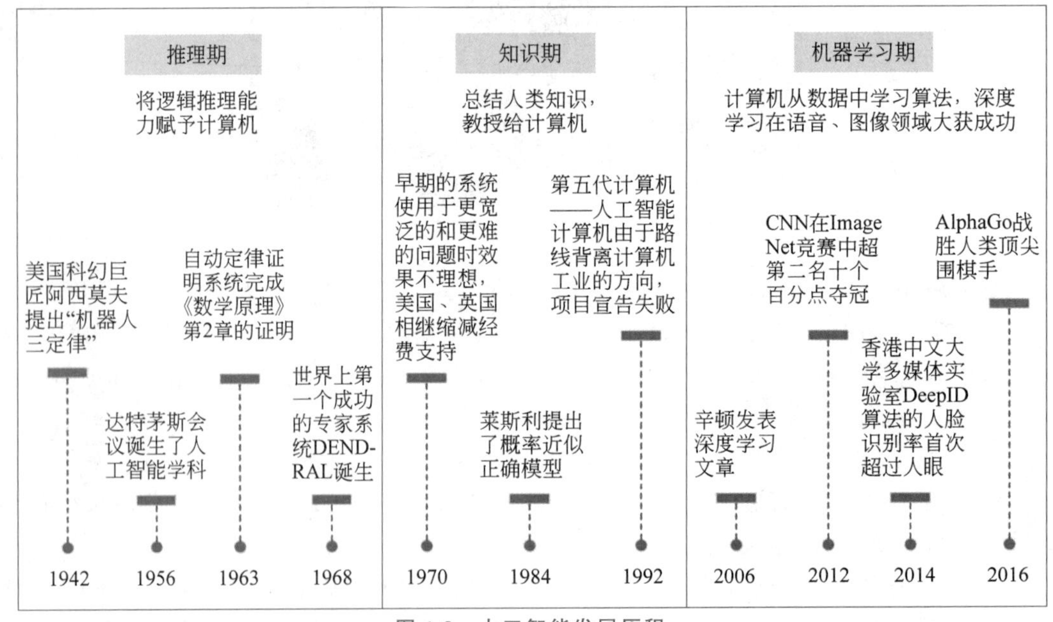

图 1.3 人工智能发展历程

在大数据技术中，数据分析逐渐发展为核心技术，数据处理的实时性成为工业界的主要需求。当前，各种数据分析技术层出不穷，其中最令人关注的是深度学习技术。

深度学习擅于发掘多维数据中错综复杂的关系，依托大数据的深度学习算法在计算机视觉、自然语言处理以及信息检索等多个领域不断刷新纪录。

2007年，在斯坦福大学任教的华裔科学家李飞飞及其团队发起了一个新的项目——ImageNet。为了向人工智能研究机构提供数量巨大且真实可靠的图像资料，ImageNet号召大众上传图像并标注图像内容，目前，ImageNet已经拥有1400万张图像，超过2万个类别。

自2010年开始，ImageNet每年举行大规模视觉识别挑战赛，很多开发者和研究机构以自己的人工智能图像识别算法参与竞赛。2012年，多伦多大学在挑战赛上设计的深度卷积神经网络算法被业内认为是深度学习革命的开始。

2009年，华裔科学家吴恩达及其团队开始研究使用图形处理器(Graphics Processing Unit，GPU)进行大规模无监督式机器学习，尝试让人工智能程序完全自主地识别图像中的内容。2012年，吴恩达取得了巨大的成就，向世界展示了一个超强的神经网络，它可以在自主观看数千万张图像之后，识别包含小猫在内的图像内容。这是在没有人工干预的情况下机器自主强化学习的里程碑式事件。

2014年，Ian Goodfellow提出生成对抗网络算法。这是一种用于无监督学习的人工智能算法，由生成网络和评估网络构成，以“双手互搏”的方式提升最终效果。该方法在人工智能领域中很快得到广泛应用。

2016年3月，AlphaGo以4∶1战胜世界围棋冠军李世石，标志着人工智能的研究得到进一步突破。2017年，Google公司再次发起轰动世界的围棋人机之战，其人工智能程序AlphaGo再次战胜当时的围棋世界冠军柯洁。

人类顶级智能的代表如今纷纷被计算机高速的计算能力和优秀的人工智能算法打败。柯洁赛后对此评价：“AlphaGo在我看来是不可战胜的存在。从AlphaGo的自我进步速度来说，人类的存在已经没有必要。”

AlphaGo的主要工作原理是深度学习。深度学习是指多层人工神经网络以及训练它的方法。一层人工神经网络会把大量的矩阵数字作为输入，通过线性激活方法取得权重，再生成一个数据集作为输出。

2017年，DeepMind公司提出的AlphaGo Zero通过自我博弈的强化深度学习算法进行训练，主要是通过与外部环境交互进行学习的过程。AlphaGo Zero经过3天的学习，以100∶0的成绩超越了AlphaGo Lee(以4∶1战胜李世石的版本)，21天后达到了AlphaGo Master的水平，并在40天内超过了此前所有的版本。

自2017年以来，自动化机器学习(Automated Machine Learning，AutoML)迅速兴起，AutoML试图在特征提取、模型优化、参数调节等重要步骤进行自动化学习，使得机器学习模型无须人工干预即可被应用。但目前其在搜索效率、实际应用等方面有待进一步研究。

AlphaGo的胜利，无人驾驶的成功，模式识别的突破性进展……人工智能的飞速发展不断地给人们带来新的惊喜。机器学习作为人工智能的核心，也在人工智能的快速发展中不断进步。

如今，机器学习的应用已遍及人工智能的各个分支，如专家系统、自动推理、自然语言理解、模式识别、计算机视觉、智能机器人等领域。也许人们不曾想到的是机器学习乃至人工智能的起源是对人本身的意识、自我心灵等哲学问题的探索，而在发展的过程中更是融合了统计学、神经科学、信息论、控制论、计算复杂性理论等学科知识。

总之，人工智能发展史上极为重要的一个分支就是机器学习的发展。

1.2 机器学习的概念和发展

人工智能的再次兴起让机器学习（Machine Learning，ML）这个名词引起了公众的注意，它成为当前解决很多人工智能问题的核心基石。

1. 机器学习的定义

机器学习是人工智能的分支之一，也是人工智能的实现途径之一。它从样本数据中汲取、学习知识和规律，然后运用于实际的推断和决策。它和普通程序的数据驱动方法有很大的不同，即它需要样本数据。

智能是人天生具有的，但人的绝大部分智能还是通过后天训练与学习获得的。新生儿的视觉和听觉认知能力尚未充分发育。在成长的过程中儿童不断从外界环境获取信息，不断刺激大脑，从而建立认知的能力。如果要让儿童建立“苹果”“香蕉”“熊猫”这样的抽象概念，就需要给他/她看很多实例或者图像，并反复地告诉他/她这些对象的名字。长期训练会使儿童的大脑逐渐形成这些抽象概念和认识，以后他/她就可以在生活中熟练地运用这些概念。

机器学习的思路与之相似。如果要让人工智能程序具有识别图像的能力，首先要收集大量的样本图像，并标明这些图像的类别（这称为样本标注），就像告诉儿童这是一个苹果，然后送给算法进行学习（这称为训练）。训练完成之后得到一个模型，这个模型是从这些样本中总结归纳得到的知识。接下来，就可以用这个模型识别新的图像了。这种做法代表了机器学习中一类典型的算法，称为监督学习。除此之外，还有无监督学习、半监督学习、强化学习等其他类型的算法。

机器学习也是一个有多种定义的概念，但在其核心，机器学习的人为干扰很少，它是一个可以根据自身经验自主修改其行为的系统。这种行为修改基本上包括建立逻辑规则（目的是提高任务的性能）或者根据应用程序做出最适合场景的决策。这些规则是根据数据分析中的模式识别生成的。

机器学习有下面几种定义：

- 机器学习是一门人工智能的科学。该领域的主要研究对象是人工智能，特别是如何在经验学习中改善具体算法的性能。
- 机器学习是对能通过经验自动改进的计算机算法的研究。
- 机器学习是用数据和以往的经验优化计算机程序的性能标准。

机器学习，有时也称为计算智能，近年来已经突破了一些技术障碍，并在机器人、机器翻译、社交网络、电子商务以及医药和医疗保健等领域取得了重大进展。机器学习是人工智能的一个分支领域，其目标是开发学习计算技术以及构建能够自动获取知识的系统。

学习系统是一种计算机程序，它利用成功解决过去的问题积累的经验做出决策。尽管其应用时间不长，但是已经有许多不同的学习算法，是计算智能最热门的领域之一，不断出现新的技术和算法。下面举出一些具体的例子。

2. 机器学习中使用的算法

监督学习算法通过标记示例作为已知正确输出的输入进行训练。例如，设备可能具有标记为 F(失败)或 T(执行)的数据点。学习算法接收一组输入以及相应的正确输出，并通过将实际输出与正确输出进行比较来学习以发现错误。在此之后，修改其计算模型。监督学习具有广泛的应用场景。例如，它可以判断信用卡交易何时可能是欺诈性的。

非监督学习主要用于没有历史标签的数据，其目标是探索数据并在其中找到一些结构。无监督学习适用于交易数据，例如，它可以识别具有相似属性的客户群，然后在营销活动中对其进行特殊处理；它也可以找到分隔不同客户群的关键属性。常用的技术包括自组织映射、邻近映射、*K*-means 聚类和奇异值分解。这些算法还可用于分割文本主题、推荐项目和识别数据中的差异点。

半监督学习用于与监督学习相同的应用程序，利用有标签和无标签的数据进行训练，通常使用大量无标签数据和少量有标签数据(无标签数据更便宜，并且可以花费更少的精力获取)。这类算法可用于分类、回归和预测等方法。当与标签相关的成本太高而无法实现完全标记的训练过程时，半监督学习非常有用。其典型例子包括在网络摄像头上识别人脸。

强化学习通常用于机器人、游戏和导航。该算法通过试错方法发现哪些行为会带来更大的回报。强化学习有 3 个主要组成部分：代理(学习者或决策者)、环境(代理与之交互的所有内容)和行动(代理可以做什么)。其目标是让代理选择在给定时间段内最大化预期回报的行动。如果代理遵循一个好的策略，就可以更快地实现目标。因此，强化学习的重点是找出最佳策略。

3. 数据挖掘、机器学习和深度学习的区别

虽然数据挖掘、机器学习和深度学习有相同的目标——提取可用于决策的见解、模式和关系，但它们具有不同的方法和功能。

数据挖掘可以被视为从数据中提取洞察力的许多不同方法的超集。它可能涉及传统的统计方法和机器学习。数据挖掘应用来自多个领域的方法识别数据中先前未知的模式，这些领域可能包括统计算法、机器学习、文本分析、时间序列分析等。数据挖掘还包括对数据存储和操作的研究和实践。

机器学习的目的是了解数据的结构，因此，统计模型背后的理论是经过数学证明的，但这要求数据满足某些假设。由于机器学习通常使用迭代的方法从数据中学习，因此可以轻松地自动学习。

深度学习结合了计算能力的进步和特殊类型的神经网络，以学习大量数据中的复杂模式。深度学习作为目前最为先进的技术，被应用在对图像中的对象及语音中的词语的识别问题中，很多研究者正在尝试把模式识别的成果用于完成更高难度的操作，例如自动驾驶、医疗诊断以及社会及企业问题。

其实机器学习以及人工智能的概念早已出现，然而直到近些年它们才逐渐在应用中占据主流地位。需要了解的是，人工智能和机器学习现今仍然处于成长阶段。如果人工智能和机器学习对社会发展有实用价值并且给人们带来深刻的印象，系统得到更好的训练和完善，它们的实施和推进将会更加顺利。

4. 机器学习的应用例子

机器学习的研究成果正不断演化成多种形式的实际应用。以机器学习及人工智能为基础，才有了现在数量繁多的技术资源。

以下是机器学习的应用例子：

- 自治数据库。依托于机器学习，自治数据库对从前由数据库管理员负责完成的一些工作进行处理，使他们能处理其他工作，使因人为失误造应用程序失效的风险降低。
- 预防支付程序中的欺诈犯罪。不法分子会时刻试图进行各类信用卡诈骗和其他交易方式的欺诈。反欺诈系统能够将其中的很大一部分预先识别出来。
- 文本翻译。翻译要求考虑的因素包括情景、区域表达式以及其他的参数。在机器学习的支持下，文本翻译逐渐精准化。
- 内容推荐。音频及视频流类型的平台可以通过机器学习分析用户的浏览行为数据，以此向用户提出与其喜好相符的建议。
- 营销和销售。利用机器学习可以分析用户的购买数据，同时面向用户推广其或许有兴趣的项目。零售业的发展需要这类收集、分析数据并以此不断提高用户的购物体验或进行营销的能力。
- 运输。对于运输业来说，通过分析数据对模式和趋势进行识别十分关键。机器学习中的数据建模和数据分析功能对运输厂商、公共交通和行业内其他组织来说是非常重要的工具。
- 石油和天然气勘探。机器学习能帮助该行业勘探新的能源。机器学习系统在这一行业的使用数量是巨大的，并且还在持续增长中。
- 医疗保健。传感器及可穿戴设施的发明让该领域工作者可以即时查看病人的个人数据。在医疗保健领域，机器学习是未来的一个新趋势。同时它还能辅助医疗专家对数据进行分析，以更好地进行诊疗。

5. 机器学习的发展

机器学习已经成为当今的热门话题，但是从机器学习这个概念诞生到机器学习技术的普遍应用经过了漫长的过程。机器学习能发展到今天，离不开众多杰出学者的巨大贡献。

从 1642 年帕斯卡发明的手摇式计算机，一直到 1949 年唐纳德·赫布(Donald Hebb)提出的赫布理论(阐释了学习时脑部神经元发生的改变)，都包含了机器学习理念的雏形。实际上，机器学习的概念早在 20 世纪中叶就已在阿兰·图灵(Alan Turing)关于图灵测试的内容中被提及。到了 1952 年，被誉为“机器学习之父”的亚瑟·塞缪尔(Arthur Samuel)设计出一款能够学习的西洋跳棋程序，又于 1956 年正式提出了“机器学习”这一概念。

机器学习一直到 1980 年才成为一门独立的学科。在这之后的 10 年里，一些重要的方法和理论陆续出现，其中较为典型的代表有：1982 年英国科学家约翰·霍普菲尔德(John Hopfield)与杰弗里·辛顿(Geoffrey Hinton)几乎同时发现的具有一定学习能力的神经网络算法在训练时所使用的反向传播算法，1984 年里奥·布赖曼(Leo Breiman)等学者提出的分类与回归树(Classification And Regression Trees，CART)，1989 年杨立昆(Yann LeCun)在贝尔实验室对手写数字进行识别时所使用的卷积神经网络。

20 世纪末，弗拉基米尔·万普尼克(Vladimir Vapnik)提出了支持向量机(Support Vector Machine，SVM)。在其后的近 20 年内，它在许多模式识别问题上拥有很大的优势，直到深度学习算法打破了这种优势。SVM 遵循最大化分类间隔这一原则，依靠核函数灵活地使线性不可分问题向线性可分问题转化，并使之拥有良好的泛化能力。相较于神经网络，

SVM 有着完整的数学理论支持，凸优化问题是在训练中需要解决的内容，由此局部的极值问题得以避免。

2001 年，兼有级联 AdaBoost 分类器和 Haar 特征的计算方法在人脸识别上产生了跨越式且具有里程碑意义的成果。在此之后，这一框架开始在目标检测方法中占据主要地位，直到数年以后深度学习才逐渐将其取代。

布赖曼于 2001 年提出的随机森林是众多决策树的集合，在应用时会随机抽取样本以构成新的数据集，对这些决策树进行训练。随机森林具有可行性和可解释性，并且运算量小，在许多现实应用中有着非常高的精度。一直到今天，在众多数据挖掘和分析算法的竞争中，该算法依然有突出优势。

就机器学习的发展过程来说，其时间轴如图 1.4 所示。

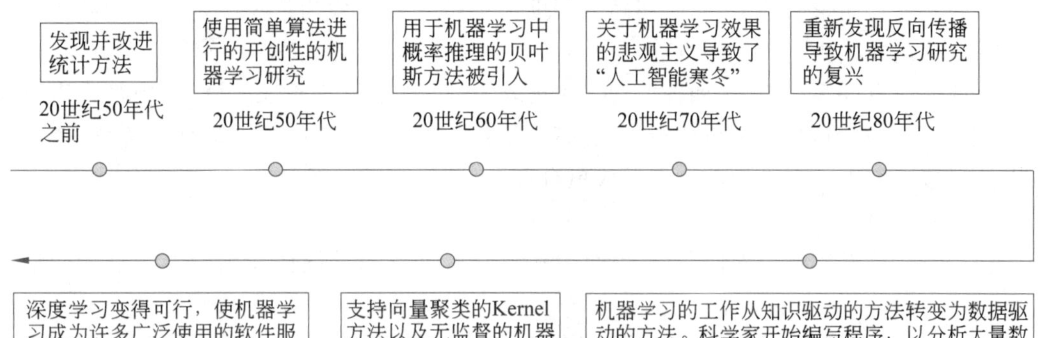

图 1.4　机器学习发展的时间轴

1.3　机器学习的应用

1.3.1　七大应用模式

人工智能出现后，相关理论及技术渐趋完善，其应用也逐渐扩展到更多的领域——由无人驾驶汽车、预估分析应用程序、人脸识别到聊天机器人、虚拟助手、认知自动化和欺诈识别。人工智能的应用仍然可以归纳为 7 个模式，即超个性化模式、自主系统模式、预测分析和决策支持模式、会话模式、异常识别模式、目标识别模式、目标驱动系统模式。

1. 超个性化模式

超个性化模式即依靠机器学习为使用者个体制定一个文件，接着让这一文件学习，同时慢慢随时间适应多种多样的目的，例如显示有关内容、推送有关商品、进行个性化建议等。这一模式把使用者视作独立个体。

超个性化模式的现实应用之一是以浏览模式和搜索为基础构建个性化建议。如今 Netflix 公司就在应用这一技术，依托人工智能的发展，它可以根据客户个人的选择向其推荐电影和节目。而星巴克公司通过应用超个性化服务和消费者群体构建更紧密的关系。

超个性化模式还被应用在金融、医疗、个性化运动和健康应用等领域。例如，它能在金融和贷款方面发挥重要作用。

2. 自主系统模式

自主系统作为实体与虚拟的软硬件系统,可以完成任务,实现目标,和周边进行交互,同时以最少的人力达成目标。自主系统的主要目标是以最少的人际互动为前提对事物进行精简化。机器学习能力是自主系统模式需要具备的,可以单独感知外部的环境,预估外界因素可能的行动,并对如何处理这些改变制定方案。

自主系统模式的常见应用包括自动机器以及各类交通运输工具(汽车、航船、火车和飞机等),同时它还包括自主文档、自主业务流程、知识生成和自主认知等内容。

3. 预测分析和决策支持模式

预测分析和决策支持模式通过使用机器学习和其他的认知方式理解过去和现在的操作怎样帮助人们预测未来结果,同时还能够帮助人类以这种模式为依据决定未来的结果。人们通过这种模式使决定变得更合理。

这种模式有许多应用,例如辅助搜索和检索、预估数据的某些未来值、预判行为以及故障、帮助人们排除问题、识别与选择最优选项、辨识数据中的配对、对活动进行优化、提出建议以及智慧导航等。它能帮助人们形成更合理、有效的决策方案。

4. 会话模式

会话模式可以理解为人们与机器使用包含声音、文本以及图像在内的方法进行会话与交互。

会话模式常见的例子有聊天机器人、语音助手、感情/情绪/意图解读。这种模式可以使机器和人类之间能以对人类而言更舒适、自然的方式完成会话与交流。

5. 异常识别模式

机器学习擅长识别以及发现异常。

异常识别模式被应用在欺诈与风险检测之中,通过这一方法可以查看事情是否在正常范围内以及预期之中。它还能够在数据内对模式进行搜寻,使人为失误最小化或者实现修复。预测文本也包括在这种模式之内,它能够分析语法和语音中的模式,以此提出建议。

6. 目标识别模式

通过应用深度学习,使目标识别精度得到了非常大的提高,这是机器学习的一个跨越式进步,例如图像、音频、视频或者目标的识别、分类以及鉴别。这种模式是运用机器学习以及其他的认知方式,在图像、文本、音频、视频和以非结构化为主的数据中识别或锁定目标。

目标识别模式被广泛运用在包含图像和对象识别、脸部识别、音频和声音识别、手写和文本识别以及手势检测在内的多个实际问题中。

7. 目标驱动系统模式

实例表明,机器格外善于学习游戏中的规则并击败人类。机器可以不断增强学习能力以及更高阶的计算能力,这使它有足够的能力在围棋、DoTA 等多玩家游戏和更高难度的游戏中取得胜利。Google 公司旗下的 DeepMind 公司认为,计算机能以游戏的形式学习一切知识。游戏仅为方案的开头,依托这一方案,有可能为通用人工智能(Artificial General Intelligence, AGI)找到新的突破口。

当然,我们并不会把游戏作为目标驱动系统发展的唯一途径。依托强化学习和其他机器学习技术,系统可以在不断试错过程中学习。资源优化、游戏、换代问题、实时拍卖以及投标都包含在这种模式的应用之内。尽管这种模式还未能像其他模式一样得到广泛的应用，但越来越多的人开始关注它。

1.3.2　经典应用

机器学习有广泛的用途，包括模式识别、计算机视觉、自然语言处理、数据挖掘、商业智能、自动驾驶等。与机器学习密切相关的一个领域是模式识别，主要解决对图像、声音以及其他类型的数据对象的识别问题，机器学习是解决这类问题的一种工具。另一个领域是机器视觉，主要使用硬件设备和计算机程序模拟人的视觉功能，包括图像理解、三维信息获取、运动感知等问题。视觉在日常信息的获取中占主导地位，本节介绍机器学习在视觉方面的一些经典的应用。

1. 指纹识别

指纹识别主要通过对人的指纹的纹路、细节等信息的分析对人进行身份识别和鉴定。依托现代电子集成制造技术的发展和算法研究，指纹识别已走入人们的日常生活，并成为生物检测学中探索最深入、运用最普遍、发展最成熟的技术。

2. 人脸识别

人脸识别指对人脸的视觉特征等信息进行分析和比较以进行身份识别。作为机器视觉领域一直以来深入探讨的经典问题，人脸识别在安防监测、人机会话和社交等领域都有其应用价值。人脸识别作为一项生物特征识别技术，能以人的脸部特征信息为基础对身份进行识别。人脸识别系统使用摄像机设备采集含有人脸信息的图像和视频，并自动对人脸进行检测和跟踪，再对检测到的人脸数据进行面部识别。

3. 视网膜识别

视网膜的生物特征同样可运用于生物识别。虽然该项技术科技含量较高，但它可能是最古老的生物识别技术，早在 20 世纪 30 年代，人们在研究中就提出了人类眼球背面血管分布具有唯一性的理论。进一步的研究表明，即使是双胞胎，该特征也具有唯一性。除了患有眼疾或遭受严重脑外伤以外，视网膜的结构形式在人的一生当中都相当稳定。

4. 虹膜识别

在目前所有生物识别技术中，虹膜识别是应用最为便利和精确的。

虹膜识别技术被认为是 21 世纪最有发展前景的生物识别技术，未来安防、国防以及电子商务等多个领域也必然会将虹膜识别技术作为重点。这种发展趋势已在世界各地的应用中逐渐显现，市场前景十分广阔。

1.4　实现框架

1.4.1　机器学习框架

随着人工智能的兴起，对机器学习能力的需求急剧上升，各行各业都在采用基于机器学习的人工智能技术。然而，对于大多数企业和组织来说，定义机器学习模型仍然是一项复杂的资源密集型工作。机器学习框架带有预构建的组件，可以帮助用户轻松地理解和编写模型。机器学习的框架搭建得好，定义机器学习模型的任务就比较容易完成。借助良好的机器学习框架，可以减少相关算法设计的工作量。下面介绍机器学习中比较流行的框架——scikit-learn。

于2007年发布的scikit-learn(简称sklearn)是一个以Python语言为基础的开源机器学习工具包。它依托NumPy、SciPy及Matplotlib等Python数值计算库，并包括了绝大多数主流算法，同时还具有强大的数据采集以及分析能力。

在工程中，靠手写代码完成一个算法不仅费时费力，还不能保证写出的模型构架清晰，且稳定性较低。大多数时候，需要分析收集来的数据，并依据这些数据的特点寻找适用的算法，调用工具包内的算法，设定算法的具体数值，收集有效的信息，从中平衡算法的效率与效果。sklearn就是能够高效完成算法设计的工具包。

sklearn中包括分类、回归、降维和聚类这四大机器学习算法。

(1) 分类。即识别对象属于哪一类别，常用算法包括支持向量机、k近邻、随机森林。常见的应用有识别骚扰邮件、识别图像。

(2) 回归。预估和对象关联的连续值属性，常用算法有支持向量机、岭回归、套索回归。药物反应、股价预测是其常见的应用。

(3) 聚类。将相似的对象自行分组，K-means聚类、谱聚类、均值偏移是其常用算法。也常应用在客户细分、分组实验结果分析上。

(4) 降维。使需要考虑到的随机变量变少，常用算法有主成分分析、特征选择、非负矩阵分解。常见的应用是数据可视化。

要深入理解机器学习，并且完全看懂sklearn的文档，需要较深厚的理论基础。然而，将sklearn运用于实际应用并不要求非常多的理论知识，只要对机器学习的理论有大概的掌握，就能够直接使用sklearn的API处理各种机器学习问题。就具体的机器学习问题来说，一般分为3个步骤：①数据准备和预处理；②模型选择和训练；③模型检验和参数调优。

1.4.2 深度学习框架

深度学习属于机器学习的一个分支，所以机器学习框架均可以用于深度学习问题，当然，还有很多用于深度学习的优秀框架。Google、Meta（Facebook）和Uber等公司已为Python深度学习环境研发了多个框架，使用户能轻松地学习、构建及训练不同类型的人工神经网络。本节介绍较为常见的深度学习框架。

1. Theano

Theano是历史最为久远的深度学习框架之一，但它的开发不具有高效性，模型编译也需要耗费许多时间，目前已被淘汰。

2. Caffe

Caffe可以实现快速特征嵌入的卷积体系架构。该框架是利用C++开发的开源框架，附有Python接口。

3. Torch

Torch是以编程语言Lua为基础开发的。Torch具有非常高的灵敏性，易于调整，使其实现自定义网络层极为方便。然而，Lua语言的用户群体较小，所以Torch没有成为主流应用。

4. TensorFlow

TensorFlow于2015年发布，作为开源机器学习框架，可以在各种平台上应用和部署。它得到了良好的维护并被广泛应用。

DistBelief(Google 公司的一个算法库)是它正式面世前的形态。TensorFlow 是多层级结构框架,可应用于各服务器、PC 端和网页的部署。它在 Google 公司内部的产品研发以及众多领域的科研中被广泛地使用。

TensorFlow 适用于构建和测试深度学习架构,数据集成十分便利。

5. Keras

Keras 是融合了 Theano 与 TensorFlow 等多个框架中的基础运算而构建的高阶框架,其高层接口为大量的快速训练和测试带来了便利,在应用研发时运用 Keras 能够达到很高的效率。然而,因为其底层实现的欠缺,操作时不得不对底层的架构进行抽象处理,这就导致运作时效率低下,同时还降低了灵活性。

6. TensorFlow2

TensorFlow2 和 TensorFlow 这两个框架有特别大的不同。

TensorFlow2 允许动态图优先模式,能在计算过程中同步获取计算图和数值结果,能在代码调试中实时打印数据,构建网络如同搭积木,和软件开发思维很接近。

7. PyTorch

PyTorch 即 Torch 的 Python 版本,是 Meta (Facebook)公司研发的人工神经网络框架,是面向深度神经网络(Deep Neural Network,DNN)的框架。PyTorch 是对多维矩阵数据进行处理的典型张量库,被广泛应用于机器学习和一些数学密集型应用中。和 TensorFlow 的静态计算图不一样,PyTorch 的计算图是动态的,能依据实际需求实时地做出改动。

PyTorch 是以 Torch 为基础的 Python 开源机器学习库,应用于自然语言处理等问题,在实现 GPU 加速的同时还支持动态神经网络,而目前许多主流框架(如 TensorFlow)都无法实现这一点。

PyTorch 的主要优势在于它的灵活性,支持动态神经网络,可以通过反向求导技术几乎零延迟地任意改变神经网络的行为,这也是 PyTorch 相比于 TensorFlow 的最大优势。

PyTorch 在 API 和模块接口上都和 Torch 保持了高度一致。PyTorch 非常符合用户的思维模式,实现所思即所得,不必受框架本身的制约。

PyTorch 也有很多不足。例如,其全面性不如 TensorFlow,不支持快速傅里叶变换和非数值张量。PyTorch 在嵌入式部署、移动端以及高性能服务端部署的性能上有较多欠缺。

PyTorch 常用工具如下:

- torch:和 NumPy 相似的张量库,有强大的 GPU 支持。
- torch.autograd:以 tape 为基础的自动差分库。
- torch.nn:和 torch.autograd 深度整合的神经网络库。
- torch.optim:和 torch.nn 同时使用的优化工具包,包括 SGD、RMSProp、LBFGS、Adam 等规范的改进方法。
- torch.multiprocessing:多进程工具。
- torch.utils:信息载入器。兼有训练器和其他的便捷功能。
- torch.legacy(.nn/.optim):考虑到向后兼容性,由 Torch 转接来的 legacy 代码。

本书使用 PyTorch 框架,因此,下面介绍如何利用 Anaconda 安装 PyTorch。

首先安装 Anaconda。

Anaconda 作为一个开源的 Python 发行版本,是一个强大的包、环境管理器。

Anaconda 可以直接从其官网(https://www.anaconda.com)下载。由于 Anaconda 官网服务器设在海外,因此若出现下载速度过慢的情况,可从清华大学开源软件镜像站(https://mirrors.tuna.tsinghua.edu.cn/anaconda/archive)下载,自行选择操作系统与版本即可。

双击打开已下载的安装包,按照安装向导的指示操作即可。对于 Windows 用户,可能需要配置环境变量,打开"控制面板",选择"高级系统设置"→"环境变量"→"系统变量",找到 Path,加入 3 个文件夹的路径(Anaconda 所在路径、Anaconda 所在路径\Library\bin、Anaconda 所在路径\Scripts)。

接下来安装 PyTorch 和 torchvision。torchvision 是与 PyTorch 相互独立的图像处理工具库,它主要包括以下几个包:

- datasets:使用率较高的视觉数据集,能加载或卸载,能够查找源码,同时用户还能编写自定义的 Dataset 子类。
- models:包含主流模型,例如 AlexNet、VGG、ResNet、DenseNet 等。
- transforms:使用率较高的图像操作,例如随机切割、几何变换、数据类型转换、图像到张量转换、NumPy 数组到张量转换、张量到图像转换等。
- utils:能将图像张量存储至硬盘中,给出 mini-batch 的图像即能生成对应的图像网格。

可以使用一条 conda install 命令同时安装 PyTorch 和 torchvision,在命令行输入如下命令:

```
conda install pytorch torchvision -c pytorch
```

等待环境加载完毕,输入 y 开始安装。如果不使用 Anaconda,也可以使用 pip 进行安装。

打开 Anaconda,在首页找到 jupyter,单击 Launch 按钮运行 jupyter,其界面如图 1.5 所示。

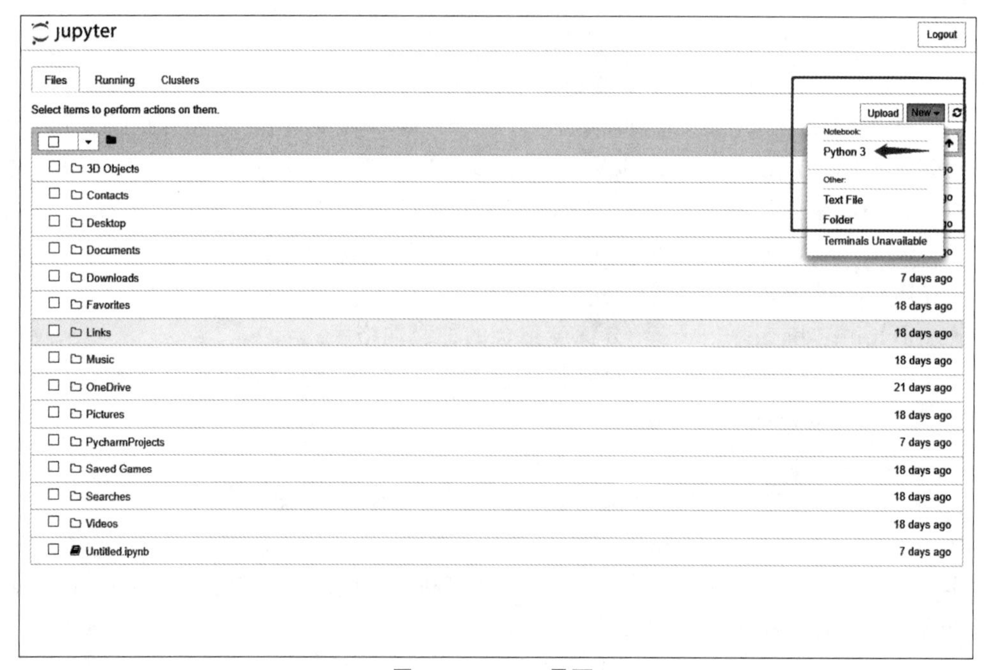

图 1.5 jupyter 界面

选择 New→Python 3 创建一个 Python 文件，输入如下代码：

```
import torch
import torchvision
print(torch.version__)
```

若没有提示有错误，并能正常输出 PyTorch 的版本号，表示 PyTorch 和 torchvision 已安装完成。

1.5 小　　结

机器学习成为独立学科的历史并不长。尽管如此，机器学习还是给人们的生产和生活带来了不可忽视的影响，同时在哲学界引发了非常激烈的讨论。总体而言，和所有事物的成长历程一样，机器学习的演化也能够体现哲学中发展的观点。

机器学习的发展不可能是一蹴而就的，而是一个波浪式前进的过程，既有许多成就，也少不了挫折。人工智能有今天的繁荣离不开许多学者的辛勤努力，这是由量变到质变的过程，也是在内因和外因共同作用下的结果。

第2章

Python 基础

2.1 认识 Python

2.1.1 Python 简介

Python 自 1991 年发布后，凭借其优良的可解释性和代码可读性成为被广泛使用的高级编程语言。相较于 Java 等语言，Python 提供了更为简洁的语法。同时，Python 具有动态系统与自动内存管理机制，支持面向对象、命令式、函数式编程等多种范例。如今，机器学习与人工智能的算法主要由 Python 实现。因此，本章对这种语言进行讲解，并且后面各章的算法实现均依托于 Python。

Python 提供了多种标准库与第三方库。使用者可以通过调取函数库高效地工作。Python 第三方库以惊人的速度持续增加，已形成良好的计算生态。另外，Python 分为两个版本，分别为 2.x 和 3.x。自 2020 年起，2.x 不再提供安全更新。因此，建议在安装 Python 时选择 3.x 系列。

2.1.2 Python 开发环境

在学习 Python 语法之前，首先需要了解如何构建 Python 开发环境。由于 Python 允许跨平台进行开发，所以，其代码可以在不同的操作系统上编译并运行。常用的操作系统如表 2.1 所示。

表 2.1 常用的操作系统

操作系统	说　明
Windows	推荐使用 Windows 7 及以上版本。Windows XP 系统不支持安装 Python 3.5 及以上版本
macOS	从 macOS X 10.3(Panther)开始包含 Python
Linux	推荐 Ubuntu 版本

说明：在个人开发学习阶段推荐使用 Windows 操作系统。本书采用的就是 Windows 操作系统。

2.1.3 安装 Python 与选择编译器

1. 安装 Python

Python 同时支持 Windows、macOS 和 Linux 三大常用操作系统。在 Python

官网(https://www.python.org/)选择合适的操作系统对应的版本进行下载及安装。

安装 Python 的步骤如下:

(1) 双击打开下载后得到的安装文件,将显示安装向导对话框。

(2) 选中所有的复选框,单击 Customize installation 按钮,可自定义安装。

(3) 在弹出的安装选项对话框中采用默认设置,单击 Next 按钮。

(4) 设置安装路径,单击 Install 按钮。

2. 选择编译器

Python 自带编译器——Python Shell,可以通过该编译器编写简单代码。但是机器学习依托于大量代码实现,Python Shell 难以进行良好的代码管理,因此,本书建议选择第三方开发工具进行代码编写及项目管理。

下面对常用的第三方开发工具进行简要介绍。

1) PyCharm

由 JetBranins 软件公司开发的 PyCharm 属于集成开发环境(Integrated Development Environment,IDE),可以帮助用户提高使用 Python 语言开发的效率,具有历史代码回滚、语法高亮显示、友好用户交互、代码跳转、智能提示、调试等一般开发工具都具有的功能。另外,PyCharm 支持 Python 网络开发(专业版)与 XML 阅读功能。

2) Visual Studio

Visual Studio 是 Microsoft 公司开发的运行 C# 和 ASP.NET 等应用的开发工具。只需要在安装 Visual Studio 时选择安装 PTVS 插件,在 Visual Studio 中就可以进行 Python 应用开发了。

3) Eclipse+PyDev

Eclipse 是一款用于 Java 开发的 IDE。若要在 Eclipse 中进行 Python 开发,需要安装对应的插件,即 PyDev。

2.2 Python 语法特点

2.2.1 保留字

保留字广泛存在于各种编程语言当中,主要是指有特别意义的字符串。用户在进行变量命名时不可与保留字相同。Python 保留字如下:

```
False     None      True      and      as       assert
break     class     continue  def      del      elif
else      except    finally   for      from     global
if        import    in        is       lambda   nonlocal
not       or        pass      raise    return   try
while     with      yield
```

值得注意的是,Python 中的字母区分大小写。例如,and 为 Python 的保留字之一,但是 AND 则不是保留字。可以通过运行以下两行代码查看 Python 的保留字:

```
import keyword
keyword.kwlist
```

执行结果为

```
['False', 'None', 'True', 'and', 'as', 'assert', 'break', 'class', 'continue',
'def', 'del', 'elif', 'else', 'except', 'finally', 'for', 'from', 'global', 'if',
'import', 'in', 'is', 'lambda', 'nonlocal', 'not', 'or', 'pass', 'raise', 'return',
'try', 'while', 'with', 'yield']
```

2.2.2 标识符

在利用 Python 进行机器学习编程时，需要定义大量的变量、函数、类及模块等范例，而为了灵活使用这些范例进行运算与调用，需要为这些范例起名字，这些名字在编程语言中称为标识符。

在 Python 语言中，标识符的命名规则如下：

(1) 标识符可由下画线、数字和字母组成。需要注意的是，数字不能作为标识符的第一个字符。

(2) 不能以 2.2.1 节中提及的保留字作为标识符。

(3) 在命名标识符时，需要区分字母大小写。例如“x”和“X”是不同的标识符。

(4) 在 Python 中，某些标识符有特殊的意义，例如以下画线为首字符的标识符，因此一般的标识符需要避免使用与这些标识符相似的命名方式。

- 单下画线开头的标识符不可访问类的属性，同时也不能通过 from xxx import * 进行导入。
- 代表类的私有成员的标识符一般以双下画线开头，例如__remove。
- 开头和结尾都是双下画线的标识符属于 Python 中专用的标识符，例如构造函数__init__()。

2.2.3 注释

注释用于向用户提示或解释某些代码的功能和作用，其在代码中出现的位置可以很随意，通过在程序中对某些代码进行注释，可有效提高程序的可读性。注释可分为单行注释和多行注释。

1. 单行注释

在 Python 中，使用＃作为单行注释的符号，从＃开始直到换行为止，＃之后所有的内容都被视为注释，Python 编译器将忽略这些内容。其语法如下：

```
#注释内容
```

2. 多行注释

多行注释是指注释内容包括两行或两行以上。多行注释通常用于为模块、函数或者类等添加版权或者功能描述信息。在 Python 中，可通过 3 个连续的单引号(''')或者 3 个连续的双引号(""")进行多行内容注释。具体格式如下：

```
'''
使用 3 个单引号分别作为注释的开头和结尾
可以一次性注释多行内容
这里面的内容全部是注释内容
'''
```

或者

```
"""
使用 3 个双引号分别作为注释的开头和结尾
可以一次性注释多行内容
这里面的内容全部是注释内容
"""
```

注意：当注释符作为字符串中的字符出现时，就不再被视为注释标记，而是作为代码中的普通字符，例如：

```
print('''Hello,World!''')
print("""http://c.biancheng.net/cplus/""")
print("#是单行注释的开始")
```

运行结果为

```
Hello,World!
http://c.biancheng.net/cplus/
#是单行注释的开始
```

Python 不认为前两行代码中的 3 个引号是多行注释标记，而是字符串的开始和结束标记。同样，Python 不将 # 视为单行注释标记，而是作为字符串的一部分。

2.2.4　代码缩进

Java 和 C 语言的代码块间关系是通过分号和花括号表示的，因此 Java 和 C 语言中的代码缩进只是为了美观。但 Python 代码中不存在分号和花括号，因此正确的缩进对 Python 来说至关重要。

例如，以下有正确的缩进的代码能够正常运行：

```
age = 22
if age >= 18:
    print("Adult")
    print("You are man!")
else:
    print("Teenager")
```

以下缩进不正确的代码会报错，无法运行：

```
age = 22
if age >= 18:
    print("Adult")
print("You are man!")
else:
    print("Teenager")
```

报错信息如下：

```
  File "C:/Users/10753/PycharmProjects/pythonProject/main.py", line 21
    else:
      ^
SyntaxError: invalid syntax
```

Python 对代码缩进要求非常严格，同一级别的代码块必须具有相同的缩进量。如果代码没有正确缩进，将引发 SyntaxError 异常。

2.2.5 数据类型

在内存中存储的数据有多种类型。例如，一辆车的品牌或型号可用字符串表示，发动机排量可用数值表示，是否原装进口可用布尔值表示。这些都是 Python 中提供的基本数据类型。

1. 整数

在 Python 中，整数包括负整数、0 和正整数，并且不限制输入数值大小。当输入超过计算精度时，Python 会自动转为高精度进行计算。

整数除了十进制数和二进制数，还有八进制数和十六进制数。

(1) 十进制数：如 111、222、−333。

(2) 二进制数，由 0 和 1 两个数组成，进位规则为“逢二进一”，以 0b 或 0B 开头，如 0b110、−0B010。

(3) 八进制，由数字 0～7 组成，进位规则为“逢八进一”，以 0o 或 0O 开头，如 0o777、−0O666。

(4) 十六进制，由数字 0～9 和 A～F(A 表示 10，B 表示 11，以此类推)组成，进位规则为“逢十六进一”，以 0x 或 0X 开头，如 0x9b、−0Xbd。

2. 浮点数

浮点数主要用于处理包括小数的数字，例如 2.317、0.5126、−8.2 等。若浮点数使用科学记数法表示，可表示为 3.1e+5、−1.16e+2 和 −4.16e−7 等。

3. 字符串

在 Python 中，由连续的字符序列构成的字符串是一种不可变序列，通常使用一对单引号、双引号或三引号括起来。这 3 种引号形式在本质上是相同的，其中单引号和双引号中的字符序列只能是一行。

在 Python 开发过程中，为了某项功能的实现，往往需要对一些字符串进行特殊的处理，如拼接字符串、截取字符串等。下面介绍 Python 中常用的字符串操作方法。

1) 拼接字符串

在 Python 中可以将多个字符串拼接成一个字符串。例如，定义两个字符串，中间使用

＋运算符连接各字符串：

```
x = "hello"
y = "world"
print (x + " " + y + "!")
```

执行结果为

```
hello world!
```

另外，还可使用 join()函数将多个字符串以指定字符进行拼接。例如，将定义好的 3 个字符串以连字符拼接起来，代码如下：

```
x = ["2020","9","24"]
print ("-".join(x))
```

执行结果为

```
2020-9-24
```

在 Python 中，字符串不允许直接与其他类型的数据拼接，例如，将字符串直接与数值拼接将导致 TypeError 异常。要解决该问题，首先应将整数转换为字符串，然后通过拼接字符串输出内容。可以使用 str()函数将整数转换为字符串。

2）截取字符串

字符串属于序列数据，可以采用切片方法实现字符串截取，具体语法格式如下：

```
<要截取的字符串名>[<开始索引>:<结束索引>:<步长>]
```

开始索引默认为 0，而结束索引默认等于字符串的长度（不包括该位置的字符）。当切片的步长为负数时，表示按从右向左的顺序截取元素；如果省略该参数，则默认为 1。例如：

```
a = 'abcdefghijklmn'
print(a[1:4])           #从下标 1 开始到 4 结束进行切片
print(a[1:8])           #从下标 1 开始到 8 结束进行切片
print(a[1:8:2])         #从下标 1 开始到 8 结束进行切片,步长为 2
print(a[8:1:-2])        #当步长为负数时,代表逆向截取。从索引 8 开始,每隔一个元素取一
                        #个值,到索引为 1 时结束
```

执行结果为

```
bcd
bcdefgh
bdfh
igec
```

3）格式化字符串

格式化字符串是指在字符串中预留特殊标记，然后在字符串外使用特殊标记符号将相

应的内容放入字符串的特定位置内。在 Python 中，有以下两种格式化字符串的方法。

（1）使用%操作符。在 Python 中，最早的格式化字符串操作符是%，该操作符可在所有 Python 版本中使用。在使用%格式化字符串时，会把字符串中的格式化字符按顺序用后面的参数替换。格式如下：

```
'%[-][+][0][m][.n]格式化字符'%exp
```

- －：表示左对齐。如果是正数，不需要在前面加正号；如果是负数，需要在前面加负号。
- ＋：表示右对齐。如果是正数，需要在前面加正号；如果是负数，需要在前面加负号。
- 0：表示右对齐。如果是正数，不需要在前面加正号；如果是负数，需要在前面加负号。在数字前面填充 0 补足位数（一般与 m 参数一起使用）。
- m：表示显示的最小总宽度。
- .n：表示小数点后保留的位数。
- exp：要转换的项。如果要指定多个项，则需要采用元组的形式，而不能使用列表。
- 格式化字符：用于指定字符串的类型，如表 2.2 所示。

表 2.2 Python 格式化字符

格式化字符	含　义	格式化字符	含　义
%c	单个字符	%X	无符号十六进制数（字母大写）
%s 或 %r	字符串	%f 或 %F	浮点数
%d 或 %i	十进制整数	%e	底为 e 的指数
%o	无符号八进制数	%E	底为 E 的指数
%x	无符号十六进制数（字母小写）	%%	字符%本身

（2）内置的字符串类提供的 format()方法具有复杂变量的替换和值的格式化能力。string 模块中的 Formatter 类可以与 format()方法一样创建并定制字符串格式化操作。

format(format_string, *args, **kwargs)是主要的 API 方法。其参数是需要格式化的目标字符串以及需要填充目标字符串的一个序列（如字典和元组）。format()方法封装了 vformat()方法。

4. 布尔值

布尔值包含 True 和 False。布尔值可以被转换为整数。True 表示 1，False 表示 0。

在 Python 中，真值测试可在所有对象中进行。在下面列出的情况中得到的值为 False，其余情况则为 True。

（1）False 或 None。

（2）数值中的零，包括 0、0.0 和虚数 0。

（3）空序列，如空元组序列、空列表序列、空字典序列等。

5. 数据类型转换

Python 是一种动态类型的语言（也称为弱类型语言），使用时不需要先声明变量的类型，但有时也需要进行类型转换。在 Python 中，提供了如表 2.3 所示的函数进行数据类型转换。

表 2.3　数据类型转换函数

函　　数	作　　用
int(x)	将 x 转换为整数
float(x)	将 x 转换为浮点数
complex(real [,imag])	创建一个复数
str(x)	将 x 转换为字符串
repr(x)	将 x 转换为表达式字符串
eval(x)	对字符串中的有效 Python 表达式 x 进行计算并返回一个对象
chr(x)	将整数 x 转换为字符
ord(x)	将字符 x 转换为整数
hex(x)	将整数 x 转换为十六进制数
oct(x)	将整数 x 转换为八进制数

2.2.6　命名规则

命名规则在代码中有十分重要的作用。虽然不遵循命名规则的代码也可以正常运行，但是遵循命名规则有助于更直观地理解代码的含义。下面介绍 Python 中常用的命名规则。

1. 模块

尽量使用小写字母对模块进行命名。保持其首字母小写，且尽量不使用下画线(除非多个单词且数量不多的情况)。

2. 类名

类名的首字母通常大写，对于私有类可使用下画线开头。同时可将相关的类和顶级函数放在同一个模块里，无须像 Java 一样限制一个类一个模块。

3. 函数

函数名一律小写。在存在多个单词的情况下，单词之间用下画线隔开。私有函数在函数名前加下画线。

4. 变量名

变量名应小写。如果有多个单词，单词之间用下画线隔开。

5. 常量

常量用大写字母命名。如果有多个单词，单词之间用下画线隔开。

2.2.7　运算符

运算符主要用于数学计算、大小比较和逻辑运算。Python 中的运算符主要有算术运算符、赋值运算符、比较运算符、逻辑运算符和位运算符。使用运算符根据特定规则连接不同类型的数据构成表达式。例如,算术运算符连接而成的表达式叫算术表达式,逻辑运算符连接而成的表达式叫逻辑表达式。

1. 算术运算符

算术运算符是进行四则运算的符号,主要用于对数字的处理。常用的算术运算符如表 2.4 所示。

表 2.4 常用的算术运算符

运 算 符	说 明	实 例	结 果
+	加	1 + 1	2
−	减	1 − 1	0
*	乘	2 * 2	4
/	除	7 / 2	3.5
%	求余,即返回除法的余数	7 % 2	1
//	整除,即返回商的整数部分	7 // 2	3
**	求幂,即返回 x 的 y 次方	2 ** 4	16
()	括号,用来提高运算优先级	(1 + 2) * 3	9

2. 赋值运算符

赋值运算符用于给变量赋值。使用=时,直接将=右边的值赋给=左边的变量;使用其他赋值运算符时,在进行相应的运算后将值赋给左边的变量。Python 中的赋值运算符如表 2.5 所示。

表 2.5 赋值运算符

运 算 符	说 明	举 例	展开形式
=	将=右边的值赋给=左边的变量	x= y	x= y
+=	加赋值	x+= y	x= x + y
−=	减赋值	x−= y	x= x − y
*=	乘赋值	x*= y	x= x * y
/=	除赋值	x/= y	x= x / y
%=	求余赋值	x%= y	x= x % y
//=	整除赋值	x//= y	x= x // y
**=	幂赋值	x**= y	x= x ** y

3. 比较运算符

比较运算符也称关系运算符,用于比较变量的值或表达式的结果。如果比较结果为真,则返回 True;否则返回 False。比较运算符常在条件语句中用于构成判断的依据。Python 中的比较运算符如表 2.6 所示。

表 2.6　比较运算符

运　算　符	说　　明	举　　例	结　　果
>	大于	'a' > 'b'	False
<	小于	156 < 456	True
==	等于	'c' == 'c'	True
!=	不等于	'y' != 't'	True
>=	大于或等于	479 >= 426	True
<=	小于或等于	62.45 <= 45.5	False

4. 逻辑运算符

逻辑运算符用于对布尔值进行运算，返回结果仍是一个布尔值，Python 中的逻辑运算符包括 and（逻辑与）、or（逻辑或）和 not（逻辑非），如表 2.7 所示。

表 2.7　逻辑运算符

运　算　符	含　　义	用　　法	结合方向
and	&&（逻辑与）	op1 and op2	从左到右
or	‖（逻辑或）	op1 or op2	从左到右
not	！（逻辑非）	not op	从右到左

5. 位运算符

位运算符代表的运算都是针对二进制数的，所以在执行运算之前必须将数据转换为二进制数。在 Python 中，位运算符包括按位与运算符（&）、按位或运算符（|）、按位异或运算符（^）、按位取反运算符（~）、左移位运算符（<<）和右移位运算符（>>）6 种。

1）按位与运算符

按位与运算符用 & 表示。其运算规则是：当对应数位上的数均为 1 时，结果数位上的数为 1；否则为 0。12&8 的运算过程如图 2.1 所示。

2）按位或运算符

按位或运算符用|表示。其运算规则是：当对应数位上的数均为 0 时，结果数位上的数为 0；否则为 1。4|8 的运算过程如图 2.2 所示。

```
  0000 0000 0000 1100
& 0000 0000 0000 1000
---------------------
  0000 0000 0000 1000
```

图 2.1　12&8 的运算过程

```
  0000 0000 0000 0100
| 0000 0000 0000 1000
---------------------
  0000 0000 0000 1100
```

图 2.2　4|8 的运算过程

3）按位异或运算符

按位异或运算符用^表示。其运算规则是：当对应数位上的数相同（同时为 0 或同时为 1）时，结果数位上的数为 0；否则为 1。31^22 的运算过程如图 2.3 所示。

4）按位取反运算符

按位取反运算符为~。其运算规则是：将二进制数每一位取反，即 1 修改为 0，0 修改为 1。～123 的运算过程如图 2.4 所示。

```
  0000 0000 0001 1111
^ 0000 0000 0001 0110
---------------------
  0000 0000 0000 1001
```

图 2.3　31^22 的运算过程

```
~ 0000 0000 0111 1011
---------------------
  1111 1111 1000 0100
```

图 2.4　～123 的运算过程

5）左移位运算符

左移位运算符用＜＜表示。其运算规则是：将二进制数向左移动指定的位数，左侧溢出的位（高位）被丢弃，右侧的空位（低位）用 0 填充。左移 n 位运算等同于乘以 2 的 n 次方。

6）右移位运算符

右移位运算符用＞＞表示。其运算规则是：将二进制数向右移动指定的位数，右侧溢出的位被丢弃，左侧的空位用 0 或 1 填充。如果最高位是 0（正数），则左侧空位用 0 填充；如果最高位是 1（负数），则左侧空位用 1 填充。右移 n 位运算等同于除以 2 的 n 次方。

6. 运算符的优先级

运算符的优先级是指哪些运算符先执行，哪些运算符后执行，和四则运算中要遵循的"先乘除后加减"是一个道理。

在 Python 中，高优先级的运算符先执行，低优先级的运算符后执行，相同优先级的运算符从左到右执行。还可以使用括号，使括号中的操作首先执行。表 2.8 中的运算符按优先级从高到低排列。同一行中的运算符的优先级一样，此时的执行顺序取决于它们的结合方向。

表 2.8　运算符的优先级

运　算　符	说　　明
**	幂运算
～、＋、－	取反、正号和负号
*、/、%、//	乘、除、求余、整除
＋、－	加、减
＜＜、＞＞	左移和右移位运算
&	按位与运算
|	按位或运算
^	按位异或运算
＜、＜＝、＞、＞＝、!＝、＝＝	比较运算

2.2.8　input()和 print()的用法

1. input()的用法

在 Python 中，input()函数用于接收键盘输入。input()函数的语法格式如下：

```
variable = input("提示文字")
```

其中，variable 是用于保存输入结果的变量，" "中的文本用来提示需要输入的内容。例如，如果要接收用户输入并将其保存在变量 tip 中，可以使用以下代码：

```
tip =input("请输入文字:")
```

在 Python 3.x 中，输入数字和字符都会被当作字符串。如果要接收数值，则需要转换接收的字符串。例如，要接收用户输入的整型数字并保存到变量 age 中，可以使用下面的代码：

```
age =int(input("请输入数字:"))
```

2. print()的用法

在 Python 中，使用 print()函数会默认将结果输出到 IDLE 或标准控制台，基本语法格式如下：

```
print(输出内容)
```

除了可以输出数字和字符串(需要用引号括起来)，输出内容也可以是表达式的计算结果。例如：

```
a = 10                          #变量 a,值为 10
b = 6                           #变量 b,值为 6
print(6)                        #输出数字 6
print(a * b)                    #输出表达式 a * b 的结果 60
print(a if a > b else b)        #输出条件表达式的结果 10
print("失败乃成功之母")           #输出字符串"失败乃成功之母"
```

2.3　流程控制语句

流程控制语句通常以一个条件作为开头，后面是一个代码块。在开始介绍 Python 中的流程控制语句之前，先介绍条件和代码块。

1. 条件

条件总是一个布尔表达式。流程控制语句根据条件的真假决定将要执行的语句。流程控制语句的执行大都需要使用条件。

2. 代码块

代码块是由多行代码组成的，用来实现一个功能。在 Python 中，一个代码块的开始或结束可以通过代码行的缩进判断。以下是代码行缩进的规则：

- 当代码行的缩进增大时，表示一个代码块的开始。
- 代码块可以嵌套，也就是说，一个代码块中允许插入其他代码块。
- 当缩进减小到零或减小到与外层代码块的缩进一致时，代码块结束。

代码行缩进使代码更加清晰易读，便于人们更好地理解代码的功能。

2.3.1 判断语句

1. if 语句

if 语句是最常见的流程控制语句。当条件为 True 时，将执行 if 语句的子句（紧跟着 if 语句的语句块）；当条件为 False 时，则跳过该子句。Python 中的 if 语句由以下部分组成：

- 关键字 if。
- 表达式（条件）。
- 冒号。
- 代码块。

其语法格式如下：

```
if 表达式:
    代码块
```

2. if…else 语句

有时 if 语句可以结合 else 子句一起使用。仅当 if 语句的条件为 False 时，才会执行 else 子句。else 子句不包含条件。Python 中的 else 子句由以下部分组成：

- 关键字 else。
- 冒号。
- 代码块。

其语法格式如下：

```
if 表达式:
    代码块
else:
    代码块
```

3. if…elif…else 语句

elif 子句总是跟在 if 语句或另一条 elif 子句后面，它提供了另一个条件，如果前面的条件为 False，则检查 elif 子句的条件。Python 中的 elif 子句由以下部分组成：

- 关键字 elif。
- 表达式（条件）。
- 冒号。
- 代码块。

其语法格式如下：

```
if 表达式:
代码块
elif 表达式:
代码块
elif 表达式:
代码块
⋮
else:
代码块
```

2.3.2　循环语句

1. while 循环语句

使用 while 循环语句可以反复执行代码块。while 语句中包含条件，当该条件为 True 时，就会执行循环体。Python 中的 while 语句由以下部分组成：

- 关键字 while。
- 表达式(条件)。
- 冒号。
- 称为循环体的代码块。

其语法格式如下：

```
while 表达式:
循环体
```

在 while 循环中，总在每一次循环的开始进行条件检查。如果条件为 True，将执行循环体。当下一次循环开始时，将再次检查条件。如果条件为 False，就跳过循环体。

2. for 循环语句

只要条件为 True，while 循环语句就会一直循环执行。在实际应用中，如果想固定循环体的执行次数，可以使用结合 range()函数的 for 循环语句实现，当然，也可以在不使用 range()的情况下实现 for 循环。代码中结合 range()函数的 for 循环语句由以下部分组成：

- 关键字 for。
- 迭代变量。
- 关键字 in。
- 调用 range()方法(最多传入 3 个参数，分别为起始位置、终止位置和步长)。
- 冒号。
- 称为循环体的代码块。

其语法格式如下：

```
for 迭代变量 in range(n):
    循环体
```

3. 在循环中使用的控制语句

(1) break 语句。在执行语句块期间终止本次循环，并跳出整个循环。

(2) continue 语句。在执行语句块期间终止本次循环，紧接着执行下一次循环。

(3) pass 语句。空语句，用于保持程序结构的完整性。

2.4　序列类型及操作

Python 中的序列有列表、元组、字典和集合 4 种类型。

2.4.1　序列处理函数和方法

序列是允许包含不同元素类型的一维向量。序列包含一组有序的元素，通过元素下标访问具体元素。序列的示例如图 2.5 所示。

图 2.5 序列的示例

(1) 切片操作。可以通过切片操作生成新的序列。语法格式为

```
sname[start:end:step]
```

其中,sname 表示被切片的序列名,参数与 range()函数的参数一样。例如:

```
a = [0,1,2,3]
b = a[1:2]
print(b)
```

执行结果为

```
[1]
```

如果 b = a[:],则输出序列 b 等同于序列 a。

(2) 序列相加。使用加(+)运算符可以实现两种类型相同的序列相加操作。

(3) 序列乘法。一个序列乘以数字 n 会生成一个新的序列,新序列的内容是将原序列的内容重复 n 次。例如:

```
a = [1,2,3]
print(a * 2)
```

执行结果为

```
[1,2,3,1,2,3]
```

Python 中的内置函数可用于计算序列的元素个数以及序列中元素的最大值和最小值。序列类型的常用函数和方法如表 2.9 所示。

表 2.9 序列类型的常用函数和方法

函数和方法	说 明
len(s)	返回序列 s 的长度(元素个数)
max(s)	返回序列 s 中的最大元素
min(s)	返回序列 s 中的最小元素
s.index(x)或 s.index(x,i,j)	返回序列 s 中元素 x 在下标 i、j 之间第一次出现时的位置
s.count(x)	返回序列 s 中元素 x 的个数

2.4.2　列表

Python 中的列表是一个变量序列，列表中的元素类型可以不同，因为它们之间没有关系，但是，通常为了增强数据的可读性，在一个列表中只放一种数据类型的数据。列表由一对[]或 list()函数创建，元素之间用逗号隔开。列表的长度不固定。

1. 创建与删除列表

1）使用赋值运算符创建列表

直接把列表的内容通过赋值的方式传递给名为 l 的列表：

```
l = [1, 2.0, 'hello']
print (l)
```

执行结果为

```
[1, 2.0, 'hello']
```

2）创建空列表

列表可以用[]或者 list()函数生成。下面使用这两种方式创建名为 empty_list 的空列表：

```
empty_list = []
empty_list
```

或者

```
empty_list =list()
empty_list
```

3）创建数值列表

可以使用 list()函数将 range()函数循环输出的结果直接转换成列表，语法如下：

```
list(range(start, end, step)
```

其中的数据类型可以是范围对象、字符串、元组或其他迭代数据。

4）删除列表

删除列表的语法格式如下：

```
del 列表名
```

2. 遍历列表

对列表中的所有元素进行遍历是一种常见的操作，可以在遍历的过程中完成查询和处理。遍历列表有很多方法，以下是两种最常用的方法。

1）使用 for 循环实现

如果使用 for 循环对列表进行遍历，只能够输出元素的值，语法格式如下：

```
for item in listname:
```

其中,item 的作用是保存遍历过程中获取的元素值,当要输出元素的内容时,可以直接输出 item 中的值;listname 指的是列表的名称。

2) 使用 for 循环结合 enumerate()函数实现

结合 enumerate()函数使用 for 循环可以实现同时输出索引值和元素内容,语法格式如下:

```
for index, item in enumerate(listname):
```

其中,index 的作用是保存遍历过程中元素的索引。

列表类型的其他操作函数和方法如表 2.10 所示。

表 2.10 列表类型的其他操作函数和方法

函数和方法	描述
ls[i] = x	用 x 替换列表 ls 中的第 i 个元素
ls[i:j:k] = lt	用列表 lt 替换列表 ls 切片后形成的子列表
del ls[i]	删除列表 ls 中的第 i 个元素
del ls[i:j:k]	以 k 为步长删除列表 ls 的第 i~j 个元素
ls += lt	对列表 ls 进行更新,并将列表 lt 中的所有元素逐一添加到列表 ls 中
ls *=n	对列表 ls 中的元素重复 n 次并更新列表

2.4.3 元组

元组是一种序列类型,一旦创建就不能被修改,因此不可单独修改元组中的元素,但可以对整个元组进行重新赋值;而列表既可以单独修改,也可以整体修改。元组可以使用括号或 tuple()函数进行创建,元素间需要用逗号分隔。注意,这里的括号不是必需的。例如元组=1,2,3,4 和元组= (1,2,3,4)一样。此外,序列类型中所有的常用操作在元组中都适用。

1. 元组的创建与删除

1) 用赋值运算符直接创建元组

在 Python 中,与其他类型的变量相同,在进行元组的创建时,可以使用赋值运算符=将右边的元组赋值给左边的变量。语法格式如下(括号可以省略):

```
tuplename = (element1,element2,element3,…)
```

如果创建仅有一个元素的元组,则必须在该元素后面加上一个逗号。例如:

```
a = (10,)
print (a)                                    #(10,)
print (type(a))                              #<class 'tuple'>
```

```
b = (8)
print (b)                                    #8
print (type(b))                              #<class 'int'>
```

从运行结果分析,创建的元组只有一个元素时必须加逗号,否则将被视为整型变量。

2）创建空元组

在 Python 中还可以使用以下语法格式创建空元组：

```
emptytuple = ( )
```

3）创建数值元组

在 Python 中,数值元组可以使用 tuple()函数对 range()函数循环输出的结果进行转换得到。tuple()函数的语法格式如下：

```
tuple(data)
```

4）删除元组

对于不再使用的元组,可以使用 del 语句将其删除,语法格式如下：

```
del 元组名
```

2. 元组与列表的区别

元组与列表的区别如下：

- 元组仅支持切片访问,不支持对切片的修改;但列表对两者都支持。
- 元组访问和处理的速度都比列表快。当只需要访问其中的元素时,建议使用元组。
- 元组能够作为字典的键,而列表不能。

2.4.4 字典

字典是无序的变量序列。其内容是以键值对的形式存取的,其中,键是唯一的,而值可以是多个。

字典的主要特点如下：

- 字典中的键用于读取而不用于索引。
- 字典是无序的对象集合。
- 在同一字典中的键必须是唯一的、不可变的。

字典中的每个元素都是键值对。创建字典时,每个元素的键和值之间用冒号分隔,元素之间用逗号分隔,一个字典中的所有元素都放在一对{}中。具体语法格式如下：

```
字典名称= {'key1':'value1','key2':'value2','key3':'value3',…,}
```

参数说明：

- key1,key2,key3,…是元素的键,必须是唯一的、不可变的,可以是字符串、数字或元组。

- value1,value2,value3,…是元素的值,不要求是唯一的,其数据类型是任意的。

1) 使用映射函数创建字典

语法格式如下:

```
字典名称= dict(zip(list1,list2))
```

参数说明:

- zip()函数:此函数可以将多个列表对应位置的元素组合为一个元组,并返回包含这些内容的zip对象。如果想得到一个元组,可以使用tuple()函数对zip对象进行转换,也可以使用list()函数将该元组转换成一个列表。
- list1:指定要形成字典的键列表。
- list2:指定要形成字典的值列表。

如果两个列表的长度不同,取最短的长度作为元组长度。

2) 使用给定的键值对创建字典

使用给定的键值对创建字典的语法格式如下:

```
字典名称= dict{参数名 1=参数值 1,参数名 2=参数值 2,参数名 3=参数值 3},…
```

说明:参数名必须是唯一的,并且符合Python标识符的命名规则,参数名被转换为字典的键;参数值的数据类型可以是任意的,并且值是可以重复的,参数值将被转换为字典的值。

在Python中通过dict对象中的fromkeys()方法创建空字典的语法格式如下:

```
字典名称= dict.fromkeys(键列表)
```

3) 删除字典

删除字典的语法格式如下:

```
del 字典名称
```

2.4.5 集合

集合用于存储元素,存储的元素不可重复。集合又分为两种类型:可变集合和不可变集合。本节讨论的集合是一个无序的元素序列,每次的输出顺序可能不同。

1. 创建集合

在Python中创建集合与创建列表、元组和字典的方法相似,可以直接给变量赋值以创建集合,即直接使用{}创建集合,语法格式如下:

```
集合名称> = {元素 1,元素 2,元素 3,…}
```

集合中的元素个数是任意的,只要该元素属于Python支持的数据类型就可以。另外,也可以使用set()函数将可迭代对象转换为集合。set()函数的语法格式如下:

```
<集合名称> = set(iteration)
```

iteration 参数是要转换为集合的可迭代对象，如列表、元组或字符串。

2. 集合的运算

最常见的集合运算有交(&)、并(|)、差(—)和对称差(^)。

2.4.6　列表、元组、字典、集合的区别

列表、元组、字典、集合的区别如表 2.11 所示。

表 2.11　列表、元组、字典、集合的区别

数据结构	是否可变	是否重复	是否有序	定义符号
列表	可变	可重复	有序	[]
元组	不可变	可重复	有序	()
字典	可变	可重复	无序	{key,value}
集合	可变	不可重复	无序	{}

2.5　函数的定义与使用

2.5.1　函数的理解与定义

函数是一个有组织的、可重用的代码段，用于实现一个或多个相关的功能。自定义函数的基本规则如下：

(1) 函数代码块的第一行以 def 关键字作为开始标志，后跟函数名和括号()。

(2) 如果需要传入参数，参数必须放在括号中。

(3) 函数的第一行语句可以是用于存储函数描述的文档字符串。

(4) 函数内容从代码块第一行的冒号开始，冒号后需换行并缩进。

(5) return 是函数结束的标志。带表达式的 return 选择性地向调用方返回一个值，否则 return 的返回值等同于 None。

函数的创建(也称为定义)通过 def 关键字实现，具体语法格式如下：

```
def  函数名(参数):
    函数体
    return 返回值
```

2.5.2　函数的调用

调用一个函数意味着执行一个函数。基本语法格式如下：

```
函数名(参数)
```

注意：调用的函数一定是已创建的。参数可以是 0 个或多个。如果需要传递的参数是

多个,那么应该使用逗号将参数值分隔开。如果函数没有参数,则直接用一对空括号表示。

2.5.3 函数的参数传递和返回值

调用函数时,在一般情况下,主调函数与被调函数之间需要进行数据的传递。函数中的数据是由函数参数传递的,函数接收数据,然后对数据进行处理。

1. 可选参数传递

定义函数时,能够为可选参数指定默认值。具体语法格式如下:

```
def  函数名(非可选参数,可选参数):
    函数体
    return 返回值
```

例如,计算 $n!/m$,将 n 指定为非可选参数,将 m 指定为可选参数。代码如下:

```
def fact(n, m = 1):
    s = 1
    for i in range(1, n + 1):
        s *= i
    return s //m
fact(n = 10)
```

这段代码的执行结果为 3 628 800。若把可选参数 $m=5$ 传递进去,即 fact(10,5),执行结果为 725 760。

2. 可变参数传递

在函数创建时,可以将参数指定为可变参数,此时参数总数不确定。具体语法格式如下:

```
def 函数名(参数, * b):
    函数体
    return 返回值
```

例如,计算 $n!b$,将 n 指定为非可选参数,将 b 指定为可变参数。代码如下:

```
def fact(n, * b):
    s=1
    for i in range(1, n + 1):
        s *= i
    for item in b:
        s *= item
    return s
print (fact(10, 3))
```

这段代码的执行结果为 10 886 400。若把可变参数 b 的值由 3 变为 5 再变为 8 传递进去,即 fact(10,3,5,8),计算式为 10! * 3 * 5 * 8,执行结果为 435 456 000。

3. 位置参数和关键字参数

在函数调用时,参数的传递方式有两种:按照位置传递和按照关键字传递。位置参数要求传递参数的数量和位置与定义时保持一致。例如，def fun(a,b)，调用时使用 fun(2,1)，其中，a=2，b=1。关键字参数在调用函数时使用形参名确定输入的参数值，位置随意。例如，def fun(a,b)，调用时使用 fun(b=1,a=2)或者 fun(a=2,b=1)均可。

4. 函数的返回值

在 Python 中，return 是函数结束的标志。带表达式的 return 选择性地向调用方返回一个值，返回值的类型可以是任意的。return 语句可以出现在函数中的任意位置，只要 return 语句被执行，函数就结束执行。return 保留字的作用就是传递返回值。函数可以有返回值，也可以没有返回值。

2.5.4　局部变量和全局变量

在函数的内部定义的变量称为局部变量，该变量只在函数的内部有效。全局变量是指可以在函数内部和外部起作用的变量。如果在函数外部定义一个变量，可以在函数内部和外部访问它；如果在函数内部定义一个变量，可以用修饰符 global 将其变成全局变量。

2.6　类和对象

类是一组特征或行为相同的事物的总称。类是抽象的，不能直接使用。因此，类的主要功能是表达某些特征和行为。在 Python 中，对象的特征被称为属性，对象的行为被称为方法。

对象是从类中分离出来的。在 Python 中，一切都是对象。也就是说，对象不仅是具体的事物，字符和函数也都属于对象。这说明 Python 本质上是面向对象的。

2.6.1　定义类

定义类的语法格式如下：

```
class 类名:
    '''类文档字符串'''
    类体
```

为了提高程序的可读性，Python 类的名称不仅必须是一个有效的标识符，而且必须由一个或多个有意义的单词组成，每个单词的第一个字母大写，其余的字母小写，单词之间不使用分隔符。

'''类文档字符串'''属于文档字符串，用于指定类。定义该字符串后，在创建类的对象时，输入类名和左括号后将显示该信息。

类体主要由类变量(或类成员)、方法、属性等定义语句组成。

类的定义类似于函数的定义，冒号是类体的开头，类体是缩进的部分。它们的不同在于：函数定义时使用的是 def 关键字，而类定义时使用的是 class 关键字。

Python 的类定义包括类头(指 class 关键字和类名部分)和类体两部分。其中，类体中的类变量和类方法是其最主要的两个成员。如果没有为类定义任何类变量或类方法，那么这个类就等同于一个空类。如果空类不需要其他可执行语句，可以使用 pass 语句作为占位符。

例如，声明一个大雁类，代码如下：

```
class Geese:
    '''大雁类'''
    pass
```

2.6.2 创建类的实例

在定义了一个类之后，并没有真正创建一个实例。类定义语句本身不会创建类的任何实例。所以，在类定义完成之后，通过创建类的实例能够实例化类的对象。创建类的实例的语法格式如下：

```
类名(parameterlist)
```

其中，类名是用于指定具体的类的必选参数。parameterlist 是可选参数。当创建一个没有创建__init__()方法的类的实例或者创建类的实例时创建的__init__()方法中只有一个 self 参数时，parameterlist 可以省略。

2.6.3 创建__init__()方法

默认情况下，类定义的方法是实例方法。实例方法与函数的方法的定义基本相同，只是实例方法的第一个参数绑定到方法的调用方(类的实例)，因此实例方法至少应该定义一个参数，该参数通常会被命名为 self。

说明：实例方法的第一个参数不必称为 self。实际上，它可以任意命名。把该参数命名为 self 只是为了提高其可读性。

实例方法中的__init__()方法是一个特别的方法，称为构造方法。构造方法用于构造类的对象，Python 通过调用构造方法返回类的对象。

调用构造方法是类创建对象的基本方式，因此 Python 还提供了一个函数：如果开发人员没有为类定义任何构造方法，Python 会自动为只包含一个 self 参数的类定义一个默认的构造方法。

例如，声明一个大雁类，并且创建__init__()方法，代码如下：

```
class Geese:
    '''大雁类'''
    def __init__(self):                    #构造方法
        print("我是大雁类!")               #创建大雁类的实例
wildGoose = Geese()
```

运行上面的代码，将输出以下内容：

```
我是大雁类!
```

从上面的输出结果可以看出，在创建大雁类的实例时，虽然没有为__init__()方法指定参数，但是该方法会自动执行。

2.7　模　　块

在 Python 中，扩展名为".py"的文件被称为模块。在运行其他程序或脚本时，通常将执行特定功能的代码作为可以导入和使用的模块放在文件中。另外，模块的使用还可以大大减少函数名和变量名之间的冲突。

随着程序的逐渐扩大，为了方便维护，需要将程序划分为多个文件，一个文件保存一个功能模块。此外，模块的使用提高了代码的可重用性。也就是说，编好一个模块后，只要是实现相应功能的程序，都可以导入这个模块。

自定义模块的作用如下：

- 使代码标准化以使其更易于阅读。
- 为其他程序员使用已编好的代码提供方便，以提高开发效率。

2.7.1　创建模块

在 Python 中，每个 Python 文件都可以作为一个模块，模块名就是文件名。例如，在文件 addition.py 中定义了 fun_add()函数，代码如下：

```
def fun_add(a,b):
    return a+b
```

然后在创建的文件 b.py 中引用文件 addition.py，执行 b.py 就会执行 addition.by。下面将讲解如何把模块导入文件。

2.7.2　导入模块

模块的内部封装了许多实用功能，在模块外部需要调用其功能时可将其导入。导入模块可以采用以下两种方法：

- 使用 import 语句导入模块。
- 使用 from…import 语句导入模块。

具体分为以下 4 种情况。

1）import 模块名

调用格式：模块名.功能名。

例如：

```
import addition                                  #导入 addition 模块
addition.fun_add(a,b)                            #执行模块中的 fun_add()函数
```

2）import 模块名 as 别名

调用格式：别名.功能名。

例如：

```
import addition as a                             #导入 addition 模块并设置别名为 a
a.fun_add(a,b)                                   #执行模块中的 fun_add()函数
```

3）from 模块名 import 功能名

调用格式：直接用功能名调用。

例如：

```
from addition import fun_add        #导入 addition 模块的 fun_add()函数
fun_add(a,b)
```

4）from 模块名 import *

调用格式：直接用功能名调用。

例如：

```
from addition import *              #导入 addition 模块的全部定义(包括变量和函数)
fun_add(a,b)
```

2.8 文件操作

在 Python 中内置了文件对象。如果要使用文件对象，首先需要通过内置的 open()方法创建一个文件对象，然后使用 write()方法将数据写入文件，最后通过 close()方法关闭文件。下面介绍如何应用 Python 文件对象进行基本的文件操作。

2.8.1 创建和打开文件

在 Python 中，创建和打开文件使用 open()函数，该方法返回的是文件对象，以下是 open()函数的基本语法格式：

```
file = open(filename[,mode[,buffering]])
```

open()函数有多个参数。上面给出的第一个参数是传入的文件名。如果该参数只有一个文件名，没有路径，Python 将在当前目录下找到该文件并打开，或者在当前目录下创建一个文件并打开。第二个参数用于指定文件的打开模式，如表 2.12 所示。

表 2.12 mode 参数

值	执行操作	注意
'r'	以只读模式打开文件，此时文件不可写入	文件必须存在
'rb'	以只读模式和二进制格式打开文件。一般用于非文本文件，如图片、声音等	
'r+'	打开文件后，可以读取文件内容，也可以写入新的内容覆盖原有内容（从文件开头进行覆盖）	
'rb+'	以二进制格式打开文件，采用读写模式，指向文件的指针将放在文件开头。一般用于非文本文件，如图片、声音等	
'w'	以只读模式打开文件	若文件存在，则将其覆盖；否则创建新文件
'wb'	以二进制格式打开文件，采用只写模式。一般用于非文本文件，如图片、声音等	

续表

值	执行操作	注　意
'w+'	打开文件后，清空原有内容，使其成为空文件，对该空文件具有读写权限	若文件存在，则将其覆盖；否则创建新文件
'wb+'	以二进制格式打开文件，采用读写模式。一般用于非文本文件，如图片、声音等	
'a'	以追加模式打开文件。如果文件已经存在，文件指针将放在文件的末尾（即新内容将添加到原有内容之后）；否则，将创建一个新文件进行写入	
'ab'	以二进制格式打开文件，采用追加模式。如果文件已经存在，文件指针将放在文件的末尾（即新内容将添加到原有内容之后）；否则，将创建一个新文件进行写入	
'a+'	以读写模式打开文件。如果文件已经存在，文件指针将放在文件的末尾（即新内容将添加到原有内容之后）；否则，将创建一个新文件进行读写	
'ab+'	以二进制格式打开文件，并采用追加模式。如果文件已经存在，文件指针将放在文件的末尾（即新内容将写在现有内容之后）；否则，将创建一个新文件进行读写	

参数 buffering 指定文件的缓存模式，0 表示没有缓存，1 表示有缓存，大于 1 表示缓存区的大小。

打开文件并获取文件对象后，可以使用文件对象的某些方法读取或修改文件。下面介绍文件的其他几个常用操作。

2.8.2　关闭文件

为了避免对文件造成不必要的破坏，需要对打开文件及时关闭。可使用 close()函数实现文件关闭。以下是具体语法格式：

```
file.close()
```

其中，file 是打开的文件对象。

如果文件已经被写入，则在写入完成后应该关闭该文件。因为 Python 可能会缓存写入的数据，如果中间出现断电等意外，缓存的数据根本不会写入文件。因此，为了安全起见，文件在使用后需要立即关闭。

2.8.3　写入文件内容

如果需要写入文件，应确保文件打开的模式为'w'或'a'。Python 的文件对象提供了向文件中写入内容的 write()方法。以下是 write()方法的具体语法格式：

```
file.write(string)
```

其中，file 是打开的文件对象；string 是要写入的字符串。

说明：通过'w'模式写入文件时只保存当前写入的内容，原有内容会被全部删除。如果要在保留原有内容的基础上继续追加新内容，则必须通过'a'模式打开文件。

2.8.4 读取文件内容

在 Python 中打开一个文件后，不仅可以向该文件写入内容，还可以读取该文件的内容。文件的读取方法有很多，这里主要介绍使用文件对象的 read()和 readline()方法读取。

read()以字节为单位读取。如果没有设置参数，将文件内容全部读出，文件指针指向文件的末尾。语法格式如下：

```
file.read([size])
```

其中，file 是打开的文件对象；size 是用来指定读取字符个数的可选参数，如果省略该参数，则一次性将所有内容读入内存。

当通过 read()方法读取文件时，如果文件太大，一次性把所有的内容读入内存容易造成内存不足，因此一般采取逐行读取。readline()方法用于读取文件中的整行，即从文件指针的位置向后读取，直到遇到换行符(\n)。以下是 readline()方法的基本语法格式：

```
file.readline()
```

其中，file 是打开的文件对象。与 read()方法相似，readline()方法也需要在打开文件时指定文件的打开模式是'r'(只读)还是'r+'(读写)。

2.9 小　　结

Python 的特点如下：

- 易于学习、阅读和维护。Python 关键字较少，结构简单，语法定义明确，更容易学习。Python 代码定义较清晰。Python 的成功之处在于其源代码易于维护。
- 拥有广泛的标准库。Python 具有良好的生态，拥有丰富的函数库，可支持跨平台操作，具有良好的兼容性。
- 支持交互模式。Python 可以支持用户在终端上进行操作，也可以将执行代码从终端输入并得到结果，还可以对代码进行测试和调试。
- 可移植和可扩展。基于 Python 源代码的开放性，Python 程序可以移植到多种平台。若对关键代码执行速度有较高要求，或者不对开发代码进行开源，用户可以使用 C 或 C++ 完成关键代码编写，然后在 Python 程序中进行调用。
- Python 能够提供所有主要商业数据库的接口。
- Python 支持 GUI，进而能够创建 GUI 并移植到其他系统中调用。
- Python 程序可以嵌入 C/C++ 程序中，使程序的用户获得脚本化的能力。

第3章

NumPy 基础

NumPy 是 Python 中一个以矩阵计算为基础的快速运算数学函数库，该函数库允许在 Python 中进行向量和矩阵计算，而且由于许多底层函数是使用 C 语言编写的，因此用户可以体验到在 Python 中从未体验过的计算速度。

NumPy 是 Python 能被数据科学领域广泛应用的关键因素之一，如果想要从事数据科学和机器学习等相关工作，NumPy 是必须掌握的工具。由于其良好的 API 设计，学习和使用该函数库并非难事。

在本章中，将介绍 NumPy 的基础知识。NumPy 是一个功能强大的 Python 库，允许更高级的数据操作和数学计算。在使用 NumPy 之前，需要了解 Matplotlib。

3.1 Matplotlib 基础

Matplotlib 是一个绘图函数库，在机器学习中常与 NumPy 搭配使用以实现数据可视化，方便用户进行数据分析和模型部署。pyplot 是 Matplotlib 函数库中常用的模块，该模块提供了类似于 MATLAB 的绘图系统。

3.1.1 绘图

1. plot 二维图

Matplotlib 中最重要的功能是 plot，它可以绘制二维数据的图像。下面是一个简单的例子：

```
import numpy as np
import matplotlib.pyplot as plt
#计算正弦曲线上点的 x 和 y 坐标
x = np.arange(0, 3 * np.pi, 0.1)
y = np.sin(x)
#使用 Matplotlib 绘制这些点
plt.plot(x, y)
plt.show()                                    #必须调用 plt.show()显示图形
```

运行此代码的结果如图 3.1 所示。

该函数还可同时将多条曲线绘制于同一窗口，并添加标题、图例和轴标签。示例代码如下：

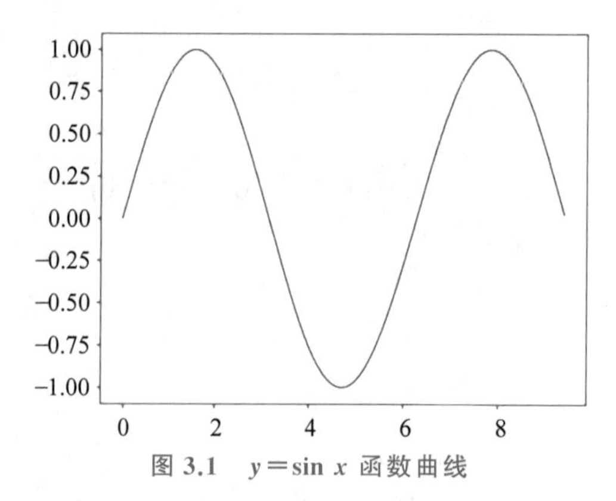

图 3.1　$y=\sin x$ 函数曲线

```
import numpy as np
import matplotlib.pyplot as plt
#计算正弦和余弦曲线上点的 x 和 y 坐标
x = np.arange(0, 3 * np.pi, 0.1)
y_sin = np.sin(x)
y_cos = np.cos(x)
#使用 Matplotlib 绘制这些点
plt.plot(x, y_sin)
plt.plot(x, y_cos)
plt.xlabel('x')
plt.ylabel('y')
plt.title('Sine and Cosine')
plt.legend(['Sine', 'Cosine'])
plt.show()
```

运行此代码结果如图 3.2 所示。

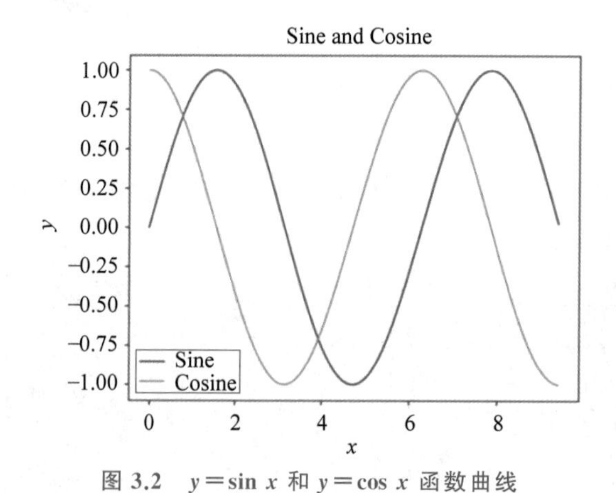

图 3.2　$y=\sin x$ 和 $y=\cos x$ 函数曲线

2. 多图

使用 subplot()函数在同一个图中绘制不同的东西。这是一个例子：

```
import numpy as np
import matplotlib.pyplot as plt
```

```
#计算正弦和余弦曲线上点的 x 和 y 坐标
x = np.arange(0, 3 * np.pi, 0.1)
y_sin = np.sin(x)
y_cos = np.cos(x)
#设置高度为 2、宽度为 1 的绘图网格,并设置第一个绘图区为有效区域
plt.subplot(2, 1, 1)
#绘制第一个图
plt.plot(x, y_sin)
plt.title('Sine')
#设置第二个绘图区为有效区域
plt.subplot(2, 1, 2)
#绘制第二个图
plt.plot(x, y_cos)
plt.title('Cosine')
#显示图片
plt.show()
```

运行此代码的结果如图 3.3 所示。

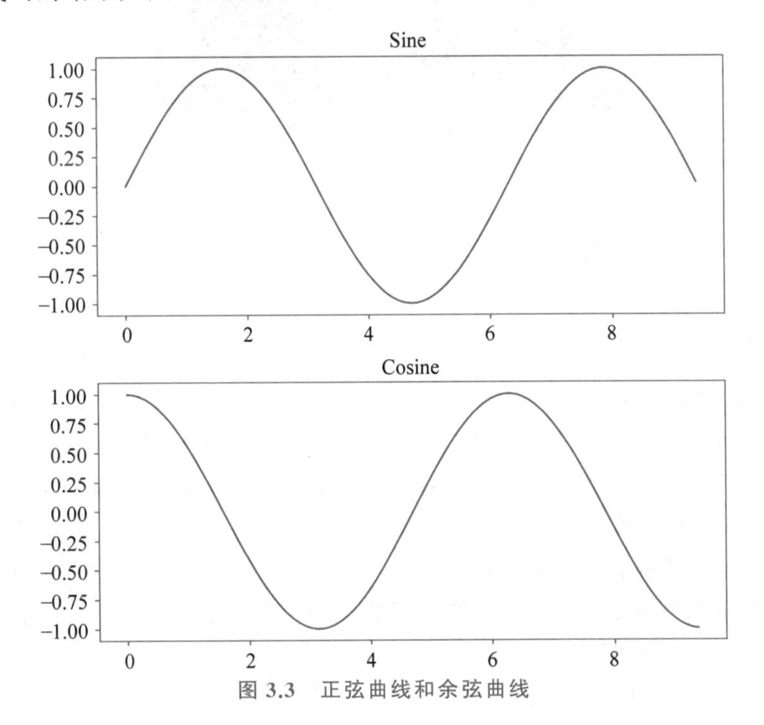

图 3.3　正弦曲线和余弦曲线

3.1.2　显示图片

使用 imshow()函数显示一张图片。下面是一个例子：

```
import numpy as np
from scipy.misc import imread, imresize
import matplotlib.pyplot as plt
img = imread('assets/cat.jpg')
```

```
img_tinted = img * [1, 0.95, 0.9]
#显示原始图像
plt.subplot(1, 2, 1)
plt.imshow(img)
#显示着色图像
plt.subplot(1, 2, 2)
plt.imshow(np.uint8(img_tinted))
#显示图片
plt.show()
```

运行结果如图 3.4 所示。

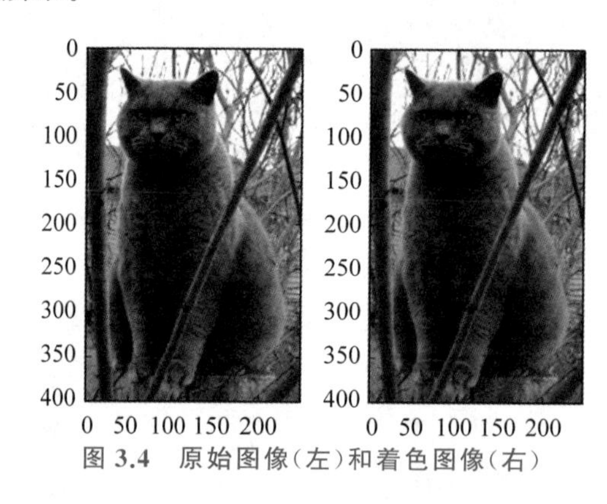

图 3.4 原始图像(左)和着色图像(右)

3.2 NumPy 预备知识

3.2.1 NumPy 简介

NumPy 是一个强大的 Python 库,主要用于计算多维数组,其名字来源于 Numerical 和 Python 两个单词,意指基于 Python 平台的数学函数库。该函数库被广泛用于以下任务:

- 机器学习模型。机器学习算法依托于大量矩阵运算,例如矩阵乘法、换位、加法等。NumPy 简单(就编码而言)和快速的计算提供了一个良好的计算生态,可用于存储训练数据和机器学习模型参数。
- 图像处理和计算机图形学。在计算机中,使用多维数组表示图像,因此可使用 NumPy 进行图像处理。而事实上,NumPy 也提供了一些优秀的库函数帮助用户快速处理图像,例如镜像图像、以特定角度旋转图像等。
- 数学任务。NumPy 非常适用于执行各种数学任务,如数值积分、微分、插值、外推等。因此,当涉及数学任务时,它可以作为基于 Python 的 MATLAB 的快速替代品。

3.2.2 NumPy 的安装

在计算机上安装 NumPy 的最快也是最简单的方法是在 Shell 上使用以下命令:

```
pip install NumPy
```

这将在计算机上安装最新/最稳定的 NumPy 版本。通过 pip 安装是安装任何 Python 软件包的最简单方法。接下来介绍 NumPy 中最重要的概念——NumPy 数组。

3.2.3　NumPy 中的数组

NumPy 提供了一种重要的数据结构，称为 NumPy 数组。NumPy 数组是对 Python 数组的扩展，其配备了大量的函数和操作符，可以帮助用户快速编写高性能代码，用于上面介绍的各种类型的计算任务。

1. 快速创建一维数组

```
import numpy as np
my_array = np.array([1, 2, 3, 4, 5])
print(my_array)
```

在上面的简单示例中，首先使用 import numpy as np 导入 NumPy 库，然后创建了一个包含 5 个整数的一维数组，最后将其输出到屏幕上。

2. 输出数组的形状

```
print(my_array.shape)
```

上述命令输出刚刚创建的数组的形状：(5,)，即 my_array 是一个包含 5 个元素的一维数组。

3. 输出数组的各个元素

NumPy 数组的索引遵循 Python 对于序列数据的检索规则，具体实例如下：

```
print(my_array[0])
print(my_array[1])
```

上述命令将分别输出 1 和 2。

还可以修改 NumPy 数组的元素。例如：

```
my_array[0] = -1
print(my_array)
```

运行结果：

```
[-1,2,3,4,5]
```

假设要创建一个长度为 5 的一维数组，使得所有元素都为 0，NumPy 提供了一种简单的实现方法：

```
my_new_array = np.zeros((5))
print(my_new_array)
```

输出结果：

```
[0., 0., 0., 0., 0.]
```

4. 创建随机数组

```
my_random_array = np.random.random((5))
print(my_random_array)
```

输出结果是类似于[0.22051844, 0.35278286, 0.11342404, 0.79671772, 0.62263151]的数组。具体的输出可能会有所不同,因为使用的是随机函数,它为每个元素赋予0～1的随机值。

5. 创建二维数组

使用np.zeros()函数创建二维数组：

```
my_2d_array = np.zeros((2, 3))
print(my_2d_array)
```

这将输出以下内容：

```
[[0. 0. 0.]
[0. 0. 0.]]
```

使用np.ones()函数创建二维数组：

```
my_2d_array_new = np.ones((2, 4))
print(my_2d_array_new)
```

这将输出以下内容：

```
[[1. 1. 1. 1.]
[1. 1. 1. 1.]]
```

当使用np.zeros()或np.ones()函数时,可以指定表示数组大小的元组。在上面的两个例子中,可以使用元组(2, 3)和(2, 4)分别表示2行3列和2行4列。像上面那样的多维数组可以用my_array[i][j]进行索引,其中i表示行号,j表示列号。i和j都从0开始。

```
my_array = np.array([[4, 5], [6, 1]])
print(my_array[0][1])
```

上面的代码片段的输出是5,因为它指定的是0行1列中的元素。

同样,执行下面的操作可输出my_array的形状：

```
print(my_array.shape)
```

输出为(2,2),表示数组中有2行2列。

NumPy提供了一种提取多维数组行元素和列元素的强大方法。例如,对于上面定义的my_array,假设想从中提取第二列(索引为1)的所有元素。第二列由两个元素组成：5和1。为此,可以执行以下操作：

```
my_array_column_2 = my_array[:, 1]
print (my_array_column_2)
```

注意：使用冒号代表沿该维度检索全部元素，而对于列号使用了值 1，最终输出是[5,1]。

类似地，可以从多维 NumPy 数组中提取一行。

下面介绍 NumPy 在多个数组上执行计算的功能。

NumPy 提供了良好的 API 以方便用户进行数学运算。以下是数组加减乘除运算的例子：

```
import numpy as np
a = np.array([[1.0, 2.0], [3.0, 4.0]])
b = np.array([[5.0, 6.0], [7.0, 8.0]])
sum = a + b
difference = a - b
product = a * b
quotient = a / b
print("Sum = {}".format(sum))
print("Difference = {}".format(difference))
print("Product = {}".format(product))
print("Quotient = {}".format(quotient))
```

输出结果如下：

```
Sum = [[ 6. 8.] [10. 12.]]
Difference = [[-4. -4.] [-4. -4.]]
Product = [[ 5. 12.] [21. 32.]]
Quotient = [[0.2 0.33333333] [0.42857143 0.5 ]]
```

从上面的运行结果可以看出，数组乘法运算即对应元素相乘。要进行矩阵乘法运算，需执行以下操作：

```
matrix_product = a.dot(b)
print ("Matrix Product ={} ".format( matrix_product))
```

输出结果如下：

```
[[19. 22.]
[43. 50.]]
```

3.3　NumPy 语法

3.3.1　数组基础

1. 创建数组

NumPy 的运算机制围绕着数组展开，实际上这些数组被称为 ndarray。使用 NumPy

创建的数组可以快速执行相关操作。下面首先总结数组创建方法,然后介绍数组的常用操作。

```
#一维数组
a = np.array([0, 1, 2, 3, 4])
b = np.array((0, 1, 2, 3, 4))
c = np.arange(5)
d = np.linspace(0, 2 * np.pi, 5)
print(a)      #输出[0 1 2 3 4]
print(b)      #输出[0 1 2 3 4]
print(c)      #输出[0 1 2 3 4]
print(d)      #输出[0.00000000  1.57079633  3.14159265  4.71238898  6.28318531]
print(a[3])   #输出 3
```

上面的代码显示了创建数组的 4 种方法。最基本的方法是利用 array()函数将列表转换为数组。该函数允许传递任何序列,而不限于列表数据类型。

上面的数组示例演示了如何使用 NumPy 表示向量。但是在机器学习和深度学习中,更多的时候需要处理二维及多维数组的数据。接下来介绍如何使用 NumPy 进行多维数组操作。

```
#二维数组
a = np.array([[11, 12, 13, 14, 15],
              [16, 17, 18, 19, 20],
              [21, 22, 23, 24, 25],
              [26, 27, 28 ,29, 30],
              [31, 32, 33, 34, 35]])
print(a[2,4])                      #输出 25
```

为了创建一个二维数组,将一个序列的序列传递给 array()函数。如果要创建一个三维数组,需要传递一个序列的序列的序列,以此类推。

2. 多维数组切片

多维数组切片比一维数组切片复杂一点。下面是一个示例:

```
#二维数组切片
print(a[0, 1:4])    #输出[12 13 14]
print(a[1:4, 0])    #输出[16 21 26]
print(a[::2,::2])   #输出[[11 13 15]
                    #输出[21 23 25]
                    #输出[31 33 35]]
print(a[:, 1])      #输出[12 17 22 27 32]
```

因此,可以通过对每个逗号分隔的维度执行单独的切片实现多维数组切片。例如,对于二维数组,第一个切片定义为行的切片,第二个切片定义为列的切片。上面的第二个示例 print(a[1:4,0])从数组中选择第 2 行和第 3 行第 1 列的数字。

3. 数组索引

NumPy 提供了几种数组索引的方法。

与Python列表一样，NumPy数组也可以切片。因为数组可以是多维的，所以必须为数组的每个维度指定一个切片，具体例子如下：

```
import numpy as np
#创建一个形状为(3,4)的二维数组
#  [[1   2   3   4]
#    [5   6   7   8]
#    [9  10  11  12]]
a = np.array([[1,2,3,4], [5,6,7,8], [9,10,11,12]])
#使用切片提取由前两行组成的子数组
#b为形状(2,2)的数组
#  [[2 3]
#    [6 7]]
b = a[:2, 1:3]
#数组元素的数据类型相同，所以切片会修改原始数组
print(a[0, 1])                       #输出2
b[0, 0] = 77                         #b[0, 0]与a[0, 1]是同一段数据
print(a[0, 1])                       #输出77
```

另外，还可以将整数数组索引与切片索引混合使用，但是这样做将导致数组的级别低于原始数组。注意，这与MATLAB处理数组切片的方式完全不同。

```
import numpy as np
#创建一个形状为(3,4)的二维数组
a = np.array([[1,2,3,4], [5,6,7,8], [9,10,11,12]])
#访问数组中间行数据的两种方法
#混合使用整数索引与切片索引产生一个低级别的数组
#只使用切片索引产生一个与原始数组相同级别的数组
row_r1 = a[1, :]                     #第一种:a的第二行
row_r2 = a[1:2, :]                   #第二种:a的第二行
print(row_r1, row_r1.shape)          #输出[5 6 7 8] (4,)
print(row_r2, row_r2.shape)          #输出[[5 6 7 8]] (1, 4)
```

可以在访问数组的列时做同样的区分：

```
col_r1 = a[:, 1]
col_r2 = a[:, 1:2]
print(col_r1, col_r1.shape)          #输出[2 6 10] (3,)
print(col_r2, col_r2.shape)          #输出[[2]
                                     #      [6]
                                     #      [10]] (3, 1)
```

当对NumPy数组使用切片索引时，生成的数组将始终是原始数组的子数组。而整数数组索引允许用户使用另一个数组中的数据构造任何数组。具体例子如下：

```
import numpy as np
a = np.array([[1,2], [3, 4], [5, 6]])
#整数数组索引的示例
//返回的数组形状为(3,)
```

```
print(a[[0, 1, 2], [0, 1, 0]])                    #输出[1 4 5]
#上面的整数数组索引的例子相当于
print(np.array([a[0, 0], a[1, 1], a[2, 0]]))      #输出[1 4 5]
#当使用整数数组索引时,可以重用原始数组的元素
print(a[[0, 0], [1, 1]])                          #输出[2 2]
#相当于前面的整数数组索引示例
print(np.array([a[0, 1], a[0, 1]]))               #输出[2 2]
```

整数数组索引常用于机器学习中。可通过整数数组索引对矩阵中的元素进行提取和运算：

```
import numpy as np
a = np.array([[1,2,3], [4,5,6], [7,8,9], [10, 11, 12]])
print(a)     #输出[[ 1  2  3]
             #     [ 4  5  6]
             #     [ 7  8  9]
             #     [10 11 12]]
#创建索引数组
b= np.array([0, 2, 0, 1])
#使用b中的索引值从a的每一行中选择一个元素
print(a[np.arange(4), b])  #输出[ 1  6  7  11]
```

```
#使用b中的索引值在a的每一行中改变一个元素
a[np.arange(4), b] += 10
print(a)   #输出[[11  2  3]
           #     [ 4  5 16]
           #     [17  8  9]
           #     [10 21 12]]
```

布尔数组索引允许选择数组的任意元素。通常这种索引用于选择满足某些条件的数组元素。下面是一个例子：

```
import numpy as np
a = np.array([[1,2], [3, 4], [5, 6]])
bool_idx =(a > 2)                          #求出a中大于2的元素
#这将返回一个与a形状相同的布尔值数组,其中bool_idx的每个槽都表示a的元素是否大于2
print(bool_idx)                            #输出[[False, False]
                                           #     [True, True]
                                           #     [True, True]]
#使用布尔数组索引构造一个一维数组,其中包含的元素对应于bool_idx的真实值
print(a[bool_idx])                         #输出[3 4 5 6]
#合并之后可以写成
print(a[a > 2])                            #输出[3 4 5 6]
```

4. 数据类型

每个 NumPy 数组都是由相同数据类型的元素组成的。NumPy 提供了大量可用于构造数组的数据类型。NumPy 在创建数组时含有默认数据类型，但是构造数组的函数通常还包含一个可选参数显式指定数据类型，具体例子如下：

```
import numpy as np
x = np.array([1, 2])                        #让 NumPy 选择数据类型
print(x.dtype)                              #输出 int64
x = np.array([1.0, 2.0])                    #让 NumPy 选择数据类型
print(x.dtype)                              #输出 float64
x = np.array([1, 2], dtype=np.int64)        #强制使用特定的数据类型
print(x.dtype)                              #输出 int64
```

5. 数组属性

在使用 NumPy 时,用户有时想知道数组的某些信息。NumPy 包含了很多便捷的方法返回用户想要的信息。

```
a = np.array([[11, 12, 13, 14, 15],
              [16, 17, 18, 19, 20],
              [21, 22, 23, 24, 25],
              [26, 27, 28 ,29, 30],
              [31, 32, 33, 34, 35]])
print(type(a))                              #输出<class numpy.ndarray'>
print(a.dtype)                              #输出 int64
print(a.size)                               #输出 25
print(a.shape)                              #输出(5, 5)
print(a.itemsize)                           #输出 8
print(a.ndim)                               #输出 2
print(a.nbytes)                             #输出 200
```

正如上面的代码所示,NumPy 数组实际上被称为 ndarray。数组的形状是指它有多少行和列,上面的数组有 5 行和 5 列,所以它的形状是(5,5)。

- itemsize 属性是每个项占用的字节数。数组 a 的数据类型是 int64,一个 int64 数据有 64 位,一字节为 8 位,64/8=8。
- ndim 属性是数组的维数。数组 a 的维数为 2。
- nbytes 属性是数组中的所有数据所占的字节数。然而这并未计入数组的开销,因此数组占用的实际空间比 nbytes 值大一点。

3.3.2　数组的使用

1. 基本运算符

有时需要对数组进行数学运算,可以使用+、-、* 、/完成运算。

```
#基本运算符
a = np.arange(25)
a = a.reshape((5, 5))
b = np.array([10, 62, 1, 14, 2, 56, 79, 2, 1, 45,
              4, 92, 5, 55, 63, 43, 35, 6, 53, 24,
              56, 3, 56, 44, 78])
b= b.reshape((5,5))
print(a + b)
print(a - b)
```

```
print(a * b)
print(a / b)
print(a ** 2)
print(a < b)
print(a > b)
print(a.dot(b))
```

除了 dot()函数之外,这些运算符都对数组进行逐元素运算。例如$(a,b,c)+(d,e,f)$的结果就是$(a+d,b+e,c+f)$。运算返回的结果是一个数组。注意,当使用布尔运算符(例如<和>)的时候,返回的将是一个布尔型数组,相关优点将在后面讨论。

dot()函数计算两个数组的点积。它返回的是一个标量(只有大小、没有方向的一个值),而不是数组。

2. 数组特殊运算符

NumPy 提供了一些用于处理数组的特殊运算符(函数),如 sum()、min()、max()、cumsum()等。

```
a = np.arange(10)
print(a.sum())                          #输出 45
print(a.min())                          #输出 0
print(a.max())                          #输出 9
print(a.cumsum())                       #输出 [ 0  1  3  6 10 15 21 28 36 45]
```

sum()、min()和 max()函数的作用非常明显,分别是将所有元素相加以及找出最小元素和最大元素。

然而,cumsum()函数的作用就不那么明显了。它也像 sum()函数一样将所有元素相加,但是它首先将第一个元素和第二个元素相加,并将计算结果存储在一个列表中,然后将该结果与第三个元素累加,然后再将该结果存储在上面的列表中,以此类推,对数组中的所有元素执行此操作,并返回最终的列表。

3.3.3 索引进阶

1. 花式索引

花式索引(fancy indexing)是获取数组中的特定元素的有效方法。例如:

```
a = np.arange(0, 100, 10)
indices = [1, 5, -1]
b = a[indices]
print(a)                                #输出 [ 0 10 20 30 40 50 60 70 80 90]
print(b)                                #输出 [10 50 90]
```

如上所示,使用特定索引序列对数组进行索引,将返回索引的元素的列表。

2. 布尔屏蔽

布尔屏蔽(boolean masking)允许根据用户指定的条件检索数组中的元素。例如:

```
import matplotlib.pyplot as plt
```

```
a = np.linspace(0, 2 * np.pi, 50)
b = np.sin(a)
plt.plot(a,b)
mask = b >= 0
plt.plot(a[mask], b[mask], 'bo')
mask = (b >= 0) & (a <= np.pi / 2)
plt.plot(a[mask], b[mask], 'go')
plt.show()
```

该示例生成的图形如图 3.5 所示。

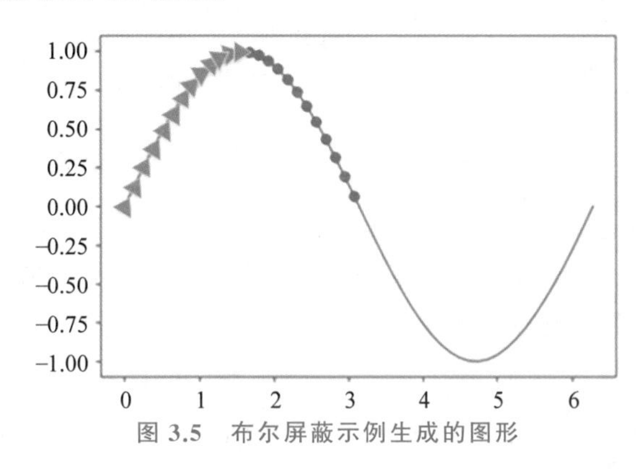

图 3.5　布尔屏蔽示例生成的图形

3. 不完全索引

不完全索引(incomplete indexing)是从多维数组的第一个维度获取索引或切片的一种简便方法。例如，如果数组 a=[[1,2,3,4,5],[6,7,8,9,10]]，那么在数组的第一个维度中给出索引为 3 的元素，这里是值 4。

```
a = np.arange(0, 100, 10)
b = a[:5]
c = a[a >= 50]
print(b)                                #输出[ 0 10 20 30 40]
print(c)                                #输出[50 60 70 80 90]
```

4. where()函数

where()函数可以根据条件返回数组中的值。它会返回一个使得条件为真的元素的列表。

```
a = np.arange(0, 100, 10)
b = np.where(a < 50)
c = np.where(a >= 50)[0]
print(b)                                #输出(array([0, 1, 2, 3, 4]),)
print(c)                                #输出[5 6 7 8 9]
```

3.3.4　广播

广播是一种强大的机制，它允许 NumPy 在执行算术运算时使用不同形状的数组。通常，有一个较小的数组和一个较大的数组，通过多次使用较小的数组对较大的数组执行一些操作。

例如,要向矩阵的每一行添加一个常数向量,可以通过以下代码实现:

```
import numpy as np
#在矩阵 x 的每一行中添加向量 v,将结果存储在矩阵 y 中
x = np.array([[1,2,3], [4,5,6], [7,8,9], [10, 11, 12]])
v = np.array([1, 0, 1])
y = np.empty_like(x)                          #创建一个与 x 形状相同的空矩阵
#用一个显式循环将向量 v 添加到矩阵 x 的每一行中
for i in range(4):
    y[i, :] = x[i, :] + v
print(y)
                                              #输出[[ 2  2  4]
                                              #     [ 5  5  7]
                                              #     [ 8  8 10]
                                              #     [11 11 13]]
```

这种方法是可行的。但是当矩阵 x 非常大时,在 Python 中计算显式循环可能会很慢。注意,向矩阵 x 的每一行添加向量 v 等同于通过垂直堆叠多个 v 的副本形成矩阵 vv,然后执行元素的求和,具体可以通过以下代码实现:

```
import numpy as np
#在矩阵 x 的每一行中添加向量 v,将结果存储在矩阵 y 中
x = np.array([[1,2,3], [4,5,6], [7,8,9], [10, 11, 12]])
v = np.array([1, 0, 1])
vv = np.tile(v, (4, 1))                       #将 v 的 4 个副本堆叠在一起
print(vv)                                     #输出[[1 0 1]
                                              #     [1 0 1]
                                              #     [1 0 1]
                                              #     [1 0 1]]
y= x + vv                                     #逐个元素添加 x 和 vv
print(y)                                      #输出[[ 2  2  4]
                                              #     [ 5  5  7]
                                              #     [ 8  8 10]
                                              #     [11 11 13]]
```

NumPy 广播机制允许在不实际创建 v 的多个副本的情况下执行此计算。使用广播机制的代码如下:

```
import numpy as np
#在矩阵 x 的每一行中添加向量 v,将结果存储在矩阵 y 中
x = np.array([[1,2,3], [4,5,6], [7,8,9], [10, 11, 12]])
v = np.array([1, 0, 1])
y = x + v                                     #使用广播机制将 v 添加到 x 的每一行
print(y)                                      #输出[[ 2  2  4]
                                              #     [ 5  5  7]
                                              #     [ 8  8 10]
                                              #     [11 11 13]]
```

对于 y=x+v 行,即使 x 具有形状(4,3),v 具有形状(3,),由于广播的关系,该行的工

作方式仍然好像 v 实际上具有形状(4,3)一样,其中每一行都是 v 的副本,并且求和是逐个元素执行的。

将两个数组一起广播遵循以下规则:

- 如果数组不具有相同的秩,则将较低等级数组的形状添加 1,直到两个形状具有相同的长度。
- 如果两个数组在维度上具有相同的大小,或者其中一个数组在该维度中的大小为 1,则称这两个数组在维度上是兼容的。
- 如果数组在所有维度上兼容,则可以一起广播。
- 广播之后,每个数组的形状等于两个输入数组的形状的元素最大值。
- 在一个数组的维数为 1 且另一个数组的维数大于 1 的任何维度中,前一个数组的行为就像沿着该维度复制一样。

以下是广播的应用示例:

```
import numpy as np
#计算向量的外积
v = np.array([1,2,3])                  #v 的形状为(3,)
w = np.array([4,5])                    #w 的形状为(2,)
#首先将 v 重塑为形状为(3,1)的列向量,然后向 w 广播,得到形状为(3,2)的输出,它是 v 和 w 的
#外积
#[[ 4  5]
# [ 8 10]
# [12 15]]
print(np.reshape(v, (3, 1)) * w)  #在矩阵的每一行上加一个向量
x = np.array([[1,2,3], [4,5,6]])  #x 的形状是(2,3),v 的形状是(3,),广播后得到如下的
                                  #矩阵
#[[ 2 4 6]
# [ 5 7 9]]
print(x + v)                          #在矩阵的每一列上加一个向量
#x 的形状是(2,3),w 的形状是(2,)如果转置 x,那么它的形状为(3,2),广播后产生形状为(3,2)
#的结果。对这个结果进行转置,就得到了形状为(2,3)的如下结果
#[[ 5  6  7]
# [ 9 10 11]]
print((x.T + w).T)                    #另一种解决方案是将 w 重塑为形状为(2,1)的列向量
                                      #然后将它广播给 x,以产生相同的输出
print(x + np.reshape(w, (2, 1)))
#将矩阵乘以一个常数。x 的形状为 (2,3)。NumPy 将标量视为空数组。广播后产生如下数组
#[[ 2  4  6]
# [ 8 10 12]]
print(x * 2)
```

广播通常会使代码更简洁,效率更高,因此应该尽可能地使用这个机制。

3.4　创建 NumPy 数组的 3 种方法

NumPy 库的核心是数组对象(也称 ndarray 对象)。使用 NumPy 数组可以进行逻辑、统计和傅里叶变换等运算。使用 NumPy 首先要创建 NumPy 数组。本节介绍创建 NumPy

数组的方法。

创建 NumPy 数组有以下 3 种方法：

- 使用 NumPy 内部功能函数。
- 从 Python 列表转换。
- 使用特殊的库函数。

3.4.1 使用 NumPy 内部功能函数

NumPy 内置了用于创建数组的函数。

1. 创建一维数组

首先，创建一维数组或秩为 1 的数组。arange()是一个广泛使用的函数，用于快速创建数组。将值 20 传递给 arange()函数会创建一个值为 0～19 的数组。

```
import numpy as np
array = np.arange(20)
print (array)
```

输出如下：

```
array([ 0,  1,  2,  3,  4,
        5,  6,  7,  8,  9,
       10, 11, 12, 13, 14,
       15, 16, 17, 18, 19])
```

要验证此数组的维度，使用 shape 属性：

```
print(array.shape)
```

输出如下：

```
(20,)
```

由于逗号后面没有值，因此这是一维数组。与其他编程语言一样，NumPy 数组的索引从 0 开始。因此，要访问数组中的第四个元素，应使用索引 3：

```
print(array[3])
```

输出如下：

```
3
```

NumPy 数组是可变的，可以在初始化数组后更改数组中元素的值。使用 print()函数查看数组的内容：

```
array[3] = 100
print(array)
```

输出如下：

```
[ 0   1   2  100
  4   5   6    7
  8   9  10   11
 12  13  14   15
 16  17  18   19]
```

与 Python 列表不同，NumPy 数组的元素是相同类型的。因此，如果将字符串值分配给数组中的元素(其数据类型为 int)，则会出现错误。

```
array[3] ='NumPy'
```

输出如下：

```
ValueError: invalid literal for int() with base 10: 'NumPy'
```

2. 创建二维数组

如果只使用 arange()函数，将输出一维数组。要使其成为二维数组，必须使用 reshape()函数重塑其输出。

```
array = np.arange(20).reshape(4,5)
print (array)
```

输出如下：

```
array([[ 0,   1,   2,   3,   4],
       [ 5,   6,   7,   8,   9],
       [10,  11,  12,  13,  14],
       [15,  16,  17,  18,  19]])
```

首先创建 20 个整数的一维数组，然后将该数组转换为具有 4 行和 5 列的二维数组。检查一下这个数组的维数：

```
(4, 5)
```

由于得到两个值，因此这是一个二维数组。要访问二维数组中的元素，需要为行和列指定索引：

```
print(array[3][4])
```

输出如下：

```
19
```

3. 创建三维数组

创建三维数组需要为reshape()函数指定3个参数：

```
array = np.arange(27).reshape(3,3,3)
print(array)
```

输出如下：

```
array([[[ 0,   1,   2],
        [ 3,   4,   5],
        [ 6,   7,   8]],
       [[ 9,  10,  11],
        [12,  13,  14],
        [15,  16,  17]],
       [[18,  19,  20],
        [21,  22,  23],
        [24,  25,  26]]])
```

需要注意的是，数组中元素的数量(27)必须是其形状的3个数字的乘积(3×3×3)。要检查它是否是三维数组，可以使用shape属性：

```
print(array.shape)
```

输出如下：

```
(3, 3, 3)
```

此外，使用arange()函数可以创建一个指定起始值和结束值的特定序列的数组：

```
print(np.arange(10, 35, 3))
```

输出如下：

```
array([10, 13, 16, 19, 22, 25, 28, 31, 34])
```

4. 使用其他NumPy函数

除了arange()函数之外，还可以使用其他函数(例如zeros()和ones())快速创建和填充数组。

使用zeros()函数创建一个填充0的数组(函数的参数表示行数和列数或其维数)：

```
print(np.zeros((2,4)))
```

输出如下：

```
array([[0., 0., 0., 0.],
       [0., 0., 0., 0.]])
```

使用 ones()函数创建一个填充 1 的数组：

```
print(np.ones((3,4)))
```

输出如下：

```
array([[1., 1., 1., 1.],
       [1., 1., 1., 1.],
       [1., 1., 1., 1.]])
```

使用 empty()函数创建一个数组，它的初始内容是随机的，取决于内存的状态：

```
print(np.empty((2,3)))
```

输出如下：

```
array([[0.65670626, 0.52097334, 0.99831087],
       [0.07280136, 0.4416958 , 0.06185705]])
```

使用 full()函数创建一个填充给定值的 $n \times n$ 数组：

```
print(np.full((2,2), 3))
```

输出如下：

```
array([[3, 3],
       [3, 3]])
```

使用 eye()函数创建一个 $n \times n$ 矩阵，主对角线元素为 1，其他元素为 0：

```
print(np.eye(3,3))
```

输出如下：

```
array([[1., 0., 0.],
       [0., 1., 0.],
       [0., 0., 1.]])
```

linspace()函数在指定的数字范围内返回等间隔的数字。例如，下面的函数返回 0～10 的 4 个等间隔数字：

```
print(np.linspace(0, 10, num=4))
```

输出如下：

```
array([ 0., 3.33333333, 6.66666667, 10.])
```

3.4.2 从 Python 列表转换

除了使用 NumPy 函数，还可以直接从 Python 列表创建数组。将 Python 列表传递给数组函数以创建 NumPy 数组：

```
array = np.array([4,5,6])
print(array)
```

输出如下：

```
array([4, 5, 6])
```

还可以创建 Python 列表并传递其名称以创建 NumPy 数组。首先创建列表：

```
list = [4,5,6]
print(list)
```

输出如下：

```
[4, 5, 6]
```

然后传递其名称以创建 NumPy 数组：

```
array = np.array(list)
print(array)
```

输出如下：

```
array([4, 5, 6])
```

确认变量 list 和 array 分别是 Python 列表和 NumPy 数组：

```
type(list)
type(array)
```

要创建二维数组，可以将两个列表传递给数组函数：

```
array = np.array([(1,2,3), (4,5,6)])
print(array)
```

输出如下：

```
array([[1, 2, 3],
       [4, 5, 6]])
```

查看数组的形状：

```
print(array.shape)
```

输出如下：

```
(2, 3)
```

3.4.3　使用特殊的库函数

创建数组时，还可以使用特殊的库函数实现。例如，要创建一个填充 0～1 的随机值的数组，使用 random()函数。这对于需要从随机状态开始的问题特别有用。例如：

```
print(np.random.random((2,2)))
```

输出如下：

```
array([[0.1632794 , 0.34567049],
       [0.03463241, 0.70687903]])
```

3.5　小　　结

NumPy 中基本的数据类型是 ndarray，例如 zeros()、ones()等函数的返回值都是 ndarray 类型的。NumPy 中也有另一种数据类型，是 matrix，它是二维数组。作乘法运算的时候，如果两个操作数中至少有一个是 matrix 类型，代表矩阵乘法；如果两个操作数都是 ndarray 类型，代表逐元素的乘法。

希望两个 ndarray 类型的变量作矩阵乘法，可以用 dot()函数；希望两个 matrix 变量作逐元素乘法，可以用 multiply()函数。

假设 trainMat 是 8×10 的 ndarray 类型，那么 trainMat[0]是第一行的元素，它是一个一维数组，形状是(10，)，所以不可以将它直接与一个 10×1 的二维数组相加。可以利用 reshape()函数将一维数组转换为 10×1 的二维数组。

函数中传递的参数是引用，值得注意的是，对可变对象(例如列表、字典等)的赋值也是引用。

第4章 线性回归算法

回归问题和分类问题的本质一样，二者都是将输入值与输出预测一一对应，而导出变量的类别不同是二者的差异所在。回归问题即在确定了模式后，以训练集为基础预测与之相对应的实数输出值，这种定量输出也被称为连续变量预测；分类问题即在确定了模式后，由训练集对与它相对应的类别进行预测，这种定性输出也被称为离散变量预测。简单来说，回归即推断一些连续的数值，分类则是对离散的数值进行推断。

例如，对明天的气温进行推断，属于回归问题；如果推断的是天气状况（阴、晴或雨），则是分类问题。

回归问题常应用于对一个值的预测。回归分析被应用在神经网络方面，就不必在它的最顶层添加 softmax()函数（详见第 12 章），可以在前一层上累加完成。使用率较高的回归算法是线性回归算法，它可用于预估房价、股票成交额以及未来天气状况等。

分类问题一般构建于回归上，分类的最后一层辨别所属类型是一般需要利用 softmax()函数。在分类问题中正确答案是唯一的，例如，辨认某个图像上的生物是一匹马还是一头大象，预测未来天气状况，判别某个部件的合格与否，等等。

表 4.1 是回归与分类问题举例。

表 4.1 回归与分类问题举例

预测	属性	算法
用户的月收入	[4000,5000,6000,…]	回归(连续)
员工的通勤距离	[1km,2km,3km,…]	回归(连续)
患肺癌的概率	[0%,10%,20%,…]	回归(连续)
用户的性别	{男,女}	分类(离散)
月季花的颜色	{红,白,黄,…}	分类(离散)
是否患有肺癌	{是,否}	分类(离散)

4.1 概述

4.1.1 线性回归定义

在统计学领域里，线性回归(linear regression)针对单个或多个自变量与因变量的关系搭建一个模型,即线性回归方程。线性回归方程为一个或多个被称为回归系数模型参数的线性组合。若仅有单一自变量,则称为一元线性回归;若存在两个或两个以上自变量,则称为多元线性回归。

1. 一元线性回归

当仅存在单一自变量(自变量 X 和因变量 Y)这样的线性相关关系时,就会使用一元线性回归,它是用来对单一输入变量与单一导出变量二者的线性关系进行分析的方法。一个指标的数值往往受许多因素影响,如果其中仅有一个因素发挥关键作用,那么可以使用这一方法完成预测与分析。图4.1显示了具有一元线性关系的样本数据集的散点图。

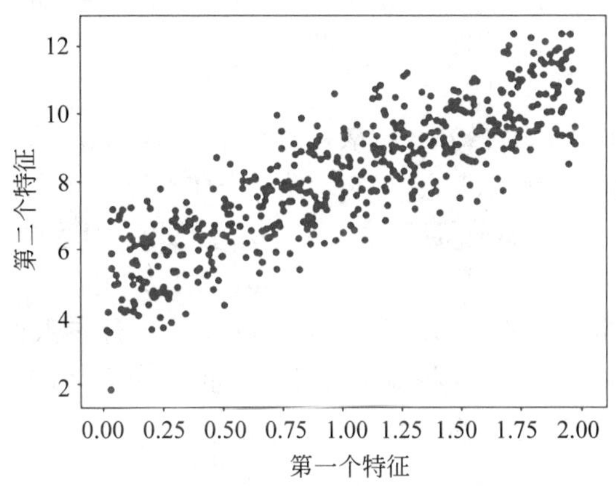

图4.1　具有一元线性关系的样本数据集的散点图

一元线性回归的目标是找到最能模拟数据点路径的线,称为最佳拟合线。该线性方程式定义如下:

$$y=f(x)=\omega x+b \tag{4.1}$$

已知 x 是输入变量,$y=f(x)$ 作为输出变量。ω 表示数学中的斜率,b 表示数学中的截距,ω 和 b 描述了线的形状,均为常量。在线性回归中,b 称为偏差,ω 称为权重。改变 b,则线将在图中向上或向下平移;改变 ω,将更改线的斜率。一元线性回归问题的求解即为 ω 和 b 选择合适的值。

可以认为,一元线性回归就是要找一条直线,并且让这条直线尽可能地拟合图中的数据点。那么,如何得到 ω 和 b 从而构造这个公式呢?我们需要一个标准评判哪条直线才是最好的。对于图4.1中的数据,最佳拟合线如图4.2所示。

2. 多元线性回归

在回归分析中,若存在两个或更多的自变量,就称为多元线性回归(Multiple Linear Regression,MLR)。实际上,某个现象的出现一般是和许多因素有关联的,利用多个自变量的合理组合对因变量进行预估,比依靠单个自变量更有效且易于满足实际需要。举个例子,人们对房屋价格的预测不仅以房屋面积为根据,还会将许多其他属性作为参考,如交通条件、与医院的距离、到市中心的远近等,因此,多元线性回归具有很大的实用价值。

假设对 n 个变量进行预测,每个变量由 d 个属性描述,多元线性回归公式如下:

$$y^{(i)}=f(x^{(i)})=\omega_1 x_1^{(i)}+\omega_2 x_2^{(i)}+\cdots+\omega_d x_d^{(i)}+b \tag{4.2}$$

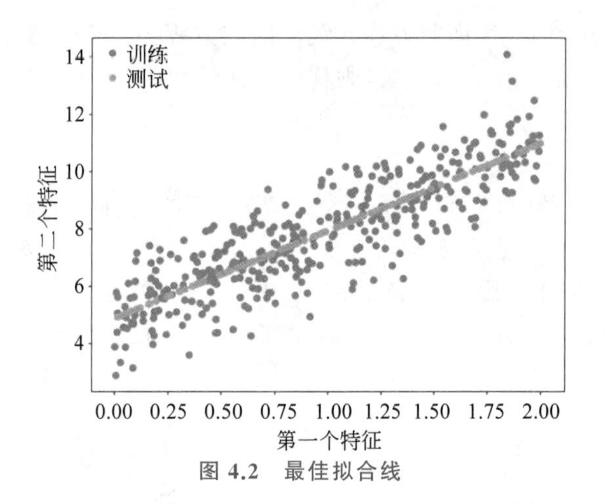

图 4.2 最佳拟合线

其中，$y^{(i)}$表示真实值(actual value)；$f(\boldsymbol{x}^{(i)})$表示预测值(prediction)；$\omega_1 \sim \omega_d$ 表示 d 个属性的权重，代表不同属性的重要程度；$x_1^{(i)} \sim x_d^{(i)}$ 表示第 i 个样本的 d 个属性的取值，i 为 $1 \sim n$。定义 $\boldsymbol{x}_i^{\mathrm{T}} = [x_1^{(i)} \quad x_2^{(i)} \quad \cdots \quad x_d^{(i)}]$，$\boldsymbol{\omega} = [\omega_1 \quad \omega_2 \quad \cdots \quad \omega_d]$。式(4.2)写成向量的形式为

$$y^{(i)} = f(\boldsymbol{x}^{(i)}) = \boldsymbol{\omega x}^{(i)} + b \tag{4.3}$$

其中，$\boldsymbol{\omega}$ 也叫回归系数(也称为权重)，b 称为偏差(bias)。上述参数确定后，线性回归模型就可以确定了。注意，偏差这一名词在机器学习领域不止一种含义，该名词还可以表示模型在训练集上的错误率，并且该含义更为常见。

由此，需要依据评判标准，定义一个目标函数对其进行求解。在机器学习中，目标函数称为损失函数(loss function)或代价函数(cost function)。

4.1.2 线性回归的求解

线性回归的求解其实是对其损失函数的构建以及计算的过程。损失函数将所有预测与其实际值进行比较，并找出与真实样本误差最小的值。

损失函数是通过将随机概率事件以及它与随机变量有关的取值映射为非负实数体现该概率事件的风险与损失的函数。在实际运用中，它作为学习准则一般和优化问题关联起来，即让代价函数最小化以对模型进行求解与评估。

损失函数 L_2 中出现的常见术语是均方误差(Mean Square Error，MSE)。均方误差也就是真实值与预测值之差的平方的均值，是一种可以体现真实值与预测值的差异水平的度量，可见式(4.4)。

$$E^2 = (y^{(i)} - f(\boldsymbol{x}^{(i)}))^2 \tag{4.4}$$

对于多元线性回归，以式(4.5)所示的均方误差函数作为损失函数。损失函数可以衡量模型相对于目标值的准确性。在以后的建模中，确保模型的准确性仍然是关键。

$$\mathrm{MSE} = \frac{1}{n}\sum_{i=1}^{n}(y^{(i)} - f(\boldsymbol{x}^{(i)}))^2 \tag{4.5}$$

其中，i 是样本数量。将 $f(\boldsymbol{x}^{(i)}) = \boldsymbol{\omega x}^{(i)} + b$ 代入式(4.5)中可以得到一元线性回归损失函数：

$$J(\boldsymbol{\omega}, b) = \frac{1}{n}\sum_{i=1}^{n}(y^{(i)} - f(\boldsymbol{x}^{(i)}))^2 = \frac{1}{n}\sum_{i=1}^{n}(y^{(i)} - \boldsymbol{\omega x}^{(i)} - b)^2 \tag{4.6}$$

把所有真实值和预测值之差算出来，然后累加。损失函数如图 4.3 所示，可以对二者间的误差进行量化处理。

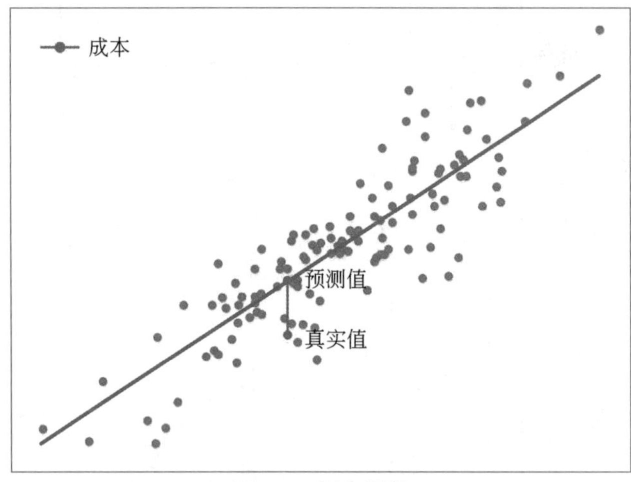

图 4.3　损失函数

可以根据一元线性回归求损失函数的过程推导出多元线性回归求损失函数的过程。多元线性回归的损失函数（向量表示）如式(4.7)所示：

$$J(\hat{\boldsymbol{\omega}})=(\boldsymbol{y}-\boldsymbol{X}\hat{\boldsymbol{\omega}})^{\mathrm{T}}(\boldsymbol{y}-\boldsymbol{X}\hat{\boldsymbol{\omega}}) \tag{4.7}$$

其中，$\hat{\boldsymbol{\omega}}$ 是向量 $\boldsymbol{\omega}$ 与 b 的整合表现形式：

$$\hat{\boldsymbol{\omega}}=\begin{bmatrix}\boldsymbol{\omega}\\ b\end{bmatrix}=\begin{bmatrix}\omega_1\\ \omega_2\\ \vdots\\ \omega_d\\ b\end{bmatrix} \tag{4.8}$$

$$\boldsymbol{\omega}=\begin{bmatrix}\omega_1\\ \omega_2\\ \vdots\\ \omega_d\end{bmatrix},\boldsymbol{\omega}^{\mathrm{T}}=[\omega_1 \quad \omega_2 \quad \cdots \quad \omega_d],\boldsymbol{x}_i=\begin{bmatrix}x_1^{(i)}\\ x_2^{(i)}\\ \vdots\\ x_d^{(i)}\end{bmatrix} \tag{4.9}$$

$\boldsymbol{X}$ 代表表示成 $m\times(d+1)$ 的矩阵的数据集，m 为样本数量，其中每一行和一个样本相对应，每一行前 d 个元素与样本的 d 个属性值相对应，而每行最后一个元素固定为 1，即

$$\boldsymbol{X}=\begin{bmatrix}x_1^{(1)} & x_2^{(1)} & \cdots & x_d^{(1)} & 1\\ x_1^{(2)} & x_2^{(2)} & \cdots & x_d^{(2)} & 1\\ \vdots & \vdots & \ddots & \vdots & \vdots\\ x_1^{(m)} & x_2^{(m)} & \cdots & x_d^{(m)} & 1\end{bmatrix}=\begin{bmatrix}\boldsymbol{x}^{(1)\mathrm{T}} & 1\\ \boldsymbol{x}^{(2)\mathrm{T}} & 1\\ \vdots & \vdots\\ \boldsymbol{x}^{(m)\mathrm{T}} & 1\end{bmatrix} \tag{4.10}$$

其中，

$$\boldsymbol{y}=\begin{bmatrix}y^{(1)}\\ y^{(2)}\\ \vdots\\ y^{(m)}\end{bmatrix} \tag{4.11}$$

所以，

$$
\begin{aligned}
\boldsymbol{y}-\boldsymbol{X}\hat{\boldsymbol{\omega}}&=\begin{bmatrix} y^{(1)} \\ y^{(2)} \\ \vdots \\ y^{(m)} \end{bmatrix}-\begin{bmatrix} x_1^{(1)} & x_2^{(1)} & \cdots & x_d^{(1)} & 1 \\ x_1^{(2)} & x_2^{(2)} & \cdots & x_d^{(2)} & 1 \\ \vdots & \vdots & \ddots & \vdots & \vdots \\ x_1^{(m)} & x_2^{(m)} & \cdots & x_d^{(m)} & 1 \end{bmatrix}\begin{bmatrix} \omega_1 \\ \omega_2 \\ \vdots \\ \omega_m \\ b \end{bmatrix} \\
&=\begin{bmatrix} y^{(1)}-\omega_1 x_1^{(1)}-\omega_2 x_2^{(1)}-\cdots-\omega_d x_d^{(1)}-b \\ y^{(2)}-\omega_1 x_1^{(2)}-\omega_2 x_2^{(2)}-\cdots-\omega_d x_d^{(2)}-b \\ \vdots \\ y^{(m)}-\omega_1 x_1^{(m)}-\omega_2 x_2^{(m)}-\cdots-\omega_d x_d^{(m)}-b \end{bmatrix} \\
&=\begin{bmatrix} y^{(1)}-\sum_{i=1}^{d}\omega_i x_i^{(1)}-b \\ y^{(2)}-\sum_{i=1}^{d}\omega_i x_i^{(2)}-b \\ \vdots \\ y^{(m)}-\sum_{i=1}^{d}\omega_i x_i^{(m)}-b \end{bmatrix}
\end{aligned} \tag{4.12}
$$

所以 $\boldsymbol{y}-\boldsymbol{X}\hat{\boldsymbol{\omega}}$ 的平方在矩阵中为 $(\boldsymbol{y}-\boldsymbol{X}\hat{\boldsymbol{\omega}})^{\mathrm{T}}(\boldsymbol{y}-\boldsymbol{X}\hat{\boldsymbol{\omega}})$，由此得到损失函数，即所有样本到拟合线的欧几里得距离之和：

$$J(\hat{\boldsymbol{\omega}})=(\boldsymbol{y}-\boldsymbol{X}\hat{\boldsymbol{\omega}})^{\mathrm{T}}(\boldsymbol{y}-\boldsymbol{X}\hat{\boldsymbol{\omega}})$$

总的来说，损失函数是度量回归模型真实值与预测值误差的函数，它是最佳拟合线的评价准则。损失函数的数值越小，意味着数据点之间的平均误差越小，说明直线越能够与数据相拟合，意味着数据集的模型越准确。

下面简要介绍两种使损失函数实现最小化的方法：最小二乘法和梯度下降法。

1. 最小二乘法

最小二乘法也称最小平方法，属于数学优化技术的一种。最小二乘法依靠最小化误差的平方与选择数据的最优函数进行匹配。使用这一方法能够很便利地得到未曾发现的数据，同时让获得的数据与真实值的误差的平方和变得最小。

在线性回归中，这一方法即寻找一条直线，让所有样本与这条线的欧几里得距离的总和最小。其实就是已知损失函数 L_2 的均方误差，它有两个自变量 $\boldsymbol{\omega}$ 和 b，求解 $\boldsymbol{\omega}$ 和 b，使得这个函数的值最小。求解 $\boldsymbol{\omega}$ 和 b 的过程被叫作线性回归模型的最小二乘参数估计。

其求解过程是，将均方误差分别对 $\boldsymbol{\omega}$ 和 b 求导，然后令其导数为 0，便可得到 $\boldsymbol{\omega}$ 和 b：

$$\boldsymbol{\omega}=\frac{\sum_{i=1}^{n}x^{(i)}(\bar{y}-y^{(i)})}{\sum_{i=1}^{n}x^{(i)}(\bar{x}-x^{(i)})} \tag{4.13}$$

$$b=\bar{y}-\boldsymbol{\omega}\bar{x} \tag{4.14}$$

其中，$\bar{x}=\frac{1}{n}\sum_{i=1}^{n}\boldsymbol{x}^{(i)}$，$\bar{y}=\frac{1}{n}\sum_{i=1}^{n}y^{(i)}$。

一元线性回归最小二乘法求导过程如下：

$$\mathrm{MSE}=\frac{1}{n}\sum_{i=1}^{n}(y^{(i)}-f(\boldsymbol{x}^{(i)}))^2=\frac{1}{n}\sum_{i=1}^{n}(y^{(i)}-(\boldsymbol{\omega x}^{(i)}+b))^2 \tag{4.15}$$

即

$$\mathrm{MSE}=\frac{1}{n}\sum_{i=1}^{n}(y^{(i)2}-2y^{(i)}(\boldsymbol{\omega x}^{(i)}+b)+\boldsymbol{\omega}^2\boldsymbol{x}^{(i)2}+2b\boldsymbol{\omega x}^{(i)}+b^2)^2 \tag{4.16}$$

$$\frac{\partial \mathrm{MSE}}{\partial b}=\frac{1}{n}\sum_{i=1}^{n}(-2y^{(i)}+2\boldsymbol{\omega x}^{(i)}+2b) \tag{4.17}$$

令$\frac{\partial \mathrm{MSE}}{\partial b}=0$，有

$$\frac{1}{n}\sum_{i=1}^{n}(-2y^{(i)}+2\boldsymbol{\omega x}^{(i)}+2b)=0$$

$$\frac{1}{n}\sum_{i=1}^{n}(-y^{(i)}+\boldsymbol{\omega x}^{(i)}+b)=0$$

$$-\bar{y}+\boldsymbol{\omega}\bar{x}+b=0 \tag{4.18}$$

则

$$b=\bar{y}-\boldsymbol{\omega}\bar{x} \tag{4.19}$$

令$\frac{\partial \mathrm{MSE}}{\partial w}=0$，有

$$\frac{1}{n}\sum_{i=1}^{n}(-\boldsymbol{x}^{(i)}y^{(i)}+\boldsymbol{\omega x}^{(i)2}+b\boldsymbol{x}^{(i)})=0 \tag{4.20}$$

$$\sum_{i=1}^{n}(-\boldsymbol{x}^{(i)}y^{(i)}+\boldsymbol{\omega x}^{(i)2}+(\bar{y}-\boldsymbol{\omega}\bar{x})\boldsymbol{x}^{(i)})=0 \tag{4.21}$$

则

$$\boldsymbol{\omega}=\frac{\sum_{i=1}^{n}\boldsymbol{x}^{(i)}(\bar{y}-y^{(i)})}{\sum_{i=1}^{n}\boldsymbol{x}^{(i)}(\bar{x}-\boldsymbol{x}^{(i)})} \tag{4.22}$$

把解得的 $\boldsymbol{\omega}$ 和 b 代入预测公式 $f(\boldsymbol{x}^{(i)})=\boldsymbol{\omega x}^{(i)}+b$，即可得到最合适的一元线性回归模型。

在多元线性回归中，可以利用最小二乘法估算 $\boldsymbol{\omega}$ 与 b。为了方便讨论，可以将 $\boldsymbol{\omega}$ 与 b 放进向量 $\hat{\boldsymbol{\omega}}=(\boldsymbol{\omega},b)$ 对应的 $\boldsymbol{X}$ 中，$\boldsymbol{X}$ 具体表示为式(4.10)。

用损失函数 $J(\hat{\boldsymbol{\omega}})=(y-\boldsymbol{X}\hat{\boldsymbol{\omega}})^{\mathrm{T}}(y-\boldsymbol{X}\hat{\boldsymbol{\omega}})$，对 $\hat{\boldsymbol{\omega}}$ 求导并令其为 0，可得 $\hat{\boldsymbol{\omega}}$。但由于涉及逆矩阵的计算，比单变量情形要复杂一些，下面进行简单讨论。

(1) 若 $\boldsymbol{X}^{\mathrm{T}}\boldsymbol{X}$ 属于满秩或是正定矩阵，对 $\hat{\boldsymbol{\omega}}$ 求导并令其为 0，可得

$$\hat{\boldsymbol{\omega}}=(\boldsymbol{X}^{\mathrm{T}}\boldsymbol{X})^{-1}\boldsymbol{X}^{\mathrm{T}}\boldsymbol{y} \tag{4.23}$$

其中，$(\boldsymbol{X}^{\mathrm{T}}\boldsymbol{X})^{-1}$ 是 $\boldsymbol{X}^{\mathrm{T}}\boldsymbol{X}$ 的逆矩阵。令 $\hat{\boldsymbol{x}}^{(i)}=(\hat{\boldsymbol{x}}^{(i)},1)$，则最终得到多元线性模型为

$$f(\hat{\boldsymbol{x}}^{(i)})=\hat{\boldsymbol{x}}^{(i)\mathrm{T}}(\boldsymbol{X}^{\mathrm{T}}\boldsymbol{X})^{-1}\boldsymbol{X}^{\mathrm{T}}\boldsymbol{y} \tag{4.24}$$

(2) 现实任务中有很多变量(也就是影响样本的属性非常多，有很多未知的 $\boldsymbol{\omega}$)，这些变量的数量还可能远大于样本的数量，从而使 $\boldsymbol{X}$ 的行数比列数要少，$\boldsymbol{X}^{\mathrm{T}}\boldsymbol{X}$ 无法满足满秩的条

件。此时可先对其中数个 $\hat{\boldsymbol{\omega}}$ 进行求解，这些数据均可实现均方误差的最小化。

2. 梯度下降法

最小二乘法在矩阵方程的求解上计算量巨大，所以人们找到了一个新的计算方法解决这一问题，即梯度下降(Gradient Descent，GD)法。梯度下降法是一种更加简便地对最小二乘法最后一步中的矩阵方程进行求解的方法。

梯度下降法需要沿函数当前点梯度的相反方向按既定步长距离点完成迭代搜索。它可以先对代价函数的梯度进行计算，再对这一梯度所对应的参数进行更新，使损失函数实现最小化，因此，梯度下降法是以实现损失函数的最小化作为目标而提出的。

梯度下降法的基本思想是寻找损失函数的最低点，就像人们在山谷里行走，希望找到山谷里最低的地方。那么，如何寻找损失函数的最低点呢？模型可以靠反向传播抵达山谷的最低处，山就像绘制在空间中的数据图，而下山的步长就是学习率，对于山路陡峭程度的体验就像计算数据集中参数的梯度。通过求出函数导数的值，找到函数下降的方向或者最低点(极值点)。

假设在某个损失函数中，模型损失值 L 与权重 $\boldsymbol{\omega}$ 有如图 4.4 所示的关系。在实际的模型中，可能会有多个权重 $\boldsymbol{\omega}$。为了简单起见，这里假设只有一个权重 $\boldsymbol{\omega}$。权重 $\boldsymbol{\omega}$ 目前的位置是 A 点。此时如果求出 A 点的梯度 $\frac{\partial L}{\partial \boldsymbol{\omega}}$，根据梯度方向便可以知道向右移动会使损失函数的值变得更小，也可以知道什么时候会到达最低点(梯度为 0 的地方)。

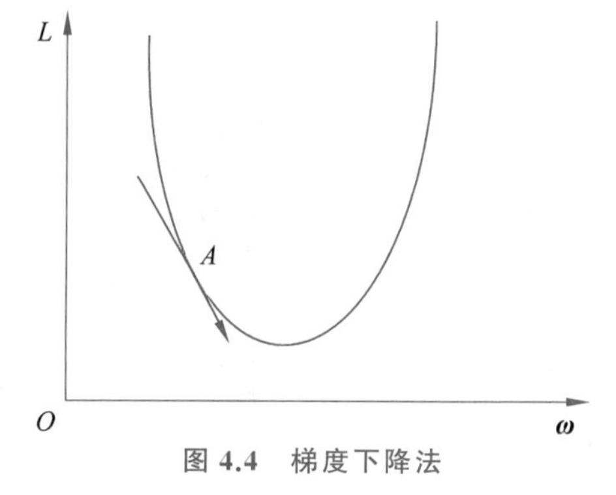

图 4.4 梯度下降法

上面的例子里只出现了一个权重，实际的项目中样本数据会有很多个。对于每一个样本数据，都可以求出一个权重梯度。这个时候，需要把各个样本数据的权重梯度加起来，并求出它们的平均值，用它作为样本整体的权重梯度。

现在知道了权重需要前进的方向，接下来需要知道应该前进多少。这里要用到学习率(Learning Rate，LR)这个概念，通过学习率，可以计算前进一步的距离(步长)，下面将作简单介绍。

从梯度下降法提出起，学习率的问题就成为研究者探讨的热点。它是机器学习中不可忽略的超参，并对目标函数是否可以实现局部的最小值和在什么时候才能实现最小值起决定性作用。恰当的学习率可以让目标函数在恰当的时间节点收敛至局部的最小值，可以通过梯度对其进行移动以确定其值。学习率还对最终采用的步长的大小起着关键作用。

由于学习率对神经网络能否实现全局的最小值起着关键作用，所以挑选最佳的学习率十分重要。将学习率设置为较高的值是无法收敛至整体的最小值的，这是由于运算中有很大概率会直接越过全局最优点。将学习率设置为较低的数值有利于其收敛至整体的最小值，然而这样效率极低，甚至有更大概率导致神经网络被限制在局部极小值之中，且难以突破局部极小值的范围。因此，在对学习率进行设置时要谨慎对待。学习率收敛过程如图 4.5 所示。

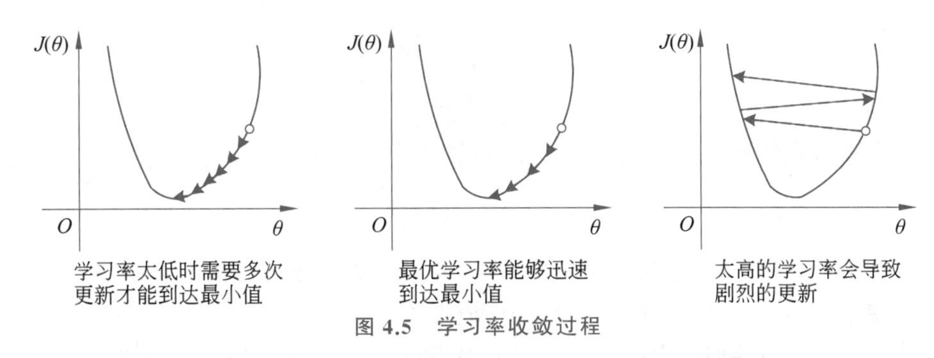

图 4.5　学习率收敛过程

最终得到最优学习率，可极大地减少网络损失。可以在逐步提高每一次小批量（迭代）的学习率的同时记录每一次增长之后的损失。这个逐步增长可以是线性的或指数的。

当进入最优学习率区间后，将会观察到损失函数有一次非常大的下降。进一步增加学习率会造成损失函数值振荡甚至在最低点附近发散。学习率与损失函数的关系如图 4.6 所示。

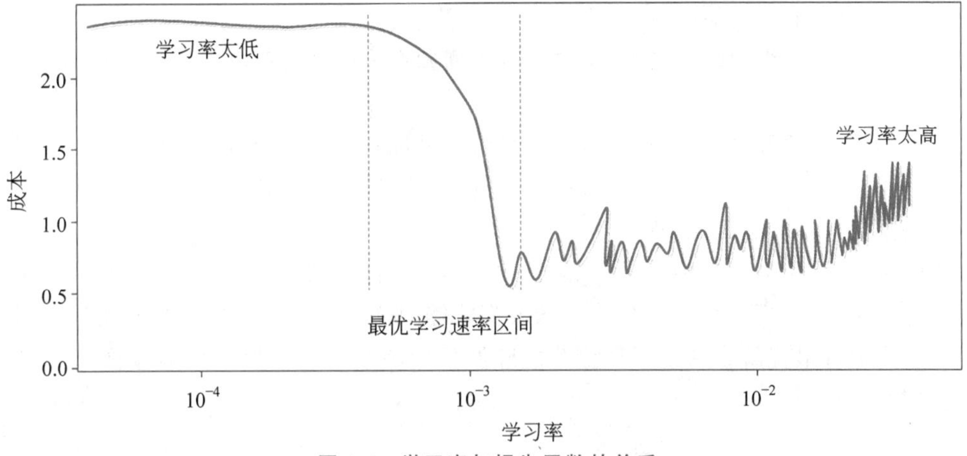

图 4.6　学习率与损失函数的关系

训练时，通常会以训练轮数作为动态变化的学习率设定的依据。

（1）训练刚进行时，学习率最好设置为 0.01～0.001。

（2）一定轮数过后，学习率逐渐衰减。

（3）训练将要结束时，学习率衰减到初始时的 1/100 以下。

线性回归梯度下降算法的详细过程如下。

对于多元线性回归来说，拟合函数为

$$h_{\boldsymbol{\omega}}(x)=\sum_{i=0}^{n}\omega_i x_i=\omega_0+\omega_1 x_1+\cdots+\omega_n x_n \tag{4.25}$$

损失函数为

$$J(\boldsymbol{\omega})=\frac{1}{2m}\sum_{i=1}^{m}\left(y^{(i)}-h_{\boldsymbol{\omega}}(x)\right)^2 \tag{4.26}$$

损失函数的偏导数为

$$\frac{\partial J(\boldsymbol{\omega})}{\partial \boldsymbol{\omega}}=\frac{1}{m}\sum_{i=1}^{m}(h_{\boldsymbol{\omega}}(\boldsymbol{x}^{(i)})-y^{(i)})x_j^{(i)}=\frac{1}{m}\sum_{i=1}^{m}\omega_j x_j^{(i)}-y^{(i)})x_j^{(i)} \quad (j=0,1,\cdots,n) \tag{4.27}$$

每次更新参数的操作为

$$\omega_{j+1}=\omega_j-\alpha\frac{\partial J(\boldsymbol{\omega})}{\partial \omega_j}=\omega_j-\alpha\frac{1}{m}\sum_{i=1}^{m}(h_{\boldsymbol{\omega}}(\boldsymbol{x}^{(i)})-y^{(i)})x_j^{(i)} \quad (j=0,1,\cdots,n) \tag{4.28}$$

在梯度下降过程中，重复对权重更新多次，直至损失函数值收敛。若假设正确，选定的方向可以使损失函数下降，最终得到最优值(损失函数实现了最小化)。

上面讲解了对线性回归中的权重 $\boldsymbol{\omega}$ 值的优化过程。对于偏差 b，也可以用相同的方式进行处理，这里就不再展开论述了。

3. 最小二乘法与梯度下降法的比较

最小二乘法有以下特点：

- 一次计算即可得到最优解(全局最优解)，但极小值为全局最小值。
- 当特征数量 $n>10\ 000$ 时，计算逆矩阵的时间复杂度会很大，因此一般在 $n\leqslant 10\ 000$ 时可以用最小二乘法。
- 仅能应用在线性模型当中，对包括逻辑回归在内的其他模型不适用。

梯度下降法有以下特点：

- 要求选定学习率，经过多轮迭代寻找局部最优解，极小值为局部最小值。
- 一般当特征数量 $n\leqslant 10\ 000$ 和 $n>10\ 000$ 时都可以进行计算。
- 适用于各种类型的模型。

总的来说，在机器学习中，最小二乘法仅能应用在线性模型上，通常讨论的是线性回归。梯度下降法拥有非常强大的适用性，凸函数都能够用这一方法找到整体的最优解，而非凸函数可以找到局部最优解。梯度下降法若能确保目标函数达到一阶连续偏导这一要求，就能够被应用在模型中。

4.1.3 线性回归的拟合问题

在线性回归过程中会出现拟合问题，如图 4.7 所示。

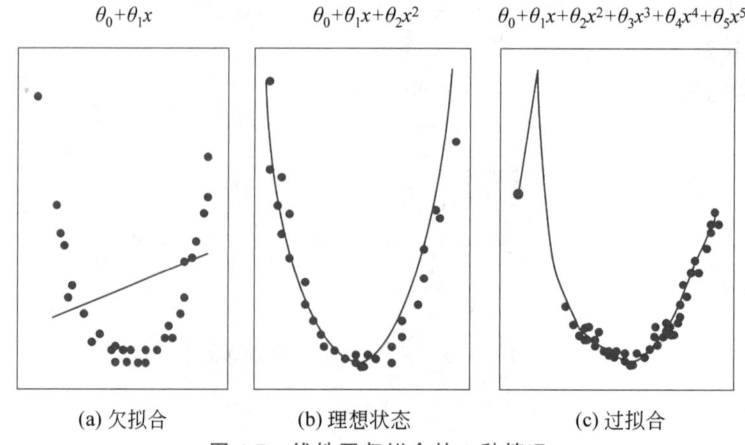

(a) 欠拟合　(b) 理想状态　(c) 过拟合

图 4.7　线性回归拟合的 3 种情况

第一种情况为欠拟合，一般是由选择的特征量不足导致的；第二个则是我们所期望的理想状态；第三种情况为过拟合，一般是由选择的特征量过多导致的。欠拟合可以通过提高特征量数量的方法解决，而过拟合可以通过降低特征量数量和正则化的方法解决。

监督学习训练的目标是使训练集上的误差最小化。由于训练样本集和测试样本集的样本不相同，因此需要考虑下面两个问题：

- 算法在训练集上的表现，即模型是否能有效拟合数据。
- 衡量指标为泛化能力。泛化能力即模型由训练集扩展至测试集的一种能力。

针对上面提出的两个问题介绍欠拟合和过拟合的概念。

欠拟合(under-fitting)也叫欠学习，其最直接的表现即训练中获取的模型在训练集上的表现不尽如人意，未能掌握数据的规律。模型自身十分简单是欠拟合发生的原因。例如，数据的特征分布具有非线性的特点，然而却利用线性模型进行数据拟合，特征量数量难以反映正确的映射关系。

过拟合(over-fitting)也叫过学习，其最直接的表现即训练中获取的模型在训练集上有良好的表现，然而在测试集上未能有良好的表现，同时具有泛化能力差的特点。训练数据中抽样出现误差是过拟合发生的根本原因，在训练过程中，模型并不会把这些误差排除，而是与其他样本一同进行拟合。抽样误差简单来说是抽样获取的样本集合与整体数据集二者的偏差。以下情况都有可能导致过拟合的发生：

- 模型本身过于复杂，拟合了训练样本集中的噪声。此时需要选用简单的模型。
- 训练样本不足，以至不具有代表性。这时应该增加样本的数量，或者提高它的多样性。

4.1.4 线性回归与正则化

正则化的出现是为了尽可能减少测试误差，有时还会减少训练误差。构建机器学习模型的目的是使模型在应用于新数据时能够表现得更好。如果使用神经网络这类具有一定复杂性的模型，就有较大概率出现过拟合，从而降低模型的泛化能力。在这种情况下，正则化的作用至关重要。它可以使模型复杂程度降低，因此也称之为结构化风险最小化，可以表示为

$$\min_{f\in\Gamma}\frac{1}{N}\sum_{i=1}^{N}L(y^{(i)},f(\boldsymbol{x}^{(i)}))+\lambda J(f) \tag{4.29}$$

其中，第一项为经验风险，正则化项则作为其第二项，$\lambda\geqslant 0$ 作为系数负责调整二者的关系。

正则化项可以用范数充当。范数是具有长度概念的函数，在机器学习中通常用于衡量一个向量的大小。形式上，范数的定义如下：

$$\|x\|_p=\left(\sum_{i=1}^{n}|\boldsymbol{x}^{(i)}|^p\right)^{\frac{1}{p}} \tag{4.30}$$

经常使用的范数是 L1 和 L2 范数。向量的 L1 范数是各个分量的绝对值的总和，即

$$\|x\|_1=\left(\sum_{i=1}^{n}|\boldsymbol{x}^{(i)}|\right) \tag{4.31}$$

向量的 L2 范数也称为向量的模，即向量的长度，计算公式为

$$\|x\|_2=\sqrt{\sum_{i=1}^{n}(\boldsymbol{x}^{(i)})^2} \tag{4.32}$$

正则化项可以取不同的形式。例如,在回归任务中,损失函数是平方损失函数,正则化项能够作为参数向量的 L2 范数。

正则化项同样能作为参数向量的 L1 范数:

$$L(\boldsymbol{\omega})=\frac{1}{N}\sum_{i=1}^{N}(f(\boldsymbol{x}^{(i)};\boldsymbol{\omega})-y^{(i)})^2+\lambda\|\boldsymbol{\omega}\|_1 \tag{4.33}$$

这里,$\|\boldsymbol{\omega}\|_1$ 表示参数向量 $\boldsymbol{\omega}$ 的 L1 范数。

若第一项是较为复杂(存在多个非零参数)但经验风险更小的模型,此时第二项会更为复杂,正则化则能够发挥使其选定风险与复杂度二者都处于较小值的作用。

4.2 实例分析

4.2.1 简单线性回归模型实例——最小二乘法

在本实例中,以 ex0.txt 文件作为数据集,通过最小二乘法求出模型的最优解,并对拟合曲线进行结果可视化。

1. 处理数据

首先使用 Pandas 库中的 read_table()函数读取 txt 文件,将 txt 文件中的内容转换为 Pandas 数据库特有的数据格式 DataFrame,进行进一步处理。然后构建 get_Mat()函数,对输入的数据进行处理,返回特征矩阵和标签矩阵。最后构建数据集可视化函数,对数据集进行可视化,具体代码如下:

```
import numpy as np
import pandas as pd
import matplotlib.pyplot as plt
ex0 = pd.read_table('./ex0.txt',header=None)
def get_Mat(dataSet):
    xMat = np.mat(dataSet.iloc[:,:-1].values)
    yMat = np.mat(dataSet.iloc[:,-1].values).T
    return xMat,yMat
def plotShow(dataSet):
    xMat,yMat=get_Mat(dataSet)
    plt.scatter(xMat.A[:,1],yMat.A,c='b',s=5)
    plt.show()
```

通过调用以下代码将数据集可视化:

```
plotShow(ex0)
```

数据集可视化结果如图 4.8 所示。

2. 创建最小二乘法函数

在这一部分中,通过构建最小二乘法函数对数据集的特征矩阵进行计算,返回拟合曲线的权重,返回的权重中包含偏差。具体代码如下:

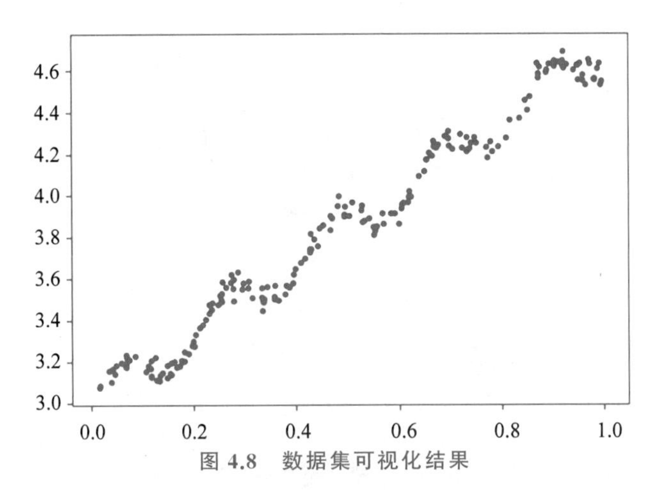

图 4.8　数据集可视化结果

```
def standRegres(dataSet):
    xMat,yMat =get_Mat(dataSet)
    xTx = xMat.T * xMat
    if np.linalg.det(xTx)==0:
        print('矩阵为奇异矩阵,无法求逆')
        return
    ws=xTx.I * (xMat.T * yMat)
    return ws
```

3. 实验结果

通过调用上面构建的最小二乘法函数获得权重和偏差,并构建可视化函数对拟合曲线和数据集进行可视化,具体代码如下:

```
def plotReg(dataSet):
    xMat,yMat=get_Mat(dataSet)
    plt.scatter(xMat.A[:,1],yMat.A,c='b',s=5)
    ws = standRegres(dataSet)
    yHat = xMat * ws
    plt.plot(xMat[:,1],yHat,c='r')
    plt.show()
plotReg(ex0)
```

拟合曲线和数据集可视化结果如图 4.9 所示。

4.2.2　波士顿房价预测

Boston 数据集统计了波士顿郊区 20 世纪 70 年代中期房价的中位数以及 13 个特征(表 4.2),并希望能发现它们和房价的关联。这一例子正是回归模型的典型应用。该数据集共有 506 组数据,其中训练样本共有 404 组,其余的 102 组则是测试样本。数据集内的每一条内容都包括房价和其特征。

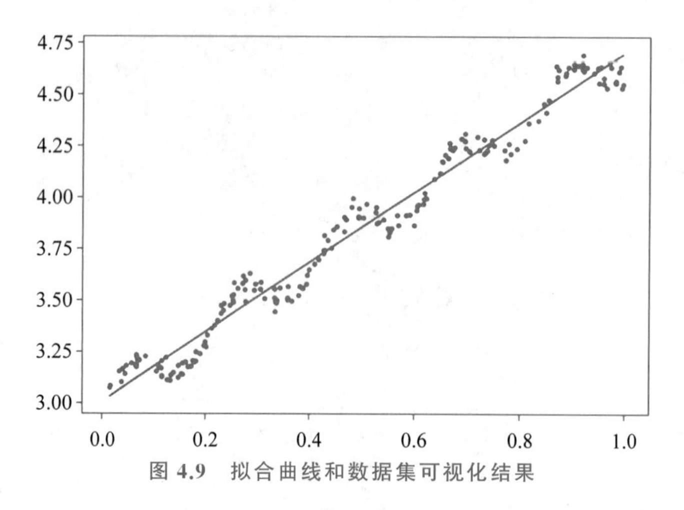

图 4.9 拟合曲线和数据集可视化结果

表 4.2 Boston 数据集包含的特征

特征	说明
MEDV	房价的中位数,按千美元计
CRIM	城镇人均犯罪率
ZN	住宅用地超过 25 000 平方英尺的比例
INDUS	非商用土地的比例
CHAS	查理斯河空变量
NOX	一氧化氮浓度
RM	住宅平均房间数
AGE	自用房屋比例
DIS	与波士顿 5 个中心地区的加权距离
RAD	公路的接近指数
TAX	每 10 000 美元的全值财产税率
PTRATIO	城镇师生比例
B	城镇黑人比例
LSTAT	低收入阶层比例

在本实例中,使用 Boston 数据集,基于梯度下降法求出数据集的拟合曲线。

1. 处理数据

使用 sklearn 的 dataset 类中的 load_boston()函数加载 boston 数据集,其中返回的对象共包含 3 个属性,分别为 data、target 和 feature_names,data 包含所有样本的特征数据,target 为对应样本的标签,而 feature_names 为每个特征的名字。然后使用 sklearn 中的 train_test_split()函数进行训练集与测试集的划分。最后编写并使用可视化函数对特征进行可视化。具体代码如下:

```
from sklearn import datasets
from sklearn.model_selection import train_test_split
import numpy as np
from sklearn.metrics import r2_score
import matplotlib.pyplot as plt
plt.rcParams['font.sans-serif'] = ['SimHei']  #用来正常显示中文标签
plt.rcParams['axes.unicode_minus'] = False     #用来正常显示负号
def visualize_feature(X, Y, name_data):
    plt.figure(figsize = (16, 14))
    for i in range(len(name_data)):
        plt.subplot(4, 4, i + 1)
        plt.scatter(X[:, i], Y[:, ])
        plt.title("城镇人均犯罪率","住宅用地超过 25 000 平方英尺的比例","非商用土地
                  的比例","查理斯河空变量","一氧化氮浓度","住宅平均房间数","自用房
                  屋比例","加权距离","公路的接近指数","每 10 000 美元的全值财产税
                  率","城镇师生比例","城镇黑人比例","低收入阶层比例")
    plt.show()
x_train, y_train, x_test, y_test = create_dataset()
def create_dataset():
    #加载数据集
    boston = datasets.load_boston()
    X = boston.data
    Y = boston.target
    name_data = boston.feature_names
    visualize_feature(X, Y, name_data)
    #划分训练集和测试集
    x_train, x_test, y_train, y_test = train_test_split(X, Y, test_size = 0.3,
random_state = 11)
    return x_train, y_train, x_test, y_test
x_train, y_train, x_test, y_test = create_dataset()
```

其可视化结果如图 4.10 所示。

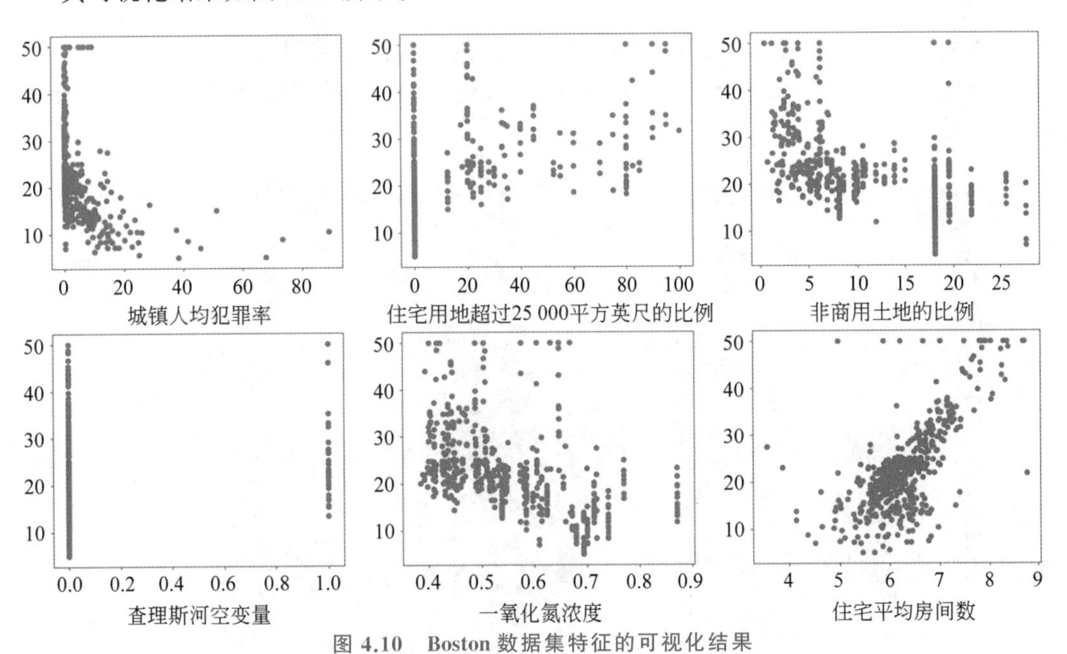

图 4.10 Boston 数据集特征的可视化结果

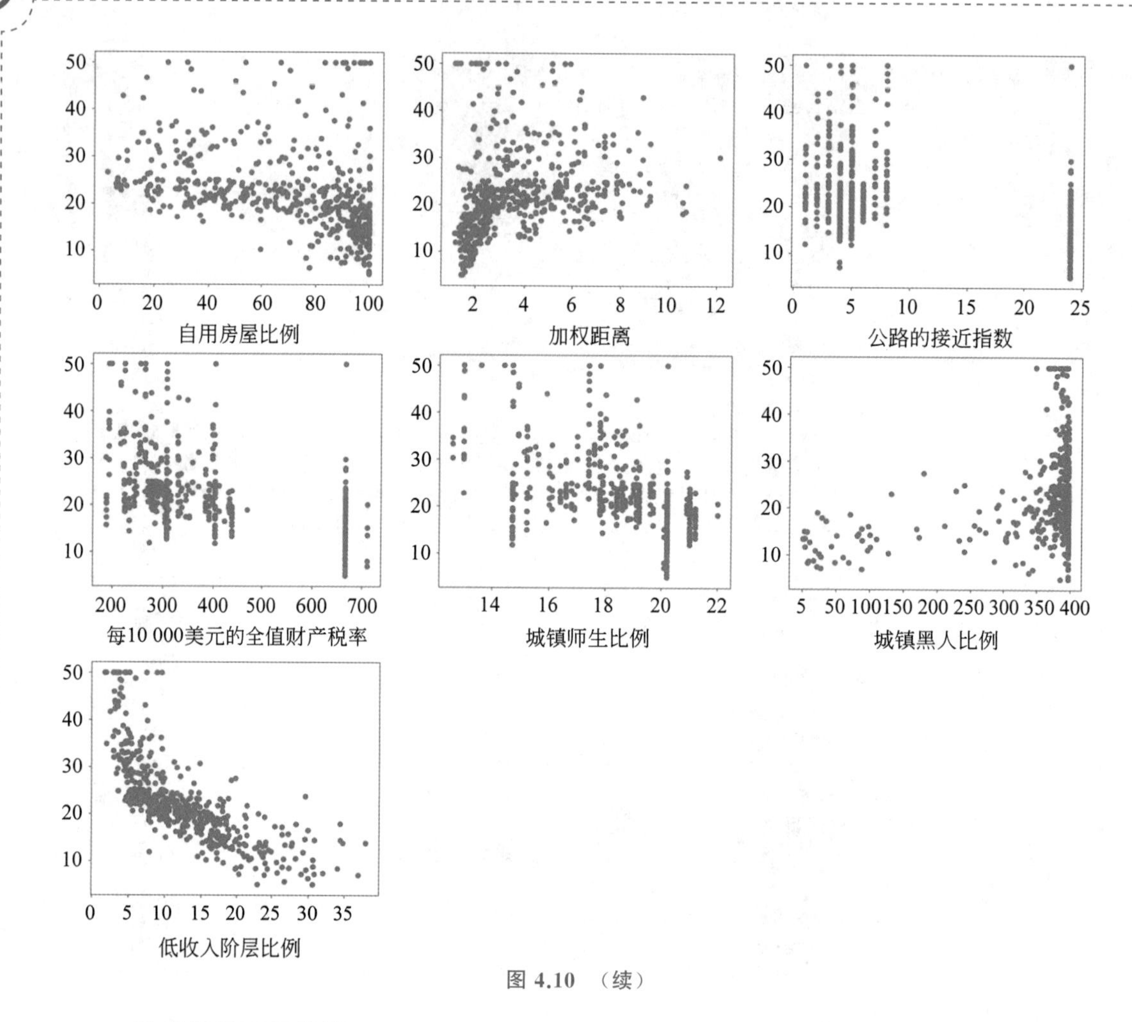

图 4.10 （续）

2. 构建线性回归模型

在本实例中，不采用最小二乘法进行权重与偏差的计算，而采用最小梯度下降法。为了保证学习的平稳，设置迭代次数为 30 000 次，并且使用 Adagrad 算法使学习率动态改变。具体代码如下：

```
def Regression(x_train,y_train,x_test,y_test):
    #初始化参数
    rng = np.random.RandomState(10)
    w = rng.randn(1,x_train.shape[1]).reshape(-1,)
    b = 0
    w_grad_sum = np.zeros((1,x_train.shape[1])).reshape(-1,)
    b_grad_sum = np.zeros((1,1))
    iteration =30000
    lr = 1
    lv = 0.0001
    train_acc_list,test_acc_list,epoch_list=[],[],[]
    #训练和预测
    for i in range(iteration):
        w_grad = np.zeros((1, x_train.shape[1])).reshape(-1,)
        b_grad = np.zeros((1, 1))
```

```
        y = (np.dot(x_train, w) + b).reshape(-1,1)
        for j in range(y_train.size):
            w_grad = w_grad - 2 * (y_train[j]-y[j]) * x_train[j]-2 * lv * np.sum(w)
            b_grad = b_grad - 2 * (y_train[j]-y[j])
        w_grad_sum += w_grad**2
        b_grad_sum += b_grad ** 2
        w = w - lr * w_grad/(w_grad_sum**0.5)
        b = b - lr * b_grad/(b_grad_sum**0.5)
        if i%200==0:
            print("-" * 20)
            train_pred = np.array(np.dot(x_train,w)+b).reshape(-1,1)
            test_pred = np.array(np.dot(x_test,w)+b).reshape(-1,1)
            score1 = np.clip(r2_score(y_train,train_pred),0,100)
            train_acc_list.append(score1)
            print("Iteration:[{}/{}] Train acc: {}".format(i,iteration,score1))
            score2 = np.clip(r2_score(y_test,test_pred),0,100)
            test_acc_list.append(score2)
            print("Iteration:[{}/{}] Test acc: {}".format(i,iteration,score2))
            epoch_list.append(i)
    return train_acc_list,test_acc_list,epoch_list
```

3. 实验结果

使用上述显性回归函数进行模型训练，可视化其回归结果。具体代码如下：

```
def visualize_results(epoch,train_acc,test_acc):
    plt.figure()
    plt.plot(epoch,train_acc,c='red',label='train')
    plt.plot(epoch,test_acc,c='blue',label='test')
    plt.xlabel('时间')
    plt.ylabel('准确率')
    plt.legend()
    plt.savefig(saved_path + "回归结果.jpg")
    plt.show()
if __name__ == '__main__':
    train_acc,test_acc,epoch = Regression(x_train, y_train, x_test, y_test)
    visualize_results(epoch,train_acc,test_acc)
```

回归结果如图 4.11 所示。

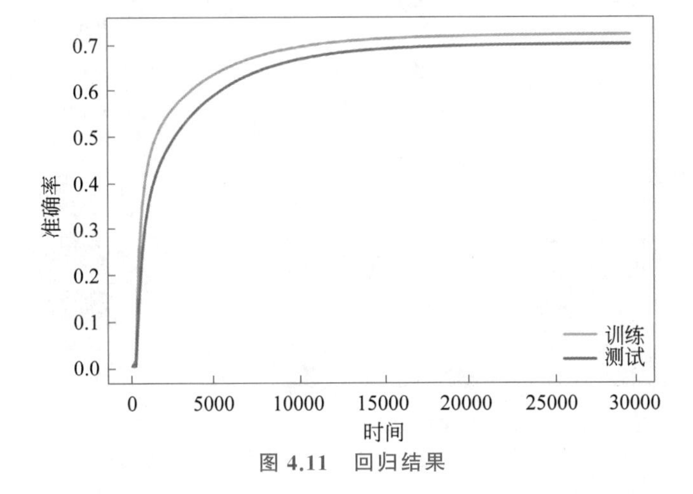

图 4.11　回归结果

4.3 小　　结

在本章中介绍了机器学习中的基础知识，如回归与分类、目标函数、欠拟合与过拟合以及学习率选择的影响。同时，对于线性回归问题给出了两种算法，即最小二乘法和梯度下降法，其中梯度下降法是机器学习算法中模型优化的重要内容，尤其在深度学习领域，梯度下降法已经成为必不可少的部分，因此一定要对其理解透彻。

第5章

逻辑回归算法

5.1 导　读

5.1.1 逻辑回归基本概念

逻辑回归(Logistic Regression,LR)属于广义线性自回归(Generalized Linear Autoregression,GLAR),因此与多元线性回归分析很类似。它们在模型形式上大致相同,都具有 $\boldsymbol{w}^{\mathrm{T}}\boldsymbol{x}+b$ 的形式,其中 $\boldsymbol{w}$ 和 b 是待求参数。其区别在于两者的因变量不同。多元线性回归直接将 $\boldsymbol{w}^{\mathrm{T}}\boldsymbol{x}+b$ 作为因变量,即 $y=\boldsymbol{w}^{\mathrm{T}}\boldsymbol{x}+b$。而逻辑回归则不同,它是通过函数 L 将 $\boldsymbol{w}^{\mathrm{T}}\boldsymbol{x}+b$ 对应一个隐状态 p,$p=L(\boldsymbol{w}^{\mathrm{T}}\boldsymbol{x}+b)$,然后根据 p 与 $1-p$ 的大小决定因变量的值。如果 L 是一个逻辑函数,那么其属于逻辑回归;如果 L 是一个多项式函数,那么其属于多项式回归。

逻辑回归大多用于分类,其原理就是由 sigmoid 函数处理线性模型的输出值,将输出值保持在(0,1)区间,用于二分类任务。它不仅可以预测出类别,还可以获得属于某个类别的概率预测。

逻辑回归属于一种用于解决监督学习(supervised learning)问题的学习算法,进行逻辑回归的主要目的是将训练数据的标签值与预测值之间的误差化为最小。分类是监督学习中的一个核心问题,当输出变量 Y 取有限个离散值时,预测问题便成为分类问题。此时的输入变量 x 既可以是离散的,也可以是连续的。分类器的功能是利用监督学习从数据中学习一个分类模型或分类决策函数。而分类就是分类器对新的输入对应的输出进行的预测。

例如,在现实生活中,如果要用数字表达某些事物是否出现,那么可以用 0 表示它不出现,用 1 表示它出现。能够用 0、1 表示事物状态的就称为二分类问题。如果需要在两个类别之间进行分类,那么逻辑回归的方法就非常适用。例如,一个班进行考试,有 10 道题,每道题 10 分。如果分数低于 60 分就是不及格,用 0 表示;否则是及格,用 1 表示。这个分类任务如图 5.1 所示。

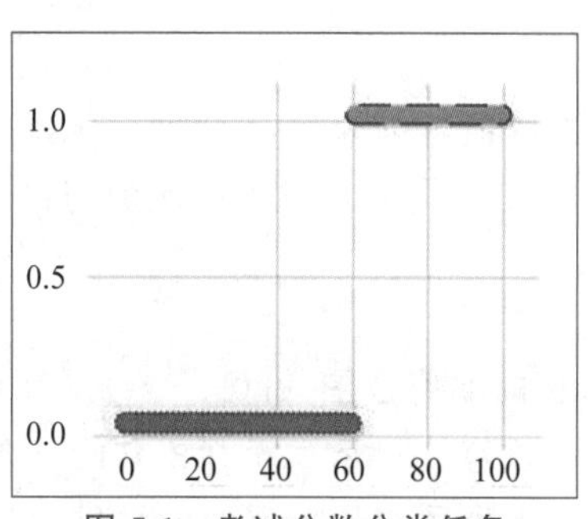

图 5.1　考试分数分类任务

5.1.2 逻辑回归应用

逻辑回归可以用于估计某个事件发生的可能性，也可以用于分析某个问题的影响因素有哪些。

目前，逻辑回归在数据挖掘、疾病自动诊断、经济预测等领域得到普遍应用。例如，分析一组胃癌病情案例，首先随机选择实验对象，并将其分为两组，一组是胃癌组，另一组是非胃癌组，两组人群必定在体征与生活方式等方面有所不同。因此，是否胃癌就作为因变量，值为"是"或"否"。而自变量有很多，包括年龄、性别、饮食习惯、幽门螺旋杆菌感染等。自变量既可以是连续的，也可以是离散的。最后通过逻辑回归分析得到自变量的权重，从而可以大致了解导致胃癌的危险因素有哪些，同时根据该权值判断出的危险因素预测一个人患胃癌的可能性。

对于二分类领域，可以用 sigmoid 函数得出概率值，适用于根据分类概率排名的领域，如搜索排名等。例如，在医学研究中，逻辑回归常用于分析某种疾病的危险因素，例如，分析年龄、性别、饮食习惯等是否属于胃癌的危险因素。

对于多分类领域，如手写字识别、信用评估、测量市场营销的成功度、预测某个产品的收益或亏损、预测特定的某天是否会发生地震或海啸，可以用逻辑回归扩展的 softmax 函数。其中，使用得最多的是二元逻辑回归分析，它不仅使用简单方便，而且容易描述和理解。因此本章以二元逻辑回归为例进行介绍。

5.2 概　　述

逻辑回归作为深度学习的基础，也是一种被广泛使用的统计模型和分类器，但它与深度学习的黑盒机制有很大不同，其解决问题的原理比较容易理解。逻辑回归是一个把线性回归映射为概率的模型，即把实数空间的输出映射到(0,1)区间，从而得到概率，其目的是解决类似"成功或失败""有或无"或"通过或拒绝"等非此即彼的问题。

5.2.1 probability 和 odds 定义

probability 指的是发生的次数与总次数之比，例如抛硬币：

$$p=\frac{\text{正面向上的次数}}{\text{总次数}} \tag{5.1}$$

p 的取值范围为$[0,1]$。

odds 指的是发生的次数与没有发生的次数之比：

$$\text{odds}=\frac{\text{正面向上的次数}}{\text{反面向上的次数}} \tag{5.2}$$

odds 的取值范围为$[0,+\infty)$。

注意：odds 表示样例作为正例的相对可能性。

抛硬币出现正反面的事件服从伯努利分布。如果 X 是伯努利分布中的随机变量，则 X 的取值为$\{0,1\}$，非 0 即 1。例如，抛硬币出现正反面的概率分别为

$$P(X=1)=p$$

$$P(X=0)=1-p \tag{5.3}$$

相应的 odds 为

$$\text{odds}=\frac{p}{1-p},\quad \text{odds}\in[0,+\infty) \tag{5.4}$$

5.2.2　logit 函数和 sigmoid 函数及其特性

对 odds 取对数，扩展 odds 的取值范围到实数空间[−∞，+∞]，这就是 logit 函数：

$$\text{logit}(p)=\log_e\frac{p}{1-p},\quad p\in(0,1),\quad \text{logit}(p)\in[-\infty,+\infty] \tag{5.5}$$

注意：在后面的表述中，均省略 log 的底 e。

接下来，用线性回归模型表示 logit(p)，因为线性回归模型和 logit 函数的输出有同样的取值范围。

设

$$\text{logit}(p)=\theta_1x_1+\theta_2x_2+b \tag{5.6}$$

图 5.2 为 logit(p)的图形。注意，$p\in(0,1)$。

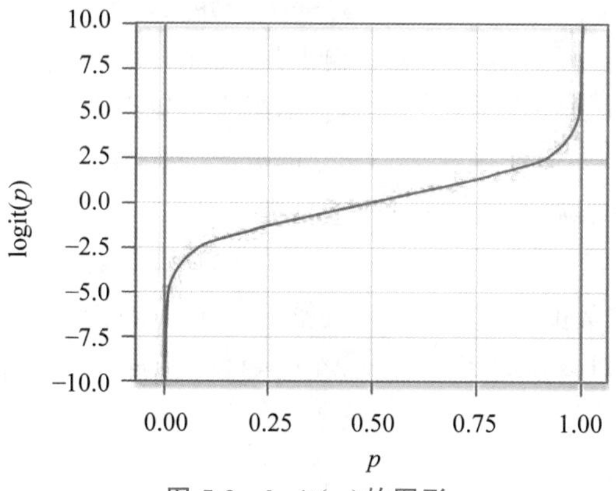

图 5.2　logit(p)的图形

由 logit(p)$=\theta_1x_1+\theta_2x_2+b$ 得

$$\log\frac{p}{1-p}=\theta_1x_1+\theta_2x_2+b \tag{5.7}$$

设 $\theta_1x_1+\theta_2x_2+b=z$，得

$$\log\frac{p}{1-p}=z \tag{5.8}$$

等式两边取 e 的幂，得

$$\frac{p}{1-p}=e^z \tag{5.9}$$

化简，得

$$p=e^z(1-p)$$

$$p=e^z-e^zp$$

$$p(1+e^z)=e^z$$

$$p = \frac{e^z}{1 + e^z} \tag{5.10}$$

分子、分母同除以 e^z，得

$$p = \frac{1}{1 + e^{-z}}, \quad p \in (0,1) \tag{5.11}$$

由此得到 sigmoid 函数：

$$\text{sigmoid}(x) = \frac{1}{1 + e^{-z}}, \quad \text{sigmoid}(x) \in (0,1) \tag{5.12}$$

即可把线性回归模型输出的实数空间取值映射为概率。

从图 5.3 可以看到，sigmoid 函数是一个 S 形的曲线，自变量 x 无论取何值，其输出值都在[0,1]内。一个分类问题只有两种答案：一种是“是”，另一种是“否”。若 1 对应“是”，则 0 对应“否”。

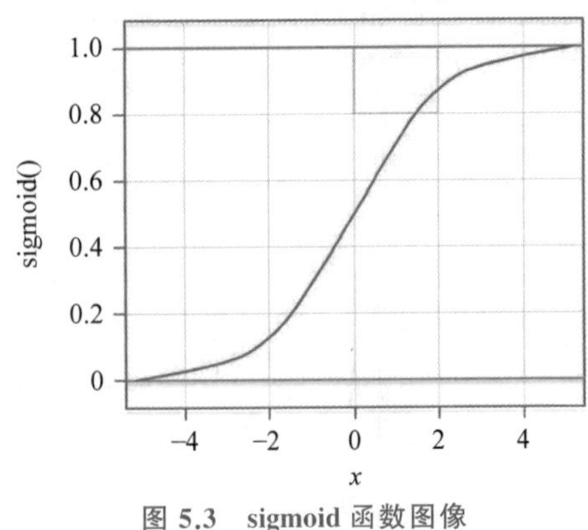

图 5.3 sigmoid 函数图像

阈值是可以自己设定的。假设分类的阈值是 0.5。记 $y=\text{sigmoid}(x)$。由图 5.3 可以看到，$x=0$ 是一个分界点。当 $x<0$ 时，$y<0.5$，sigmoid 函数输出为 0；当 $x>0$ 时 $y>0.5$，sigmoid 函数输出为 1。结果也可以理解为概率。换句话说，概率小于 0.5 的分类为 0，概率大于 0.5 的分类为 1，这就达到了分类的目的。

逻辑回归主要用于二元分类问题。对于给定的输入，在已知各项参数的情况下，就可以给出 0 或 1 的判断。例如，考试得了 60 分，通过逻辑回归函数就可以判断及格了。可见，在已知参数的情况下，逻辑回归函数根据输入可以给出 0 或 1 的结果。

5.2.3 最大似然估计

引入假设函数 $h_{\boldsymbol{\theta}}(\boldsymbol{X})$，设 $\boldsymbol{\theta}^{\mathrm{T}}\boldsymbol{X}$ 为线性回归模型，$\boldsymbol{\theta}$ 和 $\boldsymbol{X}$ 均为列向量，例如：

$$\boldsymbol{\theta} = \begin{bmatrix} b \\ \theta_1 \\ \theta_2 \end{bmatrix}, \boldsymbol{X} = \begin{bmatrix} 1 \\ x_1 \\ x_2 \end{bmatrix} \tag{5.13}$$

求 $\boldsymbol{\theta}^{\mathrm{T}}\boldsymbol{X}$：

$$\boldsymbol{\theta}^{\mathrm{T}}\boldsymbol{X} = b \times 1 + \theta_1 \times x_1 + \theta_2 \times x_2 = \theta_1 x_1 + \theta_2 x_2 + b \tag{5.14}$$

设 $\boldsymbol{\theta}^{\mathrm{T}}\boldsymbol{X}=z$，则假设函数为

$$h_{\boldsymbol{\theta}}(\boldsymbol{X}) = \frac{1}{1 + e^{-z}} = P(Y=1 \mid \boldsymbol{X};\boldsymbol{\theta}) \tag{5.15}$$

式(5.15)代表了 $Y=1$ 的概率。

$$1 - h_{\boldsymbol{\theta}}(\boldsymbol{X}) = P(Y=0 \mid \boldsymbol{X};\boldsymbol{\theta}) \tag{5.16}$$

式(5.16)代表了 $Y=0$ 的概率。注意，$Y\in\{0,1\}$，Y 非 0 即 1。

伯努利分布函数如下：

$$f(k;p)=p^k(1-p)^{1-k}, k\in\{0,1\} \tag{5.17}$$

注意：$f(k;p)$表示 k 为 0 或 1 的概率，也就是 P_k。

最大似然估计的目的就是找到一个最符合数据的概率分布。

例如，图 5.4 中的×表示数据点，相应的概率的乘积就是似然函数的输出。显然，图 5.4(a)的似然函数值比图 5.4(b)的大，所以图 5.4(a)的分布更符合数据。而最大似然估计就是找到一个最符合当前数据的分布。

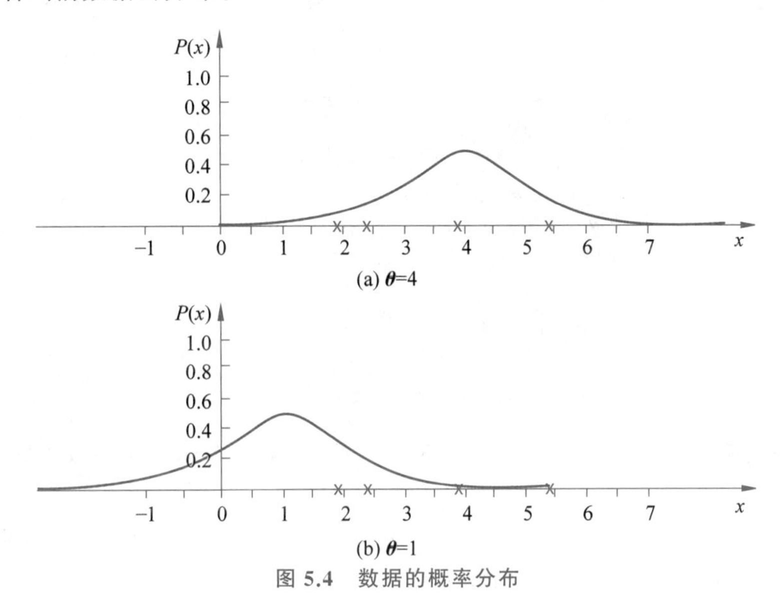

图 5.4　数据的概率分布

根据伯努利分布，定义似然函数：

$$\begin{aligned}L(\boldsymbol{\theta}\mid \boldsymbol{x})&=P(Y\mid \boldsymbol{X};\boldsymbol{\theta})\\&=\prod_{i=1}^{m}P(y_i\mid x_i;\boldsymbol{\theta})\\&=\prod_{i=1}^{m}h_{\boldsymbol{\theta}}(x_i)^{y_i}(1-h_{\boldsymbol{\theta}}(x_i))^{1-y_i}\end{aligned} \tag{5.18}$$

其中，x_i 为各个数据样本，共有 m 个数据样本。最大似然估计的目的就是让式(5.18)的输出值尽可能大。对式(5.18)取对数，以方便计算。取对数可以把乘积转换为加法，而且不影响优化目标：

$$\begin{aligned}L(\boldsymbol{\theta}\mid \boldsymbol{x})&=\log(P(\boldsymbol{Y}\mid h_{\boldsymbol{\theta}}(\boldsymbol{X})))\\&=\sum_{i=1}^{m}(y_i\log(h_{\boldsymbol{\theta}}(x^{(i)}))+(1-y_i)\log(1-h_{\boldsymbol{\theta}}(x^{(i)})))\end{aligned} \tag{5.19}$$

只要在式(5.19)前面加一个负号，即可把求最大值转换为求最小值。设 $h_{\boldsymbol{\theta}}(\boldsymbol{X})=\hat{\boldsymbol{Y}}$，得出损失函数 $J(\boldsymbol{\theta})$。只要最小化这个函数，就能通过求导得到 $\boldsymbol{\theta}$：

$$J(\boldsymbol{\theta})=-\sum_{i=1}^{m}(\boldsymbol{Y}\log\hat{\boldsymbol{Y}}-(1-\boldsymbol{Y})\log(1-\hat{\boldsymbol{Y}})) \tag{5.20}$$

深度学习中的交叉熵和式(5.20)一样，只不过式(5.20)是交叉熵中的项分类问题。对于多分类，可对 $J(\boldsymbol{\theta})$进行推广，获得交叉熵(cross entropy)：

$$\text{CrossEntropy}(\boldsymbol{Y},\hat{\boldsymbol{Y}})=-\frac{1}{m}\sum_{i=1}^{m}\sum_{c=1}^{N_c}\boldsymbol{Y}\log\hat{\boldsymbol{Y}} \tag{5.21}$$

其中，c 为分类编号，N_c 为所有的分类数量。

5.2.4 参数的获取：梯度下降法优化参数

根据式(5.20)画出对数似然(log likelihood)函数，也就是损失函数的图形，如图 5.5 所示。

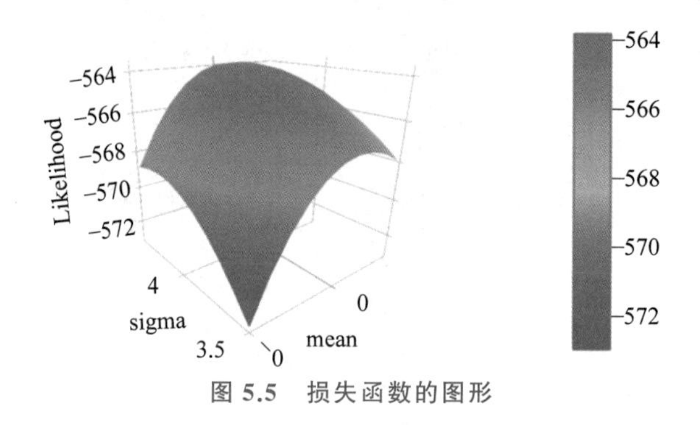

图 5.5 损失函数的图形

注意：损失函数要对原始的对数似然函数取负号，使极大似然值的最大化问题变成最小化问题。

如图 5.5 所示，损失函数是一个凸函数。使用梯度下降法寻找损失函数的极小值，即求出当 $\boldsymbol{\theta}$ 取什么值时损失函数可以达到极小值。

1. 求导过程

需要求 $J(\boldsymbol{\theta})$ 对 θ_j 的导数 $\dfrac{\partial J(\boldsymbol{\theta})}{\partial\theta_j}$，注意：

$$\hat{\boldsymbol{Y}}=\frac{1}{1+\mathrm{e}^{-\boldsymbol{\theta}^{\mathrm{T}}x}} \tag{5.22}$$

利用

$$\frac{\mathrm{d}}{\mathrm{d}x}\log_a f(x)=\frac{1}{f(x)\ln a}f'(x) \tag{5.23}$$

结合式(5.23)，将式(5.22)代入式(5.20)，可得

$$\begin{aligned}\frac{\partial}{\partial\theta_j}\log(1-\hat{\boldsymbol{Y}})&=\frac{\partial}{\partial\theta_j}\log\frac{1}{1+\mathrm{e}^{-\boldsymbol{\theta}^{\mathrm{T}}x}}\\&=\frac{\partial}{\partial\theta_j}(\log 1-\log(1+\mathrm{e}^{-\boldsymbol{\theta}^{\mathrm{T}}x}))\\&=\frac{\partial}{\partial\theta_j}(-\log(1+\mathrm{e}^{-\boldsymbol{\theta}^{\mathrm{T}}x}))\\&=-\frac{1}{1+\mathrm{e}^{-\boldsymbol{\theta}^{\mathrm{T}}x}}\mathrm{e}^{-\boldsymbol{\theta}^{\mathrm{T}}x}(-x_j)\\&=\left(1-\frac{1}{1+\mathrm{e}^{-\boldsymbol{\theta}^{\mathrm{T}}x}}\right)x_j\end{aligned} \tag{5.24}$$

再求$\frac{\partial}{\partial\theta_j}\log(1-\hat{\boldsymbol{Y}})$：

$$\frac{\partial}{\partial\theta_j}\log(1-\hat{\boldsymbol{Y}})=\frac{\partial}{\partial\theta_j}\log\frac{\mathrm{e}^{-\boldsymbol{\theta}^{\mathrm{T}}x}}{1+\mathrm{e}^{-\boldsymbol{\theta}^{\mathrm{T}}x}}$$
$$=\frac{\partial}{\partial\theta_j}(-\boldsymbol{\theta}^{\mathrm{T}}x-\log(1+\mathrm{e}^{-\boldsymbol{\theta}^{\mathrm{T}}x})) \tag{5.25}$$

将式(5.25)代入式(5.24)，得

$$\frac{\partial}{\partial\theta_j}\log(1-\hat{\boldsymbol{Y}})=-x_j+x_j\left(1-\frac{1}{1+\mathrm{e}^{-\boldsymbol{\theta}^{\mathrm{T}}x}}\right)$$
$$=-\frac{1}{1+\mathrm{e}^{-\boldsymbol{\theta}^{\mathrm{T}}x}}x_j \tag{5.26}$$

将利用式(5.26)求得的$\frac{\partial}{\partial\theta_j}\log(1-\hat{\boldsymbol{Y}})$和$\frac{\partial}{\partial\theta_j}\log(\hat{\boldsymbol{Y}})$代入$\frac{\partial J(\boldsymbol{\theta})}{\partial\theta_j}$(注意，$i$ 是数据点的序号，j 是特征的数量)：

$$\boldsymbol{X}=\begin{bmatrix}x_1^{(1)} & x_2^{(1)} & \cdots & x_m^{(1)}\\ x_1^{(2)} & x_2^{(2)} & \cdots & x_m^{(2)}\\ x_1^{(3)} & x_2^{(3)} & \cdots & x_m^{(3)}\end{bmatrix} \tag{5.27}$$

展开并整理得(注意，$\hat{\boldsymbol{Y}}=\frac{1}{1+\mathrm{e}^{-\boldsymbol{\theta}^{\mathrm{T}}x}}$)

$$\frac{\partial J(\boldsymbol{\theta})}{\partial\theta_j}=-\sum_{i=1}^{m}y^{(i)}x_j^{(i)}\left(1-\frac{1}{1+\mathrm{e}^{-\boldsymbol{\theta}^{\mathrm{T}}\boldsymbol{x}^{(i)}}}\right)-(1-y^{(i)})x_j^{(i)}\frac{1}{1+\mathrm{e}^{-\boldsymbol{\theta}^{\mathrm{T}}\boldsymbol{x}^{(i)}}}$$
$$=\sum_{i=1}^{m}\left(\frac{1}{1+\mathrm{e}^{-\boldsymbol{\theta}^{\mathrm{T}}\boldsymbol{x}^{(i)}}}-y^{(i)}\right)x_j^{(i)}$$
$$=\sum_{i=1}^{m}(\hat{y}^{(i)}-y^{(i)})x_j^{(i)} \tag{5.28}$$

从式(5.13)可以发现 $\boldsymbol{\theta}$ 中的 b 对应 $\boldsymbol{X}$ 中的 1，由此可得

$$\frac{\partial J(\boldsymbol{\theta})}{\partial b}=\sum_{i=1}^{m}(\hat{y}^{(i)}-y^{(i)}) \tag{5.29}$$

2. 搜寻下山过程

现在已经得到了 θ_j 和偏差 b 的梯度，如果用这个梯度对参数进行更新，就要定义学习率 η，防止下山的时候跑得太快而跑过头。一般学习率的取值都比较小，然后重复下面的步骤，直到收敛：

$$\theta_j\leftarrow\theta_j-\eta\frac{\partial J(\boldsymbol{\theta})}{\partial\theta_j} \tag{5.30}$$

$$b\leftarrow b-\eta\frac{\partial J(\boldsymbol{\theta})}{\partial b} \tag{5.31}$$

5.2.5　模型评估方法

通常来说，如果对学习器的泛化误差进行评估并进而做出选择，即可通过实验测试获取结果。因此，需使用一个测试集(testing set)测试学习器对新样本的判别能力，然后将测试

集上的测试误差(testing error)近似为泛化误差。通常假设测试样本也是从样本真实分布中独立同分布采样而得的。但要注意一点,测试集应该尽可能与训练集互斥,即训练集中不能出现测试样本,且不能在训练过程中使用过。

训练集中为什么不能出现测试样本呢?为理解这一点,以下面的场景为例加以说明:老师给同学们出了10道练习题,考试时老师的试题是同样的这10道题,那么这个考试成绩能否真实、有效地反映同学们的学习情况呢?答案是否定的,可能有的同学只是掌握了这10道题,不会其他知识,却能轻易得高分。希望得到泛化能力强的模型,就像希望同学们把课程学好,并能够将所学知识举一反三一样。训练样本相当于给同学们出练习题,测试过程就是课程考试。很明显,如果用测试样本进行训练,则得到的估计结果一定是过于"乐观"的。

可是,我们只有一个包含 m 个样本的数据集 $D=\{(x_1,y_1),(x_2,y_2),\cdots,(x_m,y_m)\}$,怎样才能做到既能训练又能测试呢?适当地处理数据集 D,从中产生训练集 S 和测试集 T。下面介绍几种常见的做法。

1. 留出法

留出法(hold-out)直接将数据集 D 划分为训练集 S 和测试集 T 两个互斥的集合,即 $D=S\cup T, S\cap T=\varnothing$。在 S 上训练出模型后,用 T 评估其测试误差,作为对泛化误差的估计。

以二分类任务为例,假定 D 包含1000个样本,将其划分为 S(包含700个样本)和 T(包含300个样本)。用 S 进行训练后,如果模型在 T 上有90个样本分类错误,那么其错误率为 $(90/300)\times 100\%=30\%$,相应的精度为 $1-30\%=70\%$。

在这里要注意的一个问题是,训练集与测试集的划分要尽可能使数据分布保持一致,避免因数据划分过程引入额外的偏差而影响最终结果,例如在分类任务中至少要保持样本的类别比例相似。如果从采样(sampling)的角度看待数据集的划分过程,那么保留类别比例的采样方式常常被叫作分层采样(stratified sampling)。例如,通过对 D 进行分层采样而获得含70%样本的训练集 S 和含30%样本的测试集 T,若 D 包含500个正例、500个反例,则分层采样得到的 S 应包含350个正例、350个反例,而 T 则包含150个正例和150个反例;若 S 和 T 中样本类别比例差别很大,则误差估计将由于训练数据与测试数据分布的差异而产生偏差。

另一个需注意的问题是,即便有了训练集和测试集的样本比例,仍存在多种分割初始数据集 D 的方式。如上所述,可以首先对 D 中的样本进行排序,然后在训练集中放入前350个正例,或者放入后350个正例。这些不同的划分将导致不同的训练集和测试集,模型评估会产生不同结果。因此,单次使用留出法得到的估计结果是不够稳定的。在使用留出法时,一般要进行若干次随机划分,重复进行实验评估后取平均值作为留出法的评估结果。例如,进行100次随机划分,每次产生一个训练集和一个测试集用于实验评估,100次后就得到100个结果,而留出法返回的则是这100个结果的平均值。

另外,我们希望将 D 训练出的模型用于评估,但留出法需要分出训练集和测试集,这就会产生一个尴尬的情况:若令绝大多数样本都在训练集 S 中,则训练出的模型可能更接近用 D 训练出的模型,然而因为测试集 T 比较小,最后的评估结果就会不够精准且变化较大。若让一些样本包含于测试集 T 里,则训练集 S 与 D 差别就会更大,被评估的模型与用

D 训练出的模型相比可能有较大差别，从而降低了评估结果的保真性(fidelity)。目前为止，这个问题还没有完美的解决方案，最普遍的做法是将 2/3～4/5 的样本用于训练，其余样本用于测试。

2. 交叉验证法

交叉验证法(cross validation)是先将数据集 D 划分为大小相似的互斥子集，即 $D=D_1 \cup D_2 \cup \cdots \cup D_k, D_i \cap D_j = \varnothing (i \neq j)$，互斥子集总共有 k 个。保证所有子集具有相同的数据分布，即它们都是从 D 中通过分层采样得到的。然后，每次用 $k-1$ 个子集的并集作为训练集，余下的那个子集作为测试集；最终得到 k 组训练集和测试集，从而可进行 k 次训练和测试，最终返回的是这 k 个测试结果的平均数。显然，k 的取值在很大程度上决定了交叉验证法评估结果的稳定性和保真性，为强调这一点，通常交叉验证法也被称为 k 折交叉验证(k-fold cross validation)。10 是 k 最常用的取值，此时称为 10 折交叉验证。其他常用的 k 值有 5、20 等。图 5.6 为 10 折交叉验证。

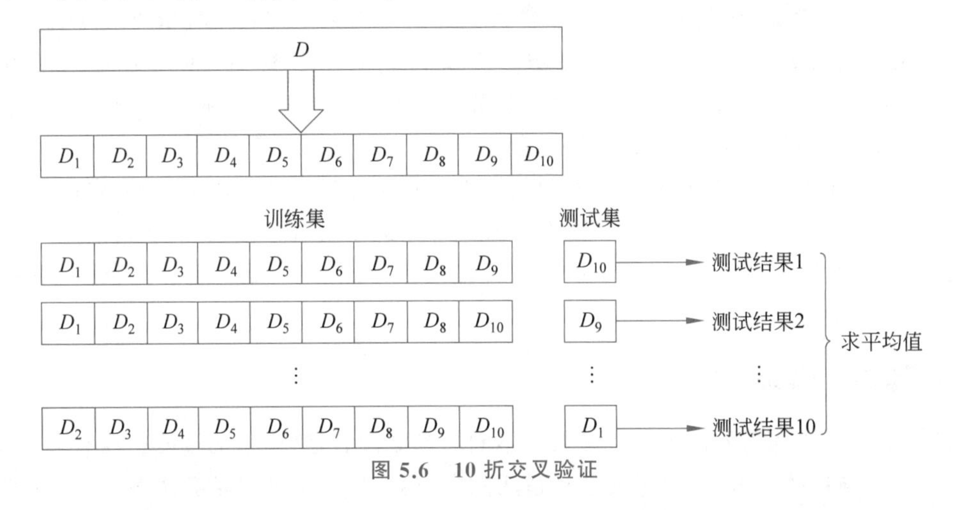

图 5.6　10 折交叉验证

与留出法相似，将数据集 D 划分为 k 个子集也有多种方式。为减小因划分为不同子集而引入的差别，k 折交叉验证通常要随机使用不同的划分重复 p 次，取这 p 次 k 折交叉验证结果的均值作为最终评估结果。

假定数据集 D 中包含 m 个样本，若令 $k=m$，则得到了交叉验证法的一个特例：留一法(Leave-One-Out，LOO)。很明显，留一法不会受随机样本划分方式的影响，因为 m 个样本有且仅有一个方式划分为 m 个子集，即每个子集包含一个样本，留一法使用的训练集只比初始数据集少了一个样本，这就使得在绝大多数情况下留一法中被实际评估的模型与期望评估中用 D 训练出的模型很相似。因此，留一法的评估结果往往被认为比较准确。然而，留一法也存在不足，在数据集比较大的情况下，训练 m 个模型的计算量可能是极大的(例如数据集包含 100 万个样本，则需训练 100 万个模型)，而这还未考虑算法调参的情况。另外，留一法的评估结果也不能保证永远比其他评估方法准确。

3. 自助法

我们希望评估的是用 D 训练出来的模型。但在留出法和交叉验证法中，为了用于测试而保留了一部分样本，因此实际评估的模型所使用的训练集比 D 小，这必然会出现因训练样本规模不同而导致的估计偏差。尽管留一法受训练样本规模变化的影响较小，但计算复杂度太高。那么,有什么办法可以使结果不受训练样本规模不同的影响,同时还能比较高效地进行实验评估呢?

目前,一个比较好的解决方案就是自助法(bootstrapping)。它直接以自助采样法(bootstrap sampling)为基础。给定数据集 D,令其包含 m 个样本,对它进行采样产生数据集 D':每次随机从 D 中挑选一个样本,将其复制后放入 D',然后再将该样本放回初始数据集 D 中,使得该样本在下次采样时仍然有可能被选中。这个过程重复执行 m 次后,就得到了自助采样的结果,即一个包含 m 个样本的数据集 D'。显然,D 中有一部分样本很可能在 D'中多次出现,而另一部分样本很可能不出现。可以做一个简单的估计,样本在 m 次采样中始终不被选中的概率是$\left(1-\frac{1}{m}\right)^m$,取极限得

$$\lim_{m\mapsto\infty}\left(1-\frac{1}{m}\right)^m \mapsto \frac{1}{\mathrm{e}} \approx 0.368 \tag{5.32}$$

通过自助采样,初始数据集 D 中约有 36.8%的样本未出现在采样数据集 D'中。于是可将 D'用作训练集,将 $D\backslash D'$用作测试集。这样,实际评估的模型与期望评估的模型都使用 m 个训练样本,同时仍有数据总量约 1/3 未在训练集中出现的样本用于测试。这样的测试结果也称包外估计(out-of-bag estimate)。

自助法常用于数据集较小,难以有效划分训练集和测试集的情况。此外,自助法能从初始数据集中产生多个不同的训练集,这非常有利于集成学习等方法。但是,自助法产生的数据集改变了初始数据集的分布,这会引入估计偏差。因此,在数据量足够时,更常用的还是留出法和交叉验证法。

5.2.6 调参与最终模型

诸多学习算法都需要设定一些参数。不同的参数配置,其模型的性能往往有显著差别。因此,在评估与选择模型时,除了要选择适用的学习算法,还需要设定算法参数,这就是通常所说的参数调节,简称调参。

有人可能会认为,调参和算法选择在本质上没有太大的区别。将每种参数配置都训练出模型,然后把对应最好的模型的参数作为结果。这样的考虑基本上是对的,但要注意一点,学习算法的很多参数都在实数范围内取值。因此,为每种参数配置都训练出模型的可能性很小。一般的做法是对每个参数选定一个范围和变化步长。例如,在[0, 0.2]范围内以 0.05 为步长,则有 5 个实际要评估的候选参数值,最终的选定值就是从这 5 个候选值中产生的。很明显,从这种方法选出的参数值往往不是最佳的,但这个结果是计算开销和性能估计的折中,这样学习过程才变得可行。事实上,即便在这样的折中后,调参依旧存在困难。可以简单估算一下:假定算法有 3 个参数,每个参数仅考虑 5 个候选值,这样对每一组训练集和测试集就有 5×5×5=125 个模型需考察。很多强大的学习算法有大量参数需设定,这将导致极大的调参工作量,因此,在很多应用任务中,参数的优劣决定了最终模型的性能。

还需要注意的是,通常把学习得到的模型在实际使用中遇到的数据称为测试数据。为了更好地与之区别,模型评估与选择中用于评估测试的数据集常称为验证集(validation set)。举例来说,如果要研究对比不同算法的泛化能力,估计模型在实际使用时的泛化能力就要用测试集上的判别效果,并将训练数据另外划分为训练集和验证集,在利用验证集得到

的性能的基础上进行模型选择和调参。

5.2.7　模型性能度量

对学习器的泛化能力进行评估，不仅需要有效可行的实验估计方法，更需要对模型泛化能力的评价标准进行衡量，这就是性能度量。性能度量反映了任务需求。在对比不同模型的能力时，使用不同的性能度量往往会出现截然不同的评判结果。这意味着模型的好坏是相对的，不仅取决于算法和数据，还取决于任务需求。

这里采用二分类问题说明相关的性能度量指标。

1. 混淆矩阵

假设有一个二分类问题，将关注的类别取名为正例(positive)，则另一个类别为反例(negative)。然后再将样例依据其真实类别与学习器预测类别的组合划分为真正例(True Positive，TP)、假正例(False Positive，FP)、真反例(True Negative，TN)和假反例(False Negative，FN)。令 TP、FP、TN、FN 分别表示其对应的样例数，则 TP+FP+TN+FN=样例总数。表 5.1 也称混淆矩阵。

表 5.1　混淆矩阵

真实类别	学习器预测类别	
	正　例	反　例
正例	TP(真正例)	FN(假反例)
反例	FP(假正例)	TN(真反例)

2. 准确率

准确率(accuracy)的定义如下：

$$\text{acc}=\frac{\text{TP}+\text{TN}}{\text{TP}+\text{FP}+\text{TN}+\text{FN}} \tag{5.33}$$

3. 查准率

查准率(precision)也称精确率，其定义如下：

$$P=\frac{\text{TP}}{\text{TP}+\text{FP}} \tag{5.34}$$

4. 查全率

查全率(recall)也称召回率，其定义如下：

$$R=\frac{\text{TP}}{\text{TP}+\text{FN}} \tag{5.35}$$

一般来说，式(5.34)和式(5.35)两个度量指标是相互矛盾的。当查准率高时，查全率就会低；反之亦然。假设按好坏进行分类。若想把“好”全部选出来(查全率上升)，可以通过增加样本数量实现；但将所有样本选上了，查准率也就下降了。

5. *P-R* 曲线

在多种情形下，可根据学习器的预测结果对样本进行排序。排序位于最前面的是学习器认为最可能是正例的样本，排序位于最后面的则是学习器认为最不可能是正例的样本。按此顺序逐个对样本进行预测，则每次可以计算出当前的查准率、查全率。以查准率为纵轴、以查全率为横轴作图，就得到了查准率-查全率曲线，简称 P-R 曲线，如图 5.7 所示。

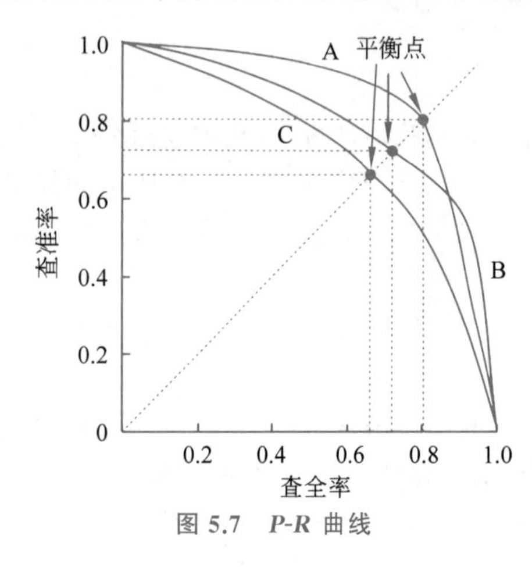

图 5.7 *P-R* 曲线

P-R 图能够直观地显示出学习器在样本总体上的查准率、查全率。在进行比较时，若一个学习器的 P-R 曲线被另一个学习器的 P-R 曲线完全"包住"，则可直接断言后者的性能优于前者，例如图 5.7 中学习器 A 的性能优于学习器 C。如果两个学习器的 P-R 曲线发生了交叉，例如图 5.7 中的 A 与 B，则难以一般性地断言两者孰优孰劣，只能在具体的查准率或查全率条件下进一步比较。然而，在很多情形下，仍希望把学习器 A 与 B 比出高低。这时一个比较合理的判据是比较 P-R 曲线下面积的大小，它在一定程度上表征了学习器在查准率和查全率上取得相对"双高"的比例，但这个值不太容易估算，因此，人们设计了一些综合考虑查准率、查全率的性能度量。

平衡点(Break-Even Point，BEP)就是这样一个度量，它是查准率等于查全率时的取值。例如，图 5.7 中学习器 B 的 BEP 是 0.7，学习器 A 的 BEP 是 0.8，可认为学习器 A 优于 B。

6. 加权调和平均和调和平均

在不同的应用中对查准率和查全率的重视程度有所不同。例如，在商品推荐系统中，为了尽可能少打扰用户，且确保推荐内容能引起用户的兴趣，故查准率更重要；而在逃犯信息检索系统中，为了尽可能少漏掉逃犯，故查全率更重要。利用加权调和平均(F_β)能够表达出对查准率和查全率的不同偏好，它定义为

$$F_\beta=\frac{(1+\beta^2)PR}{\beta^2 P+R} \tag{5.36}$$

当 $\beta>1$ 时，查全率影响更大；反之，查准率影响更大。

当 $\beta=1$，得到调和平均(F_1)。F_1 的定义是

$$F_1=\frac{2PR}{P+R} \tag{5.37}$$

$$\frac{1}{F_1}=\frac{1}{2}\left(\frac{1}{R}+\frac{1}{P}\right) \tag{5.38}$$

F_β 也可以写为

$$\frac{1}{F_\beta}=\frac{1}{1+\beta^2}\left(\frac{\beta^2}{R}+\frac{1}{P}\right) \tag{5.39}$$

与算术平均 $\frac{P+R}{2}$ 和几何平均 $\sqrt{P+R}$ 相比，调和平均更注重较小值。

5.3 实例分析

5.3.1 创建数据集并使用逻辑回归算法进行分类

1. 创建数据集

在本实例中，将使用 sklearn 的 make_blobs()方法进行数据点的创建。make_blobs()

方法常被用来创建简易数据集，直观地说，make_blobs()方法会根据用户指定的特征数量、中心点数量、范围等生成几类数据，这些数据可用于测试聚类算法的效果。

make_blobs()方法的用法如下：

```
sklearn.datasets.make_blobs(n_samples, n_features, centers, cluster_std)
```

其中，n_samples 是待生成的样本的总数；n_features 是每个样本的特征数；centers 表示样本中心的坐标；cluster_std 表示每个类别的方差，例如，要生成两类数据，其中一类比另一类具有更大的方差，可以将 cluster_std 设置为[1.0,3.0]。

在本实例中，使用 make_blobs()方法创建数据集，代码如下：

```
make_blobs(n_samples=1000, centers=2)
```

2. 算法处理

1）处理数据

使用 make_blobs()方法创建数据样本，具体参数使用上面创建数据集时的参数，并使用可视化模块对其样本分布进行可视化，具体代码如下：

```
import numpy as np
from sklearn.model_selection import train_test_split
from sklearn.datasets import make_blobs
import matplotlib.pyplot as plt
np.random.seed(123)
X, y_true = make_blobs(n_samples= 1000, centers=2)
fig = plt.figure(figsize=(8,6))
plt.scatter(X[:,0], X[:,1], c=y_true)
plt.xlabel("第一个特征")
plt.ylabel("第二个特征")
plt.show()
```

可视化结果如图 5.8 所示。

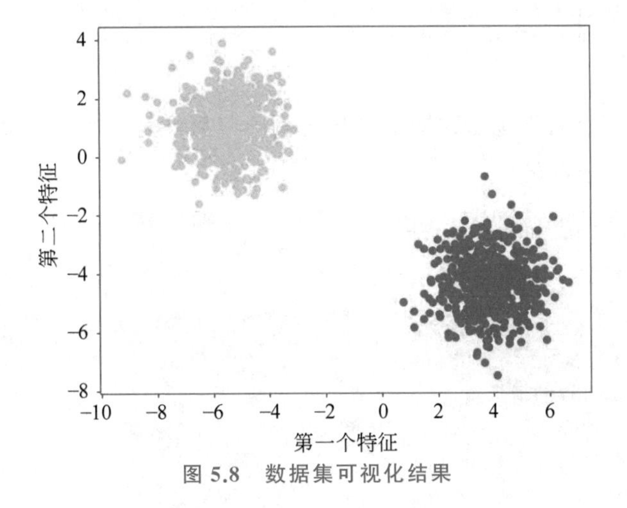

图 5.8　数据集可视化结果

2）构建逻辑回归算法

在逻辑回归算法中主要包含3个函数，分别为sigmoid函数、训练函数和预测函数。sigmoid函数使用NumPy函数库对式(5.12)进行代码实现。训练函数中主要包括构建交叉熵、计算权重与偏差的梯度以及更新参数3个功能。由于使用NumPy进行算法实现，所以需要使用NumPy函数库分别对交叉熵与其梯度进行代码构建。在第12章中，将使用PyTorch框架进行模型构建与参数优化，不再需要使用NumPy进行函数构建。预测函数主要是使用sigmoid函数以及训练好的逻辑回归模型的权重与偏差进行测试数据的预测，具体代码如下：

```
class LogisticRegression:
    def sigmoid(self, a):
        return 1 / (1 + np.exp(-a))
    def train(self, X, y_true, n_iters, learning_rate):
        """
        在给定数据 X 和目标 y 上训练逻辑回归模型
        """
        #初始化参数
        n_samples, n_features = X.shape
        self.weights = np.zeros((n_features, 1))
        self.bias = 0
        costs = []
        for i in range(n_iters):
            #计算输入特征和权重的线性组合,应用 sigmoid 函数
            y_predict = self.sigmoid(np.dot(X, self.weights) + self.bias)
            #计算整个训练集的成本
            cost = (- 1 / n_samples) * np.sum(y_true * np.log(y_predict) + (1 -
y_true) * (np.log(1 - y_predict)))
            #计算梯度
            dw = (1 / n_samples) * np.dot(X.T, (y_predict - y_true))
            db = (1 / n_samples) * np.sum(y_predict - y_true)
            #更新参数
            self.weights = self.weights - learning_rate * dw
            self.bias = self.bias - learning_rate * db
```

3）实验结果

在该部分中调用上面创建的数据集以及逻辑回归算法进行模型训练，绘制出损失函数的曲线图并计算出分类的准确率，具体代码如下：

```
regressor = LogisticRegression()
w_trained, b_trained, costs = regressor.train(X_train, y_train, n_iters=600,
learning_rate=0.009)
fig = plt.figure(figsize=(8,6))
plt.plot(np.arange(600), costs)
plt.title("训练过程的损失")
plt.xlabel("迭代次数")
plt.ylabel("成本")
plt.show()
```

训练过程的损失函数曲线如图 5.9 所示。

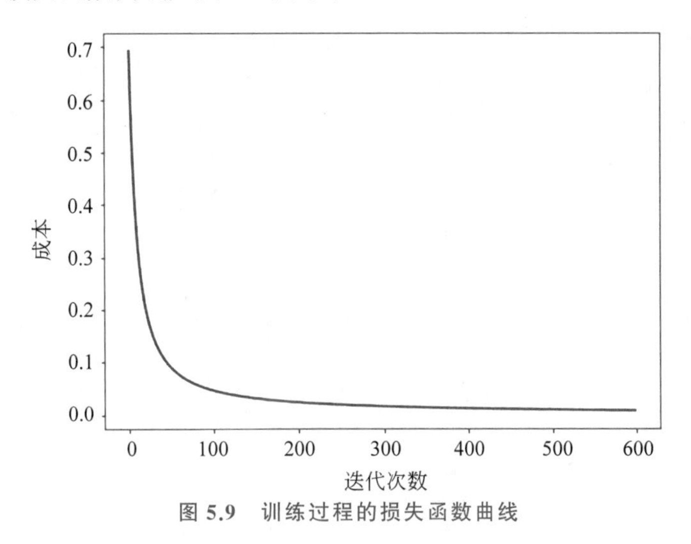

图 5.9　训练过程的损失函数曲线

对训练得到的参数进行测试,具体代码如下：

```
y_p_train = regressor.predict(X_train)
y_p_test = regressor.predict(X_test)
print("train accuracy: {}%".format(100 - np.mean(np.abs(y_p_train - y_train))
* 100))
print("test accuracy: {}%".format(100 - np.mean(np.abs(y_p_test - y_test))))
```

结果如下：

```
train accuracy: 100.0%
test accuracy: 100.0%
```

5.3.2　简单逻辑回归模型实例

在本实例中,以 lr_data.csv 文件作为数据集,通过逻辑回归模型进行参数优化,并对拟合曲线进行结果可视化。由于在上面的实例中已经讨论了逻辑回归算法的构建,所以本实例不再讨论此内容。

1. 处理数据

使用 NumPy 函数库中的 load_txt()函数打开 lr_data.csv 文件。在该文件中,前两列代表数据样本的两个特征,最后一列代表样本所属的标签,所以需要分别将其提取为 data 和 label 两个变量,并可视化其数据样本,同时将数据划分为训练集与测试集。具体代码如下：

```
import numpy as np
import matplotlib.pyplot as plt
from sklearn.model_selection import train_test_split
def visualize_feature(data, label):
    plt.scatter(data[:, 0], data[:, 1], c=label)
    plt.xlabel("X1")
```

```
    plt.ylabel("X2")
    plt.savefig("./数据可视化.jpg")
    plt.show()
def create_data():
    path = "./lr_data.csv"
    lr_data = np.loadtxt(path)
    data = lr_data[:, 0:-1]
    label = lr_data[:, -1]
    visualize_feature(data, label)
    label = label[:, np.newaxis]
    return data, label
data, label = create_data()
X_train, X_test, y_train, y_test = train_test_split(data, label)
```

数据集的可视化结果如图 5.10 所示。

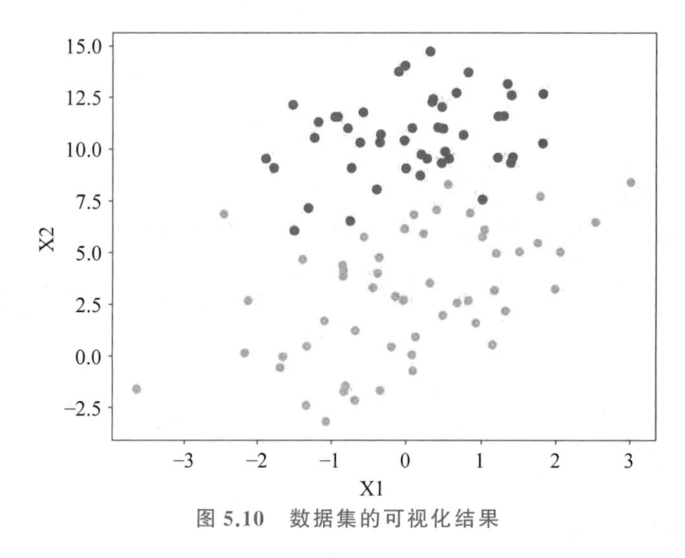

图 5.10　数据集的可视化结果

2. 实验结果

使用已构建的逻辑回归算法对测试集进行训练，可视化其拟合曲线，并画出决策平面，具体代码如下：

```
regressor = LogisticRegression()
w_trained, b_trained, costs = regressor.train(X_train, y_train, n_iters=500,
learning_rate=0.001)
fig = plt.figure(figsize=(8,6))
plt.figure(1)
plt.plot(np.arange(500), costs)
plt.title("训练过程的损失")
plt.xlabei("迭代次数")
plt.ylabel("成本")
plt.show()
```

拟合曲线的可视化结果如图 5.11 所示。

决策平面如图 5.12 所示。

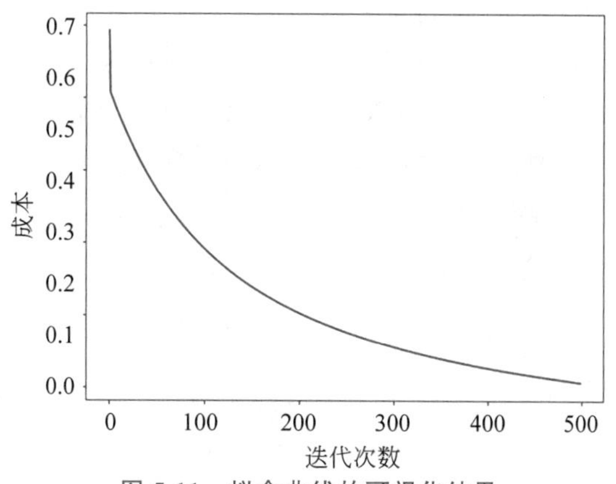

图 5.11　拟合曲线的可视化结果

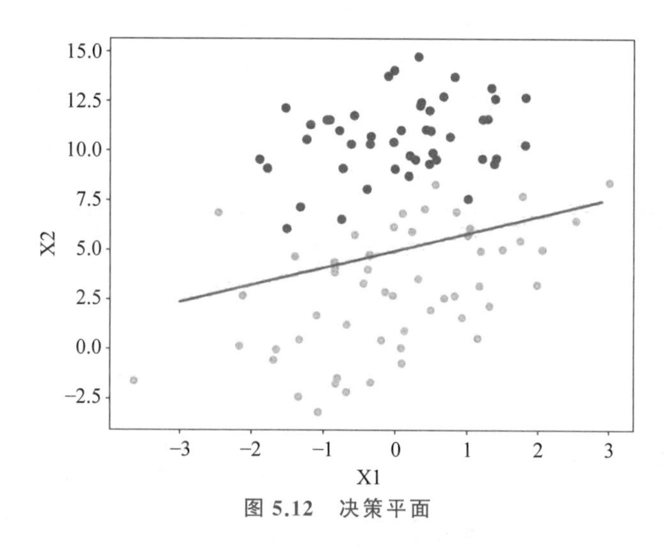

图 5.12　决策平面

最后分别计算模型在训练集与测试集上的准确率，具体代码如下：

```
y_p_train = regressor.predict(X_train)
y_p_test = regressor.predict(X_test)
print(f"train accuracy: {100 - np.mean(np.abs(y_p_train - y_train)) * 100}%")
print(f"test accuracy: {100 - np.mean(np.abs(y_p_test - y_test))}%")
```

结果如下：

```
train accuracy: 97.33333333333333%
test accuracy: 99.92%
```

5.4　小　　结

本章探讨了逻辑回归算法，该算法可用于二分类或多分类任务，是机器学习中的经典算法。该算法的重要组成部分有 sigmoid 函数、交叉熵损失函数及其梯度计算。其中 sigmoid

函数将模型的输出转换为概率值，通过设置阈值（一般默认为 0.5），可以对样本进行分类判决。交叉熵损失函数是逻辑回归算法的目标函数，其数学原理为最大似然估计，但是在机器学习的模型优化中一般会最小化目标函数，所以在交叉熵损失函数前加上负号。在本章中除了掌握逻辑回归算法的原理，还应该思考该算法与线性回归算法的区别与相似之处，思考为什么均方误差损失函数不能应用于逻辑回归算法中。

第6章

k 近邻算法

k 近邻(k-Nearest Neighbor，KNN)算法是 Cover 和 Hart 等于 1968 年提出的。该算法使计算机能够进行较简单的模式识别任务。k 近邻算法是在给定一个已知标签类别的训练数据的情况下，输入没有标签的新数据，在训练集中找到与新数据最邻近的 k 个样本，如果这 k 个样本中的多数属于某个类别，那么新数据就属于这个类别。其原理如图 6.1 所示，其中 ω_1、ω_2 和 ω_3 代表已知类别的数据，X_u 代表待预测样本。

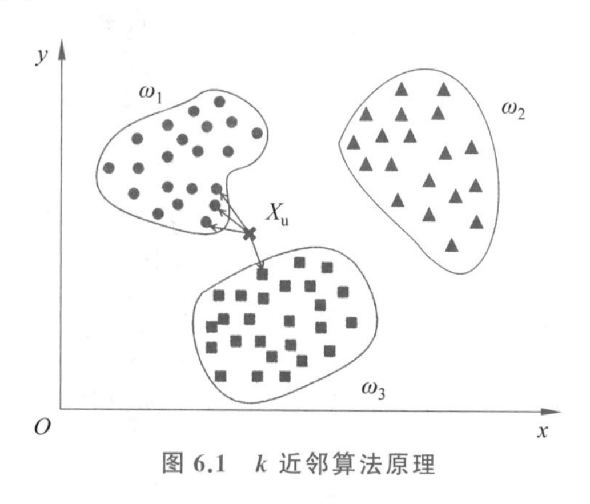

图 6.1　k 近邻算法原理

k 近邻算法目前已经成功应用于统计估计、模式识别、人工智能以及特征选择等多个领域。例如，对于具有噪声的训练数据，k 近邻算法能够较好地克服噪声样本所带来的负面影响，通过计算实例与所有训练样本之间的距离，对距离进行递增排序，并根据前 k 个较小距离的样本所对应的标签确定待测试样本的类别，具有较好的鲁棒性。由于 k 近邻算法需要计算从每个实例到所有训练样本的距离，因此计算成本非常高。1998 年，Palau 和 Snapp 等提出 k-D 树这一方法以减少计算成本。本章仅探讨最原始的 k 近邻算法，不对其改进算法进行讨论。

k 近邻算法简单而有效，关键在于能否定义合适的距离。多种模式识别问题，例如文本分类、图像分类等，都有 k 近邻算法的成功应用。例如，在数字识别中，将图像上的每个像素视为特征，找出最相近的 k 个数字样本，然后将出现次数最多的数字作为输出。再如，在金融信用评分中，可以先以常识作为先验知识，拥有相似特征的客户应该有相似的评分，所以通过收集客户在金融方面的特征，进而和数据库里已评分的客户进行比较；对于一个新客户，可以用 k 近邻算法找出最相近的已有客户，从而可以给该新客户评分。

通俗地说，k 近邻算法就是多数表决法。同样，多数表决法也依赖于合适的距离度量。

6.1 k 近邻算法的基本概念

k 近邻算法是一种简单的分类和回归算法。它的主要思想是：要确定一个样本的类别，先计算出它与所有训练样本之间的距离，然后找出最接近该样本的 k 个样本。如果这 k 个样本的多数属于某个类别，那么新数据就属于这个类别。由于直接比较待预测的样本和训练样本之间的距离，k 近邻算法也称作基于样本的算法。k 近邻算法的输入是样本的特征向量，对应着特征空间中的点；输出则是样本的类别，可以取多个类。k 近邻算法假设给出一个样本类别确定的训练集，在新样本的分类过程中，通过其 k 个最近邻样本，以多数表决或其他方式进行预测。由此看出，显式的学习过程不存在于 k 近邻算法中。

另外，k 近邻是一种非参、惰性的算法模型。要确定一个样本的类别，最简单的方法是比较相似度，将该待测样本与所有训练样本进行比较，然后将其分到与该样本最相似的类别中。该方法是基于模板匹配的思想，k 近邻算法采用了这种思路。图 6.2 是 k 近邻算法分类示例。

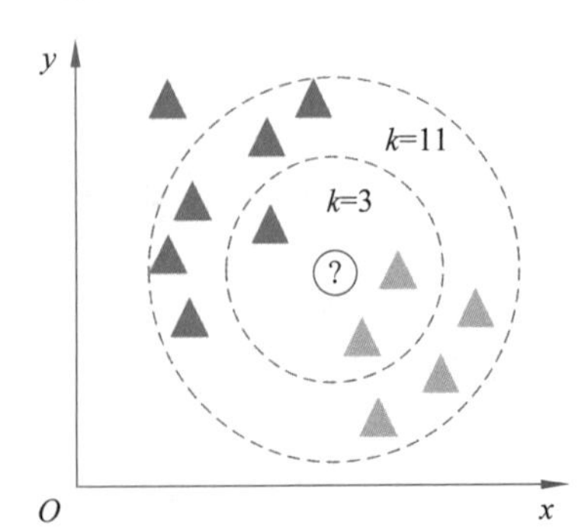

图 6.2　k 近邻算法分类示例

在图 6.2 中有深灰色三角形和浅灰色三角形。对于待分类样本，即图 6.2 中圆圈里的问号，我们寻找离该样本最近的一部分训练样本，在图 6.2 中是以这个样本为中心的某个圆范围内的所有样本。统计这些样本所属的类别，当 $k=3$ 时，深灰色三角形有一个(1/3)，浅灰色三角形有两个(2/3)，所以把待分类样本归入浅灰色这一类。这是一个二分类的例子。k 近邻算法同样支持多分类问题。

6.2 暴力搜索算法

在 k 近邻算法中，暴力搜索(Brute Force Search，BFS)算法是最为基础、最易于理解的算法，它的 3 个基本要素分别为距离度量、k 值的选择和分类决策规则，下面将分别展开介绍。

6.2.1 距离度量

1. 距离度量的定义

k 近邻算法的实现依赖于样本之间的距离，因此需要定义距离的计算方法。假设两个向量之间的距离函数为 $d(x_i,x_j)$，该函数必须同时满足下面的 4 个条件。

(1) 满足三角不等式：

$$d(x_i,x_k)+d(x_k,x_j)\geqslant d(x_i,x_j) \tag{6.1}$$

这与几何中的三角不等式一致。

(2) 距离不能是一个负数(非负性)，即

$$d(x_i, x_j) \geqslant 0 \tag{6.2}$$

(3) x_i 到 x_j 的距离必须等于 x_j 到 x_i 的距离(对称性),即

$$d(x_i, x_j) = d(x_j, x_i) \tag{6.3}$$

(4) 在两个点的距离为 0 的情况下,它们被视为同一点(区分性):

$$d(x_i, x_j) = 0 \Rightarrow x_i = x_j \tag{6.4}$$

2. 常用距离

在特征空间中,点之间的相似程度是通过它们之间的距离体现的。k 近邻模型的特征空间通常是 n 维实数向量空间,一般使用欧几里得距离。除此之外,也可以使用其他距离,如 L_p 距离或闵可夫斯基(Minkowski)距离。下面介绍 L_p 距离。

假设特征空间 χ 是 n 维实数向量空间 $\mathbf{R}^n$,$x_i, x_j \in \chi$,$x_i = (x_i^{(1)}, x_i^{(2)}, \cdots, x_i^{(n)})^{\mathrm{T}}$,$x_j = (x_j^{(1)}, x_j^{(2)}, \cdots, x_j^{(n)})^{\mathrm{T}}$。$x_i$、$x_j$ 的 L_p 距离定义为

$$L_p(x_i, x_j) = \left(\sum_{l=1}^{n} \left| x_i^{(l)} - x_j^{(l)} \right|^p\right)^{\frac{1}{p}} \tag{6.5}$$

这里的 $p \geqslant 1$。

当 $p=2$ 时,为欧几里得距离:

$$L_2(x_i, x_j) = \left(\sum_{l=1}^{n} \left| x_i^{(l)} - x_j^{(l)} \right|^2\right)^{\frac{1}{2}} \tag{6.6}$$

当 $p=1$ 时,为曼哈顿距离:

$$L_1(x_i, x_j) = \sum_{l}^{n} \left| x_i^{(l)} - x_j^{(l)} \right| \tag{6.7}$$

当 $p=\infty$ 时,它是各个坐标距离差值的最大值,也就是

$$L_\infty(x_i, x_j) = \max_{l} \left| x_i^{(l)} - x_j^{(l)} \right| \tag{6.8}$$

在二维空间里,当 p 取不同的值时,与原点的 L_p 距离是 1($L_p=1$)的点如图 6.3 所示。

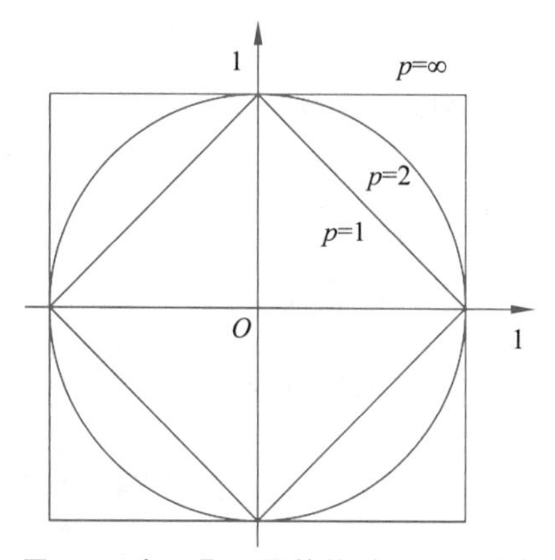

图 6.3　当 p 取不同的值时 $L_p=1$ 的点

6.2.2　k 值的选择

k 值的选取对 k 近邻算法的选择具有重要的影响。

如果选择的 k 值较小,则相当于预测测试集所用的训练样本是在离测试点较近的邻域中取得的,由于只有输入较小邻域的训练样本才会对预测结果起作用,从而使得学习的近似

误差会减小，但相应的缺点是学习的估计误差也会增大，而且与输入样本较近的样本对预测的结果影响比较大，假设邻近的样本刚好是噪声，预测结果便会表现得异常敏感，此时预测结果便会出错。

如果选择的 k 值较大，则等同于测试集的训练样本是在较大邻域中取得的，这时学习估计误差将会减小，而近似误差相应增大。此时，与输入样本相距较远的（较不相似的）训练样本也会对预测产生作用，从而让预测出现错误。当 k 值较大时，无论输入样本是什么，都会被简单地预测成训练样本中数量最多的那个类，训练中的重要语义信息都将被忽视，不能对预测任务产生积极效果。

在实际应用中，k 值通常取一个比较小的数值，可采用交叉验证法进行最优 k 值选取。

通过交叉验证（将样本数据按照一定比例拆分为训练用的数据和验证用的数据，例如按 6：4 拆分为训练数据和验证数据），从选取一个较小的 k 值开始，不断增加 k 值大小，然后计算验证集合的错误率，最终找到一个比较合适的 k 值。

交叉验证的结果如图 6.4 所示。

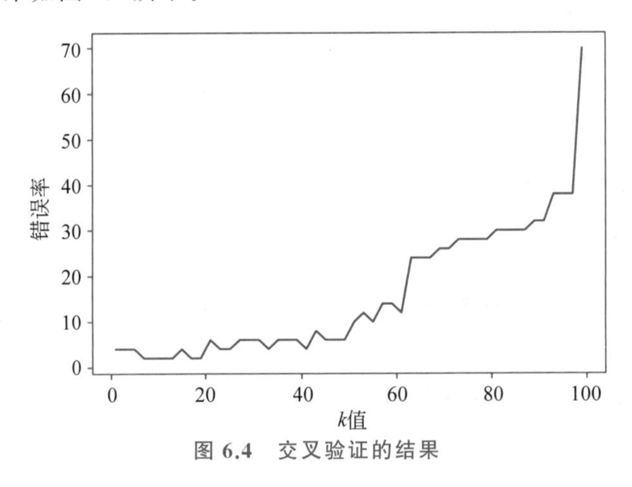

图 6.4 交叉验证的结果

由图 6.4 可知，当 k 增大时，周围可借鉴的样本增多，一般错误率会先降低，分类效果会变好，所以 k 值可以选择一个较大的临界值；当它继续增大的时候，错误率就会上升。根据经验，k 通常低于训练样本数的平方根。

6.2.3 分类决策规则

k 近邻算法的分类决策规则是多数表决，即输入样本的类取决于输入样本的 k 个邻近训练样本中占多数的类别。

多数表决规则的解释如下：假设分类的损失函数为 0-1 损失函数，那么分类函数就是

$$f:\mathbf{R}^n \rightarrow \{c_1, c_2, \cdots, c_k\} \tag{6.9}$$

误分类的概率是

$$P(Y \neq f(X)) = 1 - P(Y = f(X)) \tag{6.10}$$

对于给定的样本 $x \in \chi$，其最近邻的 k 个训练样本形成集合 $N_k(x)$。假设包括 $N_k(x)$ 的区域的类别为 c_j，则误分类率为

$$\frac{1}{k}\sum_{x_i \in N_k(x)} I(y_i \neq c_j) = 1 - \frac{1}{k}\sum_{x_i \in N_k(x)} I(y_i = c_j) \tag{6.11}$$

其中，I 是指示函数，当 $y_i=c_j$ 时 I 为 1，否则 I 为 0。

要使误分类率最小，也就是经验风险最小，则必须使 $\sum_{x_i \in N_k(x)} I(y_i=c_j)$ 最大，因此多数表决规则等同于经验风险最小化。

以上是 k 近邻算法三要素的基本内容。下面给出 k 近邻算法中的暴力搜索算法步骤：

(1) 计算测试数据与各个训练数据之间的距离。

(2) 对距离进行递增排序。

(3) 选取距离最小的 k 个点。

(4) 确定这 k 个点所在类别的出现频率。

(5) 返回这 k 个点中频率最高的类别，作为测试数据的预测分类。

6.3　实例分析：Iris 数据集分类

本实例采用暴力搜索的方法，即最原始的 k 近邻算法。数据集为 Iris(鸢尾花)数据集，可以在机器学习函数库 sklearn 中调用。

6.3.1　Iris 数据集

Iris 数据集是一个经典的数据集，在统计学习和机器学习领域中经常被用作示例。该数据集内包含 3 类共 150 条记录，每类各有 50 条记录，每条记录都有 4 个特征：花萼长度、花萼宽度、花瓣长度、花瓣宽度。因此，可以通过这 4 个特征预测鸢尾花的品种。

6.3.2　算法实现

1. 处理数据

这部分代码主要是加载数据并且对数据集进行可视化。

1) 加载数据

在 sklearn 函数库中，数据集分为大型数据集和小型数据集。使用大型数据集需要另外下载。而 Iris 数据集属于小型数据集，所以使用函数调用即可。然后使用 sklearn 中的 train_test_split()函数将数据集划分为训练集和测试集，在本实例中，测试集为数据集的 1/3。由于数据集的划分会对结果有微弱的影响，为了保证在同等条件下结果相同，随机数种子设为 42。具体代码如下：

```
def create_data():
    iris = load_iris()
    data, target = iris.data, iris.target
    x_train, x_test, y_train, y_test = train_test_split(data, target, test_size
=0.33, random_state=42)
    return x_train, x_test, y_train, y_test
```

2) 数据集可视化

在机器学习中，分析模型及数据时往往做的第一件事情就是分析数据，而数据集可视化就是帮助我们分析数据的一种有效工具。下面通过可视化 Iris 数据集的 4 个特征帮助我们更好地了解数据分布。具体代码如下：

```
def visualize_feature():
    iris = load_iris()
    data,target= iris.data,iris.target
    name = ["花萼长度","花萼宽度","花瓣长度","花瓣宽度"]
    for i in range(len(name)):
        plt.figure(i + 1)
        plt.scatter(y=data[:, i],x=target[:, ],c=target[:, ])
        plt.xlabel("数据标签")
        plt.ylabel(name[i])
        plt.savefig(name[i] + ".jpg",dpi=200)
    plt.show()
visualize_feature()visualize_feature()
```

上面的可视化代码使用了 Matplotlib 函数库中的 scatter()函数，它是绘制散点图的可视化函数。在上面的代码中，分别可视化了 4 个特征的数据分布，其中 x 轴代表数据标签，而 y 轴代表每个特征的值。可视化结果如图 6.5 所示。

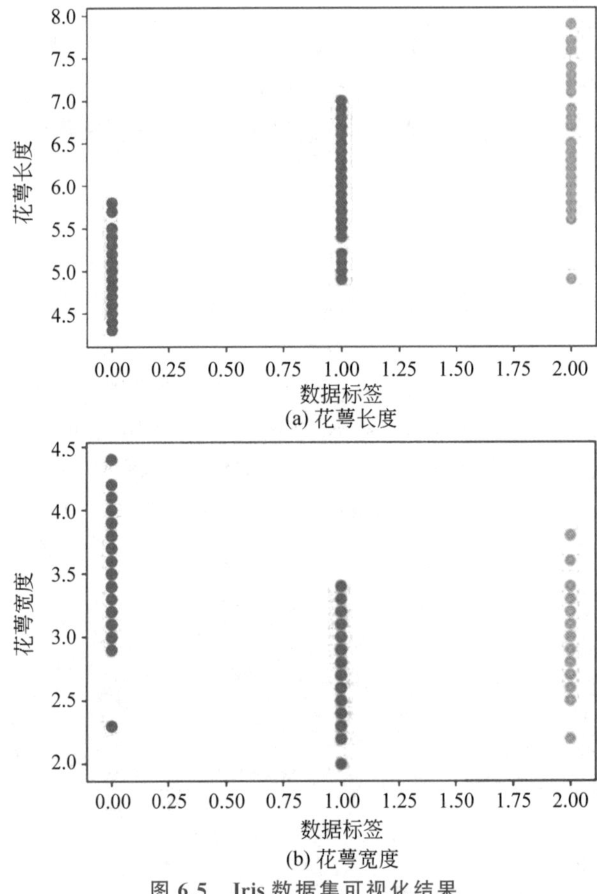

(a) 花萼长度

(b) 花萼宽度

图 6.5 Iris 数据集可视化结果

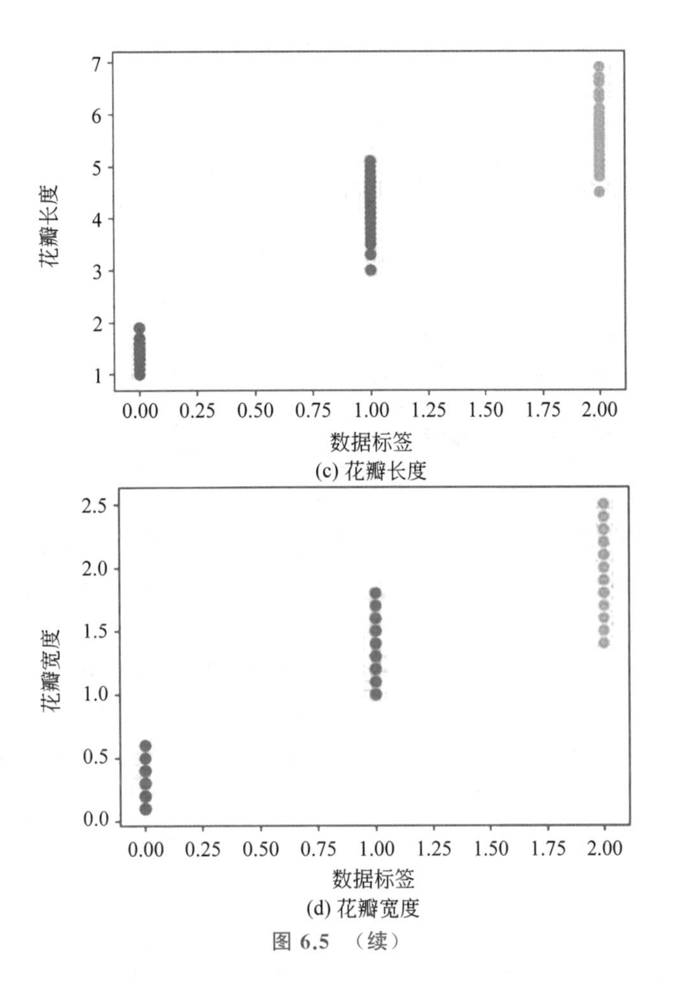

(c) 花瓣长度

(d) 花瓣宽度

图 6.5 （续）

从图 6.5 可以看出，不同标签的数据分布差异较大，异常点较少，这样的数据集使用简单的算法，如 k 近邻算法，可以较好地将不同数据分开。

2. 构建 k 近邻算法

考虑到代码的简洁性和封装性，采用类的形式对 k 近邻算法进行设计。k 近邻算法可以分为参数初始化和对测试集进行预测这两个子任务。

1）参数初始化

由于采用类的形式编写 k 近邻算法，所以将算法需要用到的参数传入__init__()函数中，需要传入的参数有 k 的值、训练集的数据和训练集的标签。具体代码如下：

```
def __init__(self, K, X_train, Y_train):
    self.k = K
    self.x_train = np.array(X_train)
    self.y_train = np.array(Y_train)
```

2）对测试集进行预测

在 predict()函数中，传入的参数为 data，这个参数代表的是测试集的样本数据。在下面的代码中，使用 cdist()函数计算测试集样本数据与训练集样本数据的欧几里得距离。假设计算 A、B 两个数据集的欧几里得距离，其中 A 的形状为(x_1, y)，B 的形状为(x_2, y)，其中必须保证 A、B 数据集的特征个数相等，则返回的两个数据集之间的样本距离矩阵的形状为(x_1,x_2)。当得到测试集和训练集的距离矩阵后，此时每一行代表测试集的一个样本与训练集所有样本的欧几里得距离。对矩阵中的每一行从小到大排序，然后返回前 k 个样本，即为与测试样本距离最小的训练集。统计这 k 个样本中属于各类别的样本个数，然后选取其中样本个数最多的类别，该类别即为预测值。具体代码如下：

```
def predict(self, data):
    labels = np.repeat(self.y_train.reshape(1, -1), len(data), axis=0)
    dist = cdist(data, self.x_train)
    for i in range(len(labels)):
        Z = zip(dist[i], labels[i])
        Z = sorted(Z, reverse=False)
        dist[i], labels[i] = zip( * Z)
    labels = labels[: , : self.k]
    res = [np.argmax(np.bincount(label)) for label in labels]
    return res
```

3. 评估精度

评估对测试数据集的预测精度，作为预测正确率。具体代码如下：

```
def evaluate(self, data, label):
    pred = self.predict(data)
    acc = np.sum(pred == label)/len(label)
    print("The accuracy is {}%".format(acc * 100))
    return acc
```

4. 完整代码

完整代码如下：

```
import numpy as np
from scipy.spatial.distance import cdist
from sklearn.datasets import load_iris
from sklearn.model_selection import train_test_split
def create_data():
    iris = load_iris()
    data, target = iris.data, iris.target
    x_train, x_test, y_train, y_test = train_test_split(data, target, test_size
=0.33, random_state=42)
    return x_train, x_test, y_train, y_test
class kNN():
    def __init__(self, K, X_train, Y_train):
        self.k = K
        self.x_train = np.array(X_train)
        self.y_train = np.array(Y_train)
    def predict(self, data):
        labels = np.repeat(self.y_train.reshape(1, -1), len(data), axis=0)
        dist = cdist(data, self.x_train)
    for i in range(len(labels)):
        Z = zip(dist[i], labels[i])
```

```
            Z = sorted(Z, reverse=False)
            dist[i], labels[i] = zip(*Z)
            labels = labels[:, :self.k]
            res = [np.argmax(np.bincount(label)) for label in labels]
            return res
        def evaluate(self, data, label):
            pred = self.predict(data)
            acc = np.sum(pred == label)/len(label)
            print("The accuracy is {}%".format(acc*100))
            return acc
    if__name__ == '__main__':
        x_train, x_test, y_train, y_test = create_data()
        k = kNN(3, x_train, y_train)
        k.evaluate(x_val, y_val)
        return acc
```

5. 实验结果

上面的完整代码使用了 k 近邻算法的整体架构。下面对"if__name__ == '__main__':"部分的代码进行简单修改,并且新建一个 visualize_results()函数。选择不同的 k 值,对结果的影响也不同,其中随机数种子设为 10。具体代码如下:

```
def visualize_results(k, acc):
    plt.plot(k, acc)
    plt.xlabel("k值")
    plt.ylabel("准确率")
    plt.savefig("暴力搜索算法.jpg",dpi=200)
    plt.show()
if__name__ == '__main__':
    x_train, x_test, y_train, y_test = create_data()
    acc_list = []
    k_list = []
    for i in range(1, 102, 2):
        k = kNN(i, x_train, y_train)
        acc = k.evaluate(x_test, y_test)
        acc_list.append(acc)
        k_list.append(i)
    visualize_results(k_list, acc_list)
```

在 visualize_results()函数中,传入参数是 k、acc。其中,k 是存储不同 k 值的列表;而 acc 是不同 k 值对应的准确率,其数据格式同样是列表。title 是在可视化结果中的标题信息,用来标明不同的算法名称。在"if __name__ == '__main__':"部分中,首先创建了两个列表,分别用来存储 k 值与准确率。在 for 循环中,使用 1～102 中的奇数作为 k 值,然后将得到的准确率与 k 值分别存入两个列表中,通过可视化函数进行结果可视化。暴力搜索算法运行结果如图 6.6 所示。

由图 6.6 可见,k 值的选择直接影响结果。当 k 取 1 时为最近邻算法。实际上,当 k 为 1 时,该算法对于测试数据点将会非常敏感,但是由于 Iris 数据集比较简单,异常数据少,所

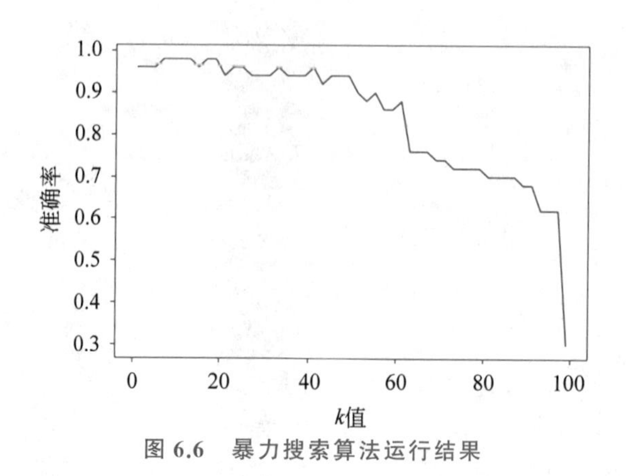

图 6.6 暴力搜索算法运行结果

以能够呈现出较好的效果。随着 k 值的增大,该算法的表现也变得更好;但是当 k 值取得很大的时候,该算法的表现迅速下降。所以 k 值应该小于数据集大小的平方根。同时还需要注意的一点就是 k 值应为奇数。

6.4 小 结

k 近邻算法是分类数据最简单、有效的算法,但在训练时必须保存全部数据集。如果训练数据集很大,会占用大量的存储空间。此外,由于必须对数据集中的每个数据计算距离,在实际使用中可能非常耗时。使用距离进行分类并不能作为普遍的特征,因此 k 近邻算法具有一定的局限性。

k 近邻算法的主要优点如下:

- 简单好用,容易理解,精度高,理论成熟,既可以用于分析,也可以用于回归。
- 可用于数值型,属于离散型数据。
- 无输入假定。
- 适合对稀有事件进行分类。

k 近邻算法的主要缺点如下:

- 时间复杂度和空间复杂度高。
- 计算量太大,所以在样本数很大的时候不适用;但是样本数又不能太少,否则容易发生误分类。
- 存在样本不平衡问题。
- 结果的可理解性比较差,无法给出数据的内在含义。

## 第7章

经典贝叶斯算法

18世纪英国业余数学家托马斯·贝叶斯(图7.1)提出了一种看上去似乎显而易见的观点："用客观的新信息更新我们最初关于某个事物的信念后，我们就会得到一个新的、改进了的信念。"这个研究成果，因为简单而显得平淡无奇，直到1763年在他的朋友理查德·普莱斯的帮助下才得以发表。它的数学原理很容易理解，简单地说，如果你看到一个人总是做一些好事，则会推断那个人多半会是一个好人。这就是说，当不能准确知悉一个事物的本质时，可以依靠与事物特定本质相关的事件出现的多少判断其本质属性的概率。用数学语言表达就是：支持某个属性的事件发生得越多，则该属性成立的可能性就越大。与其他统计学方法不同，贝叶斯方法建立在主观判断的基础上，即，先估计一个值，然后根据客观事实不断修正。

图7.1　托马斯·贝叶斯

1774年，法国数学家皮埃尔·西蒙·拉普拉斯独立地再次发现了贝叶斯公式。拉普拉斯关心的问题是：当存在着大量数据，但数据又可能有各种各样的错误和遗漏的时候，我们如何才能从中找到真实的规律？拉普拉斯研究了男孩和女孩的出生比例。有人观察到，似乎男孩的出生数量比女孩更多。这一假说到底成立不成立呢？拉普拉斯不断地搜集新增的出生记录，并用之推断原有的概率是否准确。每一个新的记录都缩小了不确定性的范围。拉普拉斯给出了人们现在所用的贝叶斯公式的表达：

$$P(A \mid B)=\frac{P(B \mid A)P(A)}{P(B)} \tag{7.1}$$

式(7.1)表示：在B事件发生的条件下A事件发生的条件概率，等于A事件发生条件下B事件发生的条件概率乘以A事件的概率，再除以B事件发生的概率。式(7.1)中，$P(A)$叫作先验概率，$P(A|B)$叫作后验概率。严格地讲，贝叶斯公式应被称为"贝叶斯-拉普拉斯公式"。

贝叶斯理论在现代社会中同样起重要作用。2014年年初，马航MH370航班失联，无数人密切关注搜救的进展情况。那么，人们是用什么方法在茫茫大海中寻找失联的飞机或者船只的呢？这要从天蝎号核潜艇说起。

1968 年 5 月,美国海军的天蝎号核潜艇在大西洋亚速海海域突然失踪,该潜艇和艇上的 99 名海军官兵全部杳无音信。按照事后调查报告的说法,罪魁祸首是这艘潜艇上的一枚奇怪的鱼雷,发射出去后竟然敌我不分,扭头射向自己,让潜艇中弹爆炸。

为了寻找天蝎号的位置,美国政府从国内调集了包括多位专家的搜索团队前往现场,其中包括一位名叫 John Craven 的数学家,他是美国海军特别计划部首席科学家。在搜寻潜艇的问题上,Craven 提出的方案使用了上面提到的贝叶斯公式。他召集了数学家和潜艇、海事搜救等各个领域的专家。

每个专家都有自己擅长的领域,但并非通才,没有专家能准确估计到在出事前后潜艇到底发生了什么。有趣的是,Craven 并不是按照惯常的思路要求团队成员通过协商寻求共识,而是让各位专家编写了各种可能的"剧本",让他们按照自己的知识和经验对于情况会向哪一个方向发展进行猜测,并评估每种"剧情"出现的可能性。

在 Craven 的方案中,很多是这些专家以猜测、投票甚至赌博的形式得到的,不可能保证所有结果的准确性,因此他的这一做法受到了很多同行的质疑,但由于搜索潜艇的任务紧迫,没有时间进行精确的实验,建立完整、可靠的理论,Craven 的办法不失为一个可行之策。

由于失事时潜艇航行的速度快慢、行驶方向、爆炸冲击力的大小、爆炸时潜艇方向舵的指向都是未知量,即使知道潜艇在哪里爆炸,也很难确定潜艇残骸最后被海水冲到哪里。Craven 粗略估计了一下,半径 20 英里范围内的数千英尺深的海底都是潜艇可能沉睡的地方,要在这么大的范围、这么深的海底找到潜艇几乎是不可能完成的任务。

Craven 把各位专家的意见综合到一起,得到了一张 20 英里海域的概率图,如图 7.2 所示。整个海域被划分成了很多个格子,每个格子有两个概率值: p 和 q,p 是潜艇在这个格子里的概率,q 是潜艇在这个格子里时被搜索到的概率。按照经验,第二个概率值主要跟海域的水深有关,在深海区域搜索失事潜艇的"漏网"可能性会更大。如果一个格子被搜索后,没有发现潜艇的踪迹,那么按照贝叶斯公式,这个格子潜艇存在的概率就会降低;由于所有格子概率的总和是 1,这时其他格子潜艇存在的概率值就会上升;每次寻找时,先挑选整个区域内潜艇存在概率值最高的一个格子进行搜索,如果没有发现,概率分布图会被"洗牌"一次,搜寻船只就会驶向新的"最可疑格子"进行搜索,这样一直进行下去,直到找到天蝎号为止。

图 7.2 天蝎号搜索海域概率图

最初开始搜救时,海军人员对 Craven 和其团队的建议嗤之以鼻,他们凭经验估计潜艇是在爆炸点的东侧海底。但几个月的搜索一无所获,他们才不得不听从了 Craven 的建议,按照概率图在爆炸点的西侧寻找。经过几次搜索，潜艇果然在爆炸点西南方的海底被找到了。

由于这种基于贝叶斯公式的方法在后来多次搜救实践中被成功应用，现在已经成为海难空难搜救的通行做法。图 7.3 是 2009 年法航空难搜救的后验概率分布图。

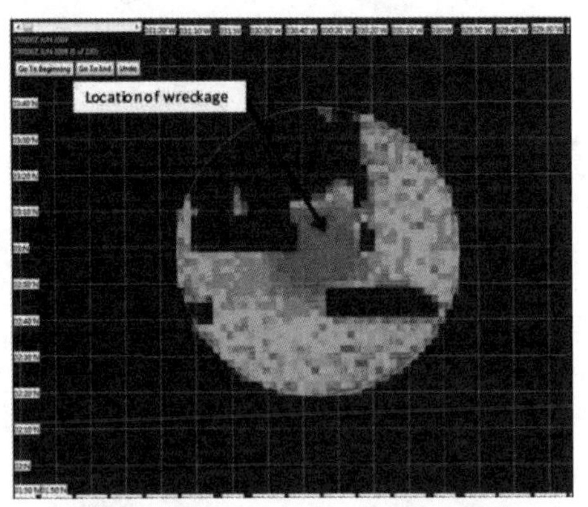

图 7.3 2009 年法航空难搜救的后验概率分布图

7.1 数学回顾

7.1.1 条件概率

条件概率(conditional probability)是概率论中一个既重要又应用广泛的概念。例如，在购买人寿保险时，不同年龄的投保人的保费是不同的，那是因为不同年龄的投保人在未来一年内死亡的概率是有差异的。一般地，条件概率是指在某随机事件 A 发生的条件下另一事件 B 发生的概率，记为 $P(B|A)$，它与 $P(B)$ 是不同的两类概率。在本书中、$P(A)$、$P(B)$ 等又称为先验概率，$P(B|A)$ 等又称为后验概率。图 7.4 为 A、B 集合的文氏图。下面给出条件概率的完整定义。

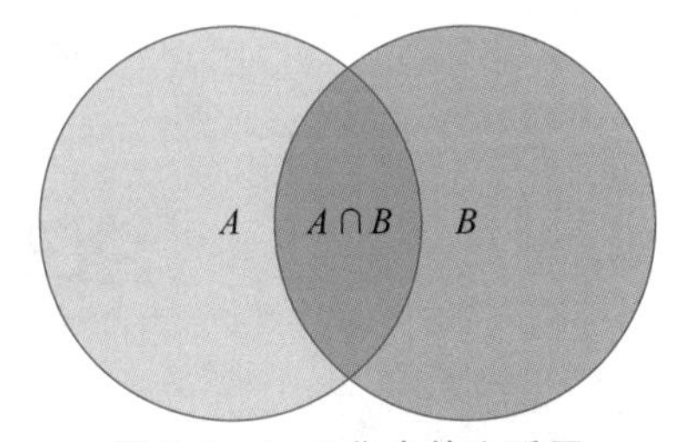

图 7.4 A、B 集合的文氏图

定义 7.1 设 E 是随机试验，Ω 是样本空间，A 和 B 是随机试验 E 上的两个随机事件且 $P(A)>0$，称 $P(B|A)=\dfrac{P(AB)}{P(A)}$ 为在事件 A 发生的条件下事件 B 发生的概率，称为条件概率，记为 $P(B|A)$。

对定义 7.1 中的公式进行变换可得 $P(AB)=P(A)P(B|A)$。同理，根据定义 7.1 可得 $P(AB)=P(B)P(A|B)$(描述在 B 条件下 A 的概率)，进一步根据这个关系可推得

$$P(A)P(B \mid A)=P(B)P(A \mid B) \tag{7.2}$$

7.1.2 全概率公式

全概率公式是概率论中非常重要的一个公式。有时会遇到较为复杂的随机事件的概率计算问题，这时，如果将它分解成一些比较容易计算的情况分别进行考虑，可以化繁为简。

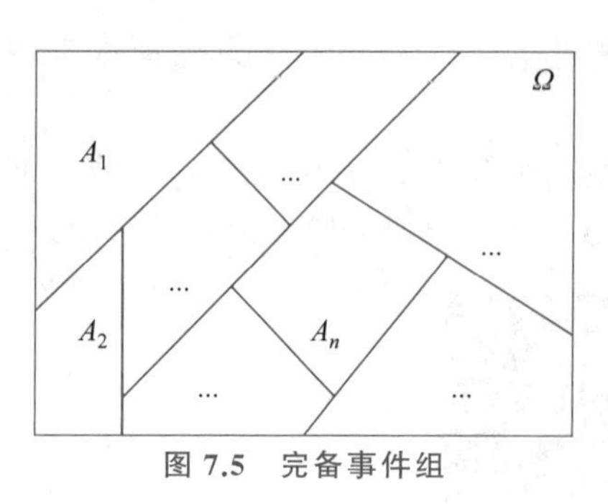

图 7.5 完备事件组

根据图 7.5,首先给出完备事件组的定义。

定义 7.2 设 E 是随机试验,Ω 是相应的样本空间,$A_1,A_2,\cdots,A_n$ 为 Ω 的一个事件组,若满足以下条件:

- $A_i \cap A_j = \varnothing$。
- $A_1 \cup A_2 \cup \cdots \cup A_n = \Omega$。

则称事件组 $A_1,A_2,\cdots,A_n$ 为样本空间 Ω 的一个完备事件组,完备事件组完成了对样本空间 Ω 的一个分割。

基于完备事件组的定义,给出全概率公式的定义。

定义 7.3 设 $A_1,A_2,\cdots,A_n$ 为 Ω 的一个完备事件组,且 $P(A_i)>0(i=1,2,\cdots,n)$,B 为任意事件,则

$$P(B)=\sum_{i=1}^{n}P(A_i)P(B \mid A_i) \tag{7.3}$$

式(7.3)称为全概率公式。

7.1.3 贝叶斯定理

对式(7.1)进行变形可得

$$P(A_i \mid B)=\frac{P(B \mid A_i)P(A_i)}{P(B)} \tag{7.4}$$

将式(7.3)代入式(7.4),可得

$$P(A_i \mid B)=\frac{P(B \mid A_i)P(A_i)}{\sum_{i=1}^{n}P(A_i)P(B \mid A_i)} \tag{7.5}$$

7.2 朴素贝叶斯算法

7.2.1 基本概念

设输入空间 $\chi \subseteq \mathbf{R}^n$ 为 n 维向量的集合,输出空间为类标记集合 $\gamma=\{c_1,c_2,\cdots,c_K\}$。输入为特征向量 $\boldsymbol{x}\in\chi$,输出为类标记 y,其中 $y\in\gamma$。$\boldsymbol{X}$ 是定义在输入空间 χ 上的随机向量,Y 是定义在输出空间 γ 上的随机变量。$P(\boldsymbol{X},Y)$是 $\boldsymbol{X}$ 和 Y 的联合概率分布。训练数据集

$$T=\{(x_1,y_1),(x_2,y_2),\cdots,(x_N,y_N)\} \tag{7.6}$$

由 $P(\boldsymbol{X},Y)$独立同分布产生。

朴素贝叶斯算法通过训练数据集学习联合概率分布 $P(\boldsymbol{X},Y)$。具体地,学习以下先验概率分布及条件概率分布。

- 先验概率分布:

$$P(Y=c_k),k=1,2,\cdots,K \tag{7.7}$$

- 条件概率分布:

$$\begin{aligned}&P(\boldsymbol{X}=\boldsymbol{x} \mid Y=c_k)\\&=P(X^{(1)}=x^{(1)},X^{(2)}=x^{(2)},\cdots,X^{(n)}=x^{(n)} \mid Y=c_k),k=1,2,\cdots,K\end{aligned} \tag{7.8}$$

其中 $X^{(i)}$ 为样本 X 的一个特征属性。

值得注意的是，条件概率分布 $P(\boldsymbol{X}=\boldsymbol{x}|Y=c_K)$ 有指数级数量的参数，其估计实际是不可行的。事实上，假设 $x^{(j)}$ 的可取值有 S_j 个 $(j=1,2,\cdots,n)$，Y 的可取值有 K 个，那么参数个数为 $K\prod_{j=1}^{n}S_j$。

朴素贝叶斯算法对条件概率分布做了条件独立性的假设。由于这是一个较强的假设，朴素贝叶斯算法也由此得名。具体地，条件独立性假设是

$$\begin{aligned}P(\boldsymbol{X}=\boldsymbol{x}\mid Y=c_k)&=P(X^{(1)}=x^{(1)},X^{(2)}=x^{(2)},\cdots,X^{(n)}=x^{(n)}\mid Y=c_k)\\&=\prod_{j=1}^{n}P(X^{(j)}=x^{(j)}\mid Y=c_k)\end{aligned}\tag{7.9}$$

朴素贝叶斯算法分类时对给定的输入 $\boldsymbol{x}$，通过学习到的模型计算后验概率分布 $P=(Y=c_k|\boldsymbol{X}=\boldsymbol{x})$，将后验概率最大的类作为 $\boldsymbol{x}$ 的类输出。后验概率根据贝叶斯定理进行计算：

$$P(Y=c_k\mid \boldsymbol{X}=\boldsymbol{x})=\frac{P(\boldsymbol{X}=\boldsymbol{x}\mid Y=c_k)P(Y=c_k)}{\sum_{k=1}^{K}P(\boldsymbol{X}=\boldsymbol{x}\mid Y=c_k)P(Y=c_k)}\tag{7.10}$$

将式(7.9)代入式(7.10)可得

$$P(Y=c_k\mid \boldsymbol{X}=\boldsymbol{x})=\frac{P(Y=c_k)\prod_{j=1}^{n}P(X^{(j)}=x^{(i)}\mid Y=c_k)}{\sum_{k=1}^{K}P(Y=c_k)\prod_{j=1}^{n}P(X^{(j)}=x^{(i)}\mid Y=c_k)}\tag{7.11}$$

这是朴素贝叶斯算法分类的基本公式。于是，朴素贝叶斯分类器可表示为

$$y=f(\boldsymbol{x})=\arg\max_{c_k}\frac{P(Y=c_k)\prod_{j=1}^{n}P(X^{(j)}=x^{(j)}\mid Y=c_k)}{\sum_{k=1}^{K}P(Y=c_k)\prod_{j=1}^{n}P(X^{(j)}=x^{(j)}\mid Y=c_k)}\tag{7.12}$$

思考：为什么贝叶斯分类器的预测值等于后验概率的最大化，其含义是什么？

朴素贝叶斯算法将实例分到后验概率最大的类中，这等价于期望风险最小化。假设选择 0-1 损失函数：

$$L(Y,f(\boldsymbol{X}))=\begin{cases}1, & Y\neq f(\boldsymbol{X})\\0, & Y=f(\boldsymbol{X})\end{cases}\tag{7.13}$$

其中，$f(\boldsymbol{X})$ 是分类决策函数。这时，期望风险为

$$R_{\exp}(f)=E[L(Y,f(\boldsymbol{X}))]\tag{7.14}$$

期望是对联合分布 $P(X,Y)$ 取的。由此取条件期望风险：

$$R_{\exp}(f)=E_{\boldsymbol{X}}\sum_{k=1}^{K}[L(c_k,f(\boldsymbol{X}))]P(c_k\mid K)\tag{7.15}$$

为了使期望风险最小化，只需对 $\boldsymbol{X}=\boldsymbol{x}$ 逐个极小化，由此得到

$$\begin{aligned}f(x)&=\arg\min_{y\in\gamma}\sum_{k=1}^{K}L(c_k,y)P(c_k\mid \boldsymbol{X}=\boldsymbol{x})\\&=\arg\min_{y\in\gamma}\sum_{k=1}^{K}P(y\neq c_k\mid \boldsymbol{X}=\boldsymbol{x})\end{aligned}$$

$$=\arg\min_{y\in\gamma}(1-P(y=c_k\mid \boldsymbol{X}=\boldsymbol{x}))$$

$$=\arg\max_{y\in\gamma}P(y=c_k\mid \boldsymbol{X}=\boldsymbol{x}) \tag{7.16}$$

这样一来,根据期望风险最小化准则就得到了后验概率最大化准则:

$$f(x)=\arg\max_{c_k}P(c_k\mid \boldsymbol{X}=\boldsymbol{x}) \tag{7.17}$$

式(7.17)即朴素贝叶斯算法所采用的原理。

7.2.2 算法流程

算法输入:训练数据 $T=\{(x_1,y_1),(x_2,y_2),\cdots,(x_N,y_N)\}$。其中,$x_i=(x_i^{(1)},x_i^{(2)},\cdots,x_i^{(n)})^{\mathrm{T}}$,$x_i^{(j)}$ 是第 i 个样本的第 j 个特征,$x_i^{(j)}\in\{a_{j1},a_{j2},\cdots,a_{jS_j}\}$,$a_{jl}$ 是第 j 个特征可能取的第 l 个值,$j=1,2,\cdots,n$,$l=1,2,\cdots,S_j$,$y_i\in\{c_1,c_2,\cdots,c_K\}$;实例 $\boldsymbol{x}$。

算法输出:实例 $\boldsymbol{x}$ 的分类。

算法步骤如下。

(1) 计算先验概率及条件概率。

① 先验概率:

$$P(Y=c_k)=\frac{\sum_{i=1}^{N}I(y_i=c_k)}{N},k=1,2,\cdots,K \tag{7.18}$$

② 条件概率。

- 基于离散属性时的条件概率为

$$P(X^{(j)}=a_{jl}\mid Y=c_k)=\frac{\sum_{i=1}^{N}I(x_i^{(j)}=a_{jl},y_i=c_k)}{\sum_{i=1}^{N}I(y_i=c_k)} \tag{7.19}$$

其中,$j=1,2,\cdots,n$,$l=1,2,\cdots,S_j$,$k=1,2,\cdots,K$。

- 基于连续属性时,高斯朴素贝叶斯算法就是先验为高斯分布(正态分布)的朴素贝叶斯算法,假设每个标签的数据都服从简单的正态分布:

$$\hat{\mu}_k=\frac{1}{|D_k|}\sum_{\boldsymbol{x}\in D_k}\boldsymbol{x}$$

$$\hat{\sigma}_k^2=\frac{1}{|D_k|}\sum_{\boldsymbol{x}\in D_k}(\boldsymbol{x}-\hat{\mu}_k)(\boldsymbol{x}-\hat{\mu}_k)^{\mathrm{T}}$$

因此条件概率为

$$P(X_j=x_j\mid Y=C_k)=\frac{1}{\sqrt{2\pi\sigma_k^2}}\exp\left(-\frac{(x_j-u_k)^2}{2\sigma_k^2}\right) \tag{7.20}$$

其中,C_k 为 Y 的第 k 个类别,μ_k 和 θ_k 为需要从训练集估计的值。

(2) 对于给定 $\boldsymbol{x}=(x^{(1)},x^{(2)},\cdots,x^{(n)})^{\mathrm{T}}$ 的实例,计算

$$P(Y=c_k)=\prod_{j=1}^{n}P(X^{(j)}=x^{(j)}\mid Y=c_k),k=1,2,\cdots,K \tag{7.21}$$

(3) 确定实例 $\boldsymbol{x}$ 的类:

$$y=\arg\max_{c_k} P(Y=c_k)=\prod_{j=1}^{n} P(X^{(j)}=x^{(j)} \mid Y=c_k) \tag{7.22}$$

7.2.3　拉普拉斯平滑

用极大似然估计可能会出现所要估计的概率值为 0 的情况。这时会影响到后验概率的计算结果,使分类产生偏差。解决这一问题的方法是采用贝叶斯估计。具体地,条件概率的贝叶斯估计是

$$P_{\lambda}(X^{(j)}=a_{jl} \mid Y=c_k)=\frac{\sum_{i=1}^{N} I(x_i^{(j)}=a_{jl}, y_i=c_k)+\lambda}{\sum_{i=1}^{N} I(y_i=c_k)+S_j\lambda} \tag{7.23}$$

其中 $\lambda \geqslant 0$,等价于在随机变量各个取值的频数上赋予一个非负数 λ。当 $\lambda=0$ 时就是极大似然估计。常取 $\lambda=1$,这时称为拉普拉斯平滑(laplacian smoothing)。显然,对任何 $l=1,2,\cdots,s$, $k=1,2,\cdots,K$,有

$$P_{\lambda}(X^{(j)}=a_{jl} \mid Y=c_k)>0$$

$$\sum_{l=1}^{S_j} P(X^{(j)}=a_{jl} \mid Y=c_k)=1$$

同样,经过拉普拉斯平滑后,先验概率的贝叶斯估计为

$$P_{\lambda}(Y=c_k)=\frac{\sum_{i=1}^{N} I(y_i=c_k)+\lambda}{N+K\lambda} \tag{7.24}$$

7.3　实例分析:挑选西瓜

7.2 节给出了朴素贝叶斯算法的基本流程。本节使用朴素贝叶斯算法对一个已知属性条件的西瓜进行甜度估计。在西瓜样本数据集中,西瓜有色泽、根蒂等 8 个属性,其中 6 个属性(色泽、根蒂、敲声、纹理、脐部、触感)需要基于离散属性进行朴素贝叶斯估计,而密度与含糖率需要基于连续属性进行朴素贝叶斯估计。

已知数据集如表 7.1 所示。

表 7.1　西瓜样本数据集

编号	色泽	根蒂	敲声	纹理	脐部	触感	密度	含糖率	好瓜
1	青绿	蜷缩	浊响	清晰	凹陷	硬滑	0.697	0.460	是
2	乌黑	蜷缩	沉闷	清晰	凹陷	硬滑	0.774	0.376	是
3	乌黑	蜷缩	浊响	清晰	凹陷	硬滑	0.634	0.264	是
4	青绿	蜷缩	沉闷	清晰	凹陷	硬滑	0.608	0.318	是
5	浅白	蜷缩	浊响	清晰	凹陷	硬滑	0.556	0.215	是
6	青绿	稍蜷	浊响	清晰	稍凹	软黏	0.403	0.237	是
7	乌黑	稍蜷	浊响	稍糊	稍凹	软黏	0.481	0.149	是

续表

编号	色泽	根蒂	敲声	纹理	脐部	触感	密度	含糖率	好瓜
8	乌黑	稍蜷	浊响	清晰	稍凹	硬滑	0.437	0.211	是
9	乌黑	稍蜷	沉闷	稍糊	稍凹	硬滑	0.666	0.091	否
10	青绿	硬挺	清脆	清晰	平坦	软黏	0.243	0.267	否
11	浅白	硬挺	清脆	模糊	平坦	硬滑	0.245	0.057	否
12	浅白	蜷缩	浊响	模糊	平坦	软黏	0.343	0.099	否
13	青绿	稍蜷	浊响	稍糊	凹陷	硬滑	0.639	0.161	否
14	浅白	稍蜷	沉闷	稍糊	凹陷	硬滑	0.657	0.198	否
15	乌黑	稍蜷	浊响	清晰	稍凹	软黏	0.360	0.370	否
16	浅白	蜷缩	浊响	模糊	平坦	硬滑	0.593	0.042	否
17	青绿	蜷缩	沉闷	稍糊	稍凹	硬滑	0.719	0.103	否

对表 7.2 所示的样本进行预测。

表 7.2 西瓜预测样本

编号	色泽	根蒂	敲声	纹理	脐部	触感	密度	含糖率	好瓜
测 1	青绿	蜷缩	浊响	清晰	凹陷	硬滑	0.697	0.460	?

$$
\begin{aligned}
P(\text{密度}=0.697 \mid \text{好瓜}=\text{是}) &= \frac{1}{\sqrt{2\pi\sigma_k^2}}\exp\left(-\frac{(x_j-u_k)^2}{2\sigma_k^2}\right) \\
&= \frac{1}{\sqrt{2\pi}\times 0.129}\exp\left(-\frac{(0.697-0.574)^2}{2\times 0.129^2}\right) \\
&\approx 1.959
\end{aligned}
$$

其中，μ、σ 是关于好瓜样本中的密度均值和方差。

$$
\begin{aligned}
P(\text{密度}=0.697 \mid \text{好瓜}=\text{否}) &= \frac{1}{\sqrt{2\pi\sigma_k^2}}\exp\left(-\frac{(x_j-u_k)^2}{2\sigma_k^2}\right) \\
&= \frac{1}{\sqrt{2\pi}\times 0.195}\exp\left(-\frac{(0.697-0.496)^2}{2\times 0.195^2}\right) \\
&\approx 1.203
\end{aligned}
$$

其中，μ、σ 是关于坏瓜样本中的密度均值和方差。

$$
\begin{aligned}
P(\text{含糖}=0.46 \mid \text{好瓜}=\text{是}) &= \frac{1}{\sqrt{2\pi\sigma_k^2}}\exp\left(-\frac{(x_j-u_k)^2}{2\sigma_k^2}\right) \\
&= \frac{1}{\sqrt{2\pi}\times 0.101}\exp\left(-\frac{(0.46-0.279)^2}{2\times 0.101^2}\right) \\
&\approx 0.788
\end{aligned}
$$

其中，μ、σ 是关于好瓜样本中的含糖率均值和方差。

$$
P(\text{含糖}=0.46 \mid \text{好瓜}=\text{否}) = \frac{1}{\sqrt{2\pi\sigma_k^2}}\exp\left(-\frac{(x_j-u_k)^2}{2\sigma_k^2}\right)
$$

$$=\frac{1}{\sqrt{2\pi}\times 0.108}\exp\left(-\frac{(0.46-0.154)^2}{2\times 0.108^2}\right)$$
$$\approx 0.066$$

其中，μ、σ 是关于坏瓜样本中的含糖率均值和方差。

因此，

$$\begin{aligned}P(\text{好瓜}=\text{是}\mid \boldsymbol{x}=\text{测}1)=\ &P(\text{好瓜}=\text{是})\times P(\text{色泽}=\text{青绿}\mid\text{好瓜}=\text{是})\times\\ &P(\text{根蒂}=\text{蜷缩}\mid\text{好瓜}=\text{是})\times\\ &P(\text{敲声}=\text{浊响}\mid\text{好瓜}=\text{是})\times\\ &P(\text{纹理}=\text{清晰}\mid\text{好瓜}=\text{是})\times\\ &P(\text{脐部}=\text{凹陷}\mid\text{好瓜}=\text{是})\times\\ &P(\text{触感}=\text{硬滑}\mid\text{好瓜}=\text{是})\times\\ &P(\text{密度}=0.697\mid\text{好瓜}=\text{是})\times\\ &P(\text{含糖}=0.46\mid\text{好瓜}=\text{是})\\ \approx\ &0.038\end{aligned}$$

$$\begin{aligned}P(\text{好瓜}=\text{否}\mid \boldsymbol{x}=\text{测}1)=\ &P(\text{好瓜}=\text{是})\times P(\text{青绿}\mid\text{好瓜}=\text{否})\times\\ &P(\text{蜷缩}\mid\text{好瓜}=\text{否})\times P(\text{浊响}\mid\text{好瓜}=\text{否})\times\\ &P(\text{纹理}=\text{清晰}\mid\text{好瓜}=\text{否})\times P(\text{凹陷}\mid\text{好瓜}=\text{否})\times\\ &P(\text{硬滑}\mid\text{好瓜}=\text{否})\times P(\text{密度}=0.697\mid\text{好瓜}=\text{否})\times\\ &P(\text{含糖}=0.46\mid\text{好瓜}=\text{否})\\ \approx\ &0.068\times 10^{-3}\end{aligned}$$

由于 $P(\text{好瓜}=\text{是}\mid\boldsymbol{x}=\text{测}1)>P(\text{好瓜}=\text{否}\mid\boldsymbol{x}=\text{测}1)$，因此朴素贝叶斯分类器将测试样本“测1”判别为好瓜。

(1) 先验概率如下：

$$P(\text{好瓜}=\text{是})=\frac{8}{17}$$

$$P(\text{好瓜}=\text{否})=\frac{9}{17}$$

(2) 为每个属性估计条件概率 $P(x_i\mid c)$：

$$P(\text{色泽}=\text{青绿}\mid\text{好瓜}=\text{是})=\frac{3}{8}$$

$$P(\text{色泽}=\text{青绿}\mid\text{好瓜}=\text{否})=\frac{3}{9}$$

$$P(\text{根蒂}=\text{蜷缩}\mid\text{好瓜}=\text{是})=\frac{5}{8}$$

$$P(\text{根蒂}=\text{蜷缩}\mid\text{好瓜}=\text{否})=\frac{3}{9}$$

$$P(\text{敲声}=\text{浊响}\mid\text{好瓜}=\text{是})=\frac{6}{8}$$

$$P(\text{敲声}=\text{浊响}\mid\text{好瓜}=\text{否})=\frac{4}{9}$$

$$P(\text{纹理}=\text{清晰} \mid \text{好瓜}=\text{是})=\frac{7}{8}$$

$$P(\text{纹理}=\text{清晰} \mid \text{好瓜}=\text{否})=\frac{2}{9}$$

$$P(\text{脐部}=\text{凹陷} \mid \text{好瓜}=\text{是})=\frac{6}{8}$$

$$P(\text{脐部}=\text{凹陷} \mid \text{好瓜}=\text{否})=\frac{2}{9}$$

$$P(\text{触感}=\text{硬滑} \mid \text{好瓜}=\text{是})=\frac{6}{8}$$

$$P(\text{触感}=\text{硬滑} \mid \text{好瓜}=\text{否})=\frac{6}{9}$$

(3) 对测试样本进行判断。由 $P(\text{好瓜}=\text{是} \mid \boldsymbol{x}=\text{测 } 1)>P(\text{好瓜}=\text{否} \mid \boldsymbol{x}=\text{测 } 1)$，因此朴素贝叶斯分类器将测试样本“测 1”判别为好瓜。

关于本例有以下一些说明。

若某个属性值在训练集中没有与某个类别同时出现过，则应该直接基于式(7.8)进行估计，而根据式(7.4)进行估计将出现问题。例如，对一个“敲声＝清脆”的测试样本，有

$$P(\text{敲声}=\text{清脆} \mid \text{好瓜}=\text{是})=\frac{0}{8}=0$$

由式(7.8)计算的概率值为 0，因此无论该样本的其他属性是什么，即使在其他属性上明显像好瓜，分类的结果都将是“好瓜＝否”，这样不太合理。

为了避免训练集中未出现的属性值“抹去”其他属性携带的信息，在估计概率值的时候通常要进行平滑，常用方法是拉普拉斯修正。即，令 N 表示训练集 D 中可能的类别个数，N_i 表示第 i 个属性可能的取值个数，则式(7.5)和式(7.8)表示为

$$P(c)=\frac{|D_c|+1}{|D|+N}$$

$$P(x_i \mid c)=\frac{|D_{c,x_i}|+1}{|D_c|+N_i} \tag{7.25}$$

本例中的先验概率可估计为

$$P(\text{好瓜}=\text{是})=\frac{8+1}{17+2}=\frac{9}{19}$$

$$P(\text{好瓜}=\text{否})=\frac{10}{19}$$

$N_{\text{敲声}}=3$(浊响、沉闷、清脆)，条件概率为

$$P(\text{敲声}=\text{清脆} \mid \text{好瓜}=\text{是})=\frac{0+1}{8+3}=\frac{1}{11}$$

$$P(\text{敲声}=\text{清脆} \mid \text{好瓜}=\text{否})=\frac{0+1}{9+3}=\frac{1}{12}$$

显然，拉普拉斯修正避免了因训练集样本不充分而导致概率估计值为 0 的问题，并且在训练集逐渐变大时，修正过程所引入的先验概率的影响也会逐渐变得可以忽略，使得概率估计值趋向实际概率值。

7.4　实例分析：判断是否患有糖尿病

本节中的数据集使用的是皮马印第安人糖尿病数据集(Pima Indians Diabetes Database)。该数据集由美国国立糖尿病、消化和肾脏疾病研究所(National Institute of Diabetes and Digestive and Kidney Diseases,NIDDK)提供。皮马是位于美国亚利桑那州南部的一个县。令人吃惊的是,有超过 30%的皮马人患有糖尿病。与此形成对照的是,美国糖尿病的患病率为 8.3%,中国为 4.2%。

本节实例使用朴素贝叶斯分类器对待评估者进行是否患有糖尿病的评估。

7.4.1　数据集简介

皮马印第安人糖尿病数据集包含 768 条数据。每一条数据给出一个超过 21 岁的皮马女性糖尿病患者的 9 项信息,如表 7.3 所示。其中,前 8 项为属性特征;第 9 项为分类结果,如果患有糖尿病则为 1,否则为 0。

表 7.3　皮马印第安人糖尿病数据集示例

怀孕次数	血糖浓度 /(mmol/l)	舒张期血压 /mmHg	三头肌皮脂厚度 /mm	血清胰岛素浓度 /(mU/ml)	身体质量指数 /(kg/m^2)	糖尿病家族遗传作用值	年龄	分类结果
6	148	72	35	0	33.6	0.627	50	1
1	85	66	29	0	26.6	0.351	31	0
8	183	64	0	0	23.3	0.672	32	1
1	89	66	23	94	28.1	0.167	21	0
0	137	40	35	168	43.1	2.288	33	1
5	116	74	0	0	25.6	0.201	30	0
3	78	50	32	88	31.0	0.248	26	1
10	115	0	0	0	35.3	0.134	29	0
2	197	70	45	543	30.5	0.158	53	1

7.4.2　算法实现

1. 处理数据

首先,加载数据文件,将 CSV 文件中的数据读入列表中,并对数据属性进行数据类型转换。代码如下:

```
def loadcsv(filename):
    lines = csv.reader(open(filename, "r"))
    dataset = list(lines)
    for i in range(len(dataset)):
        dataset[i] = [float(x) for x in dataset[i]]
    return dataset
```

然后,将数据分为用于朴素贝叶斯预测的训练集以及用于评估模型精度的测试集。将数据集随机分为包含67%样本的训练集和包含33%样本的测试集(这是在此数据集上测试算法的通用比率)。代码如下：

```
def splitDataset(dataset, splitRatio):
    trainSize = int(len(dataset) * splitRatio)
    trainSet = []
    copy = list(dataset)
    while len(trainSet) < trainSize:
        index = random.randrange(len(copy))
        trainSet.append(copy.pop(index))
    return [trainSet, copy]
```

2. 提取数据特征

提取训练集中数据的特征,然后使用这些特征进行预测。训练数据的特征包含相对于每个类的每个属性的均值和标准差。

1）按类别划分数据

首先将训练集中的样本按照类别进行划分,然后计算出每个类别的统计数据。创建一个类别到属于此类别的样本列表的映射,并将整个数据集中的样本划分到相应的样本列表中。代码如下：

```
def separateByClass(dataset):
    separated = {}
    for i in range(len(dataset)):
        vector = dataset[i]
        if (vector[-1] not in separated):
            separated[vector[-1]] = []
            separated[vector[-1]].append(vector)
            return separated
```

2）计算均值和标准差

上面的SeparateByClass()函数可以完成这个任务。需要计算在每个类中每个属性的均值。均值是数据的中点或者反映集中趋势,在计算概率时,用它作为高斯分布的中值。同时,还需要计算每个类中每个属性的标准差。标准差描述了数据的偏差,它是方差的平方根。方差是每个属性值与均值之差的平方的平均数。这里分母使用$N-1$(样本标准差的无偏估计)。代码如下：

```
def mean(numbers):
    return sum(numbers) / float(len(numbers))
def stdev(numbers):
    avg = mean(numbers)
    variance = sum([pow(x - avg, 2) for x in numbers]) / float(len(numbers) - 1)
    return math.sqrt(variance)
```

3）提取数据集特征

现在可以提取数据集特征。对于一个给定的样本列表(对应于某个类),可以计算每个属性的均值和标准差。zip()函数将数据样本按照属性划分到样本列表中,然后对每个属性计算均值和标准差。接下来计算每一类(是否患有糖尿病)的先验概率。最后将计算出的数值添加到样本列表的尾部,以方便后面的计算。代码如下：

```
def priorProbability(dataset, len_trainset):
    return len(dataset)/len_trainset
def summarize(dataset, len_trainset):
    summaries = [(mean(attribute), stdev(attribute)) for attribute in zip(*dataset)]
    pb = priorProbability(dataset, len_trainset)
    del summaries[-1]
    summaries.append(pb)
    print(summaries)
    return summaries
```

4）按类别提取属性特征

首先将训练数据按照类别进行划分,然后计算每个属性的摘要。代码如下：

```
def summarizeByClass(dataset):
    separated = separateByClass(dataset)
    summaries = {}
    for classValue, instances in separated.items():
        summaries[classValue] = summarize(instances,len(dataset))
    return summaries
```

3. 预测

现在可以使用从训练数据中得到的摘要进行预测。对于给定的数据样本,计算其归属于每个类的概率,然后选择具有最大概率的类作为预测结果。

1）计算高斯分布(正态分布)的概率密度函数

给定来自训练数据中已知属性的均值和标准差,可以使用高斯函数评估一个给定的属性值的概率。已知每个属性和类的属性特征,在给定类值的条件下,可以得到给定属性值的条件概率。代码如下：

```
def calculateProbability(x, mean, stdev):
    exponent = math.exp(-(math.pow(x - mean, 2) / (2 * math.pow(stdev, 2))))
    return (1 / (math.sqrt(2 * math.pi) * stdev)) * exponent
```

2）计算所属类的概率

既然可以计算一个属性属于某个类的概率,那么合并一个数据样本中所有属性的概率,最后便得到整个数据样本属于某个类的概率。使用乘法合并概率,在calculateProbability()函数中给定一个数据样本,它所属的每个类别的概率可以通过将其属性概率相乘得到,最后再与先验概率相乘,结果是一个类值到概率的映射。代码如下：

```
def calculateClassProbabilities(summaries, inputVector):
    probabilities = {}
    for classValue, classSummaries in summaries.items():
        probabilities[classValue] = 1
        for i in range(len(classSummaries)-1):
            mean, stdev = classSummaries[i]
            x = inputVector[i]
```

```
            probabilities[classValue] *= calculateProbability(x, mean, stdev)
            probabilities[classValue] *= classSummaries[-1]
    return probabilities
```

3）单一预测

计算出一个数据样本属于每个类的概率，从中找到最大的概率值，并返回关联的类。代码如下：

```
def getPredictions(summaries, testSet):
    predictions = []
    for i in range(len(testSet)):
        result = predict(summaries, testSet[i])
        predictions.append(result)
    return predictions
def predict(summaries, inputVector):
    probabilities = calculateClassProbabilities(summaries, inputVector)
    bestLabel, bestProb = None, -1
    for classValue, probability in probabilities.items():
        if bestLabel is None or probability > bestProb:
            bestProb = probability
            bestLabel = classValue
    return bestLabel
```

4）测试集预测

对测试集中的多个数据样本进行预测。代码如下：

```
def getPredictions(summaries, testSet):
    predictions = []
    for i in range(len(testSet)):
        result = predict(summaries, testSet[i])
        predictions.append(result)
    return predictions
```

4. 评估精度

将预测值和测试集中的类别值进行比较，可以通过计算得到分类的准确率。getAccuracy()函数用于计算准确率。代码如下：

```
def getAccuracy(testSet, predictions):
    correct = 0
    for i in range(len(testSet)):
        if testSet[i][-1] == predictions[i]:
            correct += 1
    return (correct / float(len(testSet))) * 100.0
```

5. 完整代码

本实例的完整代码如下：

```
import csv
import random
import math
def loadCsv(filename):
    lines = csv.reader(open(filename, "r"))
    dataset = list(lines)
    for i in range(len(dataset)):
        dataset[i] = [float(x) for x in dataset[i]]
    return dataset
def splitDataset(dataset, splitRatio):
    trainSize = int(len(dataset) * splitRatio)
    trainSet = []
    copy = list(dataset)
    while len(trainSet) < trainSize:
        index = random.randrange(len(copy))
        trainSet.append(copy.pop(index))
    return [trainSet, copy]
def splitDataset(dataset, splitRatio):
    trainSize = int(len(dataset) * splitRatio)
    trainSet = []
    copy = list(dataset)
    while len(trainSet) < trainSize:
        index = random.randrange(len(copy))
        trainSet.append(copy.pop(index))
    return [trainSet, copy]
def separateByClass(dataset):
    separated = {}
    for i in range(len(dataset)):
        vector = dataset[i]
        if (vector[-1] not in separated):
            separated[vector[-1]] = []
        separated[vector[-1]].append(vector)
    return separated
def mean(numbers):
    return sum(numbers) / float(len(numbers))
def stdev(numbers):
    avg = mean(numbers)
    variance = sum([pow(x - avg, 2) for x in numbers]) / float(len(numbers) - 1)
    return math.sqrt(variance)
def priorProbability(dataset,len_trainset):
    return len(dataset)/len_trainset
def summarize(dataset,len_trainset):
    summaries = [(mean (attribute), stdev (attribute)) for attribute in zip( *
dataset)]
    pb = priorProbability(dataset,len_trainset)
    del summaries[-1]
    summaries.append(pb)
    print(summaries)
    return summaries
```

```
def summarizeByClass(dataset):
    separated = separateByClass(dataset)
    summaries = {}
    for classValue, instances in separated.items():
        summaries[classValue] = summarize(instances,len(dataset))
    return summaries
def calculateProbability(x, mean, stdev):
    exponent = math.exp(-(math.pow(x - mean, 2) / (2 * math.pow(stdev, 2))))
    return (1 / (math.sqrt(2 * math.pi) * stdev)) * exponent
def predict(summaries, inputVector):
    probabilities = calculateClassProbabilities(summaries, inputVector)
    bestLabel, bestProb = None, -1
    for classValue, probability in probabilities.items():
        if bestLabel is None or probability > bestProb:
            bestProb = probability
            bestLabel = classValue
    return bestLabel
def getPredictions(summaries, testSet):
    predictions = []
    for i in range(len(testSet)):
        result = predict(summaries, testSet[i])
        predictions.append(result)
    return predictions
def getAccuracy(testSet, predictions):
    correct = 0
    for i in range(len(testSet)):
        if testSet[i][-1] == predictions[i]:
            correct += 1
    return(correct / float(len(testSet))) * 100.0
def main():
    filename = r'pima-indians-diabetes.data.csv'
    splitRatio = 0.67
    dataset = loadCsv(filename)
    trainingSet, testSet = splitDataset(dataset, splitRatio)
    print('Split {0} rows into train={1} and test={2} rows'.format(len(dataset),
len(trainingSet), len(testSet)))
    summaries = summarizeByClass(trainingSet)
    predictions = getPredictions(summaries, testSet)
    accuracy = getAccuracy(testSet, predictions)
    print('Accuracy: {0}%'.format(accuracy))
if __name__ == '__main__':
    main()
```

7.5 小　　结

本章介绍了贝叶斯理论的基础知识。对于分类而言，利用概率在某些情况下要比利用硬规则更为有效。

本章主要围绕朴素贝叶斯分类器展开。首先回顾了概率论中的条件概率、全概率和贝叶斯定理等知识，这些知识是构成贝叶斯理论的基础。然后介绍了朴素贝叶斯分类器的基本概念、原理及数学支撑。最后给出了两个分类实例。

本章用到的概率论知识将贯穿于全书。

第8章

决　策　树

决策树(decision tree)是用于求解分类和回归问题的机器学习方法,在实际应用中具有重要意义。决策树能够直接体现数据的特点,易于理解和实现。本章主要探讨决策树是怎样求解分类问题的。

可以将“决策树”分为“决策”和“树”来理解。“决策”是指判断,这种判断就像编程语言中的条件语句;“树”是指数据结构中的树状结构,树由根节点、非叶子节点和叶子节点组成。在决策树模型中,根节点和非叶子节点属于决策节点,这类节点引出的边表示不同的决策方案;叶子节点是决策结果,是经过多个决策方案选择的结果。测试集在遇到完整的分类决策树的决策节点时,会根据特征被选择(分类),直到得出决策结果。

决策树有 ID3、C4.5 和 CART 三大基本构建算法。ID3 算法是由 J. Ross Quinlan 于 1986 年提出的一种分类预测算法。C4.5 算法是由 J. Ross Quinlan 在 ID3 的基础上提出的,是对 ID3 算法的扩展。CART 算法由 Leo Breiman 等在 1984 年提出,它与上述两种算法不同,是以二叉树的形式给出的,简化了决策树的结构形态,更便于理解、使用和解释。

构建一棵决策树的过程通常包含 3 大步骤:特征选择、决策树生成和修剪。

决策树是基于输入样本集构建的,该样本集包含特征和类别标签。特征选择就是选择具有分类能力的特征,如果某个特征对本次分类不会产生影响或产生的影响很低,那么就可以抛弃这个特征。判断特征是否有分类能力的方法取决于决策树构建算法选取决策点的准则,其中,ID3 算法采用信息增益,C4.5 算法采用信息增益率,CART 算法采用基尼指数。

决策树的生成通常是一个从上到下的递归过程,从根节点出发,根据特征选择获得当前最优特征作为决策节点,并根据最优特征划分将当前的训练集作为新的子节点,以此类推,直到不能划分为止。

决策树剪枝的目的是解决决策树的过拟合问题。在决策树生成时或已完成生成后,可能会存在一个很严重的问题,即过拟合。当对过拟合的决策树进行预测时,在测试集上将达不到预期效果。因此,需要对决策树进行剪枝,从而提升模型的泛化能力,将决策树变得比较简单。

一棵分类决策树不是凭空产生的,也不是靠经验决定的,而是输入样本训练集,再依据决策树算法生成的,训练集包括样本的一个或多个特征和对应的类别标签。决策树的决策过程如下:测试集进入一棵完整的决策树,从根节点出发,将测试样本同每个决策节点上的特征比较，选择下一个决策节点，直至到达叶子节点，叶子节点即是本次决策的结果。

8.1 决策树原理

8.1.1 决策树模型

决策树是一类常见的机器学习方法，它属于监督学习。使用决策树进行分类时，需要给定样本训练集，并确定样本的特征和已知的类别标签，经过相关算法的学习后获得能为新输入的样本集提供预期输出值的分类器。

决策树模型也是树状结构，决策树的节点包括决策节点和决策结果，根节点和非叶子节点为决策节点，叶子节点为决策结果，决策节点的决策方案来源于训练集的特征和决策树算法。

图 8.1 是二分类决策树的结构，若有输入集进入该决策树，则从根节点开始测试，判断当前输入样本属于左子树还是右子树，将其分配到子节点上，再对该子节点进行特征测试，最终到达叶子节点，即得到决策结果。简而言之，决策树是基于树结构进行决策的。

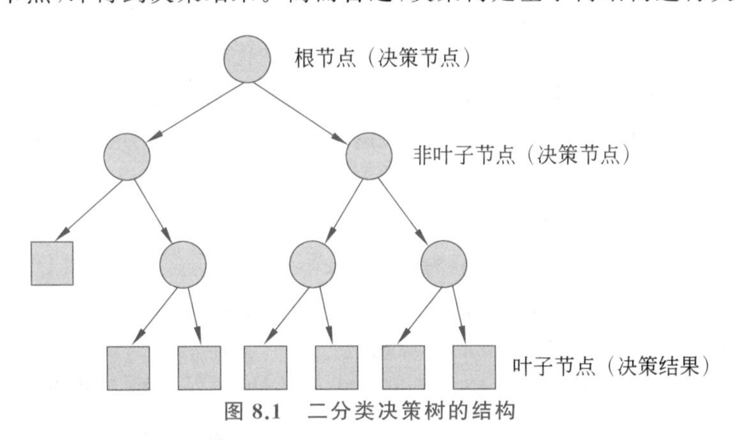

图 8.1 二分类决策树的结构

决策树的决策过程也可以看作 if-then 结构。决策节点等价于 if 结构的条件表达式，叶子节点等价于 if 结构的语句执行结果。

图 8.2 为个人贷款决策树，可根据年收入、是否有房产和是否有子女决定能否向申请人贷款。首先从根节点“年收入”开始决策，如果年收入不超过 30 万元，则再判断是否有房产，如果没有房产，则再判断是否有子女，有则能贷款，没有则不能贷款。

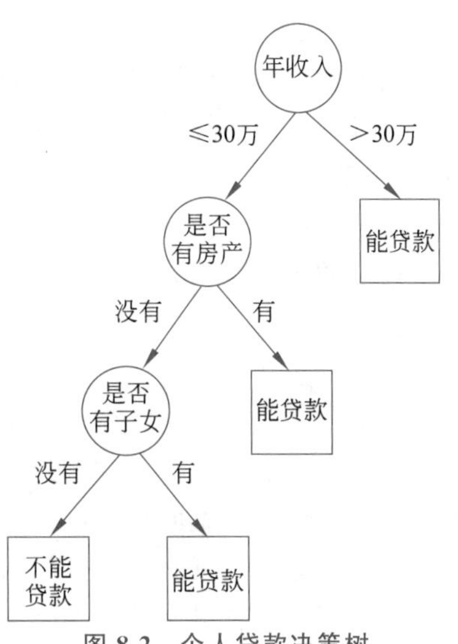

图 8.2 个人贷款决策树

可以将图 8.2 转换为 if-then 规则集合，其伪代码如下：

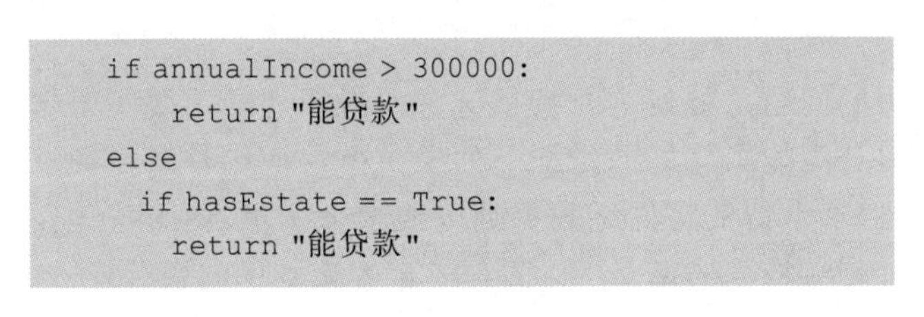

```
if annualIncome > 300000:
    return "能贷款"
else
  if hasEstate == True:
    return "能贷款"
```

```
    else
        if hasSonOrDaughter == True:
          return "能贷款"
        else
      return "不能贷款"
```

决策树的 if-then 规则集合的重要性质是：互斥并且完备。这就是说，每一个实例都被一条规则(一条路径)所覆盖，并且只被这一条规则覆盖。但是，机器学习不同于普通的编程，模型的生成来源于数据集，即决策树的形状可能会根据数据集的不同而发生变化。

8.1.2 决策树的构建过程

决策树算法通过给样本训练集构建决策树模型，从而使决策树能够对输入数据集进行正确分类。

涉及决策树的数据集样本中通常包含多个特征和相应的类别标签。给定训练样本集 $D=\{(x_1,y_1),(x_2,y_2),\cdots,(x_N,y_N)\}$，其中，$\boldsymbol{x}_i=[x_i^{(1)}\ x_i^{(2)}\cdots\ x_i^{(n)}]^{\mathrm{T}}$ 为特征向量，y_i 是一个标量，$y_i\in\{1,2,\cdots,K\}$ 为类别标签，$i=1,2,\cdots,N$，N 为样本容量。

决策树在对数据集进行划分时，通常递归地选择最优特征，并根据最优特征把训练分成多个子集，使得各子集有最优分类。特征空间的划分也影响决策树的构建。决策树的构建过程如下：首先，构建根节点，根节点有所有的训练集数据，根据决策树算法计算出每个特征的纯度，依据纯度选择最优特征，并依据最优特征将训练集划分为若干子集。所谓纯度是指节点所包含的样本集属于同一类别的程度。若这些子集已经达到无法继续划分的标准，例如纯度达到一定的阈值，则构建决策树的叶子节点；若部分子集还可以继续划分，则按照上面的步骤选择子集的最优特征，并构建非叶子节点，直到所有的训练数据都被分类或训练集无法继续划分，便构建了一棵完整的决策树。

采用上述方法能够产生一棵在给定数据集上具有良好分类能力的决策树。但是，由于决策树是基于给定数据集构建的，有可能会产生过拟合现象，在新的输入数据上不一定能得出预期结果。所以，需要对决策树进行剪枝，去掉分类过细的叶子节点，将决策树变得更加简单，从而使它具有更好的泛化能力。有时训练集的完整性和正确性不符合要求，决策树算法不能够生成预期的决策树模型，或者无法生成决策树模型。

决策树生成过程就是将一个样本集不断划分的过程。由于决策树生成时从根节点出发，故根节点包括全部样本集，其余节点则只包括样本子集。

决策树相当于从训练集总结出来的一套分类规则，符合期望的决策树能够对未知数据产生很好的决策结果，同时具有较强的泛化能力。

8.2 决策树的特征选择

在构建一棵决策树时，首先要解决的问题是如何进行特征选择。特征选择主要是根据不同特征对训练数据的划分结果，选取分类能力较好的特征。如果一个特征比其余特征有更好的分类能力，那就应该选择它，按照这个特征将训练数据划分成多个子集，各个子集在当前条件下就会有最好的分类结果。因此，特征选择也可以看作一个搜索寻优问题。

在分类问题中，选择最优特征的准则有 ID3 算法的信息增益、C4.5 算法的信息增益率和 CART 算法的基尼指数。

表 8.1 是由 15 个样本组成的贷款申请数据集，可以将该数据集中的样本作为决策树的训练集。在该数据集中，年龄、是否有工作、是否有房子和信用为构建决策树的特征，是否获得贷款为类别标签。年龄包含 3 个特征值，分别为青年、中年和老年；是否有工作包含 2 个特征值，分别为是和否；是否有房子包含 2 个特征值，分别为是和否；信用包含 3 个特征值，分别为一般、好和非常好。

表 8.1　贷款申请数据集

编号	年　龄	是否有工作	是否有房子	信　用	是否获得贷款
1	青年	否	否	一般	否
2	青年	否	否	好	否
3	青年	是	否	好	是
4	青年	是	是	一般	是
5	青年	否	否	一般	否
6	中年	否	否	一般	否
7	中年	否	否	好	否
8	中年	是	是	好	是
9	中年	否	是	非常好	是
10	中年	否	是	非常好	是
11	老年	否	是	非常好	是
12	老年	否	是	好	是
13	老年	是	否	好	是
14	老年	是	否	非常好	是
15	老年	否	否	一般	否

8.2.1　信息增益

在介绍信息增益之前，先说明熵、信息熵和条件熵的概念。

熵(entropy)可以用来度量随机变量的不确定性。信息熵(information entropy)为其中一种，是信息论中用于度量信息量大小的一个概念。在决策树中用到了信息熵的概念，信息熵越大，随机变量不确定性越高，样本纯度越低。

假设 X 为一个离散型随机变量，已知其概率分布为 $P(X=x_i)=p_i(i=1,2,\cdots,n)$，则 X 的信息熵定义为

$$H(X)=-\sum_{i=1}^{n}p_i\log_2 p_i \tag{8.1}$$

当随机变量 X 服从 0-1 分布时，信息熵为

$$H(X)=H(p)=-p\log_2 p-(1-p)\log_2(1-p)$$

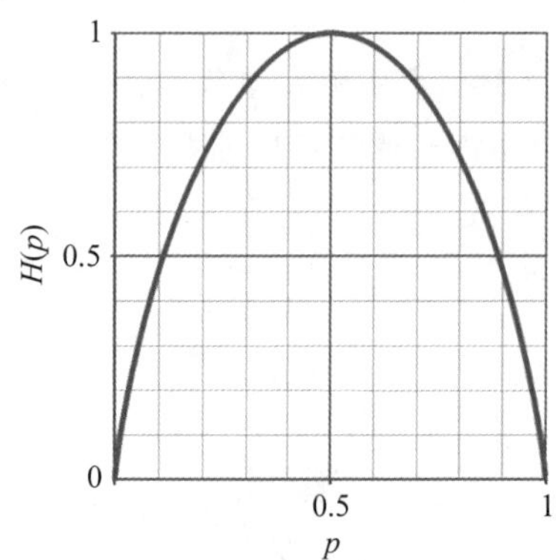

图 8.3 随机变量服从 0-1 分布时熵与概率的关系

此时熵与概率的关系如图 8.3 所示。

当 $p=0$ 或 $p=1$ 时，信息熵的值为 0，随机变量没有不确定性；当 $p=0.5$ 时，信息熵取得最大值 1，此时随机变量的不确定性最高。

条件熵(conditional entropy)用来度量在限制事件的发生场景前提下的信息量。这里采用信息熵的理论，条件熵应该是在特定条件下的信息量(即条件概率熵)的数学期望。

设有随机变量(X,Y)，已知其联合概率分布为$P(X=x_i,Y=y_j)=p_{ij}(i=1,2,\cdots,n,j=1,2,\cdots,m)$，条件熵表示在给定随机变量 X 的条件下随机变量 Y 的不确定性，则条件熵定义为

$$H(Y\mid X)=\sum_{i=1}^{n}p_iH(Y\mid X=x_i) \tag{8.2}$$

这里 p_i 表示 X 取值为 x_i 的概率，$i=1,2,\cdots,n$。

信息增益(information gain)表示得知特征 X 的信息，能够在多大程度上降低关于分类 Y 的信息的不确定性。信息增益越大，则说明特征 X 的划分结果得到的纯度提升越大。

假设给定训练集 D，其中包含有限个离散的样本数据，$|D|$表示训练集 D 的样本个数。按照这些数据的标签类别将 D 分为 K 类，并用 C_k 表示集合 D 中属于第 k 类的样本子集，$k=1,2,\cdots,K$，$|C_k|$表示 C_k 的样本个数。则根据式(8.1)，训练集 D 的信息熵为

$$H(D)=-\sum_{k=1}^{K}\frac{|C_k|}{|D|}\log_2\frac{|C_k|}{|D|} \tag{8.3}$$

若给定特征 A，根据式(8.2)，它对于训练集 D 的条件熵为

$$H(D\mid A)=\sum_{i=1}^{n}\frac{|D_i|}{|D|}H(D_i)=-\sum_{i=1}^{n}\frac{|D_i|}{|D|}\sum_{k=1}^{K}\frac{|D_{ik}|}{|D_i|}\log_2\frac{|D_{ik}|}{|D_i|} \tag{8.4}$$

其中，D_i 表示训练集 D 中特征 A 取第 i 个值时的样本子集，则$|D_i|$是 D_i 的样本个数；D_{ik} 表示 D_i 中数据标签属于第 k 个类别时的样本子集，则$|D_{ik}|$是 D_i 中第 k 个类别的样本个数。这样就可以计算出数据在原始条件下的信息熵以及根据各种特征分类的条件熵。

信息增益的计算公式为

$$\text{Gain}(D,A)=H(D)-H(D\mid A) \tag{8.5}$$

一般将信息熵与条件熵之差称为互信息(mutual information)。而在决策树学习中，训练集的类 Y 与特征 X 的互信息等价于信息增益。

决策树学习采用信息增益准则进行特征选择。给定训练集 D 和特征 A，A 对于 D 的信息增益就表示特征 A 使得对于数据集 D 的划分结果的不确定性减少的程度。显然，不同特征的信息增益往往不同，信息增益大的特征则表现出更好的分类能力。

例 8.1 根据表 8.1 给出的贷款申请数据集的例子，计算出每个特征的信息增益，并指出决策树的根节点。

解：数据集一共有 15 个样本，数据包括申请人的 4 个可选特征：年龄、是否有工作、是

否有房子和信用，标签为是否获得贷款，特征和标签都各有几种可能情况。

首先根据上述数据集4个不同特征的信息增益选择一个最优特征，作为决策树的根节点。

统计数据集标签的数量：

- 标签数量：15。
- 是的数量：9。
- 否的数量：6。

根据式(8.3)计算数据集 D 的信息熵：

$$H(D)=-\sum_{k=1}^{2}\frac{|C_k|}{|D|}\log_2\frac{|C_k|}{|D|}=-\frac{9}{15}\log_2\frac{9}{15}-\frac{6}{15}\log_2\frac{6}{15}\approx 0.971$$

然后以 A_1、A_2、A_3、A_4 表示年龄、是否有工作、是否有房子和信用4个特征，分别计算它们的条件熵。

按4个特征划分后的子数据集如表8.2所示。

表8.2 数据集 D 上的特征划分

特　征	年　龄	标签数量	是的数量	否的数量
年龄(A_1)	青年(D_1)	5	2	3
	中年(D_2)	5	3	2
	老年(D_3)	5	4	1
是否有工作(A_2)	是	5	5	0
	否	10	4	6
是否有房子(A_3)	是	6	6	0
	否	9	3	6
信用(A_4)	一般	5	1	4
	好	6	4	2
	非常好	4	4	0

以按特征 A_1 划分数据集 D 为例，划分后子集 D_1、D_2 和 D_3 分别对应青年、中年和老年，根据式(8.3)计算这3个子集的信息熵：

$$H(D_1)=-\frac{2}{5}\log_2\frac{2}{5}-\frac{3}{5}\log_2\frac{3}{5}\approx 0.971$$

$$H(D_2)=-\frac{3}{5}\log_2\frac{3}{5}-\frac{2}{5}\log_2\frac{2}{5}\approx 0.971$$

$$H(D_3)=-\frac{4}{5}\log_2\frac{4}{5}-\frac{1}{5}\log_2\frac{1}{5}\approx 0.722$$

根据式(8.4)计算特征 A_1 的条件熵：

$$H(D\mid A_1)=\sum_{i=1}^{3}\frac{|D_i|}{|D|}H(D_i)=\frac{5}{15}\times 0.971+\frac{5}{15}\times 0.971+\frac{5}{15}\times 0.722=0.888$$

根据式(8.5)，特征 A_1 的信息增益为数据集 D 的信息熵与特征 A_1 的条件熵之差：

$$\text{Gain}(D,A_1)=H(D)-H(D\mid A_1)=0.971-0.888=0.083$$

同理可得是否有工作、是否有房子和信用的信息增益为

$$\text{Gain}(D,A_2)=0.324$$

$$\text{Gain}(D,A_3)=0.420$$

$$\text{Gain}(D,A_4)=0.363$$

比较这4个特征的信息增益，由于 A_3 的信息增益最大，即按 A_3 划分时纯度提升最大，所以选择 A_3 作为根节点的特征。

8.2.2 信息增益率

信息增益存在的不足是它对取值数量较多的特征变量有偏好。信息增益率(information gain ratio)则是对信息增益的改进，克服了信息增益的不足，将其定义为信息增益与数据集 D 关于特征 A 的信息熵之比，即

$$\text{Gain}_{\text{ratio}}(D,A)=\frac{\text{Gain}(D,A)}{H_A(D)} \tag{8.6}$$

其中，

$$H_A(D)=-\sum_{i=1}^{n}\frac{|D_i|}{|D|}\log_2\frac{|D_i|}{|D|} \tag{8.7}$$

信息熵 $H_A(D)$ 称为特征 A 的固有值，$|D|$ 表示数据集 D 的样本个数，n 表示特征 A 取值的个数，D_i 表示数据集 D 中特征 A 取第 i 个值时的样本子集，$|D_i|$ 表示 D_i 的样本个数。

8.2.3 基尼指数

CART 是 Classification and Regression Tree(分类和回归树)的缩写。从全称不难看出，CART 算法不仅可以用于解决分类问题，也可以用于解决回归问题。在 CART 算法中，用基尼指数(Gini index)作为准则构建分类树，用均方误差作为准则构建回归树。基尼指数代表了模型的不纯度，其值越小，不纯度越低，特征越好。

假定存在 K 个类，样本属于第 k 类的概率为 $p_k(k=1,2,\cdots,K)$，则概率分布的基尼指数公式为

$$\text{Gini}(p)=\sum_{k=1}^{K}p_k(1-p_k)=1-\sum_{k=1}^{K}(p_k)^2 \tag{8.8}$$

当 $K=2$ 时，是二分类问题。若第一个类的概率是 p，则基尼指数为

$$\text{Gini}(p)=2p(1-p) \tag{8.9}$$

在构建分类决策树时，通常会给定用于训练的样本集 D。样本集 D 的纯度可用基尼指数度量，其公式为

$$\text{Gini}(D)=\sum_{k=1}^{K}\frac{|C_k|}{|D|}\left(1-\frac{|C_k|}{|D|}\right)=1-\sum_{k=1}^{K}\left(\frac{|C_k|}{|D|}\right)^2 \tag{8.10}$$

其中，$|D|$ 表示样本集 D 中样本的个数，C_k 是样本集 D 中属于 k 类的样本子集，$|C_k|$ 是样本集 D 中属于 k 类的样本个数，K 是类的个数。对比式(8.8)和式(8.10)，可以看出两者的形式是一样的，只是当给定的是样本集的时候，需要计算各个样本子集的概率。

给定样本集 D 和该样本的特征 A，计算该特征下的基尼指数的公式为

$$\mathrm{Gini}(D \mid A)=\sum_{i=1}^{n} \frac{|D_i|}{|D|}\mathrm{Gini}(D_i) \tag{8.11}$$

其中，D_i 是根据特征 A 划分的样本子集，n 是特征 A 取值的个数。

使用 CART 算法生成的决策树通常是一棵二叉树，因为在给定训练集 D 和特征 A 时，根据特征 A 的特征值 a 将样本集 D 分为两个子集 D_1 和 D_2：

$$D_1=\{(x,y)\in D \mid A(x)=a\},D_2=D-D_1$$

则样本集 D 在特征 A 条件下的基尼指数公式[式(8.11)]等价于

$$\mathrm{Gini}(D \mid A)=\frac{|D_1|}{|D|}\mathrm{Gini}(D_1)+\frac{|D_2|}{|D|}\mathrm{Gini}(D_2) \tag{8.12}$$

如图 8.4 所示，横坐标表示概率 p，纵坐标表示损失。可以看出，基尼指数和熵之半的曲线很接近，都可以近似地代表分类误差率，所以基尼指数可以和信息熵 $H(p)$ 一样代表不纯度。

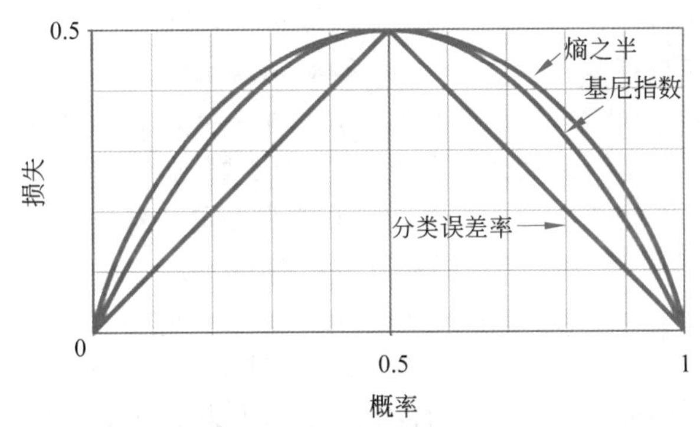

图 8.4　基尼指数、熵之半和分类误差率的关系

例 8.2　根据表 8.2 的数据集，计算每个特征的基尼指数，并指出决策树的分支节点。

解：从表 8.2 可知，年龄(A_1)、是否有工作(A_2)、是否有房子(A_3)和信用(A_4)作为决策树的特征，是否获得贷款作为类别标签。A_1 的特征值包括青年、中年和老年，A_2 的特征值包括是和否，A_3 的特征值包括是和否，信用的特征值包括一般、好和非常好。首先要计算每个特征的特征值对应的基尼指数，然后比较各个特征的基尼指数，最小的基尼指数对应的特征可作为当前决策树的最优分切点。

根据表 8.2 可知，样本个数为 15 个，其中青年、中年和老年样本各 5 个。当求年龄为青年的基尼指数时，类别标签为否的有 3 个，类别标签为是的有 2 个，而且由于 CART 算法通常是二叉树的形式，所以会将中年和老年样本作为整体进行计算。

当样本年龄(A_1)为青年时，类别标签为否的占 3/5，类别标签为是的占 2/5；当样本年龄为非青年时，类别标签为否的占 3/10，类别标签为是的占 7/10。

根据式(8.10)和式(8.11)，可计算出青年的基尼指数：

$$\mathrm{Gini}(D,A_1=\text{青年})$$
$$=\frac{5}{15}\times\left[1-\left(\frac{2}{5}\right)^2-\left(\frac{3}{5}\right)^2\right]+\frac{10}{15}\times\left[1-\left(\frac{7}{10}\right)^2-\left(\frac{3}{10}\right)^2\right]=0.44$$

同理，可以计算出中年、老年的基尼指数：

$$\text{Gini}(D,A_1=\text{中年})=0.48$$

$$\text{Gini}(D,A_1=\text{老年})=0.44$$

比较 3 个特征值的基尼指数,发现青年和老年的基尼指数都是 0.44,小于 0.48,所以这两个特征值中的任何一个都可以作为当前决策树的最优分切点。

同理,计算出 A_2、A_3 的基尼指数,由于这两个特征都只有两个特征值,即只有一种分切方式,所以可以直接用式(8.11)获取其基尼指数:

$$\text{Gini}(D,A_2)=\frac{10}{15}\times\left[1-\left(\frac{4}{10}\right)^2-\left(\frac{6}{10}\right)^2\right]+\frac{5}{15}\times\left[1-\left(\frac{0}{10}\right)^2-\left(\frac{5}{10}\right)^2\right]=0.32$$

$$\text{Gini}(D,A_3)=\frac{9}{15}\times\left[1-\left(\frac{3}{9}\right)^2-\left(\frac{6}{9}\right)^2\right]+\frac{6}{15}\times\left[1-\left(\frac{0}{6}\right)^2-\left(\frac{6}{6}\right)^2\right]=0.27$$

最后计算出 A_4 的基尼指数:

$$\text{Gini}(D,A_4=\text{一般})=0.32$$

$$\text{Gini}(D,A_4=\text{好})=0.47$$

$$\text{Gini}(D,A_4=\text{非常好})=0.36$$

其中,信用为一般的基尼指数最小,可作为决策树节点的最优分切点。

比较 4 个特征的基尼指数,最小的是 $\text{Gini}(D,A_3)=0.27$,所以选择 A_3 作为决策树的最优分切点,于是根节点数据集 D 划分成两个子节点的数据集 D_1 和 D_2,D_1 指有房子的子集,D_2 指没有房子的子集。通过式(8.10)计算得出 $\text{Gini}(D_1)=0$,即 D_1 无法继续划分,所以将 D_1 作为叶子节点,而 D_2 可以继续划分,所以作为非叶子节点。划分根节点的决策树如图 8.5 所示。

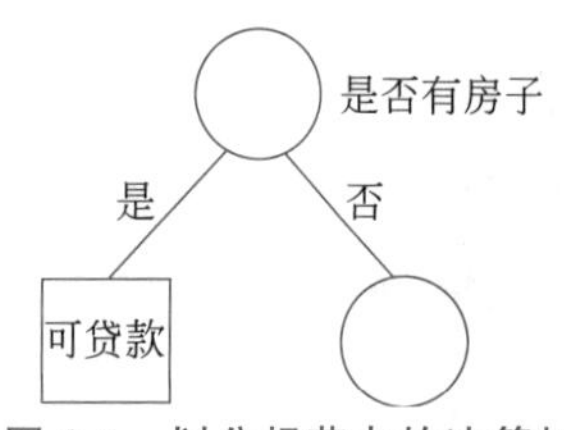

图 8.5 划分根节点的决策树

接着对没有房子的子集重新计算年龄、是否有工作和信用的基尼指数,直到得出所有分支的叶子节点。

8.3 决策树的构建

8.3.1 ID3 算法

ID 是 Iterative Dichotomiser(迭代二分类器)的简称。ID3 算法是由 J. Ross Quinlan 于 1975 年在悉尼大学提出的一种分类预测算法,该算法以信息增益作为衡量标准实现对样本数据集的分类。

ID3 算法对样本集中的各个特征按照信息增益进行排序,从中选出值最大的特征,并将其作为判定的指标。根据这一准则,把一个数据集分成若干子集,然后在各子集上反复进行特征选择,直至信息增益很小或者子集内的样本不能再划分,也就是样本的特征都是相同的类别为止,这就是一棵决策树的建立过程。

ID3 算法构建分类决策树的过程描述如下。

输入:训练数据集 D,特征集 A,阈值 ε。

输出:决策树 T。

(1) 如果 D 中样本的特征都是相同的类别,那么无须继续划分,T 为单节点树,用 C_k 记录这个节点的类标签,C_k 表示集合 D 中属于第 k 类的样本子集,然后返回 T。

(2) 如果 D 中所有样本没有任何特征($A=\varnothing$),即无法继续根据特征划分数据集,则 T 为单节点树,记录 D 中有最多样本的类别 C_k,并将其作为该节点的类标签,然后返回 T。

(3) 否则,根据式(8.5),对 A 中各特征信息增益进行计算,选出具有最大信息增益的特征 A_g。

(4) 如果 A_g 的信息增益比阈值 ε 小,则无须再划分,T 作为一棵单节点树,并且找到 D 中样本最多的类别,将其作为该结点的类标签,并返回 T。

(5) 否则,按照 A_g 的每个可能值 a_i,把 D 划分为几个非空子集 D_i,用 D_i 中样本最多的类别作为类标签,构造子节点,由节点及其子节点组成 T,然后返回 T。

(6) 对于第 i 个子节点,将训练集 D_i 以及特征集 $A-\{A_g\}$ 作为新的输入,对步骤(1)~(5)进行循环调用,从而获得子树 T_i 并将其返回。

ID3 算法构建决策树的步骤容易理解,计算简单,可解释性强。使用信息增益的准则可以自动排除对目标变量无影响的特征变量,为判断特征变量的重要程度、减少其数量提供了依据。

但是,ID3 算法在处理各类别样本数量不一致的数据时,信息增益的准则会使算法偏向于那些含有更多样本的特征。ID3 算法没有剪枝策略,容易过拟合。另外,ID3 算法对缺失值和连续值也无法处理,只能用于处理离散分布的特征。下面介绍的 C4.5 算法则提供了这些问题的解决方法,是对 ID3 算法的改进。

8.3.2　C4.5 算法

C4.5 算法是在 ID3 算法的基础上提出的,它引入信息增益率作为分类标准,克服了信息增益偏重样本数量大的特征这一缺点。

C4.5 算法构建分类决策树的过程描述如下。

输入:训练数据集 D,特征集 A,阈值 ε。

输出:决策树 T。

(1) 如果 D 中所有实例同属 C_k,则将 T 设置为单节点树,并将 C_k 作为该节点的类标签,然后返回 T。

(2) 如果 $A=\varnothing$,则将 T 设置为单节点树,并把 D 中样本最多的类 C_k 作为该节点的类标签,然后返回 T。

(3) 否则,A 中各特征对 D 的信息增益率按照式(8.6)进行计算,从而选取具有最大信息增益率的特征 A_g。

(4) 如果 A_g 的信息增益率比阈值 ε 小,将 T 设置成单节点树,以 D 中样本最多的类 C_k 作为该节点的类标签,然后返回 T。

(5) 否则,对于 A_g 的每个可能值 a_i,根据 $A_g=a_i$ 将 D 划分为几个非空子集 D_i,以 D_i 中样本最多的类别为类标签,构造子节点,以节点 D_i 及其子节点构成树 T,然后返回 T。

(6) 对于节点 i,将 D_i 作为训练集,将 $A-\{A_g\}$ 作为特征集,循环调用步骤(1)~(5),从而获得子树 T_i,并返回 T_i。

除了用信息增益率构建一棵完整的决策树外,C4.5 算法还提出了悲观剪枝策略以预防过拟合,在 8.4 节中将对剪枝策略进行介绍。

对于连续特征,C4.5 算法会将它的数据离散化,也就是用二分法进行处理。

假设有 N 个样本,连续特征 A 有 m 个值。先对这些值按照大小进行排序,并取相邻两个样本值的平均值，即以 $m-1$ 个平均值作为候选划分点，然后就可以像处理离散值那样考虑这些划分点，分别以这些点作为二元分类点计算信息增益，以取得最大信息增益的点作为该连续特征的二元离散分类点。

对于缺失值引起的一些问题，C4.5 算法有不同的处理方法。训练样本集和待分类样本中有可能会出现一些样本缺失特征值的情况，下面给出 C4.5 算法对常见的 3 种情况提供的解决方案。

(1) 在计算信息增益率时，对于特征值缺失的样本，有两种处理方法：①忽略此样本；②将此样本的特征值取为此特征的样本中出现次数最多的特征值。

(2) 特征 A 已被选作一个分支节点。继续生成分支时，对于那些特征 A 的值缺失的样本，有 3 种处理方法：①忽略特征值缺失的样本；②根据其他样本特征 A 的取值对特征值缺失的样本赋值；③为特征值缺失的样本创建一个单独的分支。

(3) 根据已有决策树模型，对特征 A 的值缺失的样本进行分类，有两种处理方法：①待分类样本在到达特征 A 的分支节点时结束分类过程；②赋予待分类样本的特征 A 一个常见值后继续进行分类过程。

C4.5 算法对 ID3 算法进行了改进，可以处理连续数据和缺失值。但是 C4.5 算法在构建决策树时，必须根据特征值的大小选取其中一个分切点，因此仅适用于存储空间能容纳的数据集；当训练集太大时，算法不能正常运行。另外，C4.5 算法只能用于分类，其悲观剪枝的策略也可以进一步优化。

8.3.3 CART 生成算法

从前面可知，ID3 与 C4.5 算法尽量多地发掘信息，因此决策树的分支个数具有不确定性，有可能出现三叉树、四叉树等，树的大小与分支偏差较大。如果采用二分法生成二叉树，则能使决策树得到简化，CART 算法就采用了二分法。

在 CART 算法中，用基尼指数作为准则构建分类树，用均方误差作为准则构建回归树。

1. 分类树的生成

在分类问题中，基尼指数代表了模型的不纯度。基尼系数越小，不纯度越低，特征越好。CART 算法通过求给定的样本集 D 中的最小基尼指数确定决策树的节点。

CART 算法从决策树的根节点开始，递归地计算出每个特征的基尼指数，确定最小基尼指数的特征作为决策树节点，从而构建决策树。其过程描述如下。

输入：训练样本集 D，特征集 $A=\{A_1,A_2,\cdots,A_n\}$。

输出：分类决策树。

(1) 对于样本集 D 的特征 A 可能取到的每个特征值 a，把 D 划分为子集 D_1、D_2 两部分，同时根据公式 $\mathrm{Gini}(D,A=a)$ 和 $\mathrm{Gini}(D,A=\text{非}\ a)$ 计算基尼指数。

(2) 遍历当前可选特征 A 以及根据这些特征的特征值 a 划分的两个样本子集，并计算特征的基尼指数。选取最小基尼指数的特征作为当前决策树节点，将划分的样本子集 D_1、D_2 作为当前节点的子数据集。

(3) 对子节点循环执行步骤(1)、(2)，直至满足停止条件。

当没有更多特征、样本子集个数低于预定阈值或者当前基尼指数低于预定阈值时，算法结束。

2. 回归树的生成

回归树采用均方误差作为损失函数。在回归树中，对于连续型数据主要是利用二元分类方法，也就是特征值超过某一给定数值则走子树左边或右边。

CART 算法能够构建回归树以处理回归问题。一棵回归树对应一个输入空间(特征空间)划分，同时对应划分单元上的输出值。换句话说，每一个非叶子节点都是对一个输入空间(特征空间)的一次划分。当划分成叶子节点后，叶子节点上的值就是所需的输出值。

假设 CART 算法将输入空间划分为 M 个单元 $R_1, R_2, \cdots, R_M$，并且每个单元 R_m 上面都有一个固定的输出值 c_m，$m=\{1,2,\cdots,M\}$，则该模型可以表示为

$$f(x)=\sum_{m=1}^{M} c_m I(x \in R_m) \tag{8.13}$$

回归树的训练误差使用的是平方误差。对于给定训练样本集 $D=\{(\boldsymbol{x}_1, y_1), (\boldsymbol{x}_2, y_2), \cdots, (\boldsymbol{x}_N, y_N)\}$，$i=1,2,\cdots,N$，其训练误差计算公式为

$$\sum_{x_i \in R_m} (y_i - f(\boldsymbol{x}_i))^2 \tag{8.14}$$

其中，$\boldsymbol{x}_i=[x_i^{(1)}\ x_i^{(2)} \cdots\ x_i^{(n)}]^{\mathrm{T}}$ 为特征向量，$x_i^{(j)}$ 表示 $\boldsymbol{x}_i$ 的第 j 个变量，$j=1,2,\cdots,n$，n 为特征个数，每个特征向量 $\boldsymbol{x}_i$ 对应一个类别标签 y_i。

在这里用特征向量 $\boldsymbol{x}_i$ 的第 j 个变量表示分切变量，其取值用 s 表示。s 作为分切点，将一个数据集分为 R_1 和 R_2 两个区域：

$$R_1(j,s)=\{x \mid x^{(j)} \leqslant s\}, R_2(j,s)=\{x \mid x^{(j)} > s\} \tag{8.15}$$

然后就是寻找最优分切点，可用平方误差最小的准则求解，公式为

$$\min_{j,s}\left[\min_{c_1} \sum_{x_i \in R_1(j,s)} (y_i - c_1)^2 + \min_{c_2} \sum_{x_i \in R_2(j,s)} (y_i - c_2)^2\right] \tag{8.16}$$

那么，如何求解 c_1 和 c_2 呢？对于 c_m，$m=\{1,2,\cdots,M\}$，每个单元 R_m 上的 c_m 的最优值都是所有特征向量 $\boldsymbol{x}_i$ 对应的类别标签 y_i 的均值，即

$$\hat{c}_m = \operatorname{ave}(y_i \mid \boldsymbol{x}_i \in R_m) \tag{8.17}$$

根据式(8.17)可得

$$\begin{aligned} \hat{c}_1 &= \operatorname{ave}(y_i \mid \boldsymbol{x}_i \in R_1(j,s)) \\ \hat{c}_2 &= \operatorname{ave}(y_i \mid \boldsymbol{x}_i \in R_2(j,s)) \end{aligned} \tag{8.18}$$

简单来说，c_1 是指 R_1 区域内标签 y 的均值，c_2 是 R_2 区域内标签 y 的均值。

CART 算法构建回归树的过程描述如下。

输入：训练样本集 D，包含特征 X 和类别标签 Y。

输出：回归决策树。

(1) 对于当前可选特征，遍历特征 $\boldsymbol{x}_i$ 的每个待分切变量 j 以及待分切点 s，根据式(8.15)将数据集划分为 R_1、R_2 两个区域，计算 R_1 和 R_2 的平方损失并相加，其结果作为该分切点的平方损失。

(2) 分切变量 j 的遍历都会产生对应的平方误差，再根据式(8.16)获得最优分切点，最优分切点 j 划分的子区域就是想要的区域 R_1、R_2。取最小的平方损失的分切点作为当前决策节点的分切点。

(3) 对划分的子区域循环执行步骤(1)、(2)，最终将输入空间划分为 M 个单元：R_1，

$R_2, \cdots, R_M$。

通常将这种回归决策树称为最小二乘回归决策树。

8.4 决策树的剪枝策略

为了尽可能正确地对训练样本进行分类,节点划分的过程会不断进行下去,直到不能再分时为止,这就会造成过拟合。由于过拟合的决策树在泛化能力上的表现非常差,对于这类决策树需要适当地剪枝。剪枝处理后的决策树可以降低过拟合风险,从而提高泛化能力。

1. 预剪枝

在构造决策树的过程中会用到预剪枝的剪枝策略。每个决策节点原本是按照信息增益、信息增益率或基尼指数等纯度指标的大小确定的。预剪枝是在节点分类前决定是否继续划分,及早停止节点增长。其主要依据有:节点内样本低于一定的阈值;节点所有特征都不能再分裂;划分前的准确率高于划分后的准确率。预剪枝不但能降低过拟合的风险,还能缩短训练时间。但是它基于贪心策略,会带来欠拟合风险。欠拟合是指模型拟合程度不高,没有很好地捕捉到数据特征,无法学习到数据集中的一般规律,因而导致泛化能力弱。

2. 后剪枝

在已经生成的决策树上,可以进行后剪枝处理,以获得精简的决策树。自底向上使用测试集检查非叶子节点,若用叶子节点代替该节点对应的子树,可以提高测试集的准确度,则对该子树进行剪枝,使得该决策树泛化能力提升。

常用的后剪枝策略有 C4.5 算法中的悲观剪枝(Pessimistic Error Pruning,PEP)策略和 CART 算法中的代价复杂度剪枝(Cost Complexity Pruning,CCP)策略。

悲观剪枝策略采用递归的方法,自底向上对每个非叶子节点进行评价,判断用一个最佳叶子节点代替这个非叶子节点及其子树是否有益。若与剪枝前比较,该节点错误率不变或者下降,则这棵以该非叶子节点为根节点的子树就可以被替换。代价复杂度剪枝策略首先对生成的决策树进行剪枝,直至决策树的根节点,形成多个根子树序列,然后用一种成本复杂度的度量标准判断哪棵子树适合剪枝。

下面通过表 8.3 所示的西瓜数据集的例子说明决策树的预剪枝和后剪枝策略。

表 8.3 西瓜数据集

子集	编号	色泽	根蒂	敲声	纹理	脐部	触感	好瓜
训练集	1	青绿	蜷缩	浊响	清晰	凹陷	硬滑	是
	2	乌黑	蜷缩	沉闷	清晰	凹陷	硬滑	是
	3	乌黑	蜷缩	浊响	清晰	凹陷	硬滑	是
	6	青绿	稍蜷	浊响	清晰	稍凹	软黏	是
	7	乌黑	稍蜷	浊响	稍糊	稍凹	软黏	是
	10	青绿	硬挺	清脆	清晰	平坦	软黏	否
	14	浅白	稍蜷	沉闷	稍糊	凹陷	硬滑	否

续表

子集	编号	色泽	根蒂	敲声	纹理	脐部	触感	好瓜
训练集	15	乌黑	稍蜷	浊响	清晰	稍凹	软黏	否
	16	浅白	蜷缩	浊响	模糊	平坦	硬滑	否
	17	青绿	蜷缩	沉闷	稍糊	稍凹	硬滑	否
测试集	4	青绿	蜷缩	沉闷	清晰	凹陷	硬滑	是
	5	浅白	蜷缩	浊响	清晰	凹陷	硬滑	是
	8	乌黑	稍蜷	浊响	清晰	稍凹	硬滑	是
	9	乌黑	稍蜷	沉闷	稍糊	稍凹	硬滑	否
	11	浅白	硬挺	清脆	模糊	平坦	硬滑	否
	12	浅白	蜷缩	浊响	模糊	平坦	软黏	否
	13	青绿	稍蜷	浊响	稍糊	凹陷	硬滑	否

将数据集随机划分为训练集和测试集。其中,训练集包含 5 个正样本和 5 个负样本,用于生成决策树;测试集包含 3 个正样本和 4 个负样本,用于对生成的决策树进行预测效果的验证,并对决策树经过剪枝操作后的泛化能力进行评估。

本例使用信息增益作为选取最优特征的准则,首先对训练集按照色泽、根蒂、敲声、纹理、脐部和触感这 6 个特征的划分结果进行比较,确定脐部这一特征的划分最优。

然后分析测试集的准确率,以决定是否要进行脐部这一特征的划分。

如图 8.6 所示,节点①处显然划分前测试集有 3/7(约 42.9%)的准确率,划分后脐部凹陷和稍凹的判定为好瓜,脐部平坦的判定为坏瓜,则编号{4,5,8,11,12}均判定正确,测试集有 5/7(约 71.4%)的准确率,测试集的准确率比划分前提高了,因此决定划分训练集。

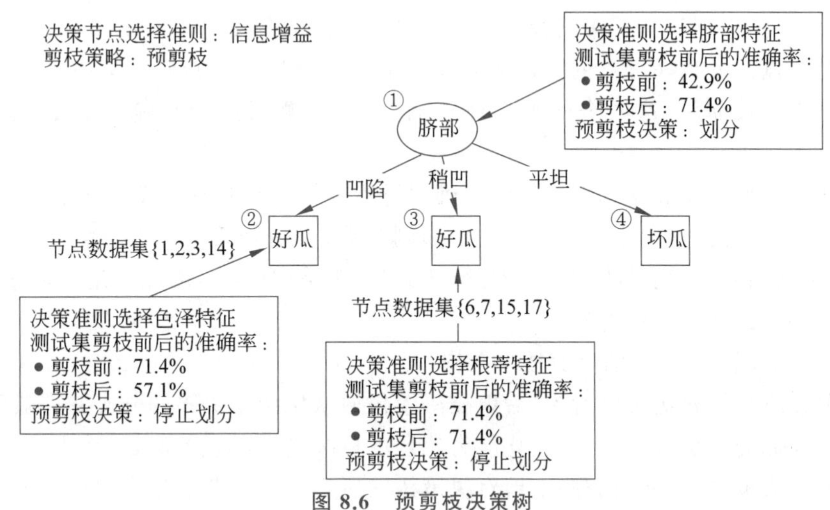

图 8.6 预剪枝决策树

接着分析根节点划分后 3 个节点的测试集的准确率,以决定是否继续划分。

由于节点②和③处的子集类别不纯，需要继续采用信息增益准则进行特征选择。而节点②处对分类为凹陷的集合{1,2,3,14}算得色泽这一特征的划分最优，本来应该继续划分，但根据预剪枝策略，划分后测试集的准确率降低了，因此决定停止增长，将节点②作为叶子节点。同理，节点③处划分后测试集的准确率没变，因此也决定将节点③作为叶子节点。

最后生成如图 8.6 所示的预剪枝决策树，这种做法有欠拟合的风险。

后剪枝则是在已经生成的决策树上进行剪枝。

首先基于训练样本生成未剪枝的决策树，如图 8.7 所示。

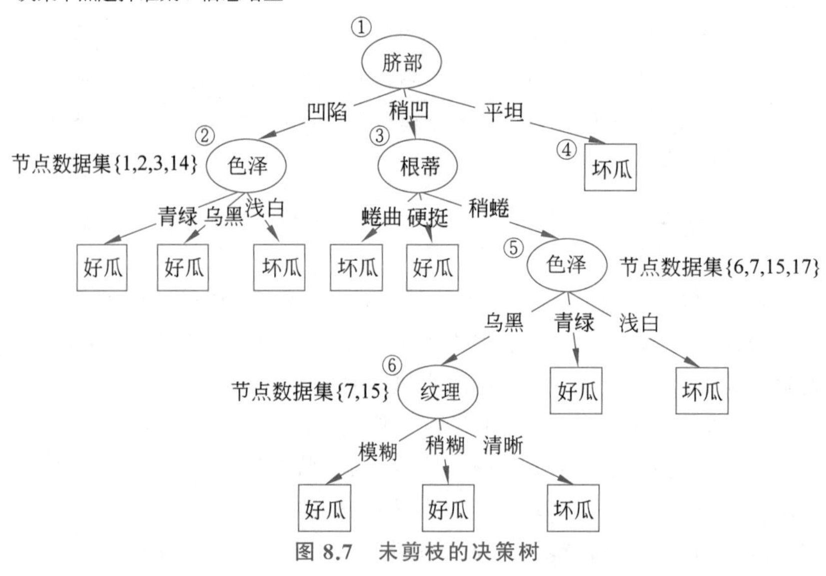

图 8.7 未剪枝的决策树

然后对节点⑥处纹理分支的测试集的准确率进行分析。已知测试集中样本{8,9}属于这一分支。在剪枝前，这两个样本中的坏瓜被预测为好瓜，好瓜被预测为坏瓜，均预测错误；而剪枝后，这两个样本均被预测为好瓜，其中一个预测正确，测试集的准确率从 42.9%提升到 57.1%。因此，根据后剪枝策略决定对纹理这一特征的分支进行剪枝。

继续对节点⑤处色泽分支的测试集的准确率进行分析。已知测试集中样本{4,5}属于这一分支。在剪枝前后，这两个样本都被预测为好瓜，测试集的准确率不变，因此不需要剪枝。

再对节点②处色泽分支的测试集的准确率进行分析。已知测试集中样本{4,5,13}属于这一分支。在剪枝前，这 3 个样本中有两个预测错误；在剪枝后，这 3 个样本均被预测为好瓜，只有一个预测错误，测试集的准确率从 57.1%提升到 71.4%，因此决定将原来对节点②处色泽这一特征的分支进行剪枝。

最后生成如图 8.8 所示的后剪枝决策树。

与预剪枝决策树相比可以看出，后剪枝决策树通常保留了更多的分支。一般而言，后剪枝策略具有较低的欠拟合风险，且泛化能力比预剪枝决策树更强。但是，在决策树生成后才能进行后剪枝决策，并且要自底向上地对决策树的所有非叶子节点逐个进行检查，因此训练时间开销比未剪枝的决策树和预剪枝决策树都要大很多。

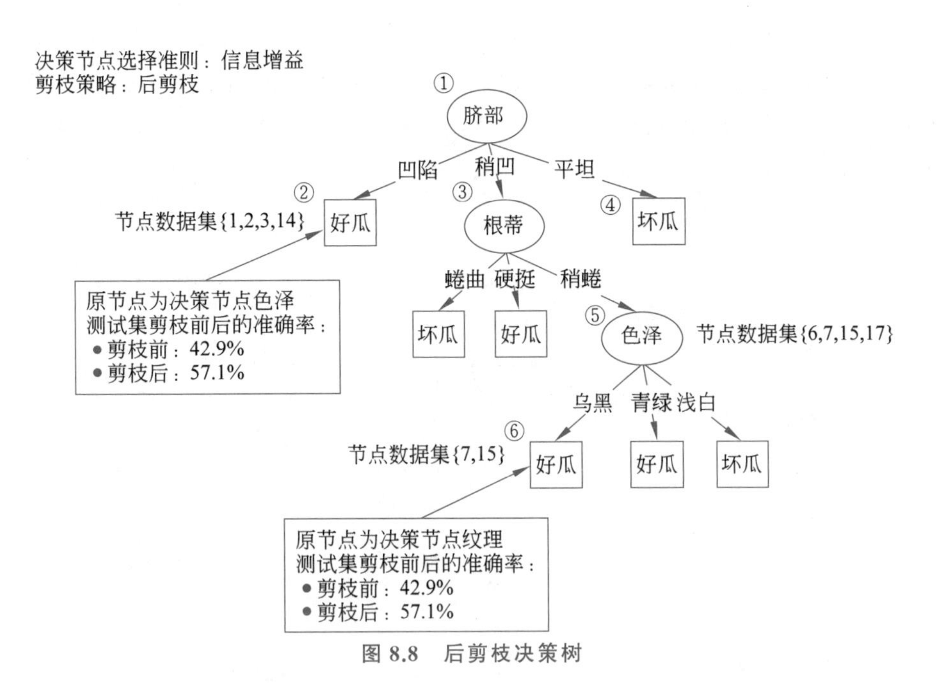

图 8.8　后剪枝决策树

8.5　随 机 森 林

随机森林(random forest)本质上是将许多棵决策树整合成森林并用来预测最终结果的方法,它属于机器学习的一大分支——集成学习(ensemble learning)。

在集成学习中,首先生成一组个体学习器,然后通过一定的策略将其组合在一起,从而获得结果,如图 8.9 所示,因此集成学习有时也被称为多分类器系统(multi-classifier system)。目前的集成学习方法大致可分为两大类,即序列化方法和并行化方法。前者的代表是 Boosting,其个体学习器间存在强依赖关系,必须串行生成;后者的代表是 Bagging 和随机森林,其个体学习器间不存在强依赖关系,可同时生成。

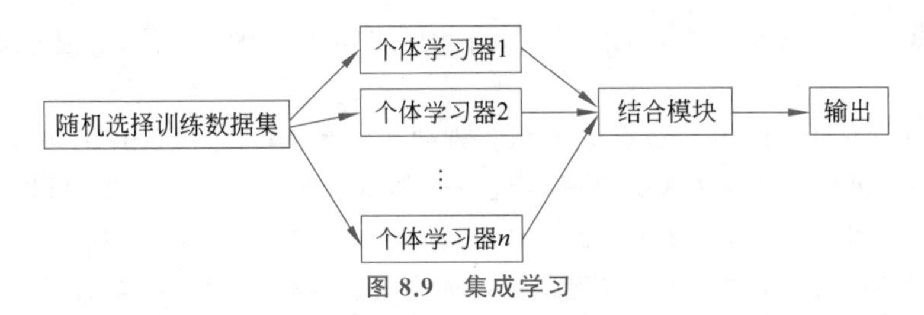

图 8.9　集成学习

20 世纪 80 年代,Breiman 等提出了一种分类树算法,它将数据反复二分以进行分类或回归,从而极大地减少了计算量。2001 年,他们又将分类树合并为一个随机森林,即在使用列上的变量和行上的数据时进行随机化,产生大量分类树,并对这些结果进行汇总。在几乎不增加运算量的情况下,随机森林的预测准确率得到了提升。此外,随机森林对多元共线性不敏感,对缺失数据和非平衡的数据表现出较强的鲁棒性,能有效地预测上千个解释变量,因此可以视之为目前最好的算法之一。

传统的决策树训练方法是选择一个最优的特征作为节点；而随机森林则是随机选取部分特征，然后从中选出划分最优的特征，这种方法训练速度更快。随机森林和决策树的关系如图 8.10 所示，对样本数据集随机抽样，生成 R 个样本数据子集，再通过决策树算法生成 R 棵决策树。

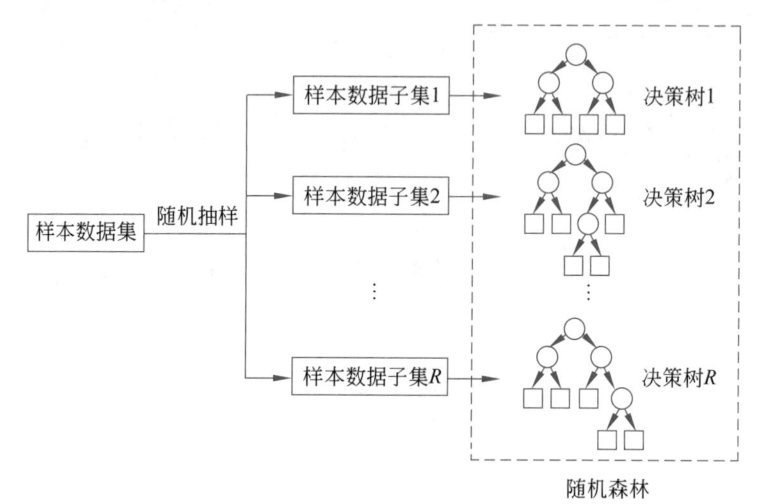

图 8.10　随机森林与决策树的关系

下面是随机森林的构造过程：

(1) 假设样本数量为 N 个，则进行 N 次有放回的随机选择。由于有放回，故同一样本可能被重复抽取。在此基础上，用这 N 个采样数据训练一棵决策树，作为决策树根节点处的样本。

(2) 若每一样本有 n 个特征，对每一节点进行分切时，随机选择 $l(l<<n)$ 个特征。然后，从这 l 个特征中选取一个作为节点的划分特征(特征选取的准则可以是信息增益等)。

(3) 每个节点都要按照步骤(2)进行分切，一直到不能够再分切为止。例如，当某个节点选择的特征就是它的父节点分切时所用的，就无须分切了。注意，在决策树的整个形成阶段不需要剪枝。

利用步骤(1)～(3)建立大量的决策树，由此形成随机森林。然后，通过投票，最终决定数据属于哪一类。

接下来使用 make_moons 数据集演示多棵决策树整合成随机森林的可视化效果。如图 8.11 所示，随机生成 7 棵决策树并整合成一个随机森林。通过图 8.11 可以看出，7 棵决策树的决策边界都有所不同，存在过拟合现象，泛化能力并不高。而 7 棵决策树整合成的随机森林比决策树的过拟合程度低，看起来也更加直观。这是因为随机森林的随机性能够显著降低模型的方差，从而无须剪枝也能取得较好的泛化能力。也可以通过更多的数据建立更多的决策树，从而使随机森林的决策边界更加平滑。

综上所述，随机森林在弥补了决策树的不足的同时也保持了决策树的全部优点，随机森林中的决策树越多，对随机状态选择的鲁棒性也会越好。决策树的组合可以让随机森林处理非线性数据，两个随机性的引入降低了过拟合风险。当样本集噪声不大时，随机森林的模型不易陷入过拟合。

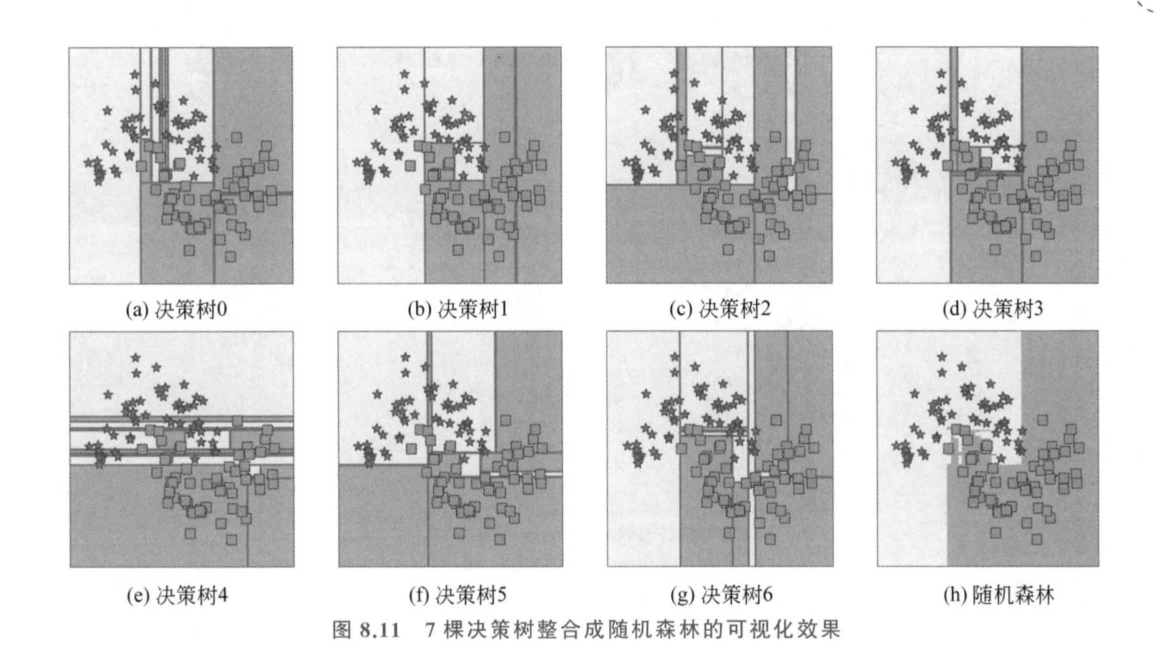

图 8.11　7 棵决策树整合成随机森林的可视化效果

8.6　实例分析：从零开始实现 ID3 算法

8.6.1　数据集

本实例的数据集采用表 8.1，可选特征有年龄、是否有工作、是否有房子和信用，标签是是否获得贷款。

8.6.2　算法实现

1. 处理数据

处理数据是将表 8.1 转换为后面决策树算法可以识别的数据格式，因此，将“年龄”字段的“青年”、“中年”和“老年”分别转换为 0、1 和 2，将“是否有工作”字段的“是”和“否”分别转换为 1 和 0，将“是否有房子”字段的“是”和“否”分别转换为 1 和 0，将“信用”字段的“一般”、“好”和“非常好”分别转换为 0、1 和 2，将“是否获得贷款”字段的“是”和“否”分别转换为 yes 和 no。将表数据转换到 sampleSet.csv 文件中，如图 8.12 所示。

loadData()函数利用 pandas 工具库读取 CSV 数据表，将表 8.1 转为数据集。该函数中的变量 sampleSet 是一个二维数组。具体代码如下：

```
import pandas as pd
def loadData():
    df = pd.read_csv('sampleSet.csv')
    sampleSet = df.values
    columnNames = list(df)
    return sampleSet, columnNames
```

```
1   "年龄","是否有工作","是否有房子","信用","是否获得贷款 "
2   0,0,0,0,"no"
3   0,0,0,1,"no"
4   0,1,0,1,"yes"
5   0,1,1,0,"yes"
6   0,0,0,0,"no"
7   1,0,0,0,"no"
8   1,0,0,1,"no"
9   1,1,1,1,"yes"
10  1,0,1,2,"yes"
11  1,0,1,2,"yes"
12  2,0,1,2,"yes"
13  2,0,1,1,"yes"
14  2,1,0,1,"yes"
15  2,1,0,2,"yes"
16  2,0,0,0,"no"
```

图 8.12　sampleSet.csv 文件内容

2. 构建 ID3 算法

1）计算信息熵和条件熵

将样本数据集 sampleSet 传入 calculateShannonEntropy()函数，数据集最后一列是类别标签，即"是否获得贷款"一列的数据，然后根据式(8.3)计算出信息熵。calculateConditionalEntropy()函数根据式(8.4)计算条件熵，在该函数中，调用 splitSampleSet()函数对数据集根据特征下标和特征值进行划分。具体代码如下：

```
import math
def calculateShannonEntropy(sampleSet):
    classLabelNumDict = {}              #用于统计当前数据集类别标签的数量
    #遍历数据集的每一行,一行为一个样本
    for sample in sampleSet:
        classLabel = sample[-1]         #最后一列是类别标签
        if classLabel not in classLabelNumDict.keys():
            classLabelNumDict[classLabel] = 0
        classLabelNumDict[classLabel] = classLabelNumDict[classLabel] + 1
    result = 0.0
    rowLen = len(sampleSet)             #数据集的行数
    for dictKey in classLabelNumDict:
        p = float(classLabelNumDict[dictKey]) / rowLen
        result -= p * math.log(p, 2)
    return result
def calculateConditionalEntropy(sampleSet, featureIndex):
    result = 0.0
    featureList = []                    #featList 是每一列的所有值,是一个列表
    for sample in sampleSet:
        featureList.append(sample[featureIndex])
    featureList = set(featureList)      #set()函数可去掉列表中的重复元素,所以各个值
                                        #互不相同
    for value in featureList:
        subSampleSet = splitSampleSet(sampleSet, featureIndex, value)
        prob = len(subSampleSet) / float(len(sampleSet))
```

```
        result += prob * calculateShannonEntropy(subSampleSet)  #计算条件熵
    return result
```

2）根据特征下标和特征值筛选出数据集

splitSampleSet()函数是按照某个特征进行子集划分的，传入数据集中的特征下标 featureIndex，然后按照该特征列的特征值 featureVal 划分出多个子数据集。具体代码如下：

```
def splitSampleSet(sampleSet,featureIndex, featureVal):
    result = []
    for sample in sampleSet:
        if featureVal == sample[featureIndex]:
            #分割出数组所在行，并存入 result 中
            data = sample[:]
            result.append(data)
    return result
```

3）获取当前数据集中的最佳信息增益

getBestFeatureIndex()函数计算最优的信息增益以确定当前的决策树节点。在函数中，会计算其条件熵，再根据信息熵和条件熵计算出信息增益。返回结果是特征数组的下标，以方便后面的函数进行操作。具体代码如下：

```
def getBestFeatureIndex(sampleSet):
    bestInfoGain = 0.0                                      #最优的信息增益
    bestFeatureIndex = -1
    baseEntropy = calculateShannonEntropy(sampleSet)
    #遍历样本集的特征，减 1 是因为样本集最后一列是类别标签
    for index in range(len(sampleSet[0]) - 1):              #特征的总数量
        infoGain = baseEntropy - calculateConditionalEntropy(sampleSet, index)
        if bestInfoGain < infoGain:
            bestFeatureIndex = index
            bestInfoGain = infoGain
    return bestFeatureIndex
```

4）构建决策树

通过 ID3 算法构建决策树，createDecisionTree()函数采用递归的方式构建决策树，决策树存储方式为自定义，其类型是字典，形式如下：

```
{'是否有房子': {0: {'是否有工作': {0: 'no', 1: 'yes'}}, 1: 'yes'}}
```

该函数每次从数据集中挑选出最优信息增益的特征作为决策树的节点，但并不是所有传入的特征值都用于判断节点，当标签完全相同，即在同一个特征中只有一个标签时，则该函数停止执行。具体代码如下：

```
def createDecisionTree(sampleSet, columnNames):
    newColumnNames = columnNames[:]                   #复制所有标签，以便不会弄乱现有标签
    classLabelList = []
```

```
    for sample in sampleSet:
        classLabelList.append(sample[-1])
    #同一个特征中只有一个标签,则停止执行,并返回该类标签
    if classLabelList.count(classLabelList[0]) == len(classLabelList):
        return classLabelList[0]
    bestFeatureIndex = getBestFeatureIndex(sampleSet)  #最佳分类特征的下标
    bestFeatureName = newColumnNames[bestFeatureIndex] #最佳分类特征的名字
    del (newColumnNames[bestFeatureIndex])  #从标签里删除这个最佳分类特征,创建
                                            #迭代的标签列表
    featureVals = []
    for sample in sampleSet:
        featureVals.append(sample[bestFeatureIndex])
    decisionTree = {bestFeatureName: {}}
    for value in set(featureVals):                        #去掉重复值,并遍历
        #根据选取的特征下标和特征值划分子集
        subSampleSet = splitSampleSet(sampleSet, bestFeatureIndex, value)
        decisionTree[bestFeatureName][value] = createDecisionTree
            (subSampleSet, newColumnNames)
    return decisionTree
```

3. 决策树可视化

通过 Python 的 graphviz 库,可以将上面已经生成的决策树字典转为可视化的树状结构,如图 8.13 所示,这样可以更加直观地了解决策树的作用。

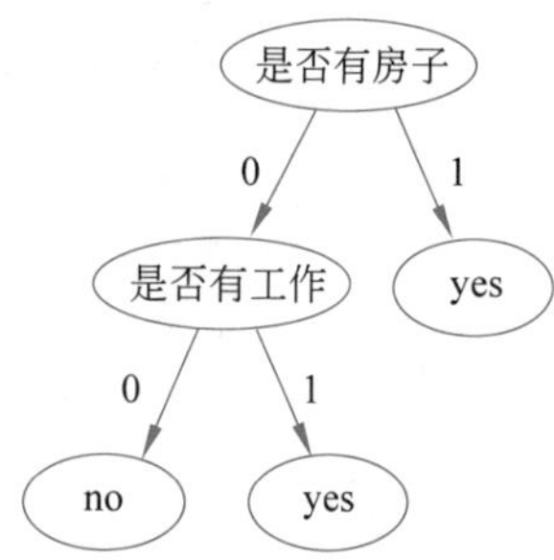

图 8.13 决策树的树状结构

4. 决策树测试

decisionTreeClassify()函数可以在已生成的决策树上对测试集中的样本进行分类,并输出对应的标签。例如,分别传入测试集[1,1,0,1]、[1,0,1,1]、[1,0,0,1],则函数输出结果为 yes、yes、no。featureNames 分别是“年龄”“是否有工作”“是否有房子”“信用”。如图 8.13 所示,首先判断“是否有房子”节点,再根据测试集进行选择,以此类推,直到叶子节点。具体代码如下:

```
def decisionTreeClassify(decisionTree, featureNames, testSample):
    firstKey = next(iter(decisionTree))  #decisionTree 是字典类型,iter()和 next()
                                         #组合得到字典第一个键
    treeDict = decisionTree[firstKey]    #获得第一个键下的子树
    featureIndex = featureNames.index(firstKey)
    for key in treeDict.keys():
        #决策节点决策,即匹配测试样本特征和决策节点特征
        if key == testSample[featureIndex]:
            if isinstance(treeDict[key], dict):
                decisionResult = decisionTreeClassify(treeDict[key], featureNames,
                    testSample)
            else:
                decisionResult = treeDict[key]
    return decisionResult
```

```
sampleSet, columnNames = loadData()
tree = createDecisionTree(sampleSet, columnNames)
print(decisionTreeClassify(tree, columnNames, [1, 1, 0, 1]))
print(decisionTreeClassify(tree, columnNames, [1, 0, 1, 1]))
print(decisionTreeClassify(tree, columnNames, [1, 0, 0, 1]))
```

5. 完整代码

```
import math
import pandas as pd
def loadData():
    df = pd.read_csv('sampleSet.csv')
    sampleSet = df.values
    columnNames = list(df)
    return sampleSet, columnNames
def calculateShannonEntropy(sampleSet):
    classLabelNumDict = {}
    for sample in sampleSet:
        classLabel = sample[-1]
        if classLabel not in classLabelNumDict.keys():
            classLabelNumDict[classLabel] = 0
        classLabelNumDict[classLabel] = classLabelNumDict[classLabel] + 1
    result = 0.0
    rowLen = len(sampleSet)
    for dictKey in classLabelNumDict:
        p = float(classLabelNumDict[dictKey]) / rowLen
        result -= p * math.log(p, 2)
    return result
def splitSampleSet(sampleSet, featureIndex, featureVal):
    result = []
    for sample in sampleSet:
        if featureVal == sample[featureIndex]:
            data = sample[:]
            result.append(data)
    return result
def calculateConditionalEntropy(sampleSet, featureIndex):
    result = 0.0
    featureList = []
    for sample in sampleSet:
        featureList.append(sample[featureIndex])
    featureList = set(featureList)
    for value in featureList:
        subSampleSet = splitSampleSet(sampleSet, featureIndex, value)
        prob = len(subSampleSet) / float(len(sampleSet))
        result += prob * calculateShannonEntropy(subSampleSet)
    return result
def getBestFeatureIndex(sampleSet):
    bestInfoGain = 0.0                        #最优的信息增益
    bestFeatureIndex = -1
```

```
    baseEntropy = calculateShannonEntropy(sampleSet)
    for index in range(len(sampleSet[0]) - 1):
        infoGain = baseEntropy - calculateConditionalEntropy(sampleSet, index)
        if bestInfoGain < infoGain:
            bestFeatureIndex = index
            bestInfoGain = infoGain
    return bestFeatureIndex
def createDecisionTree(sampleSet, columnNames):
    newColumnNames = columnNames[:]
    classLabelList = []
    for sample in sampleSet:
        classLabelList.append(sample[-1])
    if classLabelList.count(classLabelList[0]) == len(classLabelList):
        return classLabelList[0]
    bestFeatureIndex = getBestFeatureIndex(sampleSet)
    bestFeatureName = newColumnNames[bestFeatureIndex]
    del(newColumnNames[bestFeatureIndex])
    featureVals = []
    for sample in sampleSet:
        featureVals.append(sample[bestFeatureIndex])
    decisionTree = {bestFeatureName: {}}
    for value in set(featureVals):
        subSampleSet = splitSampleSet(sampleSet, bestFeatureIndex, value)
        decisionTree[bestFeatureName][value] = createDecisionTree(subSampleSet,
            newColumnNames)
    return decisionTree
def decisionTreeClassify(decisionTree, featureNames, testSample):
    firstKey = next(iter(decisionTree))
    treeDict = decisionTree[firstKey]
    featureIndex = featureNames.index(firstKey)
    for key in treeDict.keys():
        if key == testSample[featureIndex]:
            if isinstance(treeDict[key], dict):
                decisionResult = decisionTreeClassify(treeDict[key], featureNames,
                    testSample)
            else:
                decisionResult = treeDict[key]
    return decisionResult
sampleSet, columnNames = loadData()
tree = createDecisionTree(sampleSet, columnNames)
print(decisionTreeClassify(tree, columnNames, [1, 1, 0, 1]))
print(decisionTreeClassify(tree, columnNames, [1, 0, 1, 1]))
print(decisionTreeClassify(tree, columnNames, [1, 0, 0, 1]))
```

8.7 实例分析：用泰坦尼克号数据集实现随机森林

8.7.1 泰坦尼克号数据集简介

本实例使用 sklearn 函数库中的随机森林算法，数据集来自 kaggle 的泰坦尼克号数据集，其中常用字段包括 PassengerId（乘客 ID）、Survived（是否存活）、Pclass（舱位等级）、

Name(姓名)、Sex(性别)、Age(年龄)、SibSp(陪同兄弟姐妹配偶数量)、Parch(陪同父母及孩子数量)、Ticket(船票号)、Fare(票价)、Cabin(船舱)、Embarked(登船港口)。通过随机森林算法分析数据集,能够选择用哪些字段作为随机森林的决策树的特征。

8.7.2 算法实现

1. 处理数据

1) 加载数据

本实例的数据集存放在 train.csv 文件中。CSV 文件需要用 pandas 函数库读取,pandas 提供了大量能够快速处理数据的函数。具体代码如下:

```
import pandas as pd
train = pd.read_csv('train.csv')        #读取数据集文件
```

2) 数据清洗和特征选择

在本实例中,挑选了部分数据集字段作为随机森林使用的特征,分别是 Pclass、Sex、Age、SibSp、Parch、Fare、Embarked。由于有些特征的特征值存在缺失,这里需要对数据进行清洗,即给缺失值一个默认值,例如年龄缺失值用平均值填充。此外,对于 Name、Ticket、Cabin 这类没有规律或缺失值过多的特征,在本实例中不使用。具体代码如下:

```
train['Age'].fillna(train['Age'].mean(), inplace=True)      #补齐年龄
train['Fare'].fillna(train['Fare'].mean(), inplace=True)    #补齐票价
train['Embarked'].fillna('S', inplace=True)

features = ['Pclass', 'Sex', 'Age', 'SibSp', 'Parch', 'Fare', 'Embarked']
                                                   #特征名数组,对应数据集中的相应字段
sampleSet = train[features]                        #过滤非特征字段的数据
sampleClassLabels = train['Survived']              #将 Survived 作为类别标签
```

3) 划分测试集和测试集

在填充完特征的缺失值后,需要再将部分非数值型的特征值转换为 sklearn 函数库的算法能够识别的符号,这里可以利用 sklearn 的 DictVectorizer()函数实现转换。例如 sex 特征有 male 和 female 两个特征值,转换成 Sex=female 和 Sex=male,并且这两个特征用 0 或 1 填充,其他的特征也是如此。

在本实例中,利用 train_test_split()函数把数据集划分为训练集和测试集,其中 test_size 参数指定测试集大小,这里的测试集占数据集的 1/3。为了减少数据集的划分对结果的影响,在该函数中设置了随机因子。具体代码如下:

```
from sklearn.feature_extraction import DictVectorizer
from sklearn.model_selection import train_test_split
dvec = DictVectorizer(sparse=False)
sampleSet = dvec.fit_transform(sampleSet.to_dict(orient='records'))
testSize = 0.3                                  #测试集占比
trainFeatures, testFeatures, trainLabels, testLabels = train_test_split
       (sampleSet, sampleClassLabels, test_size=testSize, random_state=10)
```

4）数据的可视化

完成对数据的清洗后，使用 Python 的 Matplotlib 函数库实现数据的可视化，并查看特征的重要性。如图 8.14 所示，Age、Fare 和 Sex 是重要性比较高的特征。

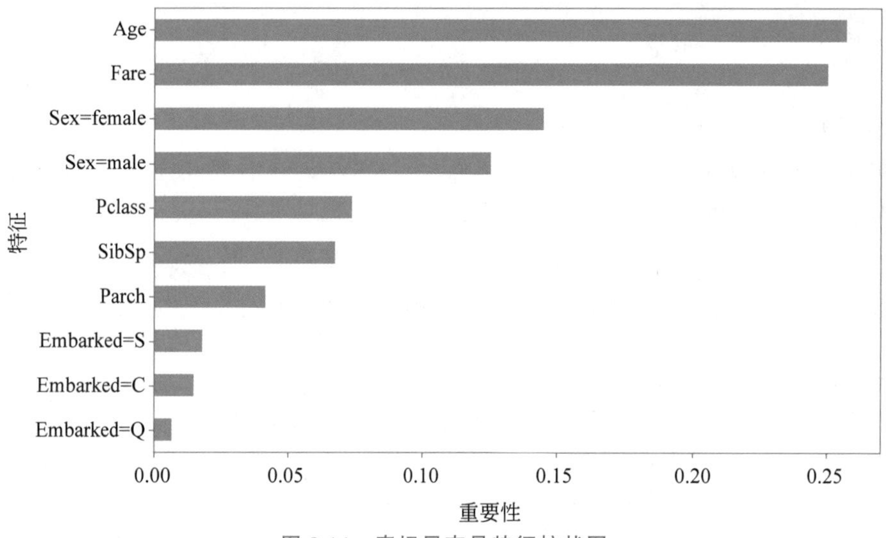

图 8.14 泰坦尼克号特征柱状图

2. 构建随机森林

通过 sklearn 工具提供的 RandomForestClassifier()函数，可以快速构建随机森林。在本实例中，随机森林的最大弱学习器的个数设置为 100 个，随机因子设置为 10。具体代码如下：

```
from sklearn.ensemble import RandomForestClassifier
estimator = RandomForestClassifier(n_estimators=100, random_state=10)
estimator.fit(trainFeatures, trainLabels)                    #训练
```

3. 模型测试

向已生成的随机森林 estimator 的 score()函数传入测试集标签和预测标签，该函数会生成一组预测结果，同正确的测试集标签比较，从而计算出准确率。具体代码如下：

```
score =estimator.score(test_features, test_labels)       #计算准确率
print('准确率为:%.2f'%score)
```

4. 实验结果

为进一步验证模型在测试集上预测的效果，利用 Matplotlib 的绘图工具 pyplot 绘制 ROC 曲线。具体代码如下：

```
from sklearn import metrics
import matplotlib.pyplot as plt
#计算绘图数据
yScore = estimator.predict_proba(testFeatures)[:, 1]
falsePositiveRate, truePositiveRate, threshold = metrics. roc _ curve (testLabels,
yScore)
roc_auc = metrics.auc(falsePositiveRate, truePositiveRate)
```

```
plt.rcParams['font.sans-serif'] = ['SimHei']     #用来正常显示中文标签
plt.stackplot(falsePositiveRate, truePositiveRate)
plt.plot(falsePositiveRate, truePositiveRate, color='black', lw=1)
plt.plot([0, 1], [0, 1], color='yellow')
plt.text(0.4, 0.3, 'ROC 曲线与坐标轴围成的面积: %0.2f' % roc_auc)
plt.title("随机森林 ROC 曲线")
plt.xlabel('1-假正率')
plt.ylabel('真正率')
plt.show()
```

生成的 ROC 图如图 8.15 所示，将 ROC 曲线与坐标轴围成的区域定义为 AUC，即 Area Under Curve，该值越接近 1，真实性越高。

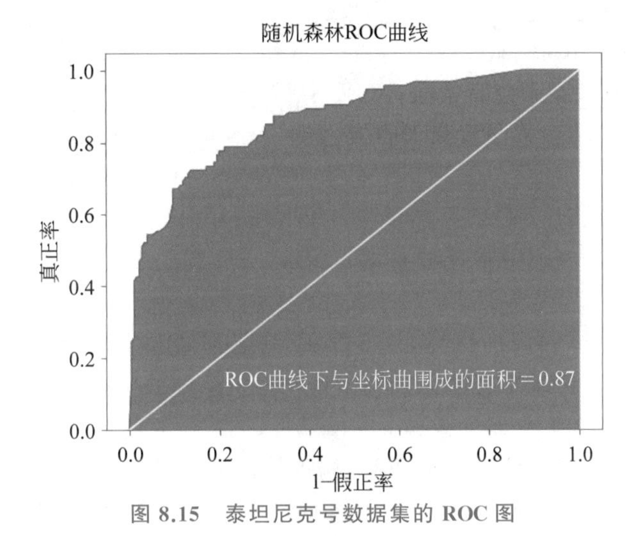

图 8.15　泰坦尼克号数据集的 ROC 图

5. 完整代码

用泰坦尼克号数据集生成随机森林的完整代码如下：

```
import pandas as pd
from sklearn.ensemble import RandomForestClassifier
from sklearn.feature_extraction import DictVectorizer
from sklearn.model_selection import train_test_split
from sklearn import metrics
import matplotlib.pyplot as plt
train = pd.read_csv('train.csv')
train['Age'].fillna(train['Age'].mean(), inplace=True)
train['Fare'].fillna(train['Fare'].mean(), inplace=True)
train['Embarked'].fillna('S', inplace=True)
features = ['Pclass', 'Sex', 'Age', 'SibSp', 'Parch', 'Fare', 'Embarked']
sampleSet = train[features]
sampleClassLabels = train['Survived']
dvec = DictVectorizer(sparse=False)
sampleSet = dvec.fit_transform(sampleSet.to_dict(orient='records'))
testSize = 0.33
```

```
trainFeatures, testFeatures, trainLabels, testLabels = train_test_split
    (sampleSet, sampleClassLabels, test_size=testSize, random_state=10)
estimator = RandomForestClassifier(n_estimators=100, random_state=10)
estimator.fit(trainFeatures, trainLabels)
score = estimator.score(testFeatures, testLabels)
print('准确率为:%.2f' % score)
yScore = estimator.predict_proba(testFeatures)[:, 1]
falsePositiveRate, truePositiveRate, threshold = metrics.roc_curve
    (testLabels, yScore)
roc_auc = metrics.auc(falsePositiveRate, truePositiveRate)
plt.rcParams['font.sans-serif'] = ['SimHei']
plt.stackplot(falsePositiveRate, truePositiveRate)
plt.plot(falsePositiveRate, truePositiveRate, color='black', lw=1)
plt.plot([0, 1], [0, 1], color='yellow')
plt.text(0.4, 0.3, 'ROC 曲线与坐标轴围成的面积: %0.2f' % roc_auc)
plt.title("随机森林 ROC 曲线")
plt.xlabel('1-假正率')
plt.ylabel('真正率')
plt.show()
```

8.8 小　　结

决策树是解决分类与回归问题的基本方法，易于理解和实现，计算简单，可解释性强。本章介绍了决策树的 3 种基本算法以及决策树和随机森林的关联，下面进行对比和总结。

1. ID3、C4.5 和 CART 之间的差异

- 划分准则：ID3 算法使用信息增益，偏重特征值多的特征；C4.5 算法使用信息增益率，克服了信息增益带来的缺点，偏重特征值小的特征；CART 算法使用基尼指数，克服了 C4.5 算法计算量大的缺点，偏重特征值较多的特征。
- 使用场景：ID3 算法和 C4.5 算法都只能用于分类问题；CART 算法既可用于分类问题，又可用于回归问题。
- 决策树形态：ID3 算法和 C4.5 算法构建出多叉树结构，且计算速度较慢；CART 算法能构建出二叉树结构，计算速度很快。
- 样本数据：从数据的连续性和缺失性考虑，ID3 算法只能处理离散数据且对缺失值敏感，C4.5 算法和 CART 算法可以处理连续数据且有多种方式处理缺失值。从样本量考虑，小样本数据建议用 C4.5 算法解决，大样本数据建议用 CART 算法解决。
- 样本特征：ID3 算法和 C4.5 算法层级之间只使用一次特征，CART 算法可多次重复使用特征。
- 剪枝策略：ID3 没有剪枝策略，C4.5 算法采用悲观剪枝策略，而 CART 算法采用代价复杂度剪枝策略。

2. 决策树和随机森林

随机森林是建立在决策树基础上的集成学习器，即随机森林是由多棵决策树组成的，随机森林中的各决策树之间没有关联，所以多任务情况下可以并行计算。随机森林弥补了决策树的一些不足，采用决策树投票或取均值的方式进行判决，其准确率优于大多数决策树模型算法。

第9章

支持向量机

支持向量机(Support Vector Machine,SVM)是1964年由V. N. Vapnik、A. Y.Chervonenkis等提出的一种有监督分类器。当时的支持向量机是一种线性分类器。I. M. Guyon等在1989年通过与核方法结合,使支持向量机能够解决非线性数据集的分类问题。

一般将输入空间定义为欧几里得空间,将特征空间定义为希尔伯特空间(也被称为广义的欧几里得空间),支持向量机的基本模型是定义在特征空间上的间隔最大的线性分类器。目前,常见的支持向量机分为3种:线性可分支持向量机、线性支持向量机、非线性支持向量机。当训练数据线性可分时,通过硬间隔最大化,学习一个线性分类器,即线性可分支持向量机;当训练数据近似线性可分时(即数据集包含一些异常点,将这些异常点去掉,数据集就成为线性可分数据集),通过软间隔最大化,学习一个分类器,这个分类器即线性支持向量机;当数据线性不可分时,使用核技巧,隐式计算特征空间中的内积,学习一个非线性分类器,即非线性支持向量机。

下面通过一个例子了解线性支持向量机与非线性支持向量机的工作原理。

很久以前,大侠要去救他的爱人,但魔鬼给他出了一个难题。魔鬼在桌子上放了两种颜色的球,说:"你能用一根木棍分开它们吗?如果放更多的球之后,你还能做到吗?"

图9.1(a)中为两种颜色的小球分布。放置一根木棍即可将两种颜色的小球分开,如图9.1(b)所示。这样的放法,即使放入更多的小球,如图9.1(c)所示,木棍也能够很好地将两种颜色的小球分开。图9.1所示即为线性支持向量机的原理,使两种小球间隔最大化,更多的小球加入后,两种颜色的小球仍然能够分开。

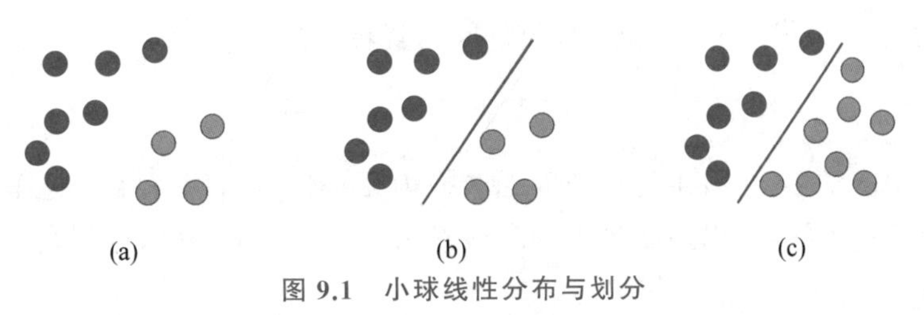

图9.1 小球线性分布与划分

可是,如果这些小球没有办法用一根木棍分开,那么又该如何呢?

现在，大侠一拍桌子，球飞到空中。大侠抓起一张纸，插到了两种球的中间（纸可以任意弯曲变形），如图 9.2 所示。这就是非线性支持向量机的原理。

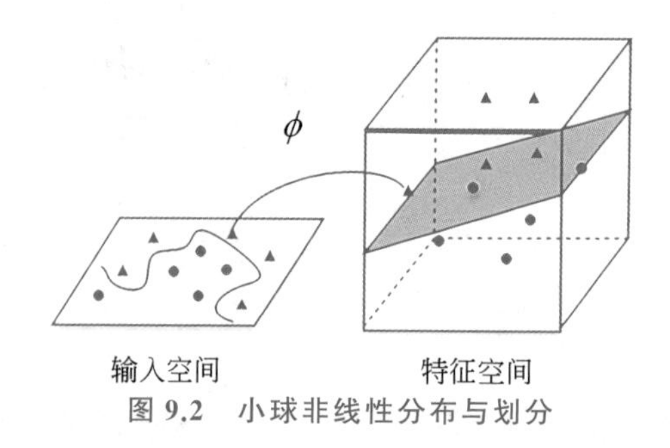

图 9.2　小球非线性分布与划分

以上就是对支持向量机的直观理解，两种颜色的小球就是输入的数据，木棍和纸就是超平面，大侠拍桌子就是核方法。以上就是支持向量机的分类过程。

9.1　最优化方法：拉格朗日乘数法

在支持向量机的推导中需要使间隔最大化，这其实就是求解凸二次规划的问题，在其中需要使用到拉格朗日乘数法在不等式的约束条件下的运算及 KKT 条件，所以本节介绍拉格朗日乘数法。首先回顾在高等数学课程中介绍的条件极值下的拉格朗日乘数法，也称为等式约束条件下的拉格朗日乘数法。然后讨论拉格朗日对偶性以及 KKT 条件，因为无论是支持向量机的推导还是本书不涉及的最大熵模型都常常会遇到对偶性简化问题。而不等式约束条件下的运算将放到 9.2.2 节中介绍。

9.1.1　等式约束条件下的拉格朗日乘数法

在实际问题中，有时会遇到对函数的自变量有附加条件的极值问题，例如求表面积为 a 而体积最大的长方体的体积问题。设长方体的 3 条边的长为 x、y 与 z，则体积 $V=xyz$。又因假定表面积为 a，所以自变量 x、y 与 z 还必须满足附加条件 $2(xy+yz+xz)=a$。像这种对自变量有附加条件的极值称为条件极值。对于一些实际问题，可以把条件极值转换为无条件极值，然后利用本节的方法加以解决。例如，对于上述问题，可由条件 $2(xy+yz+xz)=a$ 将 z 表示为

$$z=\frac{a-2xy}{2(x+y)} \tag{9.1}$$

再把式(9.1)代入 $V=xyz$ 中，于是问题就转换为求

$$V=\frac{xy}{2}\left(\frac{a-2xy}{x+y}\right) \tag{9.2}$$

但在很多情形下，将条件极值问题转换为无条件极值问题并不这样简单。有一种直接求条件极值的方法，可以不必先把问题转换为无条件极值问题，这就是下面要介绍的格拉朗日乘数法。

设给定二元函数 $z=f(x,y)$ 和附加条件 $\varphi(x,y)=0$，为寻找 $z=f(x,y)$ 在附加条件下的极值点，先求解拉格朗日函数 $F(x,y,\lambda)=f(x,y)+\lambda\varphi(x,y)$，其中 λ 为参数。

令 $F(x,y,\lambda)$对 x、y 和 λ 的一阶偏导数等于 0，即

$$F'x = f'x(x,y) + \lambda\varphi'x(x,y) = 0 \tag{9.3}$$

$$F'y = f'y(x,y) + \lambda\varphi'y(x,y) = 0 \tag{9.4}$$

$$F'\lambda = \varphi(x,y) = 0 \tag{9.5}$$

由上述方程组解出 x、y 及 λ，如此求得的(x,y)就是函数 $z=f(x,y)$在附加条件 $\varphi(x,y)=0$ 下的可能极值点。若这样的点只有一个，由实际问题可直接确定此即所求的点；若这样的点有多个，则分别将点代入函数，计算函数值，通过比较函数值的大小得出最值与获得最值的点。下面通过一个例子回顾其计算方法。

例 9.1　给定椭球

$$\frac{x^2}{a^2} + \frac{y^2}{b^2} + \frac{z^2}{c^2} = 1 \tag{9.6}$$

求这个椭球的内接长方体的最大体积。这个问题实际上就是条件极值问题，即在式(9.6)的条件下求 $f(x,y,z)=8xyz$ 的最大值。

当然这个问题实际上可以先根据条件消去 z，然后代入函数，转换为无条件极值问题来处理。但是，有时候这样做很困难，甚至是做不到的，这时候就需要用拉格朗日乘数法了。通过拉格朗日乘数法将问题转换为

$$F(x,y,z) = f(x,y,z) + \lambda\varphi(x,y,z) = 8xyz + \lambda\left(\frac{x^2}{a^2} + \frac{y^2}{b^2} + \frac{z^2}{c^2} - 1\right) \tag{9.7}$$

对 $F(x,y,z,\lambda)$求偏导，得

$$\frac{\partial F(x,y,z,\lambda)}{\partial x} = 8yz + \frac{2\lambda x}{a^2} = 0 \tag{9.8}$$

$$\frac{\partial F(x,y,z,\lambda)}{\partial y} = 8xz + \frac{2\lambda y}{b^2} = 0 \tag{9.9}$$

$$\frac{\partial F(x,y,z,\lambda)}{\partial z} = 8xy + \frac{2\lambda z}{c^2} = 0 \tag{9.10}$$

$$\frac{\partial F(x,y,z,\lambda)}{\partial \lambda} = \frac{x^2}{a^2} + \frac{y^2}{b^2} + \frac{z^2}{c^2} - 1 = 0 \tag{9.11}$$

联立式(9.8)～式(9.10)，得到 $bx=ay$ 和 $az=cx$，代入式(9.11)，解得

$$x = \frac{\sqrt{3}}{3}a,\quad y = \frac{\sqrt{3}}{3}b,\quad z = \frac{\sqrt{3}}{3}c \tag{9.12}$$

代入 $f(x,y,z)$，解得最大体积为

$$V_{\max} = f\left(\frac{\sqrt{3}}{3}a, \frac{\sqrt{3}}{3}b, \frac{\sqrt{3}}{3}c\right) = \frac{8\sqrt{3}}{9}abc \tag{9.13}$$

9.1.2　拉格朗日对偶性及 KKT 条件

1. 原始问题和对偶问题

假设 $f(x)$、$c_i(x)$、$h_j(x)$是定义在 $\mathbf{R}^n$ 上的连续可微函数。考虑以下约束最优化问题：

$$\min_{x\in\mathbf{R}^n} f(x) \tag{9.14}$$

$$\text{s.t.}\quad c_i(x) \leqslant 0, i=1,2,\cdots,k \tag{9.15}$$

$$h_j(x)=0, j=1,2,\cdots,l \tag{9.16}$$

称此约束最优化问题为原始最优化问题,简称原始问题。

首先,引进广义拉格朗日函数(generalized Lagrange function)

$$L(\boldsymbol{x},\boldsymbol{\alpha},\boldsymbol{\beta})=f(\boldsymbol{x})+\sum_{i=1}^{k}\alpha_i c_i(\boldsymbol{x})+\sum_{j=1}^{l}\beta_j h_j(\boldsymbol{x}) \tag{9.17}$$

这里,$\boldsymbol{x}=[x^{(1)}\ x^{(2)}\cdots\ x^{(n)}]^{\mathrm{T}}\in\mathbf{R}^n$,$\alpha_i$、$\beta_i$ 是拉格朗日乘子,$\alpha_i\geqslant 0$。考虑 $\boldsymbol{x}$ 的函数:

$$\theta_{\mathrm{P}}(\boldsymbol{x})=\max_{\boldsymbol{\alpha},\boldsymbol{\beta}:\alpha_i\geqslant 0} L(\boldsymbol{x},\boldsymbol{\alpha},\boldsymbol{\beta}) \tag{9.18}$$

这里,下标 P 表示原始问题。

假设给定某个 $\boldsymbol{x}$。如果 $\boldsymbol{x}$ 违反原始问题的约束条件,即存在某个 i 使得 $c_i(x)>0$ 或者存在某个 j 使得 $h_j(x)\neq 0$,那么就有

$$\theta_{\mathrm{P}}(\boldsymbol{x})=\max_{\boldsymbol{\alpha},\boldsymbol{\beta}:\alpha_i\geqslant 0}\left[f(\boldsymbol{x})+\sum_{i=1}^{k}\alpha_i c_i(\boldsymbol{x})+\sum_{j=1}^{l}\beta_j h_j(\boldsymbol{x})\right]=+\infty \tag{9.19}$$

若某个 i 使约束 $c_i(\boldsymbol{x})>0$,则可令 $\alpha_i\to+\infty$;若某个 j 使约束 $h_j(\boldsymbol{x})\neq 0$,则可令 $\beta_j h_j\to+\infty$,而将其余各 α_i、β_i 均取为 0。

相反,如果 $\boldsymbol{x}$ 满足式(9.15)和式(9.16)所给的约束条件,则由式(9.17)和式(9.18)可知,$\theta_{\mathrm{P}}(\boldsymbol{x})=f(\boldsymbol{x})$。因此,

$$\theta_{\mathrm{P}}(\boldsymbol{x})=\begin{cases} f(\boldsymbol{x}), & \boldsymbol{x}\text{ 满足约束条件} \\ +\infty, & \text{其他} \end{cases} \tag{9.20}$$

所以,如果考虑极小化问题

$$\min\theta_{\mathrm{P}}(\boldsymbol{x})=\min_{\boldsymbol{x}}\max_{\boldsymbol{\alpha},\boldsymbol{\beta}:\alpha_i\geqslant 0} L(\boldsymbol{x},\boldsymbol{\alpha},\boldsymbol{\beta}) \tag{9.21}$$

可以将广义拉格朗日函数的极大极小问题表示为约束最优化问题:

$$\max_{\boldsymbol{\alpha},\boldsymbol{\beta}}\theta_{\mathrm{D}}(\boldsymbol{\alpha},\boldsymbol{\beta})=\max_{\boldsymbol{\alpha},\boldsymbol{\beta}}\min_{\boldsymbol{x}} L(\boldsymbol{x},\boldsymbol{\alpha},\boldsymbol{\beta}) \tag{9.22}$$

$$\text{s.t.}\quad \alpha_i\geqslant 0, i=1,2,\cdots,k \tag{9.23}$$

式(9.22)和式(9.23)称为原始问题的对偶问题。这里,下标 D 表示对偶问题。定义对偶问题的最优值为

$$d^*=\max_{\boldsymbol{\alpha},\boldsymbol{\beta}:\alpha_i\geqslant 0}\theta_{\mathrm{D}}(\boldsymbol{\alpha},\boldsymbol{\beta}) \tag{9.24}$$

2. 原始问题和对偶问题的关系

下面讨论原始问题和对偶问题的关系。

定理 9.1 若原始问题和对偶问题都有最优值,则

$$\theta_{\mathrm{D}}(\boldsymbol{\alpha},\boldsymbol{\beta})=\min_{\boldsymbol{x}} L(\boldsymbol{x},\boldsymbol{\alpha},\boldsymbol{\beta})\leqslant L(\boldsymbol{x},\boldsymbol{\alpha},\boldsymbol{\beta})\leqslant\max_{\boldsymbol{\alpha},\boldsymbol{\beta}:\alpha_i\geqslant 0} L(\boldsymbol{x},\boldsymbol{\alpha},\boldsymbol{\beta})=p^* \tag{9.25}$$

证明:由式(9.22)和式(9.18),对任意的 $\boldsymbol{\alpha}$、$\boldsymbol{\beta}$ 和 $\boldsymbol{x}$,有

$$\theta_{\mathrm{D}}(\boldsymbol{\alpha},\boldsymbol{\beta})=\min_{\boldsymbol{x}} L(\boldsymbol{x},\boldsymbol{\alpha},\boldsymbol{\beta})\leqslant L(\boldsymbol{x},\boldsymbol{\alpha},\boldsymbol{\beta})\leqslant\max_{\boldsymbol{\alpha},\boldsymbol{\beta}:\alpha_i\geqslant 0} L(\boldsymbol{x},\boldsymbol{\alpha},\boldsymbol{\beta})=\theta_{\mathrm{P}}(\boldsymbol{x}) \tag{9.26}$$

即

$$\theta_{\mathrm{D}}(\boldsymbol{\alpha},\boldsymbol{\beta})\leqslant\theta_{\mathrm{P}}(\boldsymbol{x}) \tag{9.27}$$

由于原始问题和对偶问题均有最优值,所以

$$\max_{\boldsymbol{\alpha},\boldsymbol{\beta}:\alpha_i\geqslant 0}\theta_{\mathrm{D}}(\boldsymbol{\alpha},\boldsymbol{\beta})\leqslant\min_{\boldsymbol{x}}\theta_{\mathrm{P}}(\boldsymbol{x}) \tag{9.28}$$

即

$$d^{*}=\max_{\boldsymbol{\alpha},\boldsymbol{\beta}:\alpha_i\geqslant 0}\min_{\boldsymbol{x}} L(\boldsymbol{x},\alpha,\beta)\leqslant\min_{\boldsymbol{x}}\max_{\boldsymbol{\alpha},\boldsymbol{\beta}:\alpha_i\geqslant 0} L(\boldsymbol{x},\boldsymbol{\alpha},\boldsymbol{\beta})=p^{*} \tag{9.29}$$

推论 9.1　设 $\boldsymbol{x}^*$ 和 $\boldsymbol{\alpha}^*$、$\boldsymbol{\beta}^*$ 分别是原始问题和对偶问题的可行解，并且 $d^*=p^*$，则 $\boldsymbol{x}^*$ 和 α^*、β^* 分别是原始问题和对偶问题的最优解。

在某些条件下，原始问题和对偶问题的最优值相等，$d^*=p^*$。这时可以用解对偶问题替代解原始问题。下面以定理的形式叙述有关的重要结论而不予证明。

定理 9.2　考虑原始问题和对偶问题。假设函数 $f(\boldsymbol{x})$ 和 $c_i(\boldsymbol{x})$ 是凸函数，$h_j(\boldsymbol{x})$ 是仿射函数，并且不等式约束 $c_i(\boldsymbol{x})$ 是严格可行的，即存在 $\boldsymbol{x}$，对所有 i 有 $c_i(\boldsymbol{x})<0$，则存在 $\boldsymbol{x}^*$ 和 α^*、β^*，使 $\boldsymbol{x}^*$ 是原始问题的解，$\boldsymbol{\alpha}^*$、$\boldsymbol{\beta}^*$ 是对偶问题的解，并且

$$p^*=d^*=L(\boldsymbol{x}^*,\boldsymbol{\alpha}^*,\boldsymbol{\beta}^*) \tag{9.30}$$

定理 9.3　对原始问题和对偶问题，假设函数 $f(\boldsymbol{x})$ 和 $c_i(\boldsymbol{x})$ 是凸函数，$h_j(\boldsymbol{x})$ 是仿射函数，并且不等式约束 $c_i(\boldsymbol{x})$ 是严格可行的，则 $\boldsymbol{x}^*$ 和 $\boldsymbol{\alpha}^*$、$\boldsymbol{\beta}^*$ 分别是原始问题和对偶问题的解的充分必要条件是 $\boldsymbol{x}^*$ 和 $\boldsymbol{\alpha}^*$、$\boldsymbol{\beta}^*$ 满足下面的 Karush-Kuhn-Tucker(KKT)条件：

$$\nabla_x L(\boldsymbol{x}^*,\boldsymbol{\alpha}^*,\boldsymbol{\beta}^*)=0 \tag{9.31}$$

$$\alpha_i^* c_i(\boldsymbol{x}^*)\leqslant 0,i=1,2,\cdots,k \tag{9.32}$$

$$c_i(\boldsymbol{x}^*)\leqslant 0,i=1,2,\cdots,k \tag{9.33}$$

$$\alpha_i^*\geqslant 0,i=1,2,\cdots,k \tag{9.34}$$

$$h_j(\boldsymbol{x}^*)=0,j=1,2,\cdots,k \tag{9.35}$$

需要特别指出的是，式(9.32)称为KKT条件的对偶互补条件。由此条件可知：若 $\alpha_i^*\geqslant 0$，则 $c_i(\boldsymbol{x}^*)=0$。

9.2　支持向量机

支持向量机是一种二分类模型，它的目的是寻找一个超平面对样本进行分离，分离的原则是间隔最大化，最终转换为一个凸二次规划问题来求解。由简至繁的模型如下：

- 当训练样本线性可分时，通过硬间隔最大化，学习一个线性可分支持向量机。
- 当训练样本近似线性可分时，通过软间隔最大化，学习一个线性支持向量机。
- 当训练样本线性不可分时，通过核方法和软间隔最大化，学习一个非线性支持向量机。

在下面的内容中将支持向量机分为线性支持向量机和非线性支持向量机。其中线性支持向量机部分也包括线性可分支持向量机。

9.2.1　线性支持向量机

1. 线性可分支持向量机

数据集的线性可分性定义如下：给定训练样本集 $D=(x_1,y_1),(x_2,y_2),\cdots,(x_m,y_m)$，分类学习最基本的想法就是基于训练集 D 在样本空间中找到一个分离超平面，将不同类别的样本完全正确分开。即，对所有 $y_i=+1$ 的实例 i 有 $\boldsymbol{w}\cdot\boldsymbol{x}_i+b>0$，对所有 $y_i=-1$ 的实例 i 有 $\boldsymbol{w}\cdot\boldsymbol{x}_i+b<0$。

学习的目标是在特征空间中找到一个分离超平面，能将实例分到不同的类中。分离超平面对应于方程 $\boldsymbol{w}\cdot\boldsymbol{x}+b=0$，它由法向量 $\boldsymbol{w}$ 和截距 b 决定，可用$(\boldsymbol{w},b)$表示。分离超平面

将特征空间划分为两部分，分别是正类和负类，法向量指向的一侧为正类，另一侧为负类。此时称数据集 D 为线性可分数据集。

下面给出线性可分支持向量机的定义。

一般地，当训练数据集线性可分时，存在无穷多个分离超平面可将两类数据正确分开。感知机利用误分类最小的策略求得分离超平面，不过这时的解有无穷多个。线性可分支持向量机利用间隔最大化求最优分离超平面，这时，解是唯一的。

给定线性可分训练集，通过间隔最大化或等价地求解相应的凸二次规划问题学习得到的分离超平面

$$\boldsymbol{w}^* \cdot \boldsymbol{x} + b^* = 0 \tag{9.36}$$

以及相应的分类决策函数

$$f(\boldsymbol{x}) = \text{sign}(\boldsymbol{w}^* \cdot \boldsymbol{x} + b^*) \tag{9.37}$$

称为线性可分支持向量机。

直观地看，能将训练样本分开的分离超平面有很多，但应该去找位于两类训练样本"正中间"的分离超平面，即图 9.3 中用加粗的线表示的分离超平面，因为该分离超平面对训练样本局部扰动的容忍性最好。例如，由于训练集的局限性或者噪声的因素，训练集外的样本可能比图 9.3 中的训练样本更接近两个类的分隔界，这将使许多分离超平面出现错误。而上述分离超平面的影响最小，因为它使间隔最大化，简言之，这个分离超平面所产生的结果是鲁棒性最好的。

2. 硬间隔最大化

为什么要使间隔最大化呢？一般来说，一个点距离分离超平面的远近可以表示分类预测的确信度。对于图 9.4 中的 A、B 两个样本点，B 点被预测为正类的确信度要大于 A 点，所以支持向量机的目标是寻找一个分离超平面，使得距离这个分离超平面较近的异类点之间能有更大的间隔，即不必考虑所有样本点，只需要使得距离这个分离超平面近的点间隔最大。

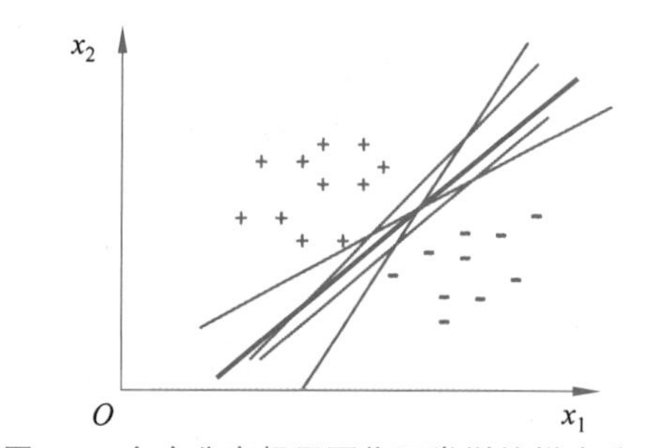

图 9.3 多个分离超平面将两类训练样本分开

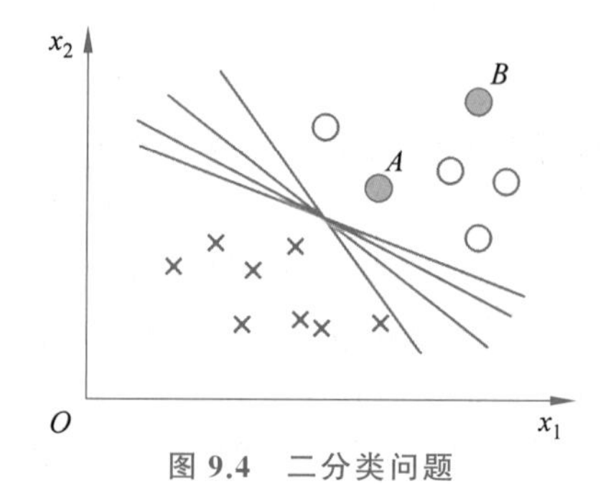

图 9.4 二分类问题

在线性可分支持向量机的定义中，已经探讨了它的含义，也从直观的角度分析为什么需要使间隔最大化。下面从数学角度计算间隔。

在样本空间中，分离超平面可通过如下线性方程描述：

$$\boldsymbol{w}^{\mathrm{T}} \boldsymbol{x} + b = 0 \tag{9.38}$$

其中，$\boldsymbol{w}$ 为法向量，决定了分离超平面的方向；b 为位移量，决定了分离超平面与原点的距离。假设分离超平面能将训练样本正确分类，即训练样本$(\boldsymbol{x}_i, y_i)$满足以下公式：

$$\begin{cases} \boldsymbol{w}^{\mathrm{T}} \boldsymbol{x}_i + b \geqslant +1, & y_i = +1 \\ \boldsymbol{w}^{\mathrm{T}} \boldsymbol{x}_i + b \leqslant -1, & y_i = -1 \end{cases} \tag{9.39}$$

式(9.39)被称为最大间隔假设，$y_i=+1$ 表示样本为正例，$y_i=-1$ 表示样本为负例，式(9.39)中的大于或等于+1、小于或等于−1 只是为了计算方便，原则上可以是任意常数，但无论是多少，都可以通过对 $\boldsymbol{w}$ 的变换使其为+1 和−1。

间隔就是两个最靠近实线的异类向量之差在 $\boldsymbol{w}$ 方向上的投影，如图 9.5 所示。

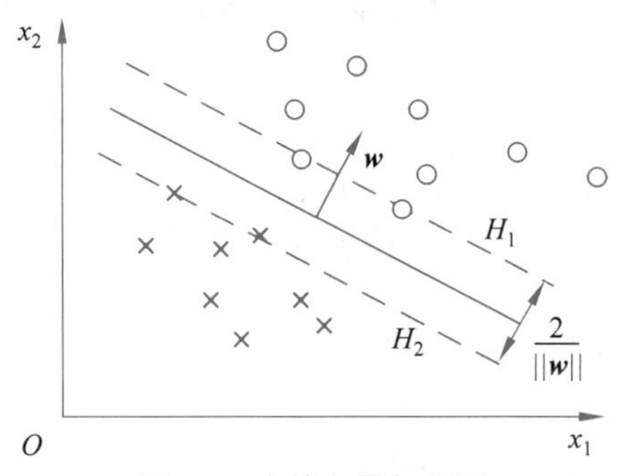

图 9.5　支持向量与间隔

根据这个思想，对式(9.39)进行变换，可以推出

$$\begin{cases}\boldsymbol{w}^{\mathrm{T}}\boldsymbol{x}_{+}+b=+1\\\boldsymbol{w}^{\mathrm{T}}\boldsymbol{x}_{-}+b=-1\end{cases}\tag{9.40}$$

故间隔为

$$\gamma=\frac{\boldsymbol{w}^{\mathrm{T}}(\boldsymbol{x}_{+}-\boldsymbol{x}_{-})}{\|\boldsymbol{w}\|}=\frac{1-b-(-1-b)}{\|\boldsymbol{w}\|}=\frac{2}{\|\boldsymbol{w}\|}\tag{9.41}$$

至此就获得了间隔的表达形式。

通过变形得到式(9.41)给出的间隔后，根据支持向量机的核心思想，就需要最大化间隔。但是，由于数据集是线性可分的，我们希望能使分类全部正确且每一点到分离超平面的距离大于或等于支持向量到分离超平面的距离。于是得到下面的先行可分支持向量机学习的最优化问题：

$$\min_{\boldsymbol{w},b}\frac{1}{2}\|\boldsymbol{w}\|^2\tag{9.42}$$

$$\text{s.t.}\quad y_i(\boldsymbol{w}\cdot\boldsymbol{x}_i+b)-1\geqslant 0,i=1,2,\cdots,N\tag{9.43}$$

这是一个凸二次规划(convex quadratic programming)问题，属于凸优化问题，即约束最优化问题。该问题可以表示为

$$\min_{\boldsymbol{w}}f(\boldsymbol{w})\tag{9.44}$$

$$\text{s.t.}\quad g_i(\boldsymbol{w})\leqslant 0,i=1,2,\cdots,k\tag{9.45}$$

$$h_i(\boldsymbol{w})\leqslant 0,i=1,2,\cdots,l\tag{9.46}$$

其中，目标函数 $f(\boldsymbol{w})$和约束函数 $g_i(\boldsymbol{w})$都是 $\mathbf{R}^n$ 上连续可微的凸函数，约束函数 $h_i(\boldsymbol{w})$是 $\mathbf{R}^n$ 上的仿射函数。当目标函数 $f(\boldsymbol{w})$是二次函数且约束函数 $g_i(\boldsymbol{w})$是仿射函数时，上述凸优化问题就成为凸二次规划问题。

如果求出了式(9.36)和式(9.37)的解 $\boldsymbol{w}^*$、b^*，那么就可以得到最大间隔分离超平面 $\boldsymbol{w}^*\cdot\boldsymbol{x}+b^*=0$ 及分类决策函数 $f(\boldsymbol{x})=\operatorname{sign}(\boldsymbol{w}^*\cdot\boldsymbol{x}+b^*)$，即线性可分支持向量机模型。

至此就可以给出支持向量的定义。

在线性可分的情况下，训练数据集的样本点中与分离超平面距离最近的样本点的实例称为支持向量(support vector)。支持向量是使式(9.43)等号成立的点，即

$$y_i(\boldsymbol{w}\cdot\boldsymbol{x}_i+b)-1=0 \tag{9.47}$$

对 $y_i=+1$ 的正例点，支持向量在超平面 H_1 上：

$$H_1:\boldsymbol{w}\cdot\boldsymbol{x}+b=1 \tag{9.48}$$

对于 $y_i=-1$ 的负例点，支持向量在超平面 H_2 上：

$$H_2:\boldsymbol{w}\cdot\boldsymbol{x}+b=-1 \tag{9.49}$$

在图 9.5 中，H_1 和 H_2 上的点就是支持向量。

综上所述，就有下面的线性可分支持向量机的学习算法——最大间隔法(maximum margin method)。

输入：线性可分训练数据集 $T=\{(\boldsymbol{x}_1,y_1),(\boldsymbol{x}_2,y_2),\cdots,(\boldsymbol{x}_N,y_N)\}$，其中，$\boldsymbol{x}_i\in X=\mathbf{R}^n$，$y_i\in\gamma=\{-1,+1\}$，$i=1,2,\cdots,N$。

输出：最大间隔分离超平面和分类决策函数。

(1) 构造并求解约束最优化问题：

$$\min_{\boldsymbol{w},b}\ \frac{1}{2}\|\boldsymbol{w}\|^2 \tag{9.50}$$

$$\text{s.t.}\quad y_i(\boldsymbol{w}\cdot\boldsymbol{x}_i+b)-1\geqslant 0,\ i=1,2,\cdots,N \tag{9.51}$$

(2) 求得最优解 $\boldsymbol{w}^*,b^*$。由此得到分离超平面和分类决策函数：

$$\boldsymbol{w}^*\cdot\boldsymbol{x}+b^*=0 \tag{9.52}$$

$$f(\boldsymbol{x})=\operatorname{sign}(\boldsymbol{w}^*\cdot\boldsymbol{x}+b^*) \tag{9.53}$$

上面给出了求解最大间隔分离超平面和分类决策函数的算法，现在的问题转变成如何求解约束最优化问题。为求解该问题，通过 9.1 节所述的拉格朗日乘数法中的拉格朗日对偶性及 KKT 条件能够得到原始问题的最优解，这样做的优点是能够减小计算的难度并且在非线性支持向量机中自然引入核函数。

首先构建拉格朗日函数。为此，对每一个不等式约束[式(9.43)]引入拉格朗日乘子 $\alpha_i\geqslant 0$，$i=1,2,\cdots,N$，构建以下拉格朗日函数：

$$L(\boldsymbol{w},b,\boldsymbol{\alpha})=\frac{1}{2}\|\boldsymbol{w}\|^2-\sum_{i=1}^{N}\alpha_i y_i(\boldsymbol{w}\cdot\boldsymbol{x}_i+b)+\sum_{i=1}^{N}\alpha_i \tag{9.54}$$

其中，$\boldsymbol{\alpha}=[\alpha_1\ \alpha_2\cdots\ \alpha_N]^{\mathrm{T}}$ 为拉格朗日乘子组成的向量。

根据拉格朗日对偶性，原始问题的对偶问题是极大极小问题：

$$\max_{\alpha}\min_{\boldsymbol{w},b}L(\boldsymbol{w},b,\boldsymbol{\alpha}) \tag{9.55}$$

所以，为了得到对偶问题的解，需要先求 $L(\boldsymbol{w},b,\boldsymbol{\alpha})$ 对 $\boldsymbol{w}$、b 的极小值，再求 $\min\limits_{\boldsymbol{w},b}L(\boldsymbol{w},b,\boldsymbol{\alpha})$ 对 $\boldsymbol{\alpha}$ 的极大值。

接下来先求 $\min\limits_{\boldsymbol{w},b}L(\boldsymbol{w},b,\boldsymbol{\alpha})$。将拉格朗日函数 $L(\boldsymbol{w},b,\boldsymbol{\alpha})$ 分别对 $\boldsymbol{w}$、b 求偏导数并令其等于 0：

$$\nabla_{\boldsymbol{w}}L(\boldsymbol{w},b,\boldsymbol{\alpha})=\boldsymbol{w}-\sum_{i=1}^{N}\alpha_i y_i\boldsymbol{x}_i=0 \tag{9.56}$$

$$\nabla_{b}L(\boldsymbol{w},b,\boldsymbol{\alpha})=-\sum_{i=1}^{N}\alpha_i y_i=0 \tag{9.57}$$

得

$$\boldsymbol{w}=\sum_{i=1}^{N}\alpha_i y_i \boldsymbol{x}_i \tag{9.58}$$

$$\sum_{i=1}^{N}\alpha_i y_i=0 \tag{9.59}$$

将式(9.58)代入式(9.54),并利用式(9.59),得

$$\begin{aligned}L(\boldsymbol{w},b,\boldsymbol{\alpha})&=\frac{1}{2}\sum_{i=1}^{N}\sum_{j=1}^{N}\alpha_i\alpha_j y_i y_j(\boldsymbol{x}_i\cdot\boldsymbol{x}_j)-\sum_{i=1}^{N}\alpha_i y_i\left(\left(\sum_{j=1}^{N}\alpha_j y_j \boldsymbol{x}_j\right)\cdot\boldsymbol{x}_i+b\right)+\sum_{i=1}^{N}\alpha_i\\&=-\frac{1}{2}\sum_{i=1}^{N}\sum_{j=1}^{N}\alpha_i\alpha_j y_i y_j(\boldsymbol{x}_i\cdot\boldsymbol{x}_j)+\sum_{i=1}^{N}\alpha_i\end{aligned} \tag{9.60}$$

因此

$$\min_{\boldsymbol{w},b}L(\boldsymbol{w},b,\boldsymbol{\alpha})=-\frac{1}{2}\sum_{i=1}^{N}\sum_{j=1}^{N}\alpha_i\alpha_j y_i y_j(\boldsymbol{x}_i\cdot\boldsymbol{x}_j)+\sum_{i=1}^{N}\alpha_i \tag{9.61}$$

再求$\min\limits_{\boldsymbol{w},b}L(\boldsymbol{w},b,\boldsymbol{\alpha})$对 $\boldsymbol{\alpha}$ 的极大值:

$$\max_{\boldsymbol{\alpha}}\left\{-\frac{1}{2}\sum_{i=1}^{N}\sum_{j=1}^{N}\alpha_i\alpha_j y_i y_j(\boldsymbol{x}_i\cdot\boldsymbol{x}_j)+\sum_{i=1}^{N}\alpha_i\right\} \tag{9.62}$$

$$\text{s.t.}\quad \sum_{i=1}^{N}\alpha_i y_i=0,\quad \alpha_i\geqslant 0,i=1,2,\cdots,N \tag{9.63}$$

将式(9.62)的目标函数由求极大值转换成求极小值,就得到与之等价的对偶问题:

$$\min_{\boldsymbol{\alpha}}\left\{-\frac{1}{2}\sum_{i=1}^{N}\sum_{j=1}^{N}\alpha_i\alpha_j y_i y_j(\boldsymbol{x}_i\cdot\boldsymbol{x}_j)+\sum_{i=1}^{N}\alpha_i\right\} \tag{9.64}$$

$$\text{s.t.}\quad \sum_{i=1}^{N}\alpha_i y_i=0,\quad \alpha_i\geqslant 0,i=1,2,\cdots,N \tag{9.65}$$

考虑原始问题[式(9.44)~式(9.46)]和对偶问题[式(9.64)、式(9.65)]。原始问题满足定理 9.2 的条件,所以存在 $\boldsymbol{w}^*$、$\boldsymbol{\alpha}^*$、$\boldsymbol{\beta}^*$,使 $\boldsymbol{w}^*$ 是原始问题的解,$\boldsymbol{\alpha}^*$、$\boldsymbol{\beta}^*$ 是对偶问题的解。这意味着求解原始问题可以转换为求解对偶问题。

对线性可分训练数据集,假设对偶问题的解 $\boldsymbol{\alpha}$ 为$[\alpha_1^*\ \alpha_2^*\ \cdots\ \alpha_N^*]^{\mathrm{T}}$,可以由 $\boldsymbol{\alpha}^*$ 求得原始问题对$(\boldsymbol{w},b)$的解 $\boldsymbol{w}^*$、b^*。

定理 9.4 设 $\boldsymbol{\alpha}^*=[\alpha_1^*\ \alpha_2^*\ \cdots\ \alpha_N^*]^{\mathrm{T}}$ 是对偶问题的解,则存在下标 j,使得 $\alpha_j^*>0$,并可求得原始问题的解 $\boldsymbol{w}^*$、b^*:

$$\boldsymbol{w}^*=\sum_{i=1}^{N}\alpha_i^* y_i(\boldsymbol{x}_i\cdot\boldsymbol{x}_j) \tag{9.66}$$

$$b^*=y_j-\sum_{i=1}^{N}\alpha_i^* y_i(\boldsymbol{x}_i\cdot\boldsymbol{x}_j) \tag{9.67}$$

由定理 9.4 可知,分离超平面可以写成

$$\sum_{i=1}^{N}\alpha_i^* y_i(\boldsymbol{x}\cdot\boldsymbol{x}_j)+b^*=0 \tag{9.68}$$

分类决策函数可以写成

$$f(\boldsymbol{x})=\operatorname{sign}\left(\sum_{i=1}^{N}\alpha_i^* y_i(\boldsymbol{x}\cdot\boldsymbol{x}_j)+b^*\right) \tag{9.69}$$

这就是说,分类决策函数只依赖于输入 $\boldsymbol{x}$ 和训练样本输入的内积。式(9.69)称为线性可分支持向量机的对偶形式。

综上所述,对于给定的线性可分训练数据集,可以首先求对偶问题的解 $\boldsymbol{\alpha}^*$,然后利用式(9.66)和式(9.67)求得原始问题的解 $\boldsymbol{w}^*$、b^*,从而得到分离超平面及分类决策函数。这种算法称为线性可分支持向量机的对偶学习算法,是线性可分支持向量机的基本学习算法。

3. 软间隔最大化

上述内容给出了线性可分支持向量机的定义和优化方法,其核心为硬间隔最大化。对于线性支持向量机,其训练集为近似线性可分,即训练集中存在异常点,而这些异常点会导致训练集线性不可分,但除去这些异常点之后,剩下的样本就是线性可分的。而上面讲到的硬间隔最大化无法处理线性不可分的问题,线性不可分意味着有些样本的间隔不能满足大于或等于1的约束条件。针对这个问题,为每个样本$(\boldsymbol{x}_i, y_i)$引入一个松弛变量 ξ_i,则约束条件变为

$$y_i(\boldsymbol{w} \cdot \boldsymbol{x}_i + b) \geqslant 1 - \xi_i \tag{9.70}$$

在目标函数中加入对松弛变量的惩罚参数 $C>0$,C 通常根据实际情况定义。目标优化函数变为

$$\frac{1}{2} \| \boldsymbol{w} \|^2 + C \sum_{i=1}^{N} \xi_i \tag{9.71}$$

此时原始问题可以描述为

$$\min_{\boldsymbol{w}, b, \xi} \frac{1}{2} \| \boldsymbol{w} \|^2 + C \sum_{i=1}^{N} \xi_i \tag{9.72}$$

$$\text{s.t.} \quad y_i(\boldsymbol{w} \cdot \boldsymbol{x}_i + b) \geqslant 1 - \xi_i, \xi_i \geqslant 0, i = 1, 2, \cdots, N \tag{9.73}$$

采用和前面同样的求解方法,利用拉格朗日对偶性将约束问题转换为无约束问题,将原始问题转换为求极大极小问题的对偶问题,可以得到最终结果:

$$\min_{\boldsymbol{\alpha}} \frac{1}{2} \sum_{i=1}^{N} \sum_{j}^{N} \alpha_j y_i y_j (\boldsymbol{x}_i \cdot \boldsymbol{x}_j) - \sum_{i=1}^{N} \alpha_i \tag{9.74}$$

$$\text{s.t.} \quad \sum_{i=1}^{N} \alpha_i y_i = 0, 0 \leqslant \alpha_i \leqslant C, i = 1, 2, \cdots, N \tag{9.75}$$

软间隔与支持向量的关系如图9.6所示。软间隔最大化与硬间隔最大化的算法流程基本相同,唯一不同的是对于 α_i 的限定,这里必须满足 $0<\alpha_i<C$ 的向量才是支持向量。

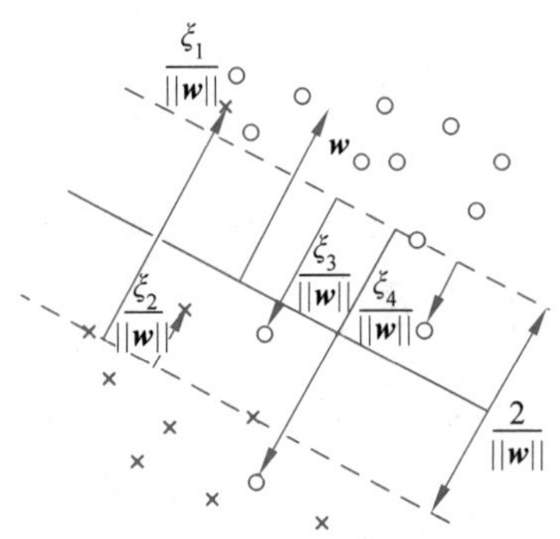

图9.6 软间隔与支持向量的关系

$\boldsymbol{\alpha}$、ξ 的取值与支持向量位置的关系如表 9.1 所示。

表 9.1　$\boldsymbol{\alpha}$、ξ 的取值与支持向量位置的关系

α 的取值	ξ 的取值	支持向量位置
$0<\alpha_i<C$	$\xi=0$	支持向量落在间隔上
$\alpha_i=C$	$0<\xi<1$	支持向量落在间隔边界与分离超平面之间
$\alpha_i=C$	$\xi=1$	支持向量落在分离超平面上
$\alpha_i=C$	$\xi>1$	分类错误

4. 合页损失函数

合页损失函数(hinge loss function)是解决上述最优化问题的另一种方法，其表达式为

$$[z]_+=\begin{cases}z, & z>0\\0, & z\leqslant 0\end{cases} \tag{9.76}$$

因此上面的最优化问题可以描述为

$$\min_{\boldsymbol{w},b}\sum_{i=1}^{N}[1-y_i(\boldsymbol{w}\cdot\boldsymbol{x}_i+b)]_++\lambda\|\boldsymbol{w}\|^2 \tag{9.77}$$

其中的第一项可以理解为：当样本分类正确且间隔大于或等于 1，即 $y_i(\boldsymbol{w}\cdot\boldsymbol{x}_i+b)\geqslant 1$ 时，损失为 0；而当 $y_i(\boldsymbol{w}\cdot\boldsymbol{x}_i+b)<1$ 时，损失为 $1-y_i(\boldsymbol{w}\cdot\boldsymbol{x}_i+b)$。注意，在这里，即使样本分类正确，间隔小于 1 的情况也会计入损失，这就是支持向量机的苛刻性。

9.2.2　非线性支持向量机

对于非线性问题，线性可分支持向量机并不能有效地解决，要使用非线性模型才能很好地分类。例如，对于如图 9.7(a)所示的非线性分类问题，很显然使用直线并不能将两类样本分开，但是可以使用一条椭圆曲线(非线性模型)将它们分开。非线性分类问题往往不好求解，用线性分类问题的方法求解更容易，因此可以采用非线性变换将非线性分类问题变换成线性分类问题。

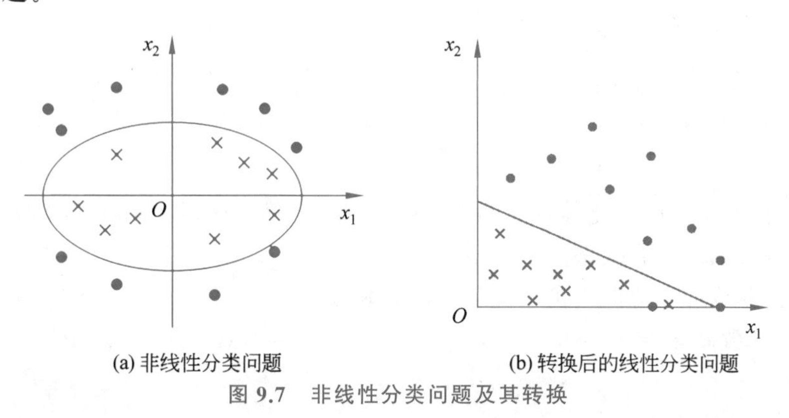

(a) 非线性分类问题　　(b) 转换后的线性分类问题

图 9.7　非线性分类问题及其转换

对于这样的问题，可以将训练样本从原始空间映射到一个更高维的空间，使得样本在这个空间中线性可分，如图 9.7(b)所示。如果原始空间维数是有限的，即属性是有限的，那么一定存在一个高维特征空间使样本可分。令 $\boldsymbol{\varphi}(\boldsymbol{x})$ 表示对 $\boldsymbol{x}$ 进行映射后的特征向量，于是

在特征空间中分离超平面所对应的模型可表示为

$$f(\boldsymbol{x})=\boldsymbol{w}^{\mathrm{T}}\boldsymbol{\varphi}(\boldsymbol{x})+b \tag{9.78}$$

其对偶问题为

$$\min_{\boldsymbol{\alpha}}\sum_{i=1}^{m}\alpha_i-\frac{1}{2}\sum_{i=1}^{m}\sum_{j=1}^{m}\alpha_i\alpha_j y_i y_j\boldsymbol{\varphi}(\boldsymbol{x}_i)^{\mathrm{T}}\boldsymbol{\varphi}(\boldsymbol{x}_j) \tag{9.79}$$

$$\text{s.t.}\quad \sum_{i=1}^{m}\alpha_i y_i=0,\alpha_i\geqslant 0,i=1,2,\cdots,m \tag{9.80}$$

求解式(9.79)会涉及 $\boldsymbol{\varphi}(\boldsymbol{x}_i)^{\mathrm{T}}\boldsymbol{\varphi}(\boldsymbol{x}_j)$，这是样本 $\boldsymbol{x}_i$ 和 $\boldsymbol{x}_j$ 映射到特征空间之后的内积。由于特征空间的维数可能很高，甚至是无穷维，直接计算 $\boldsymbol{\varphi}(\boldsymbol{x}_i)^{\mathrm{T}}\boldsymbol{\varphi}(\boldsymbol{x}_j)$ 通常比较困难，因此使用核函数计算。核函数如下：

$$\kappa(\boldsymbol{x}_i,\boldsymbol{x}_j)=\langle\boldsymbol{\varphi}(\boldsymbol{x}_i),\boldsymbol{\varphi}(\boldsymbol{x}_j)\rangle=\boldsymbol{\varphi}(\boldsymbol{x}_i)^{\mathrm{T}}\boldsymbol{\varphi}(\boldsymbol{x}_j) \tag{9.81}$$

即 $\boldsymbol{x}_i$ 和 $\boldsymbol{x}_j$ 映射到特征空间之后的内积等于它们在原始空间中通过函数 $\kappa(x_i,x_j)$ 计算得到的值，于是式(9.79)可以写成

$$\min_{\boldsymbol{\alpha}}\left\{\frac{1}{2}\sum_{i=1}^{N}\sum_{j=1}^{N}\alpha_i\alpha_j y_i y_j\kappa(\boldsymbol{x}_i,\boldsymbol{x}_j)-\sum_{i=1}^{N}\alpha_i\right\} \tag{9.82}$$

下面通过例子说明映射函数和核函数的关系。

例 9.2 假设输入空间是 $\mathbf{R}^2$，核函数是 $\kappa(\boldsymbol{x},\boldsymbol{z})=(\boldsymbol{x}\cdot\boldsymbol{z})^2$，找出与其相关的特征空间 H 和映射 $\boldsymbol{\varphi}(\boldsymbol{x})$：$\mathbf{R}^2\rightarrow H$。

解：取特征空间 $H=\mathbf{R}^3$，记 $\boldsymbol{x}=[x^{(1)}\ x^{(2)}]^{\mathrm{T}}$，$\boldsymbol{z}=[z^{(1)}\ z^{(2)}]^{\mathrm{T}}$，由于

$$(\boldsymbol{x}\cdot\boldsymbol{z})^2=(x^{(1)}z^{(1)}+x^{(2)}z^{(2)})^2=(x^{(1)}z^{(1)})^2+2x^{(1)}z^{(1)}x^{(2)}z^{(2)}+(x^{(2)}z^{(2)})^2 \tag{9.83}$$

所以可以取映射

$$\boldsymbol{\varphi}(\boldsymbol{x})=[(x^{(1)})^2\ \ \sqrt{2}x^{(1)}x^{(2)}\ \ (x^{(2)})^2]^{\mathrm{T}} \tag{9.84}$$

容易验证 $\boldsymbol{\varphi}(\boldsymbol{x})\cdot\boldsymbol{\varphi}(\boldsymbol{z})=(\boldsymbol{x}\cdot\boldsymbol{z})^2=\kappa(\boldsymbol{x},\boldsymbol{z})$。

仍取 $H=\mathbf{R}^3$ 以及

$$\boldsymbol{\varphi}(\boldsymbol{x})=\frac{1}{\sqrt{2}}[(x^{(1)})^2-(x^{(2)})^2\ \ 2x^{(1)}x^{(2)}\ \ (x^{(2)})^2]^{\mathrm{T}} \tag{9.85}$$

同样有 $\boldsymbol{\varphi}(\boldsymbol{x})\cdot\boldsymbol{\varphi}(\boldsymbol{z})=(\boldsymbol{x}\cdot\boldsymbol{z})^2=\kappa(\boldsymbol{x},\boldsymbol{z})$。

还可以取 $H=\mathbf{R}^4$ 和

$$\boldsymbol{\varphi}(\boldsymbol{x})=[(x^{(1)})^2\ \ x^{(1)}x^{(2)}\ \ x^{(1)}x^{(2)}\ \ (x^{(2)})^2]^{\mathrm{T}} \tag{9.86}$$

由此可见，使用核函数能够解决输入空间映射到高维空间后内积计算复杂的问题，通过核函数能够通过低维运算获得高维映射结果。

下面给出非线性支持向量机最优化方法的算法。

输入：训练数据集 $T=\{(\boldsymbol{x}_1,y_1),(\boldsymbol{x}_2,y_2),\cdots,(\boldsymbol{x}_N,y_N)\}$，其中，$\boldsymbol{x}_i\in X=\mathbf{R}^n$，$y_i\in\{-1,+1\}$，$i=1,2,\cdots,N$。

输出：分类决策函数。

(1) 选取适当的核函数 $\kappa(\boldsymbol{x},\boldsymbol{z})$ 和适当的参数 C，构造并求解最优化问题。

(2) 构造分类决策函数。

下面给出具体说明。最优化问题如下：

$$\min_{\boldsymbol{\alpha}}\left\{\frac{1}{2}\sum_{i=1}^{N}\sum_{j=1}^{N}\alpha_i\alpha_j y_i y_j \kappa(\boldsymbol{x}_i,\boldsymbol{x}_j)-\sum_{i=1}^{N}\alpha_i\right\} \tag{9.87}$$

$$\text{s.t.}\quad \sum_{i=1}^{N}\alpha_i y_i=0, 0\leqslant\alpha_i\leqslant C, i=1,2,\cdots,N \tag{9.88}$$

求得最优解 $\boldsymbol{\alpha}^*=[\alpha_1^* \ \alpha_2^* \ \cdots \ \alpha_N^*]^{\mathrm{T}}$。

接下来选择 $\boldsymbol{\alpha}^*$ 的一个正分量 $0<\alpha_j^*<C$，计算

$$b^*=y_j-\sum_{i=1}^{N}\alpha_i^* y_i \kappa(\boldsymbol{x}_i,\boldsymbol{x}_j) \tag{9.89}$$

构造分类决策函数：

$$f(\boldsymbol{x})=\operatorname{sign}\left(\sum_{i=1}^{N}\alpha_i^* y_i \kappa(\boldsymbol{x},\boldsymbol{x}_i)+b^*\right) \tag{9.90}$$

由于核函数需要大量的数学推导，这里不展开讨论。下面给出常用的核函数。

(1) 线性核函数：

$$\kappa(\boldsymbol{x},\boldsymbol{x}_i)=\boldsymbol{x}\cdot\boldsymbol{x}_i \tag{9.91}$$

线性核函数主要用于线性可分的情况。可以看到，其特征空间与输入空间的维度是一样的。线性核函数参数少，速度快。对于线性可分数据，其分类效果很理想，因此通常首先尝试用线性核函数进行分类，看看效果如何，如果效果不佳，再换其他的核函数。

(2) 高斯径向基核函数：

$$\kappa(\boldsymbol{x},\boldsymbol{x}_i)=\exp\left(-\frac{\|\boldsymbol{x}-\boldsymbol{x}_i\|^2}{\delta^2}\right) \tag{9.92}$$

高斯径向基核函数是一种局部性强的核函数，它可以将一个样本映射到更高维的特征空间内。该核函数应用非常广泛，无论对于大样本还是小样本都有比较好的性能，而且其相对于多项式核函数参数少，因此大多数情况下如果不知道使用什么核函数，则优先使用高斯径向基核函数。

(3) 多项式核函数：

$$\kappa(\boldsymbol{x},\boldsymbol{x}_i)=((\boldsymbol{x}\cdot\boldsymbol{x}_i)+1)^d \tag{9.93}$$

多项式核函数可以将低维的输入空间映射到高维的特征空间。多项式核函数的参数较多，当多项式的阶数比较高的时候，核矩阵的元素值将趋于无穷大或无穷小，计算复杂度会大到无法完成计算。

9.2.3 SMO 算法

如果直接用经典的二次规划软件包求解支持向量机对偶型，由于 $\boldsymbol{Q}=[y_i y_j \boldsymbol{\varphi}(\boldsymbol{x}_j)]_{m\times n}$ 的存储开销是 $O(m^2)$，当训练样本很多时，存储和计算开销很大。序列最小优化(Sequential Minimal Optimization，SMO)是一个利用支持向量机自身特性的高效优化算法。

SMO 算法是一种启发式算法。其基本思路是：如果所有变量的解都满足一个最优化问题的 KKT 条件，那么就可以求出最优化问题的解，因为 KKT 条件是该最优化问题的充分必要条件。否则，选择两个变量，固定其他变量，针对这两个变量构建一个二次规划问题。这个二次规划问题关于这两个变量的解应该更接近原始二次规划问题的解，因为这会使得

原始二次规划问题的目标函数值变得更小。更重要的是,这时子问题可以通过解析方法求解,这样就可以大大提高整个算法的计算速度。子问题有两个变量:一个是违反 KKT 条件最严重的变量,另一个由约束条件自动确定。如此,SMO 算法将原问题不断分解为子问题并对子问题进行求解,进而达到求解原问题的目的。

1. 两个变量的选择

在 SMO 算法中,选择第一个变量的过程为外层循环。外层循环在训练样本中选取违反 KKT 条件最严重的样本,并将其对应的变量作为第一个变量。具体地,检验训练样本 $(\boldsymbol{x}_i, y_i)$ 是否满足 KKT 条件,即

$$\alpha_i = 0 \Leftrightarrow y_i g(\boldsymbol{x}_i) \geqslant 1 \tag{9.94}$$

$$0 < \alpha_i < C \Leftrightarrow y_i g(\boldsymbol{x}_i) = 1 \tag{9.95}$$

$$\alpha_i = C \Leftrightarrow y_i g(\boldsymbol{x}_i) \leqslant 1 \tag{9.96}$$

其中,

$$g(\boldsymbol{x}_i) = \sum_{j=1}^{N} \alpha_j y_j \kappa(\boldsymbol{x}_i, \boldsymbol{x}_j) + b \tag{9.97}$$

该检验是在 ε 范围内进行的。在检验过程中,外层循环首先遍历所有满足条件 $0<\alpha_i<C$ 的样本,即在间隔边界上的支持向量,检验它们是否满足 KKT 条件。如果这些样本都满足 KKT 条件,那么遍历整个训练集,检验其中的所有样本是否满足 KKT 条件。

在 SMO 算法中,选择第二个变量的过程为内层循环。假设在外层循环中已经找到第一个变量 α_1,现在要在内层循环中找第二个变量 α_2。第二个变量选择的标准是使 α_2 有足够大的变化。关于变量 α_1、α_2 的选择,后面将进一步讨论。

2. 两个变量的更新

下面讨论两个变量的更新。首先给出最优化问题的子问题:

$$\begin{aligned}\min_{\alpha_1, \alpha_2} W(\alpha_1, \alpha_2) = & \frac{1}{2} K_{11} \alpha_1^2 + \frac{1}{2} K_{22} \alpha_2^2 + y_1 y_2 K_{12} \alpha_1 \alpha_2 - (\alpha_1 + \alpha_2) \\ & + y_1 \alpha_1 \sum_{i=3}^{N} y_i \alpha_i K_{i1} + y_1 \alpha_1 \sum_{i=3}^{N} y_i \alpha_i K_{i2}\end{aligned} \tag{9.98}$$

$$\text{s.t.} \quad \alpha_1 y_1 + \alpha_2 y_2 = -\sum_{i=3}^{N} y_i \alpha_i = \zeta \tag{9.99}$$

$$0 \leqslant \alpha_i \leqslant C, i = 1, 2 \tag{9.100}$$

由于 α_2^{new} 需满足不等式约束[式(9.100)],所以最优值 α_2^{new} 的取值范围必须满足条件

$$L \leqslant \alpha_2^{\text{new}} \leqslant H \tag{9.101}$$

其中,L 与 H 是 α_2^{new} 所在的对角线段端点的界。如果 $y_1 \neq y_2$,则

$$L = \max(0, \alpha_2^{\text{old}} + \alpha_1^{\text{old}} - c), \quad H = \min(C, C + \alpha_2^{\text{old}} - \alpha_1^{\text{old}}) \tag{9.102}$$

如果 $y_1 = y_2$,则

$$L = \max(0, \alpha_2^{\text{old}} + \alpha_1^{\text{old}} - c), \quad H = \min(C, \alpha_2^{\text{old}} + \alpha_1^{\text{old}}) \tag{9.103}$$

下面首先求沿着约束方向未考虑不等式约束时 α_2 的最优解 $\alpha_2^{\text{new,unc}}$,然后再求考虑不等式约束后 α_2 的解 α_2^{new}。定理 9.5 给出了这个结果。为了叙述简便,记

$$g(\boldsymbol{x}) = \sum_{i=1}^{N} \alpha_i y_i \kappa(\boldsymbol{x}_i, \boldsymbol{x}) + b \tag{9.104}$$

令

$$E_i = g(\boldsymbol{x}_i) - y_i = \Big(\sum_{j=1}^{N}\alpha_j y_j \kappa(\boldsymbol{x}_i, \boldsymbol{x}_j) + b\Big) - y_i, i = 1,2 \tag{9.105}$$

当 $i=1,2$ 时，E_i 为函数 $g(\boldsymbol{x})$ 对输入 $\boldsymbol{x}_i$ 的预测值 $g(\boldsymbol{x}_i)$ 与真实输出值 y_i 之差。

定理 9.5　式(9.98)～式(9.100)给出的最优化问题沿着约束方向未考虑不等式约束时的解是

$$\alpha_2^{\text{new,unc}} = \alpha_2^{\text{old}} + \frac{y_2(E_1 - E_2)}{\eta} \tag{9.106}$$

$$\eta = K_{11} + K_{22} - 2K_{12} = \| \boldsymbol{\varphi}(\boldsymbol{x}_1) - \boldsymbol{\varphi}(\boldsymbol{x}_2) \|^2 \tag{9.107}$$

其中，$\boldsymbol{\varphi}(\boldsymbol{x})$是输入空间到特征空间的映射，$E_i(i=1,2)$由式(9.105)给出。

考虑不等式约束后 α_2 的解是

$$\alpha_2^{\text{new}} = \begin{cases} H, & \alpha_2^{\text{new,unc}} > H \\ \alpha_2^{\text{new,unc}}, & L \leqslant \alpha_2^{\text{new,unc}} \leqslant H \\ L, & \alpha_2^{\text{new,unc}} < L \end{cases} \tag{9.108}$$

由 α_2^{new} 求得 α_1^{new}：

$$\alpha_1^{\text{new}} = \alpha_1^{\text{old}} + y_1 y_2(\alpha_2^{\text{old}} - \alpha_2^{\text{new}}) \tag{9.109}$$

回到前面关于 α_1、α_2 的选择的讨论。由上面的讨论可知，α_2^{new} 依赖于$|E_1-E_2|$。为了加快计算速度，一种简单的做法是选择 α_2，使其对应的$|E_1-E_2|$最大。因为 α_1 已确定，所以 E_1 也确定了。如果 E_1 是正的，那么选择最小的 E_i 作为 E_2；如果 E_1 是负的，那么选择最大的 E_i 作为 E_2。为了节省计算时间，将所有 E_i 值保存在一个列表中。

在特殊情况下，如果内层循环通过以上方法选择的 α_2 不能使目标函数有足够的下降，那么采用以下启发式规则继续选择 α_2。遍历在间隔边界上的支持向量，依次将其对应的变量作为 α_2 试用，直到目标函数有足够的下降幅度。若找不到合适的 α_2，那么遍历训练数据集；若仍找不到合适的 α_2，则放弃 α_1，再通过外层循环寻求新的 α_1。

3. 计算阈值 b_i 和差值 E_i

在每次完成变量 α_1、α_2 的优化后，都要重新计算阈值 b。当 $0<\alpha_1^{\text{new}}<C$ 时，由 KKT 条件可知

$$\sum_{i=1}^{N}\alpha_i y_i K_{i1} + b = y_1 \tag{9.110}$$

于是，

$$b_1^{\text{new}} = y_1 - \sum_{i=3}^{N}\alpha_i y_i K_{i1} - \alpha_1^{\text{new}} y_1 K_{11} - \alpha_2^{\text{new}} y_2 K_{21} \tag{9.111}$$

由式(9.105)，有

$$E_1 = \sum_{i=3}^{N}\alpha_i y_i K_{i1} + \alpha_1^{\text{old}} y_1 K_{11} + \alpha_2^{\text{new}} y_2 K_{21} + b^{\text{old}} - y_1 \tag{9.112}$$

式(9.111)的前两项可写成

$$y_1 - \sum_{i=3}^{N}\alpha_i y_i K_{i1} = -E_1 + \alpha_1^{\text{old}} y_1 K_{11} + \alpha_2^{\text{old}} y_2 K_{21} + b^{\text{old}} \tag{9.113}$$

代入式(9.111)，可得

$$b_1^{new} = -E_1 - y_1K_{11}(\alpha_1^{new} - \alpha_1^{old}) - y_2K_{21}(\alpha_2^{new} - \alpha_2^{old}) + b^{old} \tag{9.114}$$

同样,如果 $0<\alpha_2^{new}<C$,那么,

$$b_2^{new} = -E_2 - y_1K_{12}(\alpha_1^{new} - \alpha_1^{old}) - y_2K_{22}(\alpha_2^{new} - \alpha_2^{old}) + b^{old} \tag{9.115}$$

如果 α_1^{new}、α_2^{new} 同时满足条件 $0<\alpha_1^{new}<C$ 和 $0<\alpha_2^{new}<C, i=1,2$,那么 $b_1^{new}=b_2^{new}$。如果 α_1^{new}、α_2^{new} 是 0 或者 C,那么 b_1^{new} 和 b_2^{new} 以及它们之间的数都是符合 KKT 条件的阈值,这时选择它们的中点作为 b^{new}。

在每次完成变量 α_1、α_2 的优化之后,还必须更新对应的 E_i 值,并将它们保存在列表中。E_i 值的更新要用到 b^{new} 值以及所有支持向量对应的 α_j:

$$E_i^{new} = \sum_S y_j\alpha_j\kappa(\boldsymbol{x}_i, \boldsymbol{x}_j) + b^{new} - y_i \tag{9.116}$$

其中,S 是所有支持向量 $\boldsymbol{x}_j$ 的集合。

综合上述内容,下面给出 SMO 算法的描述。

输入:训练数据集 $T=\{(\boldsymbol{x}_1, y_1), (\boldsymbol{x}_2, y_2), \cdots, (\boldsymbol{x}_N, y_N)\}$,其中,$\boldsymbol{x}_i \in X = \mathbf{R}^n$, $y_i \in \gamma = \{-1, +1\}, i=1,2,\cdots,N$;精度 ε。

输出:近似解 $\hat{\alpha}$。

(1) 取初值 $\alpha^{(0)}=0$,令 $k=0$。

(2) 选取优化变量 $\alpha_1^{(k)}$、$\alpha_2^{(k)}$,求解两个变量的最优化问题,求得最优解 $\alpha_1^{(k+1)}$、$\alpha_2^{(k+2)}$,更新 α 为 $\alpha^{(k+1)}$。

(3) 若在精度 ε 范围内满足以下停机条件:

$$\sum_{i=1}^N \alpha_i y_i = 0, 0 \leqslant \alpha_i \leqslant C, i=1,2,\cdots,N \tag{9.117}$$

$$y_i g(\boldsymbol{x}_i) \begin{cases} \geqslant 1, & \{\boldsymbol{x}_i \mid \alpha_i = 0\} \\ = 1, & \{\boldsymbol{x}_i \mid 0 < \alpha_i < 0\} \\ \leqslant 1, & \{\boldsymbol{x}_i \mid \alpha_i = C\} \end{cases} \tag{9.118}$$

其中,

$$g(\boldsymbol{x}_i) = \sum_{j=1}^N \alpha_i y_i \kappa(\boldsymbol{x}_j, \boldsymbol{x}_i) + b \tag{9.119}$$

则转(4);否则令 $k=k+1$,转(2)。

(4) 取 $\hat{\alpha}=\alpha^{(k+1)}$:

$$\frac{1}{2}x^{(1)} + \frac{1}{2}x^{(2)} - 2 = 0 \tag{9.120}$$

分类决策函数为

$$f(\boldsymbol{x}) = \operatorname{sign}\left(\frac{1}{2}x^{(1)} + \frac{1}{2}x^{(2)} - 2\right) \tag{9.121}$$

9.3 实例分析:乳腺癌数据集分类

本实例采用的数据集为乳腺癌数据集,可以在机器学习函数库 sklearn 中调用。本实例将使用该数据集结合非线性支持向量机算法对数据集进行分类,而乳腺癌数据集是一个经典的二分类问题数据集。

9.3.1 乳腺癌数据集简介

乳腺癌数据集是一个经典数据集,在统计学习和机器学习领域都经常被用作示例。该数据集内包含2类共569个样本,其中恶性肿瘤共有212个样本,而良性肿瘤有357个样本,其中每个样本有30个特征,具体如下:

平均半径	平均纹理	周长误差	最差半径	凹度误差
平均周长	平均面积	平滑度误差	最差周长	对称性误差
平均平滑度	平均紧密度	区域误差	最差平滑性	凹点误差
平均凹度	平均凹点	紧密度误差	最差凹度	分形维数误差
平均对称性	平均分形维数	最差区域	最差对称	最差凹点
半径误差	纹理误差	最差紧密度	最差材质	最差分形维数

可以通过这30个特征预测样本属于哪一类。但是,由于特征太多,会导致支持向量机在优化过程中得不到理想结果,所以需要针对数据进行分析。在前面的章节中,对Iris数据集进行了数据分析与分类,但是由于Iris数据集只有4个特征,所以很容易获得很高的准确率;而由于乳腺癌数据集有30个特征,需要对特征进行选择,才能使算法有较好的效果。下面详细讨论如何进行数据分析。

9.3.2 算法实现

1. 处理数据

处理数据主要分为两部分,分别是创建数据集和对数据特征进行可视化。由于该数据集的每个样本有30个特征,并非其中的每个特征都有助于分类,所以通过可视化数据特征进行分析,从而选择一些有助于算法得到较好结果的特征进行学习。对于数据可视化,本实例引入一种新的数据分析工具——箱线图。

下面是创建数据集及数据可视化的代码:

```
def visualize_feature(x,name):
    for i in range(len(name)):
        if i<15:
            if i==0:
                plt.figure(1,figsize=(20,10))
            plt.subplot(3,5, i+1)
            plt.boxplot(x[:,i],patch_artist=True,labels=[name[i]])
            plt.savefig("Feature(1~15) Visualization.jpg")
        else:
            if i==15:
                plt.figure(2,figsize=(20,10))
            plt.subplot(3, 5, i-14)
            plt.boxplot(x[:, i],patch_artist=True, labels=[name[i]])
            plt.savefig("Feature(16~30) Visualization.jpg")
    plt.show()
#加载数据
def create_data():
```

```
    bc = load_breast_cancer()
    data,target,feature_names=bc.data,bc.target,bc.feature_names
    target=target * 2-1
    print("data shape:",data.shape)
    print("label shape:",target.shape)
    visualize_feature(data,feature_names)
    #data = data[:,[0,1,2,3,4,5,6,7,8,9,21,24,27]]
        print(data.shape)
    X_train, X_test, y_train, y_test = train_test_split(data, target, test_size
        =0.3, random_state=100)
    return X_train, X_test, y_train, y_test
```

该数据集中的很多特征具有大量的异常点。由于没有先验知识,无法判断哪些特征是十分重要的,哪些特征作用不大,所以选取异常点较少的特征进行训练,最终确定选取特征0、1、2、3、4、5、6、7、8、9、21、24、27。

2. 构建支持向量机算法

考虑到代码的简洁性和封装性,采用类的形式对支持向量机算法进行设计。

1)参数初始化

参数初始化主要是将支持向量需要用到的参数初始化,其中,m 为训练集样本的个数,n 为特征个数,X 为样本的数组,Y 为标签数组,b 为超平面的偏差,alpha 为拉格朗日乘数因子的数组,C 为惩罚参数。代码如下:

```
#参数初始化
def init_args(self, features, labels):
    self.m, self.n = features.shape
    self.X = features
    self.Y = labels
    self.b = 0.0
    self.alpha = np.ones(self.m)
    self.computer_product_matrix()      #为了加快训练速度,创建一个内积矩阵
    #松弛变量
    self.C = 1.0
    #将 E_i 保存在 E 列表里
    self.create_E()
```

2)核函数

核函数使用线性核函数和多项式核函数。代码如下:

```
#核函数
def kernel(self, x1, x2):
    if self._kernel == 'linear':
        return np.dot(x1,x2)
    elif self._kernel == 'poly':
        return (np.dot(x1,x2) + 1) ** 2
```

3)计算内积矩阵

product_matrix()函数计算特征之间的内积。由于样本 i、j 和样本 j、i 的内积运算是

相同的，所以当样本 i、j 的内积计算出来以后，自动赋值给样本 j、i 的内积，这样可以减少一定的运算量。代码如下：

```
#计算内积矩阵。如果数据量较大,可以使用系数矩阵
def computer_product_matrix(self):
    self.product_matrix = np.zeros((self.m,self.m)).astype(np.float)
    for i in range(self.m):
        for j in range(self.m):
            if self.product_matrix[i][j]==0.0:
                self.product_matrix[i][j]=self.product_matrix[j][i]=
                    self.kernel(self.X[i], self.X[j])
```

4）判断是否满足 KKT 条件

在 SMO 算法中，需要选择两个拉格朗日乘数因子进行优化，而选取的拉格朗日乘数因子必须满足 KKT 条件。function_g()函数用于预测，judge_KKT()函数返回布尔值。

```
#预测函数
def function_g(self, i):
    return self.b+np.dot((self.alpha * self.Y),self.product_matrix[i])
#KKT 条件判断
defjudge_KKT(self, i):
    y_g = self.function_g(i) * self.Y[i]
    if self.alpha[i] == 0:
        return y_g >= 1
    elif 0 < self.alpha[i] < self.C:
        return y_g == 1
    else:
        return y_g <= 1
```

5）选择变量

由于使用 SMO 算法化简运算流程，所以需要选择两个拉格朗日乘数因子进行优化。选取的 α_1 因子是违反 KKT 条件最严重的点，所以首先选取 $0<\alpha_1<C$ 的样本点；如果这些样本点都满足 KKT 条件，则遍历整个数据集。对于 α_2，首先会判断 E_1 的正负。如果 E_1 为正，则 α_2 选取 E 列表中的最小值；如果 E_1 为负，则 α_2 选取 E 列表中的最大值。代码如下：

```
#选择变量
def select_alpha(self):
    #外层循环首先遍历所有满足 0<α<C 的样本点,检验其是否满足 KKT 条件
    index_list = [i for i in range(self.m) if 0 < self.alpha[i] < self.C]
    #遍历整个数据集
    non_satisfy_list = [i for i in range(self.m) if i not in index_list]
    index_list.extend(non_satisfy_list)
    for i in index_list:
        if self.judge_KKT(i):
            continue
        E1 = self.E[i]
        #如果 E1 是+,选择最小值;如果 E1 是负的,选择最大值
```

```
        if E1 >= 0:
            j =np.argmin(self.E)
        else:
            j = np.argmax(self.E)
        return i, j
```

6）训练支持向量机

Train()函数为支持向量机的训练函数。其中，max_iter 代表拉格朗日乘数因子的更新次数，i1 和 i2 分别代表 select_alpha()函数选取的需要优化的两个拉格朗日乘数因子。值得注意的是，需要对 α_2 更新后的参数进行裁剪。

代码如下：

```
def Train(self, features, labels):
    self.init_args(features, labels)
#SMO 算法训练
    for t in range(self.max_iter):
        i1, i2 = self.select_alpha()
        #边界
        if self.Y[i1] == self.Y[i2]:
            L = max(0, self.alpha[i1] + self.alpha[i2] - self.C)
            H = min(self.C, self.alpha[i1] + self.alpha[i2])
        else:
            L = max(0, self.alpha[i2] - self.alpha[i1])
            H = min(self.C, self.C + self.alpha[i2] - self.alpha[i1])
        E1 = self.E[i1]
        E2 = self.E[i2]
        eta = self.kernel(self.X[i1], self.X[i1]) + self.kernel(self.X[i2],
            self.X[i2]) - 2 * self.kernel(self.X[i1], self.X[i2])
        if eta <= 0:
            #print('eta <= 0')
            continue
        alpha2_new_unc = self.alpha[i2] + self.Y[i2] * (E1 - E2) / eta
        alpha2_new = self.clip_alpha(alpha2_new_unc, L, H)
        alpha1_new = self.alpha[i1] + self.Y[i1] * self.Y[i2] * (self.alpha[i2]
                - alpha2_new)
        b1_new = -E1 - self.Y[i1] * self.kernel(self.X[i1], self.X[i1]) *
                (alpha1_new - self.alpha[i1]) - self.Y[i2] * self.kernel(self.X
                [i2], self.X[i1]) * (alpha2_new - self.alpha[i2]) + self.b
        b2_new = -E2 - self.Y[i1] * self.kernel(self.X[i1], self.X[i2]) *
                (alpha1_new - self.alpha[i1]) - self.Y[i2] * self.kernel(self.X
                [i2], self.X[i2]) * (alpha2_new - self.alpha[i2]) + self.b
        if 0 < alpha1_new < self.C:
            b_new = b1_new
        elif 0 < alpha2_new < self.C:
            b_new = b2_new
        else:
            #选择中点
            b_new = (b1_new + b2_new) / 2
```

```
            #更新参数
            self.alpha[i1] = alpha1_new
            self.alpha[i2] = alpha2_new
            self.b = b_new
            self.create_E()
    #裁剪
    def clip_alpha(self, _alpha, L, H):
        if _alpha > H:
            return H
        elif _alpha < L:
            return L
        else:
            return _alpha
    #将 Ei 保存在 E 列表里
    def create_E(self):
        self.E=(np.dot((self.alpha * self.Y),self.product_matrix)+self.b)-self.Y
```

3. 预测

这里采用单一预测方法。若 r 大于 0,则为+1 类;否则为−1 类。代码如下:

```
    def predict(self, data):
        r = self.b
        for i in range(self.m):
            r += self.alpha[i] * self.Y[i] * self.kernel(data, self.X[i])
        return 1 if r > 0 else -1
```

4. 评估精度

最后评估训练出的支持向量机在测试集上的准确率。代码如下:

```
    def score(self, X_test, y_test):
        right_count = 0
        for i in range(len(X_test)):
            result = self.predict(X_test[i])
            if result == y_test[i]:
                right_count +=1
        return right_count / len(X_test)
```

5. 完整代码

本实例的完整代码如下:

```
import numpy as np
import pandas as pd
from sklearn.datasets import load_iris
from sklearn.model_selection import  train_test_split
import matplotlib.pyplot as plt
def visualize_feature(x,name):
    for i in range(len(name)):
        if i<15:
```

```
            if i==0:
                plt.figure(1,figsize=(20,10))
            plt.subplot(3,5, i+1)
            plt.boxplot(x[:,i],patch_artist=True,labels=[name[i]])
            plt.savefig("Feature(1~15) Visualization.jpg")
        else:
            if i==15:
                plt.figure(2,figsize=(20,10))
            plt.subplot(3, 5, i-14)
            plt.boxplot(x[:, i], patch_artist=True, labels=[name[i]])
            plt.savefig("Feature(16~30) Visualization.jpg")
    plt.show()
#加载数据
def create_data():
    bc = load_breast_cancer()
    data,target,feature_names=bc.data,bc.target,bc.feature_names
    target=target*2-1
    print("data shape:",data.shape)
    print("label shape:",target.shape)
    visualize_feature(data,feature_names)
    #data = data[:,[0,1,2,3,4,5,6,7,8,9,21,24,27]]
    print(data.shape)
    X_train, X_test, y_train, y_test = train_test_split(data, target, test_size
        =0.3, random_state=100)
    return X_train, X_test, y_train, y_test
class SVM:
    def __init__(self, max_iter=100, kernel='linear'):
        self.max_iter = max_iter
        self._kernel = kernel
    def init_args(self, features, labels):
        self.m, self.n = features.shape
        self.X = features
        self.Y = labels
        self.b = 0.0
        self.alpha = np.ones(self.m)
        self.computer_product_matrix()
        self.C = 1.0
        self.create_E()
    def judge_KKT(self, i):
        y_g = self.function_g(i) * self.Y[i]
        if self.alpha[i] == 0:
            return y_g >= 1
        elif 0 < self.alpha[i] < self.C:
            return y_g == 1
        else:
            return y_g <= 1
    def computer_product_matrix(self):
        self.product_matrix = np.zeros((self.m,self.m)).astype(np.float)
            for i in range(self.m):
            for j in range(self.m):
```

```
                if self.product_matrix[i][j]==0.0:
                    self.product_matrix[i][j]=self.product_matrix[j][i]= self.
                        kernel(self.X[i], self.X[j])
    def kernel(self, x1, x2):
        if self._kernel == 'linear':
            return np.dot(x1,x2)
        elif self._kernel == 'poly':
            return(np.dot(x1,x2) + 1) ** 2
        return 0
    def create_E(self):
        self.E=(np.dot((self.alpha * self.Y),self.product_matrix)+self.b)-
            self.Y
    def function_g(self, i):
        return self.b+np.dot((self.alpha * self.Y),self.product_matrix[i])
    def select_alpha(self):
        index_list = [i for i in range(self.m) if 0 < self.alpha[i] < self.C]
        non_satisfy_list = [i for i in range(self.m) if i not in index_list]
        index_list.extend(non_satisfy_list)
        for i in index_list:
            if self.judge_KKT(i):
                continue
            E1 = self.E[i]
            if E1 >= 0:
                j =np.argmin(self.E)
            else:
                j = np.argmax(self.E)
            return i, j
    def clip_alpha(self, _alpha, L, H):
        if _alpha > H:
            return H
        elif _alpha < L:
            return L
        else:
            return _alpha
    def Train(self, features, labels):
        self.init_args(features, labels)
        for t in range(self.max_iter):
            i1, i2 = self.select_alpha()
            if self.Y[i1] == self.Y[i2]:
                L = max(0, self.alpha[i1] + self.alpha[i2] - self.C)
                H = min(self.C, self.alpha[i1] + self.alpha[i2])
            else:
                L = max(0, self.alpha[i2] - self.alpha[i1])
                H = min(self.C, self.C + self.alpha[i2] - self.alpha[i1])
            E1 = self.E[i1]
            E2 = self.E[i2]
            eta = self.kernel(self.X[i1], self.X[i1]) + self.kernel(self.X[i2],
                self.X[i2]) - 2 * self.kernel(self.X[i1], self.X[i2])
            if eta <= 0:
```

```
                #print('eta <= 0')
                continue
            alpha2_new_unc = self.alpha[i2] + self.Y[i2] * (E1 - E2) / eta
            alpha2_new = self.clip_alpha(alpha2_new_unc, L, H)
            alpha1_new = self.alpha[i1] + self.Y[i1] * self.Y[i2] * (self.alpha
                [i2] - alpha2_new)
            b1_new = -E1 - self.Y[i1] * self.kernel(self.X[i1], self.X[i1]) *
                (alpha1_new - self.alpha[i1]) - self.Y[i2] * self.kernel(self.X
                [i2], self.X[i1]) * (alpha2_new - self.alpha[i2]) + self.b
            b2_new = -E2 - self.Y[i1] * self.kernel(self.X[i1], self.X[i2]) *
                (alpha1_new - self.alpha[i1]) - self.Y[i2] * self.kernel(self.X
                [i2], self.X[i2]) * (alpha2_new - self.alpha[i2]) + self.b
            if 0 < alpha1_new < self.C:
                b_new = b1_new
            elif 0 < alpha2_new < self.C:
                b_new = b2_new
            else:
                b_new = (b1_new + b2_new) / 2
            self.alpha[i1] = alpha1_new
            self.alpha[i2] = alpha2_new
            self.b = b_new
            self.create_E()
    def predict(self, data):
        r = self.b
        for i in range(self.m):
            r += self.alpha[i] * self.Y[i] * self.kernel(data, self.X[i])
        return 1 if r > 0 else -1
    def score(self, X_test, y_test):
        right_count = 0
        for i in range(len(X_test)):
            result = self.predict(X_test[i])
            if result == y_test[i]:
                right_count += 1
        return right_count / len(X_test)
if __name__ == '__main__':
    svm = SVM(max_iter=200)
    X, y = create_data()
    X_train, X_test, y_train, y_test = train_test_split( X, y, test_size=0.333,
        random_state=23323)
    svm.Train(X_train, y_train)
    print(svm.score(X_test, y_test))
```

6. 实验结果

通过选择不同的特征，了解特征的选择对于算法的训练过程的重要性，图 9.8 和图 9.9 分别为选取前面确定的特征进行分析和选取全部特征进行分析的结果。

从结果可知，适当地选取特征进行算法训练，有助于提升模型表现力。由此可见，在机器学习领域中，算法固然重要，数据也占据极其重要的地位。

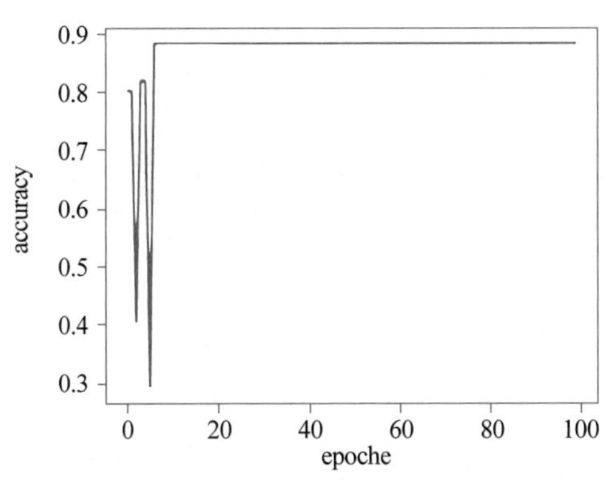

图 9.8　选取前面确定的特征进行分析的结果

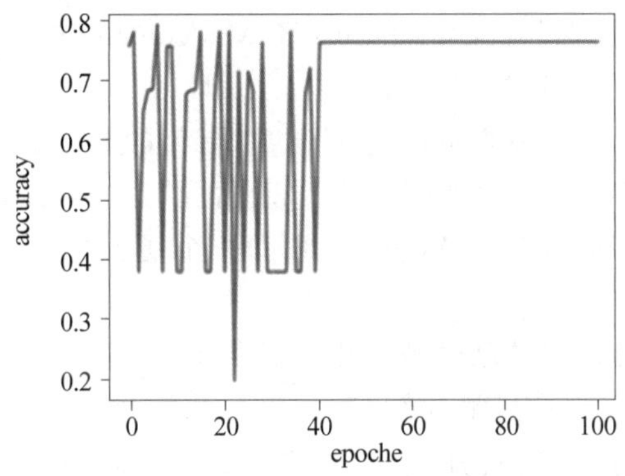

图 9.9　选取全部特征进行分析的结果

9.4　小　　结

支持向量机是机器学习领域中浓墨重彩的一笔，其思想对于深度学习领域的发展具有重要的启示作用。而近来的研究更为注重将传统机器学习与深度学习相结合，取得了显著的成果，而支持向量机也被广大学者重新关注。

本章首先介绍了支持向量机的产生与发展，然后通过等式条件下的拉格朗日乘数法引出了最优化方法中的重要内容，即拉格朗日对偶性和 KKT 条件。支持向量机分为 3 种，分别为线性可分支持向量机、线性支持向量机和非线性支持向量机，本章从求解凸二次规划问题出发，以线性可分支持向量机为起点，探索了硬间隔、软间隔，并将拉格朗日对偶性和 KKT 条件运用在解决原始问题中，简化了优化过程。同时引出核函数，将线性支持向量机与核函数相结合，引出非线性支持向量机的内容。但是，传统方法的运算复杂度极高，所以本章又介绍了 SMO 算法。

在实例部分，通过乳腺癌数据集分类问题展示了基于 SMO 算法的非线性支持向量机的构造及训练过程。

第10章 K-means 算法

K-means 算法也称 K-均值聚类算法，有悠久的历史，是常用的聚类算法。K-means 算法实现非常简单，非常适合机器学习新手。

1967 年，美国加州大学的 James B. MacQueen 教授在他的一篇论文中首次提出了 K-means 这一术语。

类似的算法设计理念可以追溯到 1957 年的劳埃德算法(Lloyd algorithm)。1965 年，E. W. Forgy 发表了一个基本相同的算法——Lloyd-Forgy 算法。1979 年，J. A. Hartigan 和 M. A. Wong 提出了一个更高效的版本——Hartigan-Wong 算法。

K-means 算法目前已经被应用于原始数据子集的计算。从该算法的性能来看，它不能保证得到全局最优解，这是由于初始化的分组在很大程度上影响最终解的质量。由于该算法速度非常快，所以可以通过多次运行得到最优解。K-means 算法的一个缺点是分组的数目 K 是一个输入参数，不合适的 K 值可能返回较差的结果。

K-means 算法通常适用于维数和数值都很小且连续的数据集，例如，对一组随机分布的事物进行分类。以下是该算法的一些应用。

1. 多指标的群体划分

聚类分析的一个重要用途就是针对目标群体进行多指标的群体划分，例如目标用户的群体分类、不同产品的价值组合、离群点和异常值发现等。这样的分类是精细化运营和个性化运营的基础和核心。

2. 客户分类

通过聚类可以改善客户服务，并根据客户的购买历史、兴趣或活动进一步细分客户类别。对客户进行分类可以帮助公司针对特定客户群体制定具体的广告策略。

3. 物品运输优化

利用 K-means 算法寻找无人机最佳发射位置，结合遗传算法求解旅行商问题，优化物品运输过程。

4. 识别犯罪易发区

利用城市特定区域的相关犯罪数据，运用 K-means 算法分析犯罪种类、犯罪地点及其相互关系，可以对城市或区域犯罪易发区进行识别。

5. 球队状态分析

对球员状态的分析一直是球类运动中的一个关键因素。如果要根据球员的状态确定上场的球员，那么 *K*-means 算法是一个不错的选择。

6. 保险欺诈检测

机器学习在保险欺诈检测中也发挥着重要作用，可以基于欺诈性索赔的历史数据，利用 *K*-means 算法识别新的欺诈性索赔。由于保险欺诈可能使保险公司损失巨大，因此保险欺诈检测是至关重要的。

10.1 概　　述

K-means 算法是一种经典的聚类算法。那么，什么是聚类算法？它和分类算法又有什么不同？下面首先介绍聚类的概念。

聚类属于无监督学习，是一种发现内在结构的技术。聚类是将相似的数据成员聚集在一起进行分类组织的过程。聚类的目的是对数据进行分类，但事先不知道该如何分类，只能由算法本身判断各个数据之间的相似度，并将相似的数据放在一起。在得出聚类结果之前，不知道每个类的特征有哪些，必须通过人的经验结合聚类的结果分析每个类的特征。在聚类算法中，根据样本的相似度将样本划为不同的类别。采用不同的相似度计算方法，会得到不同的聚类结果。欧几里得距离是常用的相似度表示方法。

聚类与分类最大的区别在于：分类的目标类别是预先知道的；而聚类事先不知道目标变量是什么，也没有像分类那样预先确定类别。简言之，聚类就是将具有相似特征的数据聚在一起。

K-means 算法分组的数目由变量 K 表示。根据数据的特征，通过迭代运算将数据逐一分配给 K 组中的一组。在图 10.1 中，$K=2$，故聚类结果是将数据分成两类。

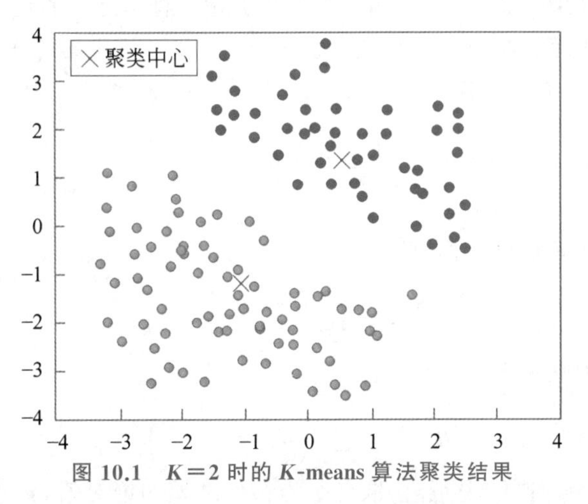

图 10.1　$K=2$ 时的 *K*-means 算法聚类结果

K-means 算法是一种迭代求解的聚类分析算法。其步骤是：首先确定 K 个聚类中心，根据样本与不同中心的距离进行分类，然后根据分类结果重新计算聚类中心，再进行聚类。重复这个过程，直到聚类中心不再改变，才能确定每个样本所属的类以及每个类的中心。由于每次都需要计算所有样本与每个聚类中心之间的相似度，计算量非常大，因此 *K*-means 算法在大

规模的数据集上收敛速度较慢。K-means 算法的迭代求解过程如图 10.2 所示。

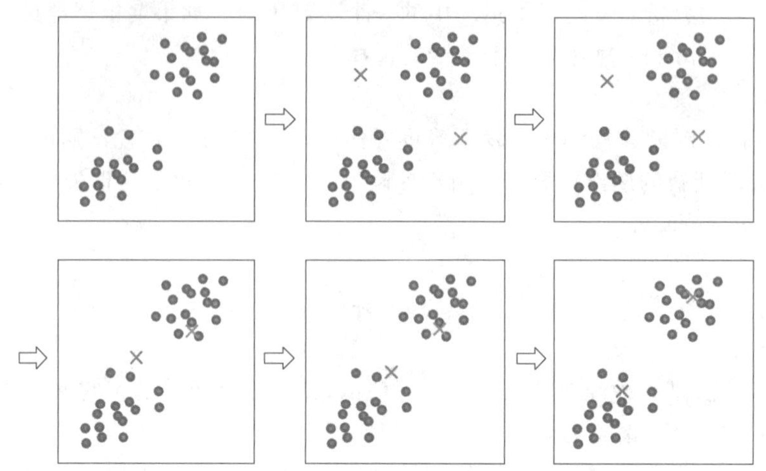

图 10.2 K-means 算法的迭代求解过程

然而,K-means 算法受制于聚类中心初始值的选择,不同的初始值对聚类的结果有明显的影响,所以有研究者提出了 K-means++算法解决初始值选择的问题。下面分别介绍 K-means 算法和 K-means++算法。

10.1.1 K-means 算法

1. 聚类中的相似度

聚类的核心概念是相似度,而它们的选择将会直接影响聚类结果。

1) 用距离表示相似度

聚类中常用的距离是欧几里得距离,K-means 算法常用它来衡量两个样本的相似度。在 k 近邻算法中,也用欧几里得距离衡量样本之间的距离。样本之间的距离越小,相似度越高。

样本集合 X 中的元素是 m 维实数向量。设 $\boldsymbol{x}_i$、$\boldsymbol{x}_j$ 属于样本集合 X,其中,$\boldsymbol{x}_i=[x_{1i}\ x_{2i}\ \cdots\ x_{mi}]^{\mathrm{T}}$,$\boldsymbol{x}_j=[x_{1j}\ x_{2j}\ \cdots\ x_{mj}]^{\mathrm{T}}$,样本 $\boldsymbol{x}_i$ 与 $\boldsymbol{x}_j$ 的闵可夫斯基距离定义为

$$d_{ij}=\left(\sum_{k=1}^{m}|x_{ki}-x_{kj}|^{p}\right)^{\frac{1}{p}} \tag{10.1}$$

这里 $p\geqslant 1$。

当 $p=1$ 时,称为曼哈顿距离,即

$$d_{ij}=\sum_{k=1}^{m}|x_{ki}-x_{kj}| \tag{10.2}$$

当 $p=2$ 时,称为欧几里得距离,即

$$d_{ij}=\left(\sum_{k=1}^{m}|x_{ki}-x_{kj}|^{2}\right)^{\frac{1}{2}} \tag{10.3}$$

当 $p=\infty$时,称为切比雪夫距离,取各个坐标值之差的绝对值,再求其中的最大值,即

$$d_{ij}=\max_{k}|x_{ki}-x_{kj}| \tag{10.4}$$

2) 用相关系数表示相似度

样本的相似度也可以用相关系数(correlation coefficient)表示。相关系数的绝对值越接近 1,表示样本越相似;越接近 0,表示样本越不相似。

样本 $\boldsymbol{x}_i$ 与样本 $\boldsymbol{x}_j$ 之间的相关系数为

$$r_{ij}=\frac{\sum_{k=1}^{m}(x_{ki}-\bar{x}_i)(x_{kj}-\bar{x}_j)}{\left(\sum_{k=1}^{m}(x_{ki}-\bar{x}_i)^2\sum_{k=1}^{m}(x_{kj}-\bar{x}_j)^2\right)^{\frac{1}{2}}} \tag{10.5}$$

其中，

$$\bar{x}_i=\frac{1}{m}\sum_{k=1}^{m}x_{ki},\bar{x}_j=\frac{1}{m}\sum_{k=1}^{m}x_{kj} \tag{10.6}$$

3）用夹角余弦表示相似度

样本的相似度也可以用对应向量的夹角余弦表示。夹角余弦越接近 1，表示样本越相似；越接近 0，表示样本越不相似。

样本 $\boldsymbol{x}_i$ 与样本 $\boldsymbol{x}_j$ 之间的夹角余弦定义为

$$s_{ij}=\frac{\sum_{k=1}^{m}x_{ki}x_{kj}}{\left(\sum_{k=1}^{m}x_{ki}^2\sum_{k=1}^{m}x_{kj}^2\right)^{\frac{1}{2}}} \tag{10.7}$$

使用不同的相似度表示方法进行聚类计算时，结果不一定相同。例如，图 10.3 中有 **A**、**B**、**C** 3 个样本。从距离角度看，**A** 和 **B** 的相似度大于 **A** 和 **C** 的相似度；而从相关系数角度看，则 **A** 和 **C** 的相似度大于 **A** 和 **B** 的相似度（夹角更小）。因此，在聚类中，选择合适的相似度表示方法是十分重要的。而在 K-means 算法中，使用欧几里得距离衡量两个样本的相似度。在学习本章之后，读者可以尝试使用其他相似度表示方法进行 K-means 聚类。

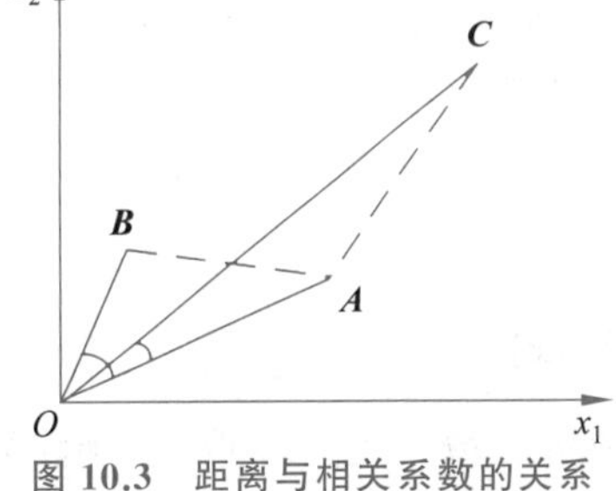

图 10.3　距离与相关系数的关系

2. K 值的选择

K-means 算法的思想相对简单，但 K 值和 K 个初始聚类中心的确定对聚类效果有很大的影响。对于 K 值的选择，一般可采用以下 3 种方法。

1）经验法

在实际的工作中，可以结合业务场景和需求决定分为几类，由此确定 K 值。例如，在 10.2.3 节的实例中，将使用 MNIST 数据集进行 K-means 聚类，而我们预先知道该数据集包含 10 个类别，所以将 K 值设置为 10。

2）肘部法

在使用 K-means 聚类算法时，如果不指定聚类的数量，则 K 值可通过肘部法确定。具体方法是：将不同 K 值的损失函数刻画出来的（损失函数将在下面的内容中详细讨论），畸变程度会随着 K 值的增大而不断减小，畸变程度下降幅度变缓的位置（即肘部）所对应的 K 值较为合理。图 10.4 的例子说明了如何根据肘部法选择 K 值。

从图 10.4 可以发现，当 K 值取 3 时是损失函数的肘部，因此选择 K 的值为 3。

3）规则法

规则法取 $K=\frac{\sqrt{n}}{2}$。规则法存在一定的缺点，当样本的数目十分庞大时，这种方法会导

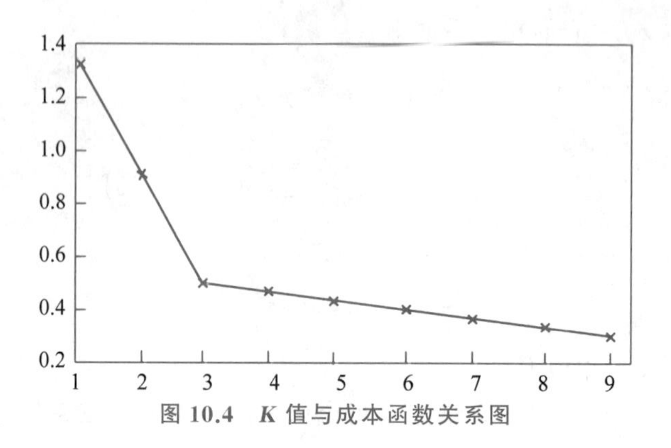

图 10.4 *K* 值与成本函数关系图

致聚类数目过大，所以常用的 K 值选择方法为前面两种方法。

3. *K*-means 算法原理与流程

K-means 聚类可以归结为样本集合 X 的划分，或者从样本到类的函数选择问题。K-means 聚类的策略是通过最小化损失函数选择最优的划分。

首先，采用欧几里得距离作为样本之间的距离：

$$d(x_i, x_j) = \sum_{k=1}^{m} (x_{ki} - x_{kj})^2 = \| \boldsymbol{x}_i - \boldsymbol{x}_j \|^2 \tag{10.8}$$

然后，将样本与聚类中心的距离之和定义为损失函数。采用上述 K 值选择方法中的肘部法，可以通过计算下面的成本函数选择 K 值，即

$$W(C) = \sum_{l=1}^{K} \sum_{C(i)=l} \| \boldsymbol{x}_i - \bar{\boldsymbol{x}}_l \|^2 \tag{10.9}$$

其中，$\bar{\boldsymbol{x}}_l = [\bar{x}_{1l} \ \bar{x}_{2l} \ \cdots \ \bar{x}_{ml}]^{\mathrm{T}}$，是第 l 个类的均值或聚类中心；$n_l = \sum_{i=1}^{n} I(C(i) = l)$，$I(C(i)=l)$ 是指示函数，取值为 1 或 0。函数 $W(C)$ 也称为能量，表示同一类中样本的相似程度。

所以 K-means 聚类就是求解以下最优化问题：

$$C^* = \arg\min_{C} W(C) = \arg\min_{C} \sum_{l=1}^{K} \sum_{C(i)=l} \| \boldsymbol{x}_i - \bar{\boldsymbol{x}}_l \|^2 \tag{10.10}$$

以上即为 K-means 算法的核心思想。从求解最优化问题的角度分析 K-means 算法可能略显抽象，该优化问题可以被视为使得每个类中的所有样本与该类的聚类中心的距离之和最小。但是，如何获得聚类中心？K-means 算法流程又是怎样的？下面讨论这两个问题。

K-means 算法是一个迭代的过程，每次迭代包括以下两个步骤：

(1) 选择 K 个类的聚类中心，然后将样本逐个分配到与其距离最近的聚类中心所属的类中，得到聚类结果。

(2) 更新每个类的样本均值，作为新的聚类中心。

重复以上步骤，直到算法收敛为止。

K-means 算法的具体过程如下。

首先，对于给定的聚类中心集合 $\{\boldsymbol{m}_1, \boldsymbol{m}_2, \cdots, \boldsymbol{m}_K\}$，找到一个划分 C，使目标函数的取值最小化：

$$\min_{m_1,m_2,\cdots,m_K} \sum_{l=1}^{K} \sum_{C(i)=l} \| \boldsymbol{x}_i - \boldsymbol{m}_l \|^2 \tag{10.11}$$

确定聚类中心后,将每个样本逐一分配到每个类中,使样本与聚类中心的距离之和最小。求解的结果是将每个样本分配到与其最近的聚类中心 $\boldsymbol{m}_l$ 所属的类 G_l 中。

然后,对给定的划分 C,重新计算各个类的聚类中心以极小化目标函数。即对于每个包含 n_l 个样本的类 G_l,更新其均值 $\boldsymbol{m}_l$:

$$\boldsymbol{m}_l = \frac{1}{n_l} \sum_{C(i)=l} \boldsymbol{x}_i, \quad l=1,2,\cdots,K \tag{10.12}$$

重复以上两个步骤,直到划分不再改变,就得到了聚类结果。

K-means 算法流程如图 10.5 所示。

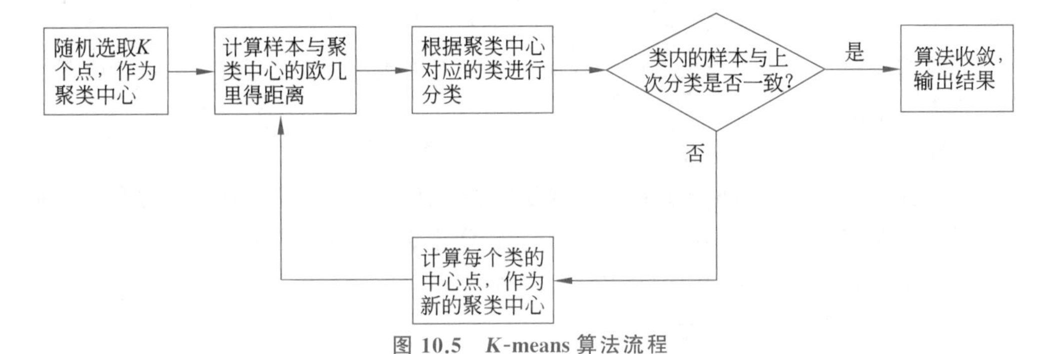

图 10.5　K-means 算法流程

K-means 算法描述如下。

输入: n 个样本的集合 X。

输出: 样本集合的聚类结果 C^*。

(1) 初始化。令 $t=0$,随机选择 K 个样本作为初始聚类中心集合 $m^0=\{\boldsymbol{m}_1^{(0)},\cdots,\boldsymbol{m}_l^{(0)},\cdots,\boldsymbol{m}_k^{(0)}\}$,其中 $\boldsymbol{m}_l^{(t)}$ 为类 G_l 的聚类中心。

(2) 对样本进行聚类。对于一个固定的聚类中心集合 $m^t=\{\boldsymbol{m}_1^{(t)},\cdots,\boldsymbol{m}_l^{(t)},\cdots,\boldsymbol{m}_k^{(t)}\}$,计算每个样本与其所属类的聚类中心的距离,将每个样本分配到与其最近的聚类中心所属的类中,从而产生聚类结果 $C^{(t)}$。

(3) 计算新的聚类中心。对聚类结果 $C^{(t)}$,计算当前各个类中的样本均值,作为新的聚类中心,即 $m^{(t+1)}=(\boldsymbol{m}_1^{(t+1)},\cdots,\boldsymbol{m}_l^{(t+1)},\cdots,\boldsymbol{m}_k^{(t+1)})$。

(4) 如果算法收敛或满足停止条件,则输出 $C^*=C^{(t)}$;否则,令 $t=t+1$ 并返回步骤(2)。

K-means 算法的时间复杂度为 $O(mnk)$,其中,m 是样本维数,n 是样本个数,k 是类别个数。

10.1.2　K-means++算法

K-means 算法存在一个很大的问题,即聚类中心的初始化方法是从样本中随机选取 K 个样本作为聚类中心,这种初始化方法常常使 K-means 算法陷入局部最优解,而不能获得全局最优解,如图 10.6 所示。

通常避免这种情况的简单方法是重复多次运行 K-means 算法,然后取一个平均结果。但是还有更加精妙而简单的做法，就是在聚类中心初始化时让聚类中心两两之间的距离尽可能地远，这样就可以避免图 10.6 中的局部最优解问题，这个方法就是 K-means++算法的核心思想。注意，K-means++算法只在聚类中心初始化时与 K-means 算法不同，其余步骤均相同，所以下面只讨论 K-means++算法的聚类中心初始化过程。

K-means++算法初始化聚类中心的步骤如下：

(1) 在数据集中随机选取一个样本作为第一个聚类中心 $\boldsymbol{m}_1$。

(2) 计算剩余样本与所有聚类中心的最短欧几里得距离：

$$D(\boldsymbol{x}^{(i)})=\min[\mathrm{dist}(\boldsymbol{x}^{(i)},\boldsymbol{m}_1),\mathrm{dist}(\boldsymbol{x}^{(i)},\boldsymbol{m}_2),\cdots,\mathrm{dist}(\boldsymbol{x}^{(i)},\boldsymbol{m}_n)] \tag{10.13}$$

则样本 $\boldsymbol{x}_i$ 被选为下一个聚类中心的概率为

$$\frac{D\,(\boldsymbol{x}^{(i)})^2}{\sum D\,(\boldsymbol{x}^{(j)})^2},j\neq i,i,j\in\{1,2,\cdots,n\} \tag{10.14}$$

当计算出所有剩余样本与聚类中心的最短欧几里得距离的概率后，选取可能性最大的样本作为下一个聚类中心。

(3) 重复步骤(2)，直到选出 K 个聚类中心。

通过步骤(2)可以看出，K-means++算法的核心思想是使初始聚类中心之间的距离尽可能地远。下面结合简单例子说明 K-means++算法如何选取聚类中心。

数据集中共有 8 个样本，其分布如图 10.7 所示。

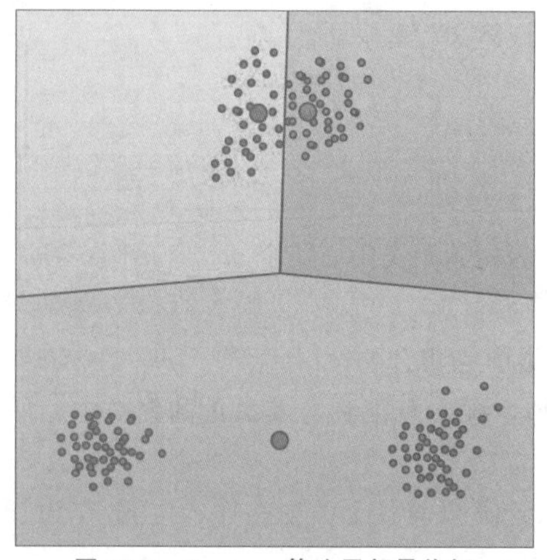

图 10.6 K-means 算法局部最优解

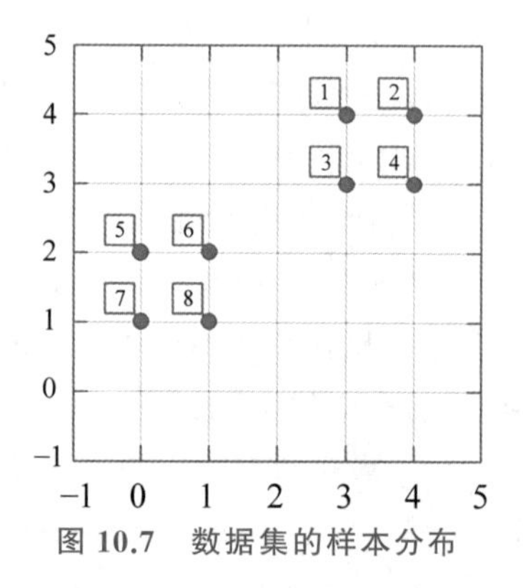

图 10.7 数据集的样本分布

假设在步骤(1)选取 6 号点为第一个初始聚类中心，那么步骤(2)中每个样本的 $D(\boldsymbol{x})$ 和被选取为第二个聚类中心的概率 $P(\boldsymbol{x})$ 如表 10.1 所示。

表 10.1 样本点与 6 号点的数据

序号	1	2	3	4	5	6	7	8
$D(\boldsymbol{x})$	$2\sqrt{2}$	$\sqrt{13}$	$\sqrt{5}$	$\sqrt{10}$	1	0	$\sqrt{2}$	1
$P(\boldsymbol{x})$	0.2	0.325	0.125	0.25	0.025	0	0.05	0.025
累计	0.2	0.525	0.65	0.9	0.925	0.925	0.975	1

可以发现，在通过步骤(2)计算出的各样本被选取的概率中，2 号样本的概率最大，所以选取 2 号样本作为下一个聚类中心。

以上即为 K-means++算法中初始化的核心思想，其余算法步骤与 K-means 算法相同，这里不再赘述。下面简要探讨聚类中常用的评价指标。

10.1.3 评估指标

无监督聚类不同于有监督学习的分类和回归问题，通常很难用有监督学习中的准确率或皮尔森系数评估聚类算法，因此没有直接的评估方法。然而，对于聚类效果，我们希望分为同一类的样本更接近，而不在同一类的样本更分散。基于这一点，可以根据类内的稠密度和类间的离散度评估聚类效果。常见的评估指标有 3 个：平方误差和(Sum Of Squared Error，SSE)、轮廓系数（Silhouette Coefficient，SC）和 CH 系数（Calinski-Harabasz coefficient）。下面对这 3 个评估指标进行简要介绍。

1. 平方误差和

平方误差和通过计算每个类中的样本与该聚类中心的距离之和评估聚类效果的优劣。平方误差和越小，聚类效果越好。

如图 10.8 所示，灰色小圈代表样本，白色小圈代表聚类中心。在每个类中，计算所有样本到其所属聚类中心的欧几里得距离，然后对其求平方后累加，最后将所有类的上述计算结果相加，得到误差平方和，公式如下：

$$\mathrm{SSE}=\sum_{i=1}^{K}\sum_{\boldsymbol{p}\in G_i}|\boldsymbol{p}-\boldsymbol{m}_i|^2 \tag{10.15}$$

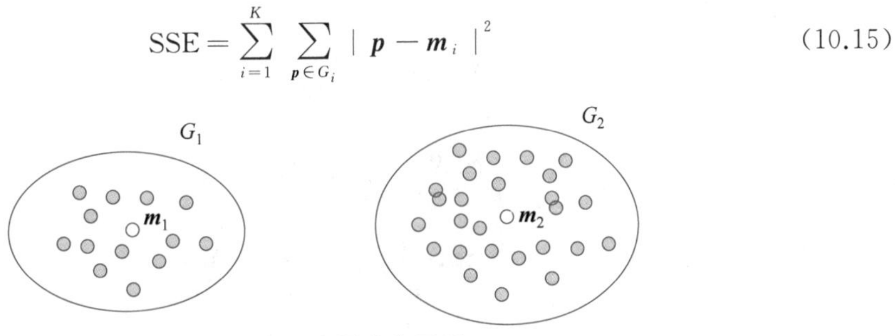

图 10.8 平方误差和示例

其中，

- $\boldsymbol{p}$ 为样本。
- $\boldsymbol{m}_i$ 为聚类中心。
- SSE 为当前的分类结果的平方误差和。

2. 轮廓系数

轮廓系数法结合聚类的凝聚度和分离度评估聚类的效果。类内的凝聚度和类间的分离度的值越大，聚类效果越好。

如图 10.9 所示，a 是从 G_1 某一个样本到本类中其他样本的距离平均值，b 是一个类中的某一个样本到其他类中所有样本的距离平均值。轮廓系数计算公式如下：

$$\mathrm{SC}=\frac{b-a}{\max(a,b)},\quad \mathrm{SC}\in[-1,1] \tag{10.16}$$

其中，

- a：样本 $\boldsymbol{x}_i$ 到同一类内其他样本欧几里得距离之和的平均值。
- b：样本 $\boldsymbol{x}_i$ 到其他类的样本的欧几里得距离之和的最小值，即 $b=\min(b_{C_2},b_{C_3},\cdots,b_{C_k},\cdots,b_{C_n})$，$k=1,2,\cdots,n$。

3. CH 系数

CH 系数法同样结合聚类的凝聚度和分离度评估聚类结果，但在计算上与轮廓系数法不同，如图 10.10 所示。其中，$\boldsymbol{c}_1$ 是类 1 的中心位置，$\boldsymbol{c}_2$ 是类 2 的中心位置，$\boldsymbol{c}_3$ 是类 3 的中心位置，$\boldsymbol{x}_i$ 代表某个样本，$\bar{\boldsymbol{X}}$ 代表所有类中样本的中心位置。

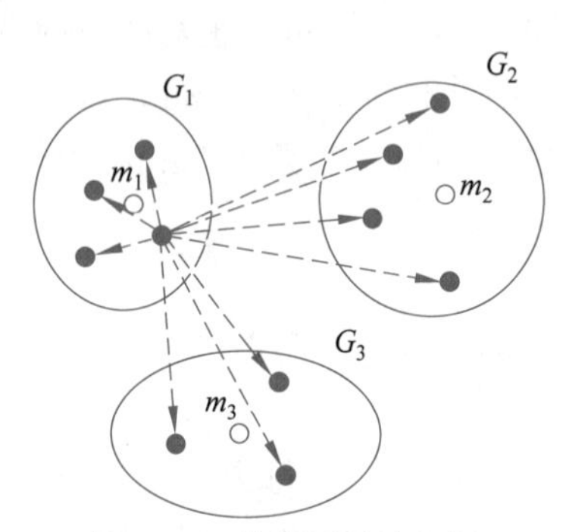

图 10.9　轮廓系数法示例

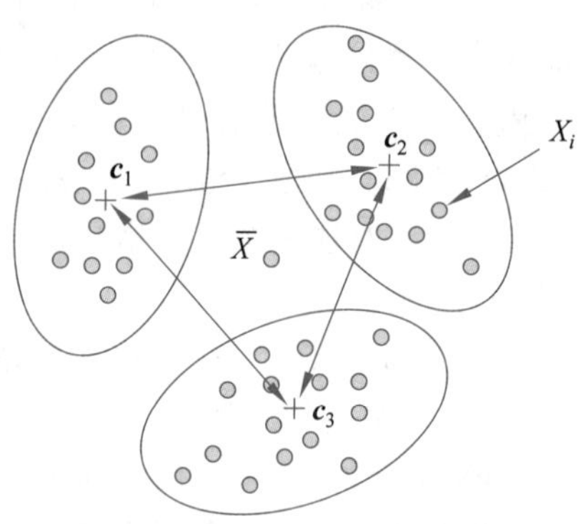

图 10.10　CH 系数法样例说明

CH 系数计算公式如下：

$$\mathrm{CH}(k)=\frac{\mathrm{SSB}}{\mathrm{SSW}}\frac{m-k}{k-1} \tag{10.17}$$

$$\mathrm{SSW}=\sum_{j=1}^{m}\|\boldsymbol{x}_i-\boldsymbol{c}_{pi}\|^2 \tag{10.18}$$

$$\mathrm{SSB}=\sum_{j=1}^{k}n_j\|\boldsymbol{c}_j-\bar{\boldsymbol{X}}\|^2 \tag{10.19}$$

其中，

- SSB：类间距离参数，其值越大越好，说明类间样本分离度高。
- SSW：类内部参数，其值越小越好，说明类内样本凝聚度高。
- m：样本总数。
- K：类总数。
- n_j：类 j 中的样本总数。
- $\boldsymbol{c}_j$：类 j 的中心。

10.2 实例分析

10.2.1 对简单样本进行 *K*-means 聚类

给定含有 5 个样本的集合：

$$\boldsymbol{X}=\begin{bmatrix}0&0&1&5&5\\2&0&0&0&2\end{bmatrix}$$

样本矩阵的第 j 列表示第 j 个样本，$j=1,2,\cdots,5$；第 i 行表示第 i 个特征，$i=1,2$。用 K-means 聚类算法将样本聚到两个类中。

解：

(1) 选择两个样本作为类的中心。假设选择 $\boldsymbol{m}_1^{(0)}=\boldsymbol{x}_1=[0\ 2]^{\mathrm{T}}$，$\boldsymbol{m}_2^{(0)}=\boldsymbol{x}_2=[0\ 0]^{\mathrm{T}}$。

(2) 以 $\boldsymbol{m}_1^{(0)}$、$\boldsymbol{m}_2^{(0)}$ 为类 $G_1^{(0)}$、$G_2^{(0)}$ 的中心，计算 $\boldsymbol{x}_3=[1\ 0]^{\mathrm{T}}$，$\boldsymbol{x}_4=[5\ 0]^{\mathrm{T}}$，$\boldsymbol{x}_5=[5\ 2]^{\mathrm{T}}$ 与 $\boldsymbol{m}_1^{(0)}=[0\ 2]^{\mathrm{T}}$、$\boldsymbol{m}_2^{(0)}=[0\ 0]^{\mathrm{T}}$ 的欧几里得距离的平方。

- 对 $\boldsymbol{x}_3=[1\ 0]^{\mathrm{T}}$，$d(\boldsymbol{x}_3,\boldsymbol{m}_1^{(0)})=5$，$d(\boldsymbol{x}_3,\boldsymbol{m}_2^{(0)})=1$ 将 $\boldsymbol{x}_3$ 分到类 $G_2^{(0)}$。
- 对 $\boldsymbol{x}_4=[5\ 0]^{\mathrm{T}}$，$d(\boldsymbol{x}_4,\boldsymbol{m}_1^{(0)})=29$，$d(\boldsymbol{x}_4,\boldsymbol{m}_2^{(0)})=25$ 将 $\boldsymbol{x}_4$ 分到类 $G_2^{(0)}$。
- 对 $\boldsymbol{x}_5=[5\ 2]^{\mathrm{T}}$，$d(\boldsymbol{x}_5,\boldsymbol{m}_1^{(0)})=25$，$d(\boldsymbol{x}_5,\boldsymbol{m}_2^{(0)})=29$ 将 $\boldsymbol{x}_5$ 分到类 $G_1^{(0)}$。

(3) 得到新的类 $G_1^{(1)}=\{\boldsymbol{x}_1,\boldsymbol{x}_5\}$，$G_2^{(1)}=\{\boldsymbol{x}_2,\boldsymbol{x}_3,\boldsymbol{x}_4\}$，计算类的中心 $\boldsymbol{m}_1^{(1)}$、$\boldsymbol{m}_2^{(1)}$：

$$\boldsymbol{m}_1^{(1)}=[2.5\ 2.0]^{\mathrm{T}},\boldsymbol{m}_2^{(1)}=[2\ 0]^{\mathrm{T}}$$

(4) 重复步骤(2)和步骤(3)。

将 $\boldsymbol{x}_1$ 分到类 $G_1^{(1)}$，将 $\boldsymbol{x}_2$ 分到类 $G_2^{(1)}$，将 $\boldsymbol{x}_3$ 分到类 $G_2^{(1)}$，将 $\boldsymbol{x}_4$ 分到类 $G_2^{(1)}$，将 $\boldsymbol{x}_5$ 分到类 $G_1^{(1)}$。得到新的类：$G_1^{(2)}=\{\boldsymbol{x}_1,\boldsymbol{x}_5\}$，$G_2^{(2)}=\{\boldsymbol{x}_2,\boldsymbol{x}_3,\boldsymbol{x}_4\}$。

由于得到的新的类没有改变，聚类停止。得到聚类结果：

$$G_1^*=\{\boldsymbol{x}_1,\boldsymbol{x}_5\},G_2^*=\{\boldsymbol{x}_2,\boldsymbol{x}_3,\boldsymbol{x}_4\} \tag{10.20}$$

10.2.2 创建数据集并进行 K-means 聚类

1. 创建数据集

在本例中，使用 sklearn 的 make_blobs()方法创建数据集。make_blobs()方法通常用于生成聚类算法的测试数据，该方法会根据用户指定的样本数、特征数、中心坐标和类的标准差生成几种类型的数据，可以用来测试聚类算法的效果。

make_blobs()方法的语法格式如下：

```
sklearn.datasets.make_blobs(n_samples, n_features,centers,cluster_std,random_
state)
```

其中：

- n_samples 是待生成的样本数。
- n_features 是每个样本的特征数。
- centers 表示样本中心的坐标。
- cluster_std 是每个类的标准差。例如，要生成两类数据，其中一类数据的标准差大于另一类数据，可以将 cluster_std 设置为[1.0,3.0]。
- random_state 是随机种子。

在本实例中，使用 make_blobs()方法创建数据集的代码如下：

```
x,y =make_blobs(n_samples=1000,n_features=2,centers=[[-1,0],[0,1],[1,0],[0,-1]],
cluster_std=[0.4,0.2,0.2,0.2],random_state=4426)
```

其中，样本点数设置为 10 000。为了方便结果的可视化，设置样本的特征数为 2，将样本中心坐标设置为(−1,0)、(0,1)、(1,0)和(0,−1)，而每个类别的方差设置为 0.4、0.2、0.2、0。

为了保证每次结果相同，这里保持随机数种子不变，设置为 4426。图 10.11 为数据可视化结果。

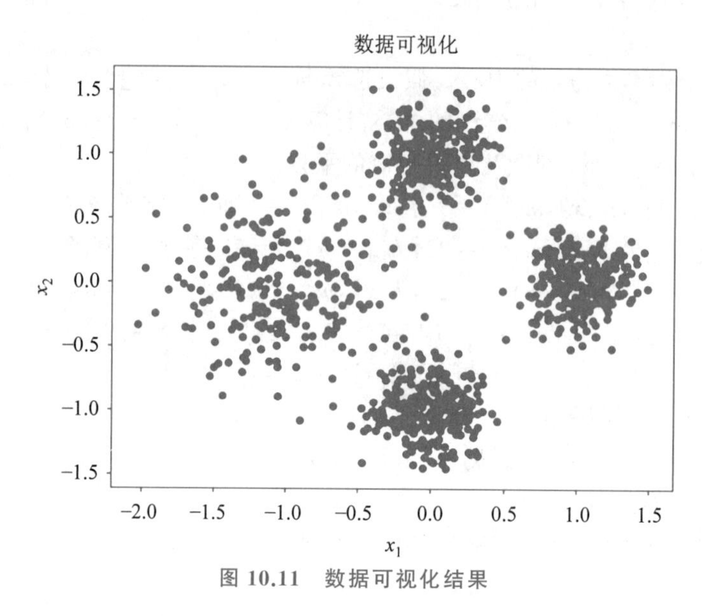

图 10.11 数据可视化结果

根据这些样本进行 K-means 聚类。

2. 算法实现

1）处理数据

使用 make_blobs()方法创建数据样本，并使用可视化模块 pyplot 对其样本分布进行可视化，具体代码如下：

```
import matplotlib.pyplot as plt
from sklearn.datasets.samples_generator import make_blobs
def create_self_build_data():
    x,y = make_blobs(n_samples=1000,n_features=2,centers=[[-1,0],[0,1],[1,0],
          [0,-1]],cluster_std=[0.4,0.2,0.2,0.2],random_state=4426)
    plt.figure()
    plt.scatter(x[:,0],x[:,1])
    plt.xlabel('x1')
    plt.ylabel('x2')
    plt.title('数据可视化')
    plt.savefig("数据可视化.jpg")
    plt.show()
    return x
```

运行代码后返回生成的数据样本，并可视化其样本分布，结果见图 10.11。

2）构建 K-means 算法

K-means 算法的构建分为以下 3 个步骤。

(1) 参数初始化。

在 K-means 算法中，需要初始化的参数只有聚类中心的个数。将初始化部分封装在__init__()函数中，具体代码如下：

```
def __init__(self, n_clusters):
    self.n_clusters = n_clusters
```

(2) 计算聚类中心。

理论部分已经详细讨论过计算聚类中心的步骤。首先随机初始化聚类中心,然后计算每个样本与初始聚类中心之间的距离,选择距离最短的聚类中心所在的类作为该样本的类,最后通过计算属于该类的样本的平均值选出新的聚类中心。不断地迭代更新聚类中心,在满足条件时停止迭代,返回最终的聚类中心的坐标。这里使用了 cdist()函数计算样本与聚类中心之间的欧几里得距离,该函数在 6.3.2 节已经用过了。当计算出每个样本与聚类中心之间的距离后,使用 NumPy 的 argmin()函数返回每个样本与相距最近的聚类中心的索引,从而得到每轮迭代中样本所属聚类中心的索引。通过求每一个聚类中心的样本平均值,得到新一轮聚类中心。具体代码如下:

```
import numpy as np
from scipy.spatial.distance import cdist
def fit(self, X, iter_max=100):
    I = np.eye(self.n_clusters)
    centers = X[np.random.choice(len(X), self.n_clusters, replace=False)]
    for _ in range(iter_max):
        prev_centers = np.copy(centers)
        D = cdist(X, centers)
        cluster_index_num = np.argmin(D, axis=1)
        cluster_index = I[cluster_index_num]
        centers = np.sum(X[:, None, :] * cluster_index[:, :, None], axis=0) / np.
            sum(cluster_index, axis=0)[:, None]
        if np.allclose(prev_centers, centers):
            break
    self.centers = centers
    return centers
```

在上述代码中,fit()是一个封装了计算聚类中心方法的函数,传入的参数有两个,分别是 X 和 iter_max。X 代表存储数据的数组,即上面加载 MNIST 数据的 data 参数;iter_max 代表最大迭代次数,但不一定要进行 iter_max 次计算,当满足条件时,即当新一轮更新的聚类中心的坐标与上一轮完全相同时,迭代结束,相应的语句如下:

```
if np.allclose(prev_centers, centers):
    break
```

最后 fit()函数返回计算得到的聚类中心。

(3) 返回聚类中心的索引。

该函数计算传入的数据与最后得出的聚类中心的欧几里得距离,然后通过 argmin()函数返回每个样本点所属的聚类类中心的索引。具体代码如下:

```
def predict(self, X):
    D = cdist(X, self.centers)
    return np.argmin(D, axis=1)
```

3）完整代码

本实例的完整代码如下：

```
import matplotlib.pyplot as plt
import numpy as np
from scipy.spatial.distance import cdist
from Model.MachineLearning.PCA import PCA
from sklearn.datasets.samples_generator import make_blobs
def create_self_build_data():
    x,y = make_blobs(n_samples=1000,n_features=2,centers=[[-1,0],[0,1],[1,0],
        [0,-1]],cluster_std=[0.4,0.2,0.2,0.2],random_state=4426)
    plt.figure()
    plt.scatter(x[:,0],x[:,1])
    plt.xlabel('x1')
    plt.ylabel('x2')
    plt.title('数据可视化')
    plt.savefig("数据可视化.jpg")
    plt.show()
    return x
class KMeans(object):
    def __init__(self, n_clusters):
        self.n_clusters = n_clusters
    def fit(self, X, iter_max=100):
        I = np.eye(self.n_clusters)
        centers = X[np.random.choice(len(X), self.n_clusters, replace=False)]
        for _ in range(iter_max):
            prev_centers = np.copy(centers)
            D = cdist(X, centers)
            cluster_index_num = np.argmin(D, axis=1)
            cluster_index = I[cluster_index_num]
            centers = np.sum(X[:, None, :] * cluster_index[:, :, None], axis=0) /
                np.sum(cluster_index, axis=0)[:, None]
            if np.allclose(prev_centers, centers):
                break
        self.centers = centers
        return centers
```

4）实验结果

上述代码为 K-means 算法的完整代码。在该部分中，通过调用 KMeans 类对创建的数据库进行聚类，并且通过选取不同的 K 值，使用轮廓系数评估其聚类结果。接下来可视化其聚类结果及不同 K 值时的轮廓系数曲线。具体代码如下：

```
def visualize(x,centers,res,i):
    if i==1:
        plt.figure(figsize=(20,10))
    plt.subplot(3,4,i)
```

```
    plt.scatter(x[:, 0], x[:, 1], c=res)
    plt.scatter(centers[:, 0], centers[:, 1], c='red', s=50)
    plt.title('Kmeans for Building Data(k={})'.format(i))
    if i ==12:
        plt.savefig('Kmeans for Building_data.jpg')
        plt.show()
if__name__ == '__main__':
    data = create_self_build_data()
    score = [0]
    x =[]
    for i in range(1,13):
        k = KMeans(i)
        centers = k.fit(data)
    res = k.predict(data)
        if not i==1:
            score.append(silhouette_score(data,res))
        visualize(data,centers,res,i)
        x.append(i)
    print(score)
    plt.figure()
    plt.xlabel("K值")
    plt.ylabel("轮廓系数")
    plt.title("不同K值对轮廓系数的影响")
    plt.plot(x,score, c='r')
    plt.savefig("分数.jpg")
    plt.show()
```

以上代码使用轮廓系数对聚类结果进行评估。在 sklearn 中，轮廓系数调用 sklearn.metrics.silhouette_score 进行计算，将数据样本及其预测的所属类传入该函数即可。值得注意的是，在 sklearn 中的轮廓系数必须在 $K>1$ 时才可以使用，否则无法计算轮廓系数。通过迭代，每次改变 K 值，使用轮廓系数评估聚类结果，并且对不同 K 值下的聚类结果进行可视化。不同 K 值时的聚类结果如图 10.12 所示。

从图 10.13 中可以发现，当 $K=4$ 时，聚类的轮廓系数是最高的。而随着 K 值的增大，聚类效果也慢慢变差。

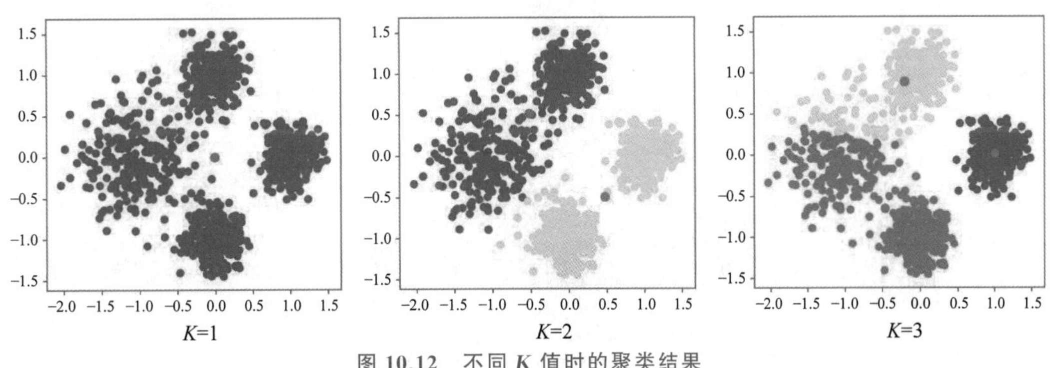

图 10.12　不同 K 值时的聚类结果

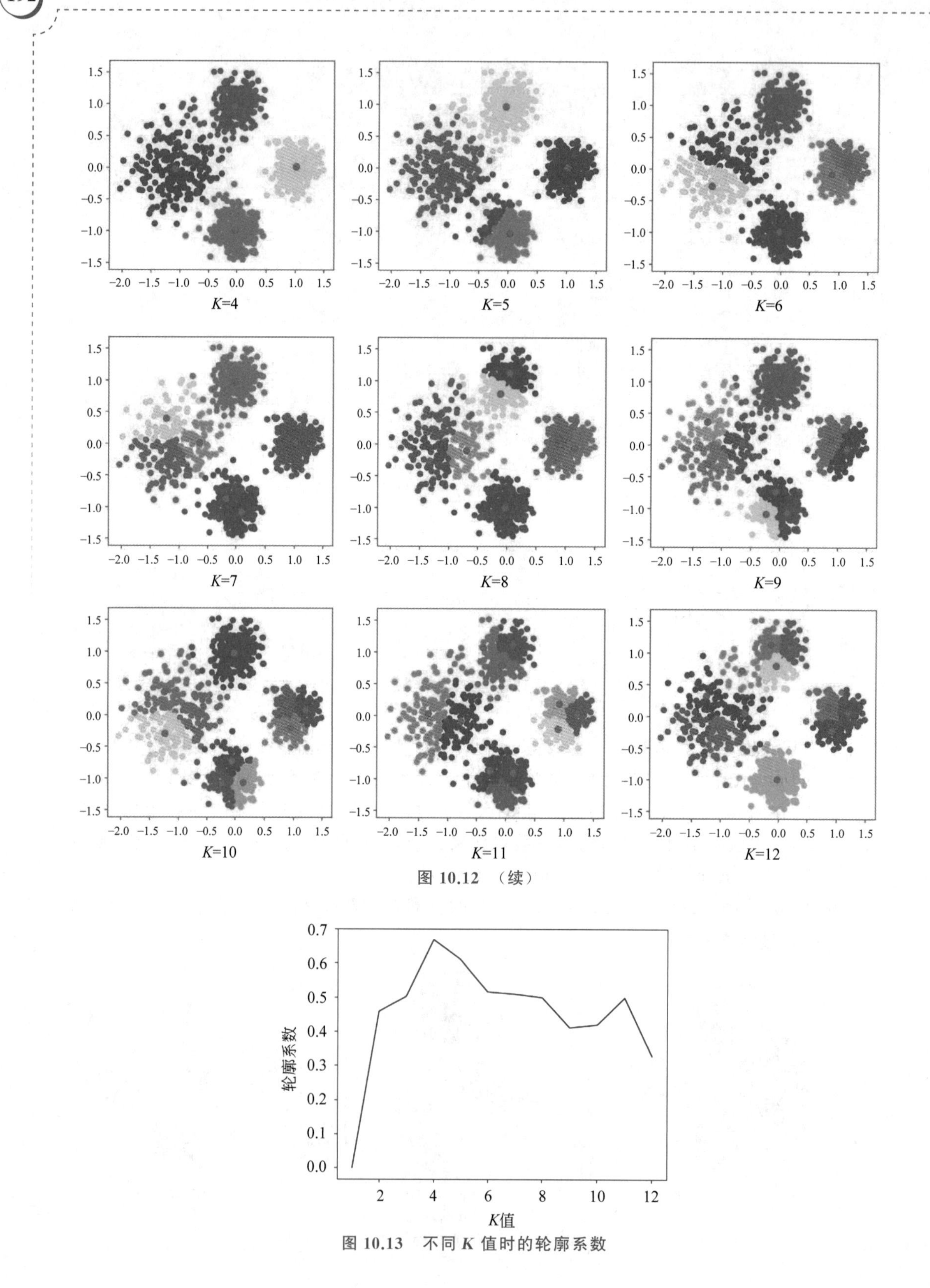

图 10.12 （续）

图 10.13 不同 K 值时的轮廓系数

10.2.3　对 MNIST 数据集进行 *K*-means 聚类

MNIST 数据集由 60 000 个训练样本和 10 000 个测试样本组成，每个样本都是一张 28×28 像素的手写数字灰度图片。

MNIST 数据集可以从 http://yann.lecun.com/exdb/mnist/guo 获取。该数据集中有训练集、训练集标签、测试集、测试集标签 4 个原始文件，如表 10.2 所示。

表 10.2　MNIST 数据集的 4 个原始文件

文件名称	大小/KB	内　容
train-images-idx3-ubyte.gz	9681	60 000 张训练集图片
train-labels-idx1-ubyte.gz	29	训练集图片对应的标签
t10k-images-idx3-ubyte.gz	1611	10 000 张测试集图片
t10k-labels-idx1-ubyte.gz	5	测试集图片对应的标签

MINST 数据集中的图片示例如图 10.14 所示。

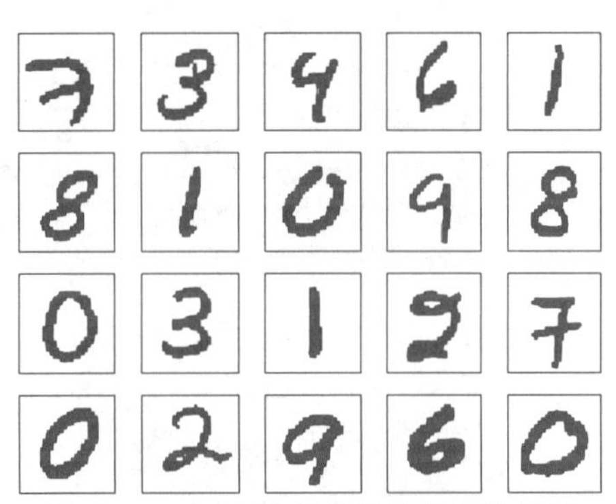

图 10.14　MNIST 数据集中的图片示例

然而，使用 NumPy 函数库对 MNIST 数据集的 4 个原始文件进行读取处理，代码编写工作量较大，在这里不要求读者掌握，所以本实例使用 sklearn 函数库加载 MNIST 数据库。

由于在 10.2.2 节的实例中已经详细讲解过 *K*-means 算法的代码，这里直接使用该实例的 *K*-means 算法代码进行聚类。下面主要阐述如何加载 MNIST 数据集，并对其聚类结果进行可视化。

1. 加载数据

MNIST 数据集中的原始文件共有 4 个，使用 sklearn 函数库的 fetch_mldata()函数对 MNIST 数据集进行加载，但是要注意 fetch_mldata()函数处理的不是上述 4 个原始文件，而是使用 sklearn 函数库提供的 MNIST-original.mat 文件，这个文件是 sklearn 在第一次加载数据集时下载的。由于 fetch_mldata()函数无法下载这个文件，所以需要手动下载。下面提供了一个网盘地址供读者下载：

链接：https://pan.baidu.com/s/1fe60R_ykcdvGp_ZhZGoIIQ。
密码：o83d。

当 MNIST-original.mat 文件下载完成后，创建一个文件夹，将文件夹名字改为 mldata，存放 MNIST-original.mat 文件，然后就可以使用 fetch_mldata()函数对 MNIST 数据集进行加载。当加载完成后，使用 PCA 算法进行降维(在这里不对 PCA 算法进行讲解，具体代码到 11.2 节查阅)，以方便后面的聚类结果可视化。具体代码如下：

```
from sklearn.datasets import fetch_mldata
from Model.MachineLearning.PCA import PCA
import numpy as np
def create_data():
    mnist = fetch_mldata('MNIST original', data_home='../../Database/mnist/')
    data = mnist.data
    data = data.reshape(-1, 28 * 28)
    pca = PCA(2)
    data = pca.fit(data)
    return data
```

2. 聚类结果

该部分通过调用 KMeans 类对 MNIST 数据集进行聚类，并将其结果可视化。具体代码如下：

```
import matplotlib.pyplot as plt
def visualize(x,centers,res):
    plt.scatter(x[:, 0], x[:, 1], c=res)
    plt.scatter(centers[:, 0], centers[:, 1], c='red', s=50)
    plt.xlabel('x1')
    plt.ylabel('x2')
    plt.title('Kmeans for mnist')
    plt.savefig('Kmeans for mnist database after PCA.jpg')
    plt.show()
if__name__ == '__main__':
    data = create_data()
    k = KMeans(10)
    centers = k.fit(x_traiKn)
    res = k.predict(x_train)
    visualize(x_train,centers,res)
```

聚类结果如图 10.15 所示。

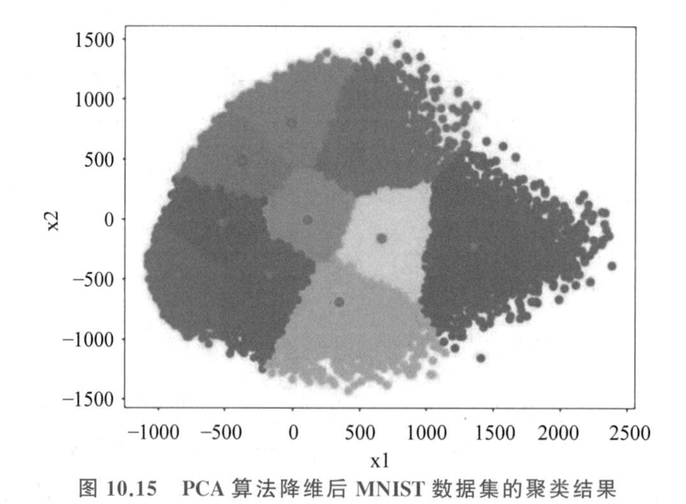

图 10.15 PCA 算法降维后 MNIST 数据集的聚类结果

同样，还可以对 CIFAR-10 和 Fashion-MNIST 两个数据集进行聚类，这里不进行代码详解，聚类结果如图 10.16 和图 10.17 所示。

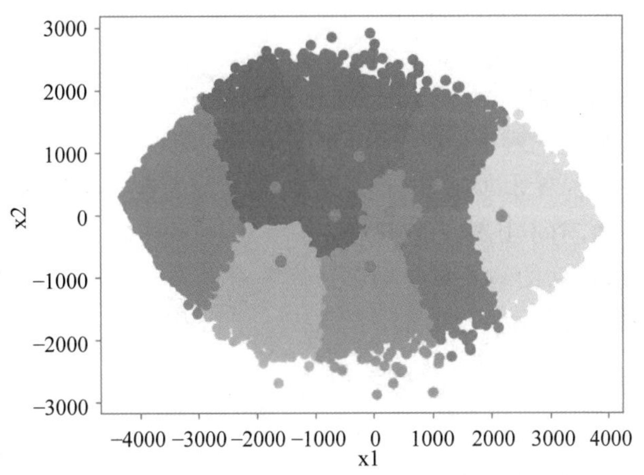

图 10.16　PCA 算法降维后 CIFAR-10 数据集的聚类结果

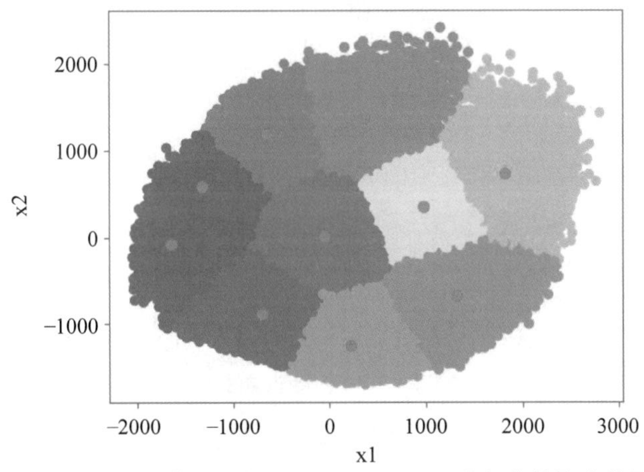

图 10.17　PCA 算法降维后 Fashion-MNIST 数据集的聚类结果

10.3 小　　结

初学者容易混淆 K-means 算法和 k 近邻算法，其实两者还是有很大差别的。K-means 算法是一种无样本输出的无监督学习聚类算法，而 k 近邻算法是一种具有对应的类别输出的监督学习分类算法。k 近邻算法基本上不需要训练，对于测试集中的样本，只需要在训练集中找到最近邻的 k 个样本，然后用这 k 个样本的类别确定测试样本的类别即可。而 K-means 算法则有清晰的训练过程，找到 K 个类别的最佳聚类中心，从而确定样本的类别。当然，这两种算法也有相似之处，它们都涉及一个过程，即找到离某个样本最近的样本。这两种算法实际上都使用了最近邻的思想。

K-means 算法是一种简单、实用的聚类算法。其主要优点如下：

- 原理比较简单，实现也很容易，收敛速度快。

- 聚类效果较好。
- 算法的可解释性比较强。
- 需要调整的参数仅仅是分类数 K。

K-means 算法的主要缺点如下：

- K 值的选取不好把握。
- 对于非凸的数据集比较难收敛。
- 如果各隐含类别的样本不平衡，例如各隐含类别的数据量严重不平衡，或者各隐含类别的样本方差不同，则聚类效果较差。
- 采用迭代方法，得到的结果只是局部最优解。
- 对噪声和异常点比较敏感。

第11章 主成分分析算法

在开始本章的学习之前，先介绍在主成分分析（Principal Component Analysis，PCA）算法发展进程中起到重要推动作用的人物——哈罗德·霍特林（Harold Hotelling，1895—1973）。

哈罗德·霍特林是数理统计学者和具有重要影响力的经济理论学者。霍特林在华盛顿大学就读期间由主修新闻学转向从事数学拓扑领域的相关研究，并在1924年获得博士学位。多变量分析及或然率是霍特林对统计理论最重要的贡献，其中最重要的论文是 *The Generalization of Students' Ratio*，也就是著名的霍特林 T 方（Hotelling's T^2）。霍特林在1929年提出空间竞争理论，将产品差异划分成空间中直线段上不同的点，因而令产品差异具备可检验的经验意义。其中著名的例子为卖冰淇淋理论：在一个平直的海滩上有两个卖冰淇淋的小贩。假设两者的生产成本均为零，产品质量相同，顾客平均分布于线性市场，顾客口味一致，对产品需求的价格弹性为零，顾客会光顾最近的供给者。霍特林在1931年发表的 *The Economics of Exhaustible Resources* 被认为是资源经济学产生的标志。1933年，霍特林把主成分分析在随机变量中进行推广。在1972年，霍特林当选为美国国家科学院院士。

现在PCA算法已经运用于脸部识别问题。脸部识别是从照片中识别出某人的监督分类任务。在PCA脸部识别研究中，研究者使用剑桥大学AT&T实验室的Our Database of Faces数据集，该数据集中包括40个人各10张照片。这些照片拍摄于不同的光照条件，每张照片的表情各不相同，且都为92×112像素的黑白照片。这些照片尺寸不大，但每张照片中按像素强度排序的特征向量高达10 304维。高维数据的训练为避免过拟合可能需要大量样本。然而，使用PCA算法计算其中的主成分，就能够利用低维数据将人脸特征提取出来，如图11.1所示。

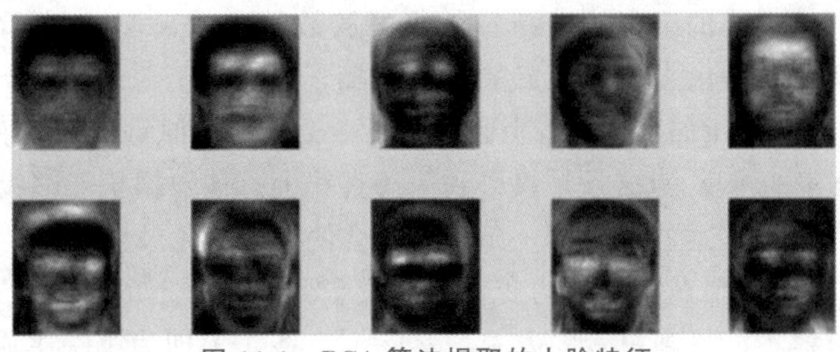

图 11.1　PCA 算法提取的人脸特征

首先把照片的像素强度矩阵转换为向量，并利用所有训练照片的向量创建一个矩阵，每张照片都是数据集中主成分的线性组合。在脸部识别理论中，这些主成分被称为特征脸(eigenface)。特征脸可看作脸部的标准化组成部分。数据集中的每张脸都能通过一些特征脸的组合生成，或者是最重要的特征脸线性组合之后的近似值。接着用交叉检验构建训练集和测试集，将 PCA 算法运用于训练集上，将所有样本降低到 150 维，训练出一个逻辑回归分类器。最后，用交叉验证和测试集评估分类器的性能。

11.1 概　　述

主成分分析也称卡尔胡宁-勒夫变换(Karhunen-Loeve Transform, KLT)，是一种用于探索高维数据结构的技术。PCA 算法将原始数据通过线性变换转为一组各维度线性无关的表征向量，可用于提取数据的主要特征分量，因此常被用于高维数据的降维。因特征维数过高而引起的维数灾难会导致模型在训练集上过拟合，因此 PCA 算法通常用于高维数据集的探索与可视化。

PCA 算法能够将可能具有相关性的高维变量合成为线性无关的低维变量，这些线性无关的低维变量称为主成分。新的低维数据集会尽可能保留原始数据的变量。PCA 算法把数据投射到一个低维子空间内进行降维。例如，二维数据集降为一维即把点投影到一条线上，使数据集中的每个样本都可以用一个值表示，而不需要两个值；三维数据集降为二维即把变量投影到一个平面上。一般来说，n 维数据集都可通过投影降为 k 维子空间，其中 $k<n$。

PCA 算法的具体实现十分简单，就是找到一组能够概括数据集的低维坐标集。关于这一点的原因，举一个例子：假设有一个包含一组汽车属性的数据集，这些属性通过尺寸、颜色、形状、座椅数、车胎半径、门窗数以及后备厢尺寸等参数描述每辆汽车。但其实很多属性是相关的，部分属性又是多余的。而 PCA 算法的目标就是根据描述每辆汽车的作用大小删减冗余属性。例如，考虑将车轮数量作为区分轿车和公共汽车的特征，然而几乎每个类别中的每个样例都有 4 个轮子，因此这个特征的差异度非常小(一些公共汽车有 6 个轮子)，所以这个特征无法区分轿车和公共汽车。但实际上两种汽车差别比较大。因为轿车和公共汽车的高度差异很大，可以考虑把汽车高度作为区分它们的优良特征。PCA 算法不会考虑类别信息，而只关注每个特征的方差，因为能够合理分析出呈现高方差的特征，就有可能在类别间进行良好的区分。

有人认为，PCA 算法从数据集中挑选某些特征的同时会丢弃其他特征。事实上，PCA 算法是基于旧特征集的组合构造新特征集。从数学角度来说，PCA 算法会执行线性变换，把原始特征集变换为由主成分组成的新特征集。

例如，图 11.2 所示的数据集看上去构成了一个长轴从原点延伸到右上角的椭圆区域。为降低整个数据集的维度，点必须被投影到一条直线上。该数据集能够投影到如图 11.3 所示的两条直线上。那么，究竟投影到哪一条直线上会使样本变化最大？

显然，样本投影到直线 1 上的变化要比投影到直线 2 上的变化大得多，而选择变化大的直线的原因是样本能得到更大的方差。实际上直线 1 上即为第一主成分。将这些二维数据点投影到直线 1 上就可以将二维数据降为一维数据，获得新特征。这些新特征并不具有任

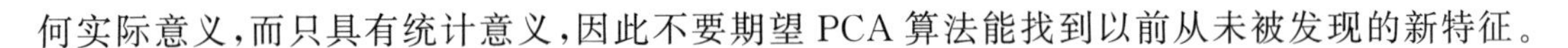

何实际意义，而只具有统计意义，因此不要期望 PCA 算法能找到以前从未被发现的新特征。

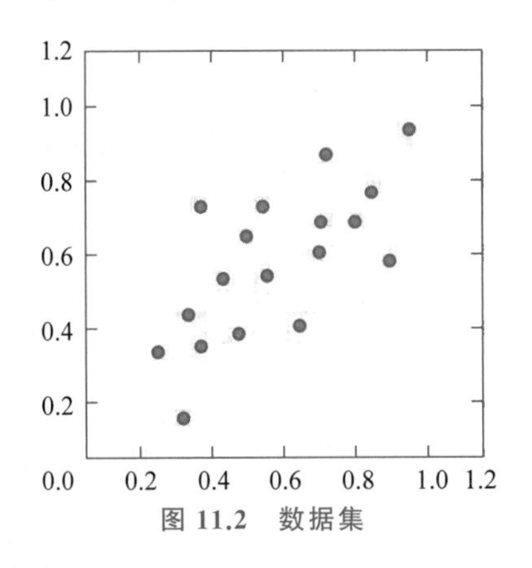

图 11.2　数据集

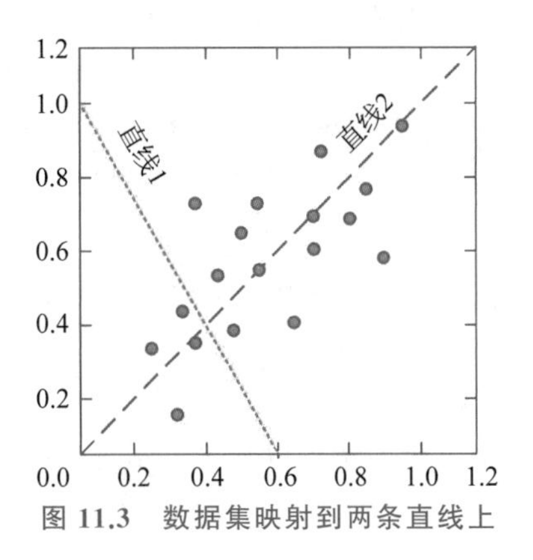

图 11.3　数据集映射到两条直线上

11.1.1 PCA 算法原理

PCA 算法的核心思想是使样本具有最大可分性，简单地说就是使样本在新的表示空间上的投影尽可能分开。而获得新的表示空间最简单的方法就是基变换。而要令样本投影的分散程度尽可能高，可以用方差表示，方差越大则表明数据分散程度越高。然而，只有方差最大还不够，必须使基变换后获得的基是正交的。所以对于基变换后获得的基有两个条件：①方差最大；②基两两正交，也就是两个基之间的协方差是 0。而基自身的方差和基之间的协方差可以用协方差矩阵表示，协方差对角线位置表示基自身的方差，非对角线位置表示两个基之间的协方差，所以优化目标就是求出协方差矩阵，并使非对角线位置通过矩阵变换转为 0，这个过程称为对角化。以上即 PCA 算法的原理。下面首先回顾相关的数学内容。

1. 基变换

下面简要回顾基变换的基本知识。

1）内积与投影

首先介绍向量的基本运算——内积。两个维数相同的向量内积定义为$[a_1\ a_2 \cdots\ a_n]^{\mathrm{T}} \cdot [b_1\ b_2 \cdots\ b_n]^{\mathrm{T}} = a_1b_1 + a_2b_2 + \cdots + a_nb_n$，内积运算把两个向量映射成一个实数。关于其几何意义将在下面进行分析。

假设 $\boldsymbol{A}$ 与 $\boldsymbol{B}$ 是两个 n 维向量，已知 n 维向量可等价表示为 n 维空间中一条从原点出发的有向线段。假设 $\boldsymbol{A}$ 和 $\boldsymbol{B}$ 均为二维向量，令 $\boldsymbol{A}=[x_1\ y_1]$，$\boldsymbol{B}=[x_2\ y_2]$，这样 $\boldsymbol{A}$ 和 $\boldsymbol{B}$ 在二维平面上可以用两条从原点出发的有向线段表示，如图 11.4 所示。

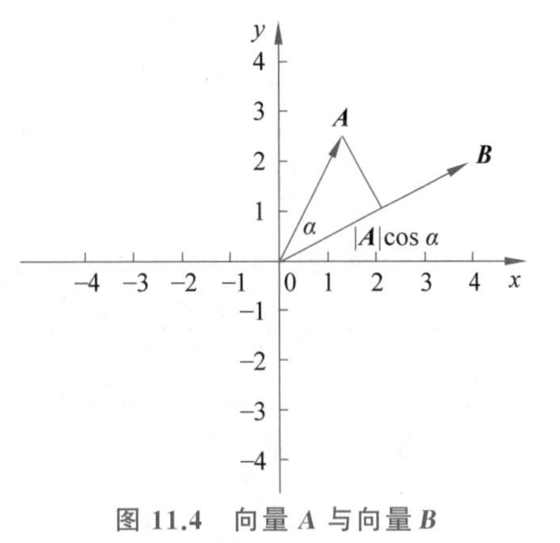

图 11.4　向量 $\boldsymbol{A}$ 与向量 $\boldsymbol{B}$

现在，从 $\boldsymbol{A}$ 点向 $\boldsymbol{B}$ 点所在线段引一条垂线，则垂线与 $\boldsymbol{B}$ 所在线段的交点为 $\boldsymbol{A}$ 在 $\boldsymbol{B}$ 上的投影。设 $\boldsymbol{A}$ 与 $\boldsymbol{B}$ 的夹角为 α，则投影的矢量长度为 $|\boldsymbol{A}|\cos\alpha$，其中，$|\boldsymbol{A}|=\sqrt{x_1^2+y_1^2}$，为向量 $\boldsymbol{A}$ 的模，即 $\boldsymbol{A}$ 所在线段的标量长度。

注意：标量长度总是大于或等于 0。而向量长度可正可负，符号由其与标准方向相同或相反决定。

现在将内积转换为另一种形式：

$$\boldsymbol{A} \cdot \boldsymbol{B} = |\boldsymbol{A}||\boldsymbol{B}| \cos \alpha \tag{11.1}$$

即 $\boldsymbol{A}$ 与 $\boldsymbol{B}$ 的内积等于 $\boldsymbol{A}$ 在 $\boldsymbol{B}$ 上的投影长度与 $\boldsymbol{B}$ 的模的乘积。更进一步，若假设 $\boldsymbol{B}$ 的模为 1，即让 $|\boldsymbol{B}|=1$，那么式(11.1)就变成了

$$\boldsymbol{A} \cdot \boldsymbol{B} = |\boldsymbol{A}| \cos \alpha \tag{11.2}$$

换句话说，当设向量 $\boldsymbol{B}$ 的模为 1 时，$\boldsymbol{A}$ 与 $\boldsymbol{B}$ 的内积就等于 $\boldsymbol{A}$ 在 $\boldsymbol{B}$ 上的投影的向量长度。这是内积的几何意义。

2）基

一个二维向量可以等价表示为二维直角坐标系里从原点出发的一条有向线段，如图 11.5 所示。

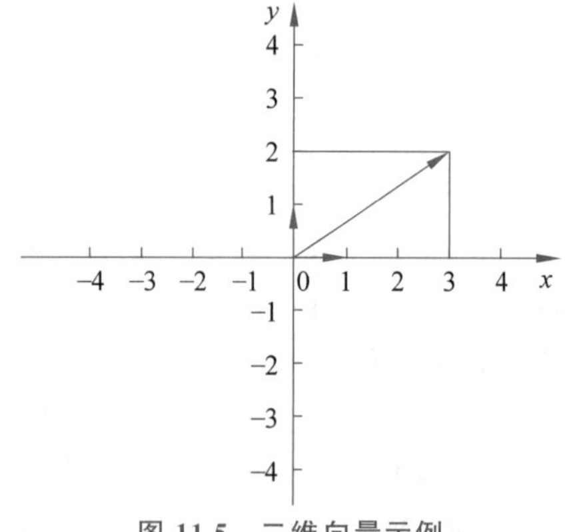

图 11.5　二维向量示例

而在解析几何中，用线段终点的坐标表示向量较为常见，即将图 11.5 中的向量表示为(3,2)。但只有(3,2)本身并不能精确表达一个向量。这里的 3 实际上表示该向量在 x 轴上的投影值，2 表示该向量在 y 轴上的投影值。实际上这里隐式引入了一个定义：将 x 轴和 y 轴上正方向长度为 1 的向量作为标准。所以向量(3,2)实际表示在 x 轴投影为 3 而在 y 轴的投影为 2。注意，这里的投影为向量长度，有可能为负。

更正式地说，向量(x,y)实际上表示以下线性组合：

$$x[1\ 0]^{\mathrm{T}} + y[0\ 1]^{\mathrm{T}} \tag{11.3}$$

同理，所有二维向量都可表示为这样的线性组合。此处[1 0]和[0 1]称为二维空间中的一组基。所以，为准确描述向量，首先要确定一组基，然后给出基在各坐标轴上的投影值。不过这一步经常被省略，而默认将[1 0]和[0 1]作为基。之所以默认选择[1 0]和[0 1]为基，是因为它们分别为 x 轴和 y 轴正方向上的两个单位向量，因而使得二维平面上点坐标与向量一一对应，十分方便。但事实上任何两个线性无关的二维向量都可成为一组基。线性无关的向量就是在二维平面内可被直观地判定为两个不在同一条直线上的向量。

例如，[1 1]和[−1 1]也可以是一组基。一般来说，我们希望基的模是 1，从内积的定义可得，若基的模是 1，就可以方便地用向量点乘基直接得到其在新基上的坐标。事实上，对于任何一个向量总能够找到其同方向上模为 1 的向量，若需将其单位化，只要将向量的各个分量分别除以模即可。

例如，上面的基也可以变为$\left[\frac{1}{\sqrt{2}}\ \frac{1}{\sqrt{2}}\right]$和$\left[-\frac{1}{\sqrt{2}}\ \frac{1}{\sqrt{2}}\right]$。

另外需要注意的是，在以上列举的例子中，基都是正交的(即内积为 0，或直观地说其相互垂直)，但是能够成为一组基的唯一条件是线性无关，非正交的基也是可以的。不过，因为正交基具有较好的数学性质，所以一般使用的都是正交基。

3）基变换的矩阵表示

下面用矩阵表示基变换，从而将[3 2]变换为新基上的坐标。首先将[3 2]与第一个基进行内积运算，作为第一个新的坐标分量；然后将[3 2]与第二个基进行内积运算，作为第二个新的坐标分量。事实上，可以利用矩阵相乘的形式简洁地表示这个变换：

$$\begin{bmatrix} \frac{1}{\sqrt{2}} & \frac{1}{\sqrt{2}} \\ -\frac{1}{\sqrt{2}} & \frac{1}{\sqrt{2}} \end{bmatrix}\begin{bmatrix} 3 \\ 2 \end{bmatrix}=\begin{bmatrix} \frac{5}{\sqrt{2}} \\ -\frac{1}{\sqrt{2}} \end{bmatrix} \tag{11.4}$$

其中，矩阵的两行分别为两个基，称该矩阵为基矩阵。将其与原向量相乘，其得到的结果刚好是新基的坐标。同理，如果已知有 m 个二维向量，只要将这些二维向量按列排成一个两行 m 列矩阵，然后用基矩阵与该矩阵相乘，即可得到这些二维向量在新基下的值。例如，要将[1 1]、[2 2]、[3 3]变换到上面的一组基上，就可表示为

$$\begin{bmatrix} \frac{1}{\sqrt{2}} & \frac{1}{\sqrt{2}} \\ -\frac{1}{\sqrt{2}} & \frac{1}{\sqrt{2}} \end{bmatrix}\begin{bmatrix} 1 & 2 & 3 \\ 1 & 2 & 3 \end{bmatrix}=\begin{bmatrix} \frac{2}{\sqrt{2}} & \frac{4}{\sqrt{2}} & \frac{6}{\sqrt{2}} \\ 0 & 0 & 0 \end{bmatrix} \tag{11.5}$$

用数学表示，一般来说，如果已知有 m 个 n 维向量，要将其变换到由 r 个 n 维向量表示的新空间中，首先要将 r 个基按行组成矩阵 $\boldsymbol{A}$，然后将 m 个 n 维向量按列组成矩阵 $\boldsymbol{B}$，两个矩阵的内积 $\boldsymbol{A}\cdot\boldsymbol{B}$ 即为变换结果，其中 $\boldsymbol{A}\cdot\boldsymbol{B}$ 的第 i 列为 $\boldsymbol{B}$ 中第 i 列变换后的结果。以下是其数学表示：

$$\begin{bmatrix} \boldsymbol{p}_1 \\ \boldsymbol{p}_2 \\ \vdots \\ \boldsymbol{p}_r \end{bmatrix}\begin{bmatrix} \boldsymbol{a}_1 & \boldsymbol{a}_2 & \cdots & \boldsymbol{a}_m \end{bmatrix}=\begin{bmatrix} p_1a_1 & p_1a_2 & \cdots & p_1a_m \\ p_2a_1 & p_2a_2 & \cdots & p_2a_m \\ \vdots & \vdots & \ddots & \vdots \\ p_ra_1 & p_ra_2 & \cdots & p_ra_m \end{bmatrix} \tag{11.6}$$

其中，$\boldsymbol{p}_i$ 为一个行向量，表示第 i 个基；$\boldsymbol{a}_j$ 为一个列向量，表示第 j 个原始的 n 维向量。

以上为基变换的基本内容。通过基变换可以获得样本在新的样本空间中的表示。

2. 协方差矩阵及优化目标

上面讨论了选择不同的基能够对同样的一组数据给出不同的表示，而且如果基数量比向量本身的维数少，还能达到降维的效果。但一个关键的问题还没有得到解答：如何选择基才能达到最优？或者说，如果有一组 n 维向量，现在要将其降到 k 维（$k<n$），那么应该如何选择 k 个基才能最大限度地保留原有的信息？

下面仍使用具体的例子讨论。假设数据由 5 条记录组成，并将它们表示成矩阵形式：

$$\begin{bmatrix} 1 & 1 & 2 & 4 & 2 \\ 1 & 3 & 3 & 4 & 4 \end{bmatrix} \tag{11.7}$$

其中一列为一条记录，而一行为一个字段。为后续处理方便，首先将每个字段的所有值都减去字段均值，这样每个字段均值都变为 0，这个过程称为去中心化。

对于上面的数据，第一个字段均值为 2，第二个字段均值为 3，这样变换（去中心化）之后为

$$\begin{bmatrix} -1 & -1 & 0 & 2 & 0 \\ -2 & 0 & 0 & 1 & 1 \end{bmatrix} \tag{11.8}$$

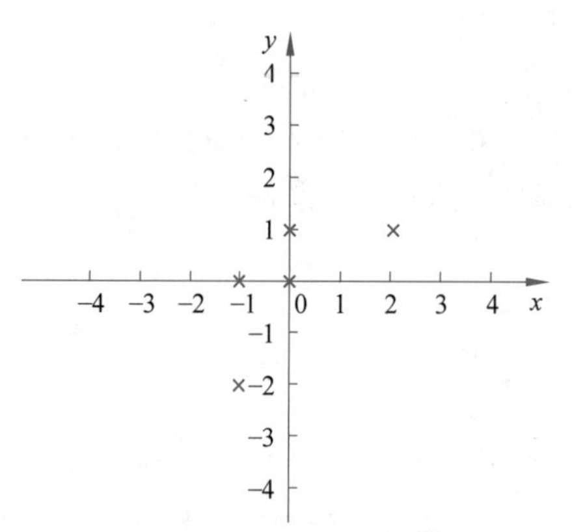

图 11.6　去中心化后的数据

去中心化后的数据如图 11.6 所示。

现在的问题是：如果必须使用一维表示这些数据，又希望尽量保留原始信息，应该如何做？通过前面对基变换的讨论可知，要解决这个问题，实际上要在二维坐标系内选择一个方向，将所有数据都投影到这个方向所在的直线上，用投影值表示原始记录。这是二维降为一维的问题。那么，如何选择这个方向（或者说基）才能尽量保留原始信息？一种直观的思路是希望投影后的投影值尽可能分散。以图 11.6 为例，如果向 x 轴投影，那最左边的两个点和 y 轴上的两个点都会发生重叠，这样 5 个不同的二维点在投影后只剩下 3 个不同的值，会造成严重的原始信息丢失。同理，如果向 y 轴投影，最上面的两个点和 x 轴上的两个点也都会发生重叠。这样看来 x 轴和 y 轴都不是最好的投影选择。通过观察，若向经过第一象限和第三象限的 45°斜线投影，则这 5 个点在投影后还能够进行区分。

下面用数学方法表述这个问题。

1）方差

上面讲到，应使投影后的值尽可能分散，而这种分散程度可利用数学中的方差表述。此处，一个字段的方差可看作每个元素与字段均值之差的二次方的均值，即

$$\mathrm{Var}(a)=\frac{1}{m}\sum_{i=1}^{m}(a_i-\mu)^2 \tag{11.9}$$

由于前面已经将每个字段的均值都变为 0，因此方差可直接用各元素的二次方之和除以元素个数表示：

$$\mathrm{Var}(a)=\frac{1}{m}\sum_{i=1}^{m}a_i^2 \tag{11.10}$$

于是上面的问题就可得到形式化的表述：找到一个一维基，使得所有数据变换为这个基上的坐标表示之后方差最大。

2）协方差

对于二维降为一维的问题来说，找到使得方差最大的方向即可。不过对于更高维，还有一个问题需要解决。例如，考虑三维降为二维的问题，与二维降为一维的问题相似，首先找到一个方向使得投影后的值方差最大，这样就可完成第一个方向的选择；继而选择第二个投影方向。

但如果只选择方差最大的方向，最终得到的方向与第一个方向应该是几乎重合到一起的，这样的方向显然不符合要求。

直观地说，令两个字段表示尽可能多的原始信息，是不希望字段之间存在（线性）相关性的，因为相关性意味着两个字段并不是完全独立的，而且必然会存在重复的信息。

在数学中，可以用两个字段的协方差表示其相关性，公式如下：

$$\mathrm{Cov}(a,b)=\frac{1}{m}\sum_{i=1}^{m}(a_i-u_a)(b_i-u_b) \tag{11.11}$$

由于每个字段均值为 0，即 u_a 和 u_b 均为 0，因此

$$\mathrm{Cov}(a,b)=\frac{1}{m}\sum_{i=1}^{m}a_i b_i \tag{11.12}$$

可以看出，因为字段均值为 0，所以两个字段的协方差能够简洁地表示为两者的内积除以元素数 m。

协方差为 0 表示两个字段完全独立。为使协方差为 0，第二个基只能在与第一个基正交的方向上选择。

至此，可得降维问题的优化目标：将一组 n 维向量降为 k 维($0<k<n$)，为的是选择 h 个单位(模为 1)正交基，使原始数据在变换到这组基上之后，各字段两两之间的协方差均为 0，且各字段的方差尽可能大(在正交约束的前提下，取最大的 5 个方差)。

3) 协方差矩阵

下面通过协方差矩阵进一步讨论方差和协方差。

假设只有 $\boldsymbol{a}$ 和 $\boldsymbol{b}$ 两个样本(上面的 a、b 表示字段，注意区分含义的不同)，将两个样本表示为矩阵：

$$\boldsymbol{X}=\begin{bmatrix} a_1 & b_1 \\ a_2 & b_2 \\ \vdots & \vdots \\ a_m & b_m \end{bmatrix} \tag{11.13}$$

将 $\boldsymbol{X}$ 与 $\boldsymbol{X}^{\mathrm{T}}$ 相乘，并乘以系数 1/2：

$$\frac{1}{2}\boldsymbol{X}^{\mathrm{T}}\boldsymbol{X}=\frac{1}{2}\begin{bmatrix} a_1b_1 & a_1b_2 & \cdots & a_1b_m \\ a_2b_1 & a_2b_2 & \cdots & a_2b_m \\ \vdots & \vdots & \ddots & \vdots \\ a_mb_1 & a_mb_2 & \cdots & a_mb_m \end{bmatrix} \tag{11.14}$$

在得到的矩阵中，对角线上的元素为各个字段的方差，而其他元素为样本 $\boldsymbol{a}$ 与 $\boldsymbol{b}$ 的协方差。两者被有机地统一到同一个矩阵中。

根据基的选择的两个条件，只需要将协方差矩阵中的协方差变为 0，再选择方差最大的特征向量即可，而这个过程就是矩阵对角化。

4) 矩阵对角化

要达到优化条件，就要将协方差对角化，将对角线以外的其他元素全部变为 0，且在对角线方向上按元素值大小递增排列，这样就能够达到优化目的，这也是运用 PCA 算法降维的主要步骤。下面进一步讨论协方差矩阵的对角化流程。

将原始数据矩阵 $\boldsymbol{X}$ 对应的协方差矩阵设为 $\boldsymbol{C}$，而 $\boldsymbol{P}$ 是一组基按行构成的矩阵，设 $\boldsymbol{Y}=\boldsymbol{PX}$，则 $\boldsymbol{Y}$ 为 $\boldsymbol{X}$ 对 $\boldsymbol{P}$ 进行基变换后的数据。设 $\boldsymbol{Y}$ 的协方差矩阵为 $\boldsymbol{D}$，$\boldsymbol{D}$ 与 $\boldsymbol{C}$ 的关系推导如下：

$$D=\frac{1}{m}\boldsymbol{YY}^{\mathrm{T}}=\frac{1}{m}(\boldsymbol{PX})(\boldsymbol{PX})^{\mathrm{T}}=\frac{1}{m}\boldsymbol{PXX}^{\mathrm{T}}\boldsymbol{P}^{\mathrm{T}}=\frac{1}{m}\boldsymbol{PCP}^{\mathrm{T}} \tag{11.15}$$

通过式(11.15)可以发现，将样本映射到新的表示空间的基的集合就是能让原始协方差矩阵对角化的 $\boldsymbol{P}$。换言之，优化目标变成：寻找一个矩阵 $\boldsymbol{P}$，使 $\boldsymbol{PCP}^{\mathrm{T}}$ 为一个对角矩阵，并且对角线上的元素按从小到大依序排列。而 $\boldsymbol{P}$ 的前 k 行就是要寻找的基，用 $\boldsymbol{P}$ 的前 k 行组成的矩阵与 $\boldsymbol{X}$ 相乘，就可以使 $\boldsymbol{X}$ 从 n 维降到 k 维并完成上述优化目标。

由上面的讨论可知，协方差矩阵 $\boldsymbol{C}$ 为对称矩阵。在线性代数中，实对称矩阵有以下两个性质：

（1）实对称矩阵中不同特征值对应的特征向量必定正交。

（2）设特征值 λ 的重数为 r，则必然有 r 个线性无关的特征向量与特征值 λ 对应，因而可以把这 r 个特征向量单位正交化。

由上述两个性质可知，一个 n 行 n 列的实对称矩阵必定可以找到 n 个单位正交特征向量。设这 n 个特征向量为 $\boldsymbol{e}_1,\boldsymbol{e}_2,\cdots,\boldsymbol{e}_n$，然后将其按列组成矩阵：

$$\boldsymbol{E}=[\boldsymbol{e}_1 \quad \boldsymbol{e}_2 \quad \cdots \quad \boldsymbol{e}_n] \tag{11.16}$$

而对协方差矩阵 $\boldsymbol{C}$ 有如下的结论：

$$\boldsymbol{E}^{\mathrm{T}}\boldsymbol{C}\boldsymbol{E}=\boldsymbol{\Lambda}=\begin{bmatrix}\lambda_1 & & & \\ & \lambda_2 & & \\ & & \ddots & \\ & & & \lambda_n\end{bmatrix} \tag{11.17}$$

其中，$\boldsymbol{\Lambda}$ 是一个对角矩阵，其对角线上的元素为各特征向量对应的特征值。这里对以上结论不给出严格的数学证明，对此感兴趣的读者可参考线性代数图书中关于实对称矩阵对角化的内容。

至此已经找到了需要的矩阵 $\boldsymbol{P}$，$\boldsymbol{P}$ 是协方差矩阵的特征向量单位化后按行排列而成的矩阵，其中每一行都是 $\boldsymbol{C}$ 的一个特征向量。若让 $\boldsymbol{P}$ 按 $\boldsymbol{\Lambda}$ 中的特征值从高到低排序，令特征向量从上到下排列，再用 P 的前 K 行组成的矩阵与原始数据矩阵 X 相乘，就能得到降维后的数据矩阵 Y。

至此，对 PCA 算法的数学原理的讨论已经完成。下面将给出 PCA 算法流程。

11.1.2 PCA 算法流程

设有 m 个 n 维数据，下面是 PCA 算法流程。

（1）将原始数据按列组成 n 行 m 列矩阵 $\boldsymbol{X}$。

（2）把 $\boldsymbol{X}$ 的每一行（代表一个属性字段）都去中心化，也就是减去字段均值。

（3）求出协方差矩阵 $\boldsymbol{C}=\dfrac{1}{m}\boldsymbol{X}\boldsymbol{X}^{\mathrm{T}}$。

（4）求出协方差矩阵 $\boldsymbol{C}$ 的特征值和相应的特征向量。

（5）把特征向量根据对应特征值的大小递增排列为矩阵，取其前 k 行组成矩阵 $\boldsymbol{P}$。

（6）$\boldsymbol{Y}=\boldsymbol{P}\boldsymbol{X}$ 即降为 k 维后的数据。

11.2 实例分析

11.2.1 对简单样本进行 PCA 降维

设有如下样本：

$$\begin{bmatrix}-1 & -1 & 0 & 2 & 0\\ -2 & 0 & 0 & 1 & 1\end{bmatrix} \tag{11.18}$$

其中,每一行对应一个样本的特征值,每一列对应不同的样本。用 PCA 算法将这组二维数据降为一维。

解:因为这个矩阵的每行已经是零均值,无须去中心化,可以直接求协方差矩阵,即

$$\boldsymbol{C}=\frac{1}{5}\begin{bmatrix}-1 & -1 & 0 & 2 & 0\\ -2 & 0 & 0 & 1 & 1\end{bmatrix}\begin{bmatrix}-1 & -2\\ -1 & 0\\ 0 & 0\\ 2 & 1\\ 0 & 1\end{bmatrix}=\begin{bmatrix}\frac{6}{5} & \frac{4}{5}\\ \frac{4}{5} & \frac{6}{5}\end{bmatrix} \tag{11.19}$$

然后求解其特征值以及特征向量。特征值为

$$\lambda_1=2,\lambda_2=\frac{2}{5} \tag{11.20}$$

对应的特征向量分别为

$$\boldsymbol{c}_1=\begin{bmatrix}-2\\ 0\end{bmatrix},\boldsymbol{c}_2=\begin{bmatrix}-1\\ 1\end{bmatrix} \tag{11.21}$$

每个特征向量是一个通解,$\boldsymbol{c}_1$ 和 $\boldsymbol{c}_2$ 可取任意实数。标准化后的特征向量为

$$\boldsymbol{c}_1=\begin{bmatrix}\frac{1}{\sqrt{2}}\\ \frac{1}{\sqrt{2}}\end{bmatrix},\boldsymbol{c}_2=\begin{bmatrix}-\frac{1}{\sqrt{2}}\\ \frac{1}{\sqrt{2}}\end{bmatrix} \tag{11.22}$$

因此矩阵 $\boldsymbol{P}$ 为

$$\boldsymbol{P}=\begin{bmatrix}\frac{1}{\sqrt{2}} & \frac{1}{\sqrt{2}}\\ -\frac{1}{\sqrt{2}} & \frac{1}{\sqrt{2}}\end{bmatrix} \tag{11.23}$$

可进行协方差矩阵 $\boldsymbol{C}$ 的对角化的验证:

$$\boldsymbol{PCP}^{\mathrm{T}}=\begin{bmatrix}\frac{1}{\sqrt{2}} & \frac{1}{\sqrt{2}}\\ -\frac{1}{\sqrt{2}} & \frac{1}{\sqrt{2}}\end{bmatrix}\begin{bmatrix}\frac{6}{5} & \frac{4}{5}\\ \frac{4}{5} & \frac{6}{5}\end{bmatrix}\begin{bmatrix}\frac{1}{\sqrt{2}} & -\frac{1}{\sqrt{2}}\\ \frac{1}{\sqrt{2}} & \frac{1}{\sqrt{2}}\end{bmatrix}=\begin{bmatrix}2 & 0\\ 0 & \frac{2}{5}\end{bmatrix} \tag{11.24}$$

最后用 $\boldsymbol{P}$ 的第一行与数据矩阵相乘,得到降维之后的表示:

$$\boldsymbol{Y}=\begin{bmatrix}\frac{1}{\sqrt{2}} & \frac{1}{\sqrt{2}}\end{bmatrix}\begin{bmatrix}-1 & -1 & 0 & 2 & 0\\ -2 & 0 & 0 & 1 & 1\end{bmatrix}=\begin{bmatrix}-\frac{3}{\sqrt{2}} & \frac{1}{\sqrt{2}} & 0 & \frac{3}{\sqrt{2}} & -\frac{1}{2}\end{bmatrix} \tag{11.25}$$

降维后的投影结果如图 11.7 所示。

11.2.2 对鸢尾花数据集进行 PCA 降维

鸢尾花数据集样本总数为 150 个,每个样本都含有 4 个特征。一般会对鸢尾花数据集的特征两两之间的关系进行可视化。但是,基于原始样本数据无法将 4 个特征与 3 种鸢尾花样本的关系统一表示在直角坐标系中,原因在于 4 维特征无法实现可视化。本节使用 PCA 算法对鸢尾花数据集进行降维处理,将降维后得到的数据集的二维特征可视化,以便

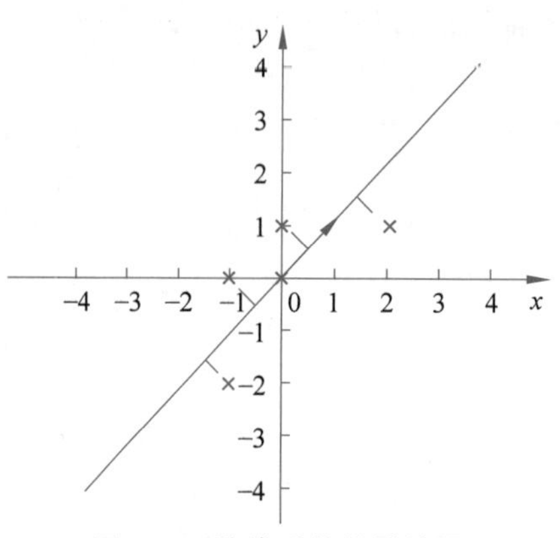

图 11.7 降维后的投影结果

直观地理解两个主成分与3种鸢尾花样本的关系。下面构建PCA算法,实现对鸢尾花数据集的降维。

1. 处理数据

本实例使用sklearn函数库对鸢尾花数据集进行加载。由于本实例主要使用PCA算法对高维数据进行降维处理,无须验证PCA算法的泛化能力,所以无须将数据集划分训练集与测试集。另外,为了凸显降维后数据可视化的直观性,在这里对鸢尾花数据集的特征两两之间的关系进行可视化。具体代码如下:

```
def create_iris():
    iris = load_iris()
    data,target,feature_names = iris.data,iris.target,iris.feature_names
    plt.figure(figsize=(20,25))
    k=1
    for i in range(len(feature_names)):
        for j in range(len(feature_names)):
            if not i==j:
                plt.subplot(4,3,k)
                plt.scatter(data[:,i],data[:,j],c=target)
                plt.xlabel(feature_names[i])
                plt.ylabel(feature_names[j])
                k+=1
    plt.savefig("PCA降维特征可视化.jpg")
    plt.show()
    return data,target
```

特征两两之间的关系可视化结果如图11.8所示。

从可视化结果中可以发现,不是任意两个特征对鸢尾花种类都有很好的区分度,图11.8中的有些数据明显混叠在一起,这时候选择相应的两个特征即不能很好地分类。鸢尾花数据集只有4个特征,所以能够通过绘制特征两两之间的关系选择区分度最大的特征进行分类。但是,如果数据集样本的特征维度庞大,特征两两之间的关系可视化就变得不切实际,

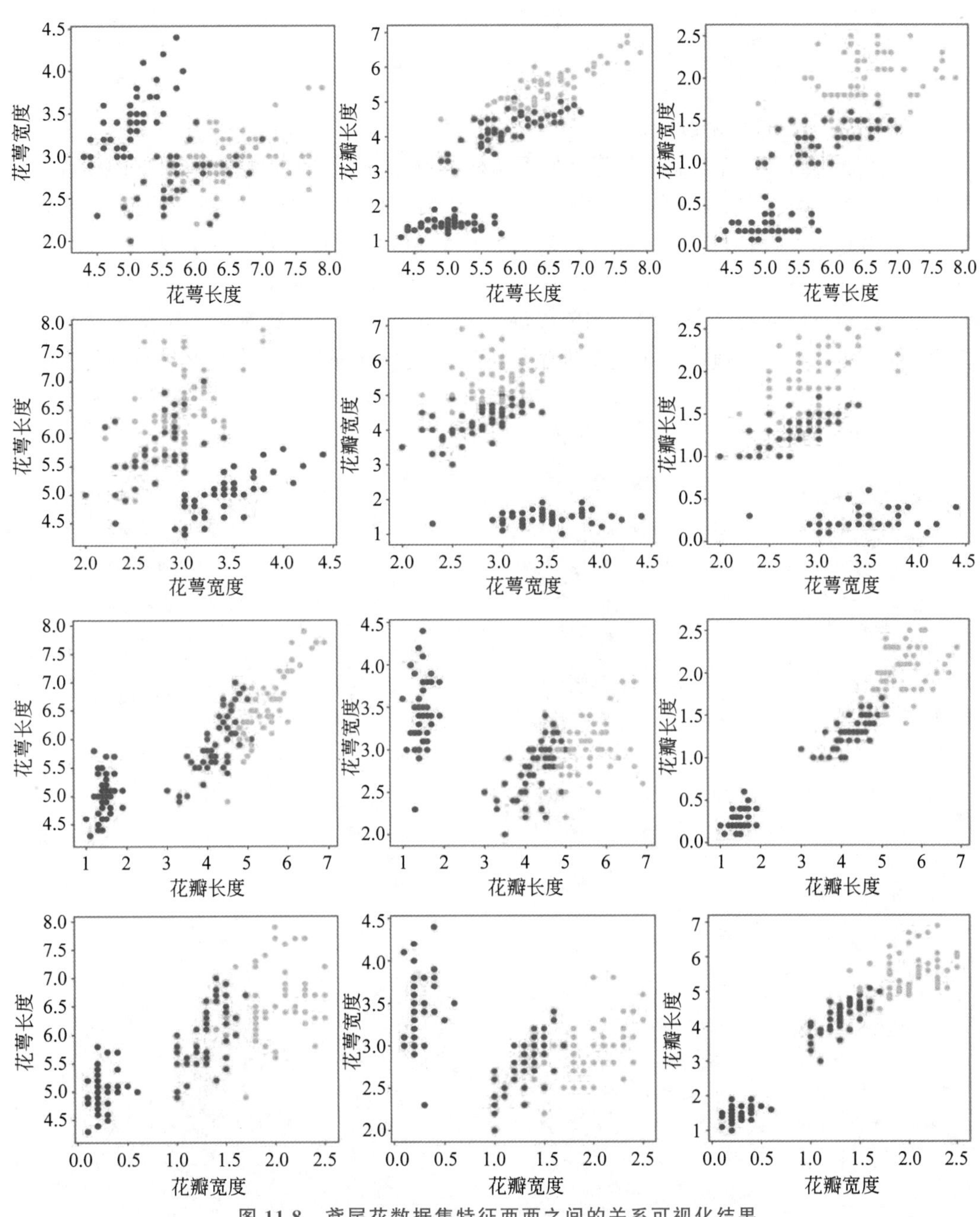

图 11.8　鸢尾花数据集特征两两之间的关系可视化结果

这时候使用 PCA 算法降维能够直观地反映出样本特征之间的关系。

2. 构建 PCA 算法

考虑到代码的简洁性和封装性，这里采用类的形式对 PCA 算法进行设计。

1）参数初始化

由于采用类的形式编写 PCA 算法，所以需要将 PCA 算法用到的参数传入__init__()函数中，需要传入的参数是降维后的维度值 k。代码如下：

```
def __init__(self,k):
    self.k = k
```

2）对样本数据进行降维处理

在 fit()函数中，先传入需进行降维处理的样本数据 $\boldsymbol{X}$。然后根据传入数据的样本计算其均值。注意，鸢尾花数据集的一行为一个样本数据，而一列为样本的一个特征，与前面的样本数据刚好相反，所以需要对每一列的特征求均值，再对每一特征进行去中心化，得到 norm_X。norm_X 与 norm_X 的转置相乘之后可获得协方差矩阵。下一步求解协方差矩阵的特征值和对应的特征向量，NumPy 提供了 np.linalg.eig()函数对输入矩阵求特征值与特征向量。然后将特征值按大小进行排序，这里要注意，对应的特征向量必须按照特征值的递增顺序重新进行排列。然后选取前 k 个特征向量作为基进行基变换，将原始样本与得到的基相乘，即可得到降维后的样本。具体代码如下：

```
def fit(self,X):
    n_samples, n_features = X.shape
    mean=np.array([np.mean(X[:,i]) for i in range(n_features)])
    norm_X=X-mean
    scatter_matrix=np.dot(np.transpose(norm_X),norm_X)
    eig_val, eig_vec = np.linalg.eig(scatter_matrix)
    eig_pairs = [(np.abs(eig_val[i]), eig_vec[:,i]) for i in range(n_features)]
    eig_pairs.sort(key=lambda x: x[0], reverse=True)
    feature=np.array([ele[1] for ele in eig_pairs[:self.k]])
    data=np.dot(norm_X,np.transpose(feature))
    return data
```

3. 完整代码

本实例的完整代码如下：

```
import numpy as np
from sklearn.datasets import fetch_mldata
import matplotlib.pyplot as plt
from sklearn.datasets import load_iris
def create_iris():
    iris = load_iris()
    data,target,feature_names = iris.data,iris.target,iris.feature_names
    plt.figure(figsize=(20,10))
    k=1
    for i in range(len(feature_names)):
        for j in range(len(feature_names)):
            if not i==j:
                plt.subplot(3,4,k)
                plt.scatter(data[:,i],data[:,j],c=target)
                plt.xlabel(feature_names[i])
```

```
                plt.ylabel(feature_names[j])
                k+=1
    plt.savefig("PCA降维特征可视化.jpg")
    plt.show()
    return data,target
class PCA():
    def __init__(self,k):
        self.K = k
    def fit(self,X):
        n_samples, n_features = X.shape
        mean=np.array([np.mean(X[:,i]) for i in range(n_features)])
        norm_X=X-mean
        scatter_matrix=np.dot(np.transpose(norm_X),norm_X)
        eig_val, eig_vec = np.linalg.eig(scatter_matrix)
        eig_pairs = [(np.abs(eig_val[i]), eig_vec[:,i]) for i in range(n_features)]
        eig_pairs.sort(key=lambda x: x[0], reverse=True)
        feature=np.array([ele[1] for ele in eig_pairs[:self.k]])
        data=np.dot(norm_X,np.transpose(feature))
        return data
```

4. 降维结果

上面的代码已经完成了 PCA 算法的构建。下面用 PCA 算法对鸢尾花数据集进行降维处理，并将其结果可视化。具体代码如下：

```
def visualize_Iris(res,label):
    mean = np.mean(res)
    std = np.std(res)
    res = (res - mean) / std
    plt.scatter(res[:, 0], res[:, 1], c=label)
    plt.xlabel("特征 1")
    plt.ylabel("特征 2")
    plt.title("鸢尾花数据集降维")
    plt.savefig("鸢尾花数据集降维.jpg")
    plt.show()
if__name__ == '__main__':
    data,label = create_iris()
    pca = PCA(2)
    res = pca.fit(data)
    visualize_Iris(res,label)
```

鸢尾花数据集降维后的可视化结果如图 11.9 所示。

从结果可以看出，PCA 算法将原始数据中的 4 维特征数据降为两维特征数据，对比图 11.8 中的特征两两之间关系可视化结果，原本特征之间存在的噪声引起了样本分布混叠，经过 PCA 算法降维后有效地消除了噪声，并且能够将特征与 3 种鸢尾花样本之间的关系展示于同一张图中。值得注意的是，降维后的两个特征仅仅是在新的表示空间中获得了最大的方差的形式特征，并无实际含义。

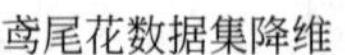

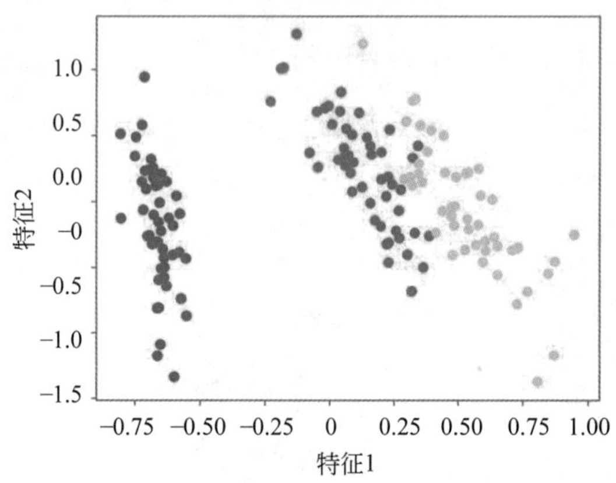

图 11.9 鸢尾花数据集降维后的可视化结果

11.2.3 对 MNIST 数据集进行 PCA 降维和 *K*-means 聚类

PCA 算法可以有效地对数据进行降维与可视化。但是，随着大数据时代的来临，对于复杂、数量庞大的图像数据，PCA 算法是否还有优良的表现呢？本节使用 PCA 算法对 MNIST 手写数字数据集进行进一步分析。

下面通过 PCA 算法对 MNIST 数据集进行降维处理并可视化其结果，观察 PCA 算法是否仍有在鸢尾花数据集上的优良表现。然后对降维处理后的 MNIST 数据集运用 *K*-means 算法进行聚类，并将其聚类结果可视化。

1. 使用 PCA 算法进行降维

在本实例中使用 PCA 算法对 MNIST 数据集进行降维。由于在 11.2.2 节中已经详细讨论并且构建了 PCA 算法，所以本节不再重复讨论，直接调用 11.2.2 节的 PCA 算法对 MNIST 数据集进行降维处理。

1）处理数据

MNIST 数据集的原始文件共有 4 个，按照正常的数据处理方法要使用 NumPy 函数库对 4 个文件进行剖析。为了方便读者理解和使用 MNIST 数据集，本实例使用 sklearn 函数库的 fetch_mldata()函数对 MNIST 数据集进行加载，但是要注意 fetch_mldata()函数处理的不是上述 4 个原始文件，而是 sklearn 函数库提供的 mnist-original.mat 文件，这个文件是 sklearn 在第一次加载数据集时自动下载的。具体代码如下：

```
def create_Mnist_dataset():
    mnist = fetch_mldata('MNIST original', data_home='../../Database/mnist/')
    data = mnist.data
    label = mnist.target
    data = data.reshape(-1, 28 * 28)
    return data, label
```

fetch_mldata()函数中传入的第一个参数代表需要加载的数据集的类型，MNIST original 代表加载 MNIST 数据库；第二个参数为存放 mnist-original.mat 文件的路径。该函数返回 MNIST 数据集的数据矩阵及标签。值得注意的是，这里的标签并非用于 PCA 算法,只是为了方便在实验结果中可视化降维后的数据分布。PCA 算法是无监督学习算法,不需要样本数据。

2）降维结果

下面的代码通过调用 PCA 类对 MNIST 数据集进行降维处理,并可视化降维后的结果。具体代码如下:

```
def visualize_Mnist(data,label):
    num0 = data[np.where(label == 0)]
    num1 = data[np.where(label == 1)]
    num2 = data[np.where(label == 2)]
    num3 = data[np.where(label == 3)]
    num4 = data[np.where(label == 4)]
    num5 = data[np.where(label == 5)]
    num6 = data[np.where(label == 6)]
    num7 = data[np.where(label == 7)]
    num8 = data[np.where(label == 8)]
    num9 = data[np.where(label == 9)]
    plt.figure()
    plt.scatter(num0[:, 0], num0[:, 1], c='r', s=0.5, label='0', marker='.')
    plt.scatter(num1[:, 0], num1[:, 1], c='g', s=0.5, label='1', marker=',')
    plt.scatter(num2[:, 0], num2[:, 1], c='b', s=0.5, label='2', marker='o')
    plt.scatter(num3[:, 0], num3[:, 1], c='c', s=0.5, label='3', marker='^')
    plt.scatter(num4[:, 0], num4[:, 1], c='m', s=0.5, label='4', marker='>')
    plt.scatter(num5[:, 0], num5[:, 1], c='y', s=0.5, label='5', marker='<')
    plt.scatter(num6[:, 0], num6[:, 1], c='k', s=0.5, label='6', marker='x')
    plt.scatter(num7[:, 0], num7[:, 1], c='pink', s=0.5, label='7', marker='D')
    plt.scatter(num8[:, 0], num8[:, 1], c='lightsteelblue', s=0.5, label='8',
        marker='*')
    plt.scatter(num9[:, 0], num9[:, 1], c='lightsalmon', s=0.5, label='9',
        marker='p')
    plt.legend()
    plt.xlabel('x1')
    plt.ylabel('x2')
    plt.title('PCA for MNIST Dataset')
    plt.savefig('PCA for MNIST Database.jpg')
    plt.show()
if__name__ == '__main__':
    data,label = create_Mnist_dataset()
    pca = PCA(2)
    res = pca.fit(data)
    mean = np.mean(res)
    std = np.std(res)
    res = (res - mean) / std
    visualize(res,label)
```

MNIST 数据集经 PCA 算法降维后的可视化结果如图 11.10 所示。

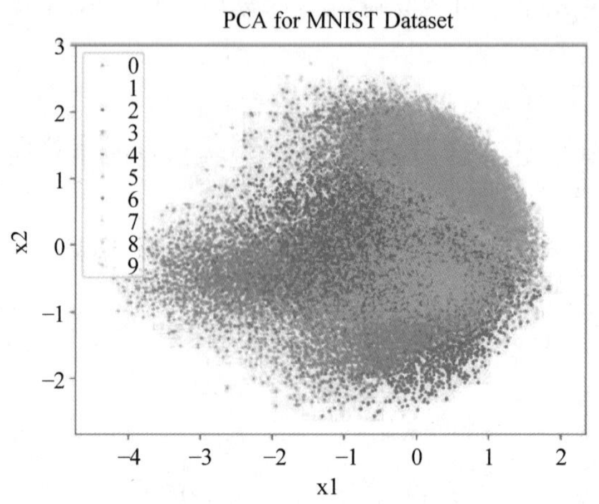

图 11.10 MNIST 数据集经 PCA 算法降维后的可视化结果

同理,对其他图片数据集也可进行降维处理,如 CIFAR-10 数据集与 Fashion-MNIST 数据集,它们都是大型图片数据集。下面对这两个数据集实现降维并将其结果可视化,这里不进行代码详解,结果如图 11.11 和图 11.12 所示。

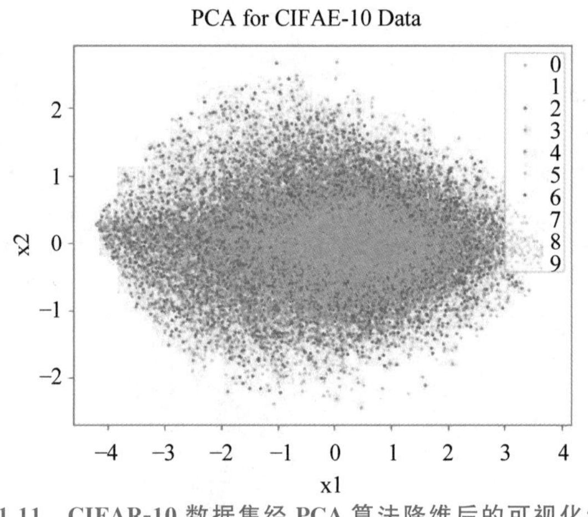

图 11.11 CIFAR-10 数据集经 PCA 算法降维后的可视化结果

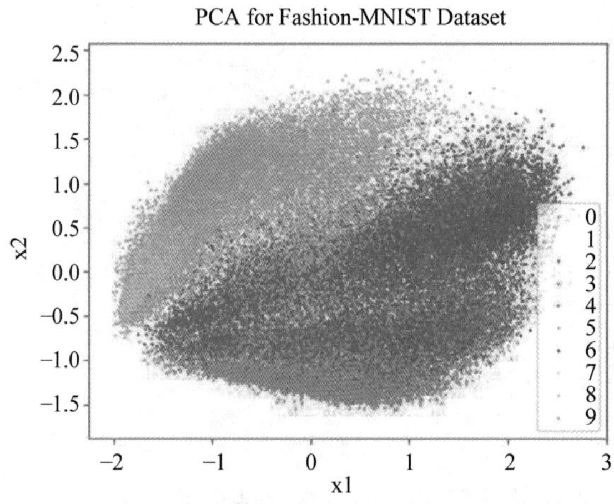

图 11.12 Fashion-MNIST 数据集经 PCA 算法降维后的可视化结果

从结果中可以发现,PCA 算法对于大型图片数据集没有得到我们想象中的效果。原因在于大型图片数据集维度十分庞大。例如,在 MNIST 数据集中,数据的维度是 784 维,并且它的样本数量巨大,有 60 000 个样本。而 PCA 算法仅仅基于方差最大的思想选择主成分进行降维,但是无法保证有助于分类的信息能够包含于选择的主成分中,这也是本实例对 MNIST 等图片数据集进行降维的结果并没有达到预期的原因。下面对经 PCA 降维处理之后的 MNIST 数据集进行 K-means 聚类并将其结果可视化。

2. 使用 *K*-means 算法进行聚类

对降维后的 MNIST 数据进行聚类并可视化其结果的具体代码如下:

```
from Model.MachineLearning.K_Means import K_Means                    #从 K_Means.py 导入
def create_Mnist_dataset():
    mnist = fetch_mldata('MNIST original', data_home='../../Database/mnist/')
    data = mnist.data
    data = data.reshape(-1, 28 * 28)
    pca = PCA(2)
    data = pca.fit(data)
    return data
def visualize_K_Means(x,centers,res):
    plt.scatter(x[:, 0], x[:, 1], c=res)
    plt.scatter(centers[:,0], centers[:, 1], c='red', s=50)
    plt.xlabel('x1')
    plt.ylabel('x2')
    plt.title('Kmeans for MNIST')
    plt.savefig('Kmeans for MNIST dataset after PCA.jpg')
    plt.show()
if __name__ == '__main__':
    data = create_Mnist_dataset()
    k = K_Means(10)
    centers = k.fit(data)
    res = k.predict(data)
    visualize(data,centers,res)
```

在上面的代码中,对一些函数进行了修改并且增加了一个函数。为了保证代码的简洁性,将 PCA 算法对 MNIST 数据集的降维处理也放在 create_Mnist_dataset()函数中,这样该函数能直接返回 PCA 算法降维后的数据,因为 K-means 算法是一种不需要标签的无监督学习算法,所以只返回数据样本,不返回标签。上面的代码将第 5 章中封装 K-means 算法的类引入,在主函数中使用 K-means 算法对降维后的 MNIST 数据集进行聚类。上面的代码中增加了 visualize_K_Means()函数,用于对聚类结果进行可视化。聚类的结果如图 11.13 所示。

同样,也可以对其他数据集进行聚类,这里不进行代码详解,结果如图 11.14 和图 11.15 所示。

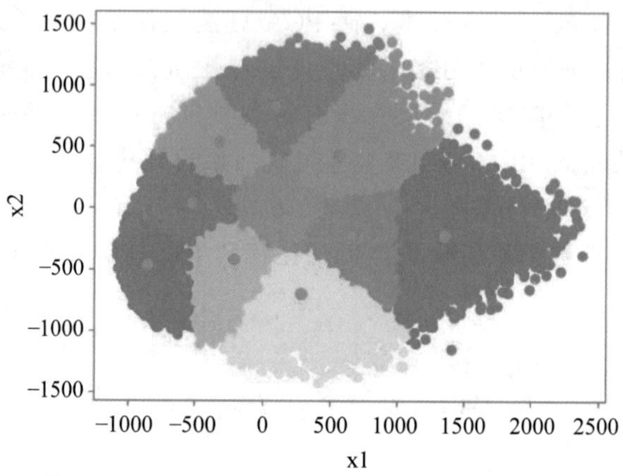

图 11.13 PCA 降维后 MNIST 数据集聚类的结果

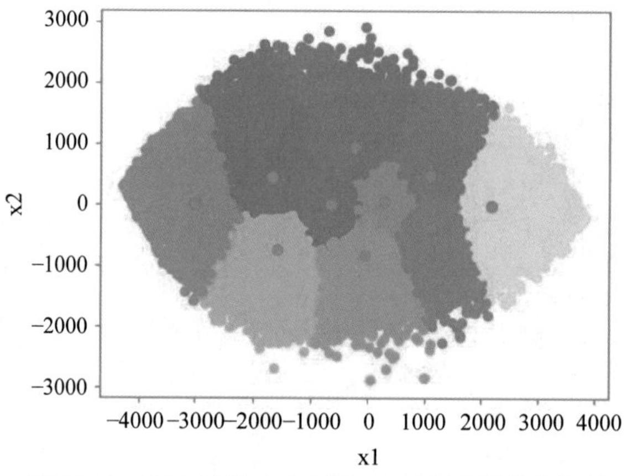

图 11.14 PCA 降维后 CIFAR-10 数据集聚类的结果

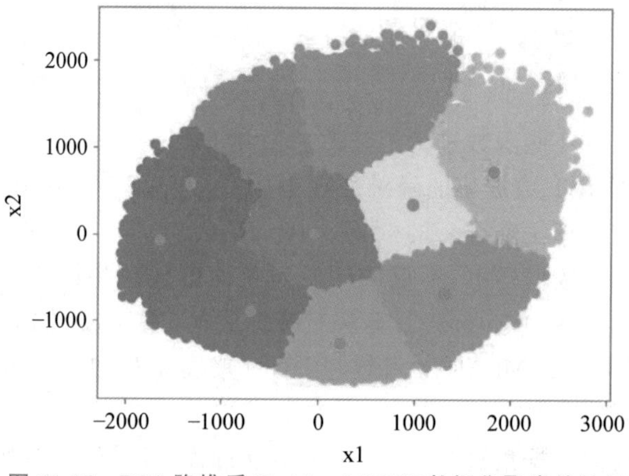

图 11.15 PCA 降维后 Fashion-MNIST 数据集聚类的结果

11.3 小　　结

PCA 算法的本质是把方差最大的方向当作主要特征，并在各个正交方向上使数据互不相关，即令其在不同的正交方向上不具有相关性。

PCA 算法也存在局限性。例如，它虽然可以很好地消除线性相关，但对于高阶相关性就无能为力了。如需处理存在高阶相关性的数据，可以使用核主成分分析(kernel PCA)算法等，通过核函数将非线性相关转换为线性相关，这里不讨论其具体方法。另外，PCA 算法假设数据各主要特征分布于正交方向，若几个方差较大的方向不相互正交，PCA 算法的效能便会大打折扣。

PCA 算法的显著优点是完全无参数限制。PCA 算法的计算过程完全无须人为设定参数或者根据任何经验模型进行干预，最后的结果只与数据有关并独立于用户。

但这个优点有时也可能是缺点。若用户对于观测对象有一定的先验知识，已经掌握了数据的部分特征，却没有办法通过参数化等手段干预处理过程，PCA 算法的效率可能会降低，达不到预期效果。

如果数据的分布并不满足高斯分布，呈明显的十字星状，这种情况下方差最大的方向并不是最优的主要特征方向。

PCA 算法还可以用于预测矩阵中缺失的元素。

## 第12章

深度学习

12.1 概述

12.1.1 神经网络简史

深度学习的概念是由 Geoffrey Hinton、Yoshua Bengio、Yann LeCun 等于2006年提出的。深度学习与神经网络的关系极为密切,它能够学习样本数据的内在规律和表示层次。深度学习过程中获得的信息对于机器人、文字识别、图像识别和声音识别等有很大的帮助。

神经网络的发展经历了4个时期。

1. 第一代神经网络

探索智能机器的过程和计算机的历史同步。虽然计算机也称电脑,但事实上它的能力与真正的智能相差甚远。图灵在其文章 *Computing Machinery and Intelligence* 中提出了一些标准衡量一台机器是否具有智能,后来被称为图灵测试。

Warren McCulloch 和 Walter Pitts(图12.1)于1943年发表了一篇题为 *A Logical Calculus of the Ideas Immanent in Nervous Activity* 的学术论文,首次明确提出了如图12.2所示的神经元的 M-P 模型。该模型借鉴了神经细胞生物过程原理,这是第一个神经元数学模型,也是人类史上首次对人类大脑工作原理的描述。

图12.1 Warren McCulloch 和 Walter Pitts

M-P 模型的工作原理是:对神经元的输入信号进行加权求和,然后与阈值进

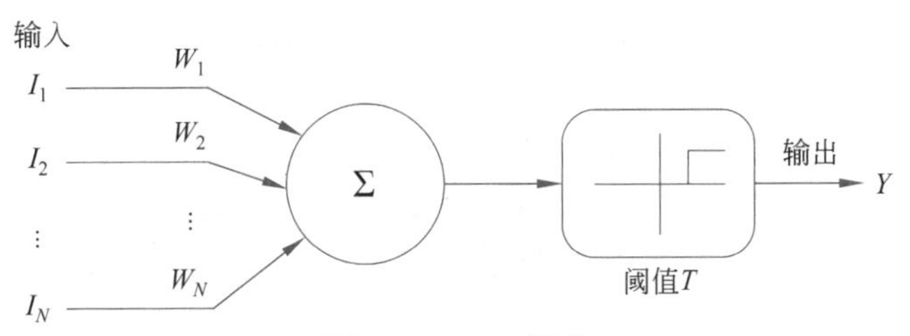

图 12.2　M-P 模型

行比较,确定神经元的输出。这从原理上证明了神经网络可以进行任何算术和逻辑运算。

20 世纪 40 年代晚期,Donald Olding Hebb(图 12.3)在 *The Organization of Behavior* 一书中分析了神经元之间连接强度的变化,并首次提出了后来被称为 Hebb 学习规则的调整权值的方法。

Hebb 学习规则的主要假定是能够用神经元解释人的行为。Hebb 受到了巴甫洛夫的条件反射实验的启发。他认为,如果同一时间激发了两个神经元,那么它们的联系就会得到强化,这就是 Hebb 提出的生物神经元学习机制。在这一学习过程中,由于对神经元重复进行刺激,使神经元之间的突触得到强化。Hebb 学习规则是一种无监督学习算法,它能根据两个神经元的激发状态调整连接关系,从而实现模拟简单神经活动的作用。在 Hebb 学习规则被提出之后,一种新的有监督学习算法也接着被提出,即 Delta 学习规则,它用于解决神经元权值在输入和输出都已知的情况下的学习问题。

Frank Rosenblatt(图 12.4)于 1958 年发明了一种神经网络,称为感知机(perceptron),其结构如图 12.5 所示。它可被视为形式最简单的前馈神经网络,是一种二元线性分类器。感知机是第一个实际应用的神经网络,它的出现标志着神经网络技术发展进入了新的阶段。这项技术的成功吸引了众多学者对神经网络开展深入研究。

图 12.3　Donald Olding Hebb

图 12.4　Frank Rosenblatt

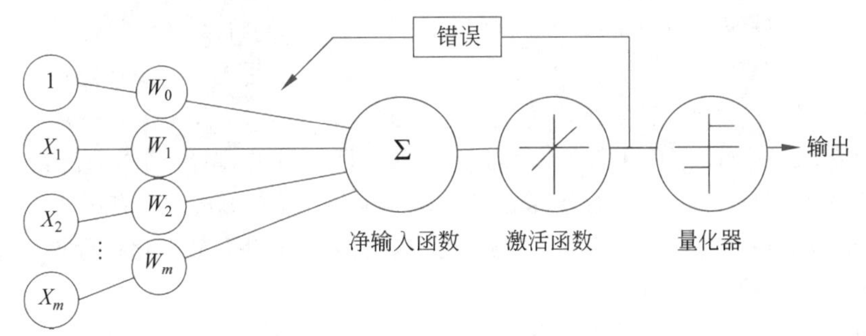

图 12.5　感知机

1960 年，斯坦福大学教授 Bernard Widrow 和他的研究生 Ted Hoff 共同开发并提出了自适应线性神经元(Adaptive Linear Neuron，Adaline)和最小均方(Least Mean Square，LMS)滤波器。同年，Karl Steinbuch 等还提出了学习矩阵的二进制联想网络。

1969 年，Marvin Minsky 和 Seymour Papert 出版了 *Perceptrons：An introduction to Computational Geometry* 一书，从数学角度证明了单层神经网络的功能有限，即使对于简单的异或逻辑问题也无能为力。此后，神经网络的研究陷入了长期萧条。

2. 第二代神经网络

1986 年，深度学习之父 Geoffrey Hinton 第一次成功打破“非线性诅咒”，提出了一个适用于多层感知机(图 12.6)的反向传播(Back Propagation，BP)算法，用 sigmoid 函数进行非线性映射，有效地解决了非线性分类和学习问题。该方法掀起了神经网络的第二次热潮。

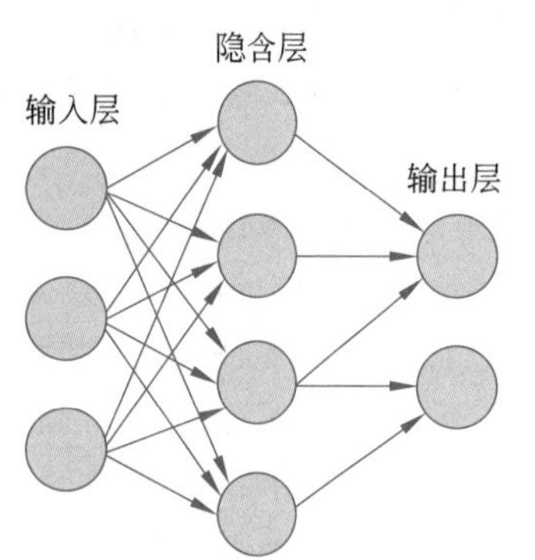

图 12.6 多层感知机

1989 年，Robert Hecht-Nielsen 证明了多层感知机的万能逼近定理，也就是说，对于任何闭区间内的一个连续函数 f，都可以用含有一个隐含层的 BP 网络逼近该定理，这给神经网络研究人员带来了极大的鼓舞。

同年，Yann LeCun 发明了卷积神经网络(Convolutional Neural Network，CNN)，名为 LeNet，并将其应用于数字识别，取得了良好的效果，但当时并没有引起公众足够的关注。LeNet-5 诞生于 1994 年，是最早被广为接受的卷积神经网络之一，促进了深度学习的发展。其结构如图 12.7 所示。

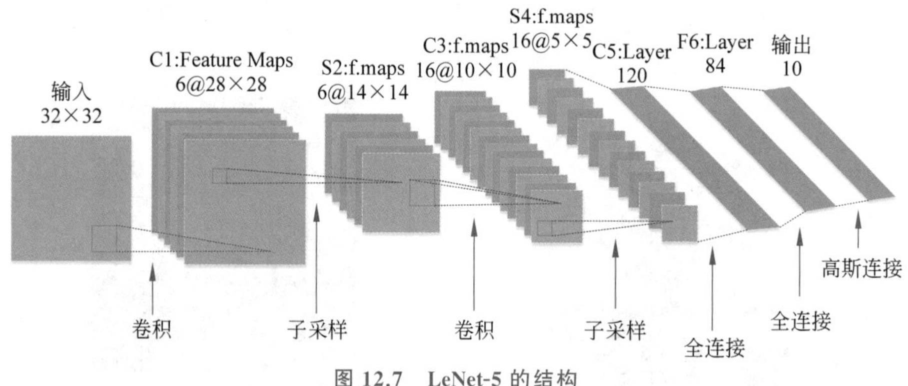

图 12.7 LeNet-5 的结构

1989 年，Yann LeCun 等首次将反向传播算法应用于贝尔实验室的研究。Yann LeCun 认为，可以通过任务域的约束提高学习网络泛化的能力。他将使用反向传播算法训练的卷积神经网络应用于读取手写数字，并成功地在美国邮政的手写邮政编码数字识别中使用。这是卷积神经网络的原型，后来被称为 LeNet。同年，Yann LeCun 在另一篇论文中描述了手写数字识别的一个小问题，并指出，即使问题是线性可分的，单层网络的泛化能力也很差。而当具有位移不变性的特征检测器(shift invariant feature detector)应用于多层受限网络时，该模型能够很好地完成这项任务。他认为，这些结果证明了最小化神经网络中的自由参数的数量可以提高神经网络的泛化能力。

1990 年，Yann LeCun 等的论文又一次描述了反向传播网络在手写数字识别中的应用。

他们只对数据进行了最低限度的预处理，而模型是为该任务精心设计的，并具有高度的约束性。输入数据由图片组成，每张图片上包含一个数字。利用美国邮政提供的邮政编码手写数字数据进行的实验表明，该模型的错误率只有 1%，拒绝率约为 9%。

1998 年，Yann LeCun、Leon Bottou、Yoshua Bengio 和 Patrick Haffner 在论文中总结了应用于手写字符识别的各种方法，并以标准手写数字识别基准任务对这些模型进行了比较，结果表明，卷积神经网络的性能优于其他模型。同时，他们还提供了许多神经网络实际应用的例子，例如手写字符的在线识别系统，以及每天可以读取数百万张支票的模型。

他们的研究取得了很大的成功，也激发了许多学者对神经网络研究的热情。与过去相比，目前性能最好的神经网络的架构已与 LeNet 不同，但 LeNet 是众多神经网络架构的起点，并且给这一领域带来了很多启示。

自 1989 年以来，由于没有效果显著的方法被提出，神经网络也缺乏严格的数学理论支持，因此研究热潮逐渐回落。

神经网络的"冬天"始于 1991 年。BP 算法被指出存在梯度消失问题，即在误差梯度反向传播的过程中，后一层梯度以乘性方式叠加到前一层上。由于 sigmoid 函数的饱和特性，后一层梯度小，传到前一层时误差梯度几乎为 0，因此无法有效地学习前一层，这使得神经网络的发展再次停滞不前。

3. 统计学习方法的"春天"

1）决策树

1986 年，决策树方法被提出。紧接着 ID3、ID4、CART 等改进的决策树方法相继出现。到目前为止，决策树仍然是应用非常普遍的机器学习方法，也是符号学习方法的代表。图 12.8 是决策树的示例。

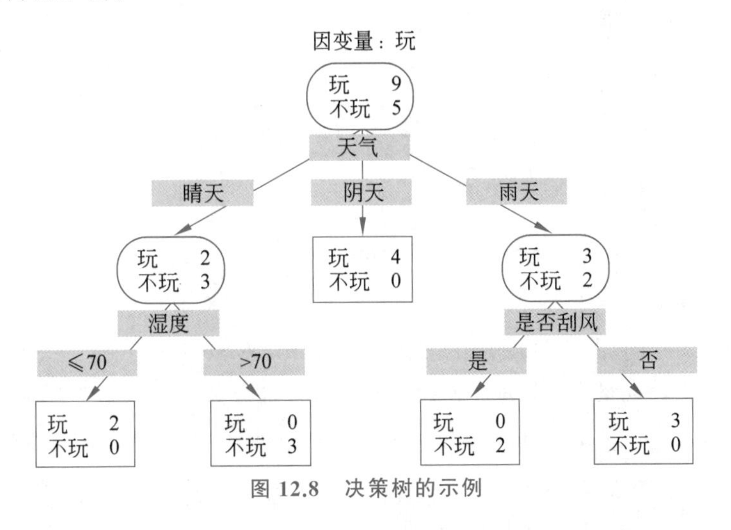

图 12.8　决策树的示例

2）支持向量机

1995 年，统计学家 Vladimir N. Vapnik 提出了支持向量机（SVM）。该方法有两个特点：一是源自完美的数学理论（统计学与凸优化等）；二是符合人的直观感受（最大间隔）。最重要的是，这种方法在线性分类问题上取得了当时最好的结果。图 12.9 为支持向量机在线性分类问题上的表示。

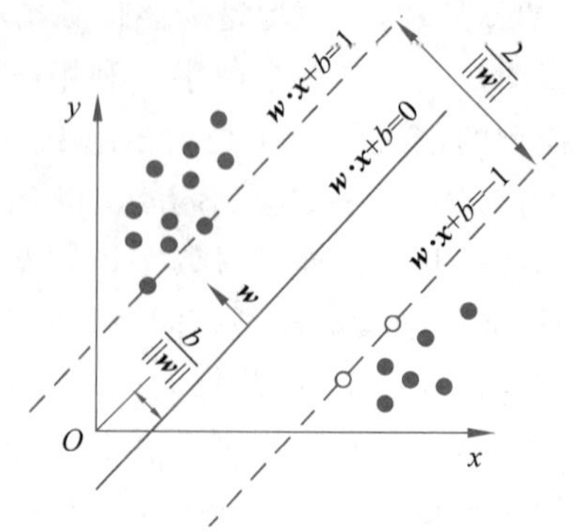

图 12.9　支持向量机在线性分类问题上的表示

3）AdaBoost 方法

AdaBoost 方法于 1997 年被提出，它是机器学习实践中概率近似正确（Probably Approximately Correct，PAC）理论的代表，也催生了集成方法。通过一系列弱分类器的集成达到强分类器的效果。AdaBoost 方法示例如图 12.10 所示。

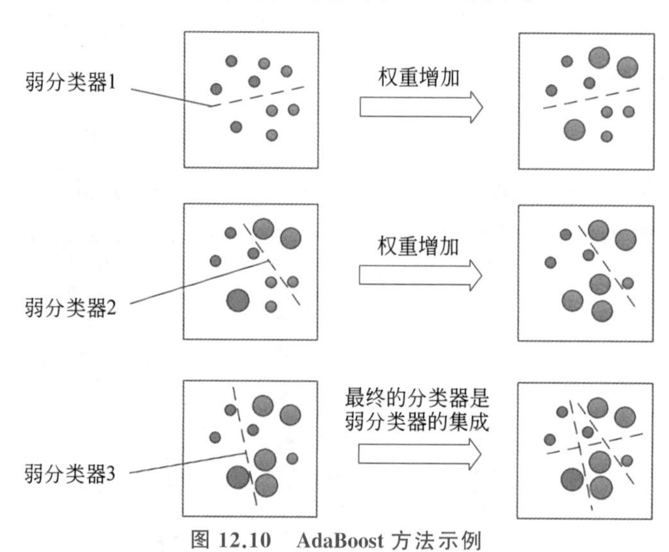

图 12.10　AdaBoost 方法示例

4）核支持向量机

2000 年，核支持向量机（Kernel Support Vector Machine，Kernel SVM）被提出，如图 12.11 所示。核支持向量机巧妙地将原始空间的非线性分类问题映射为高维空间的线性可分问题，成功地解决了非线性分类问题，取得了很好的分类效果。至此也终结了神经网络时代。

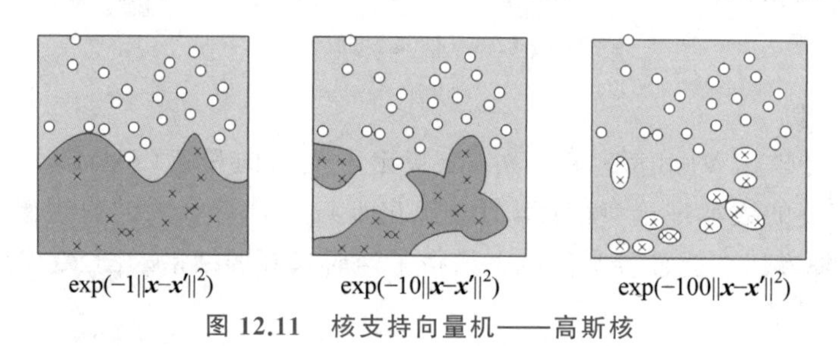

图 12.11　核支持向量机——高斯核

5）随机森林

2001 年，随机森林被提出。作为集成方法的另一代表，随机森林有着扎实的理论基础，与 AdaBoost 相比，随机森林能更好地抑制过拟合问题。在机器学习中，随机森林是一个分类器，包含多棵决策树，其输出类别由个别决策树输出类别的众数决定。Leo Breiman 和 Adele Cutler 提出了一种随机森林的算法，Random Forests 是他们的商标。这个术语是贝尔实验室的 Tin Kam Ho 在 1995 年提出随机决策森林（random decision forest）时产生的。这种方法将 Leo Breiman 的自动聚集（bootstrap aggregating）方法与 Tin Kam Ho 的随机子空间方法（random subspace method）相结合，从而构建决策树的集合。图 12.12 是随机森林的示例。

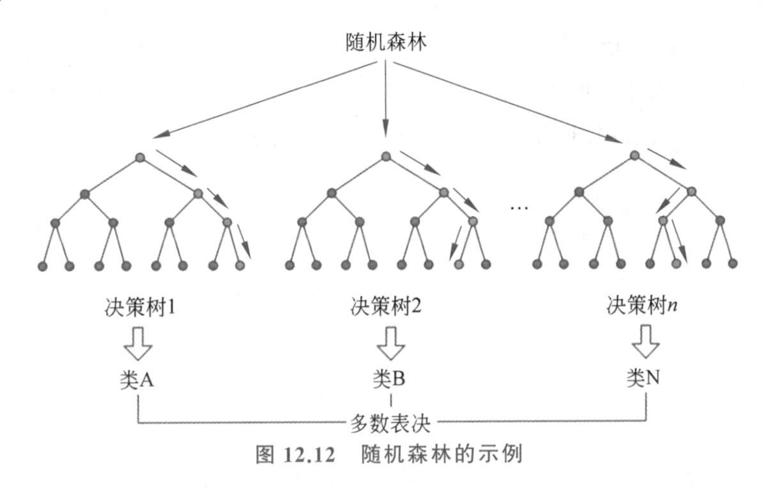

图 12.12　随机森林的示例

2001 年，有研究者提出了一种新的统一框架图模型。该模型试图将朴素贝叶斯算法、支持向量机、隐马尔可夫模型等机器学习方法统一起来，为各种学习方法提供统一的描述框架。

4. 第三代神经网络

这一阶段又可分为两个时期：快速发展期（2006—2011 年）和爆发期（2012 年至今）。

1）快速发展期

2006 年，Geoffrey Hinton 提出了一种解决深层网络训练中梯度消失问题的方法：利用无监督预训练对权值进行初始化，然后利用有监督训练对权值进行微调。其主要思想是：先通过自学习的方法学习到图 12.13 所示的训练数据结构，称为自动编码器；然后在该结构上利用有监督训练进行微调。自动编码器与主成分分析密切相关。事实上，如果自动编码器所使用的激活函数在每一层上都是线性的，那么瓶颈层中存在的潜在变量将直接对应于主成分分析的主要组件。但由于相关论文缺乏特别有效的实验验证，该方法没有得到重视。

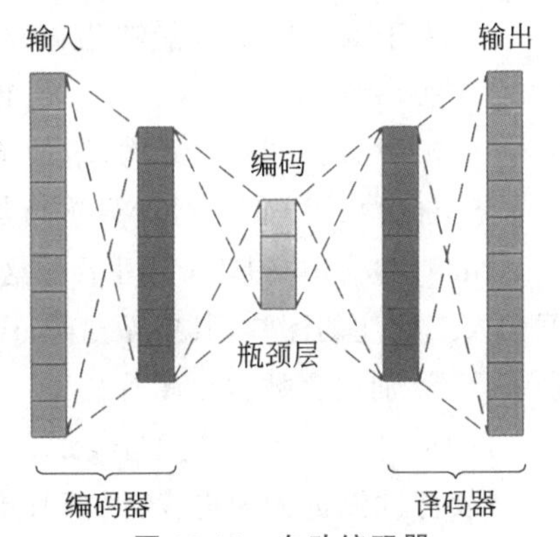

图 12.13　自动编码器

2011 年，ReLU 函数被提出，如图 12.14 所示。该激活函数能够有效地抑制梯度消失，因此其余激活函数逐渐被它取代。

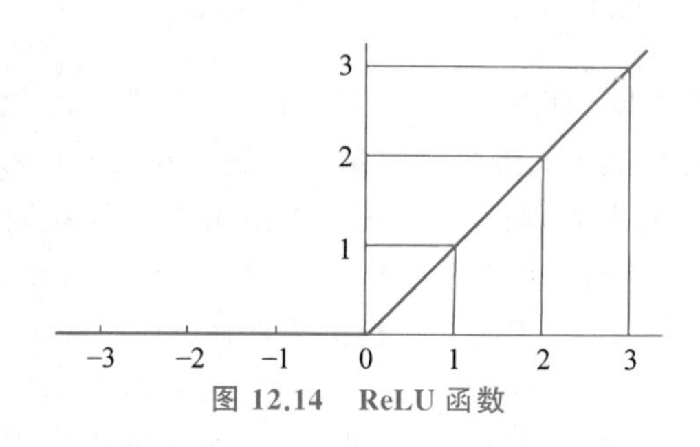

图 12.14 ReLU 函数

2011 年,微软公司首次将深度学习应用于语音识别,并取得重大突破。

2) 爆发期

2012 年,为了证明深度学习的潜力,Geoffrey Hinton 课题组首次参加 ImageNet 图像识别大赛。他们通过构建如图 12.15 所示的卷积神经网络 AlexNet 以绝对优势获得冠军。也正因为这场比赛,卷积神经网络吸引了许多研究人员的注意。

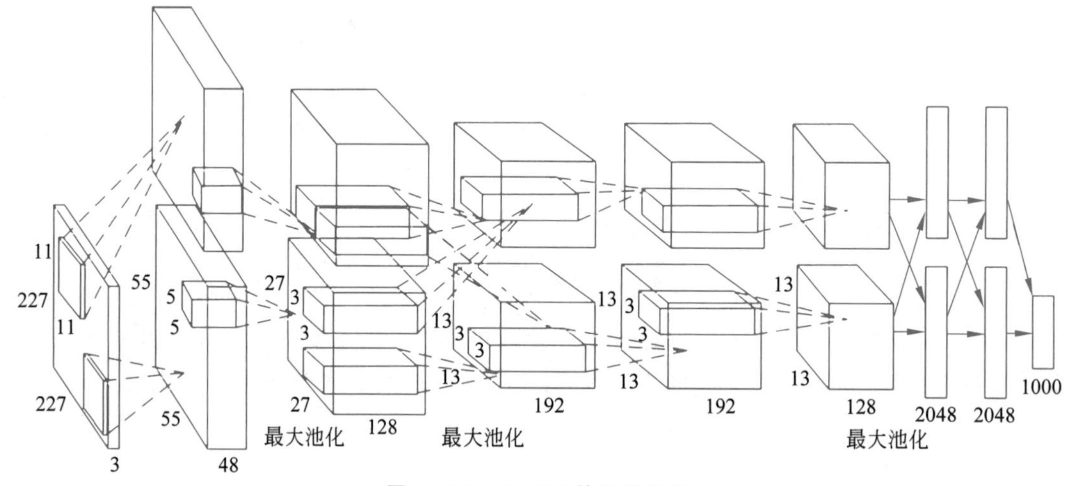

图 12.15 AlexNet 的网络结构

AlexNet 的创新点如下:

- 首次使用 ReLU 函数作为激活函数,大大提高了收敛速度,从根本上解决了梯度消失的问题。
- 由于 ReLU 方法能够很好地抑制梯度消失,AlexNet 抛弃了“预训练+微调”的方法,完全采用监督学习。从此,深度学习的主流学习方法变为纯监督学习。
- 扩展了 LeNet-5 结构,增加了 Dropout 层,LRN 层增强了泛化能力,以减小过拟合。
- 首次采用 GPU 对计算进行加速。

ImageNet 项目是一个用于视觉对象识别软件研究的大型可视化数据集,有超过 1400 万个人工标注的图片,其中至少有 100 万个图片提供了边界框。ImageNet 包含 2 万多个类别,一个类别包含数百个图片。

2013—2015 年,通过 ImageNet 图像识别大赛,深度学习的网络结构、训练方法以及 GPU 硬件性能都大为进步,促使其不断征服其他领域的战场。2015—2020 年,深度学习的井喷势态趋于稳定,更多的人工智能技术落地。

12.1.2　深度学习的应用——计算机视觉

深度学习已成功应用于三大领域：计算机视觉、自然语言处理、语音识别。随着深度学习的迅速发展，计算机视觉已经成为人工智能领域最成功的技术之一。计算机视觉研究如何利用摄像机和计算机代替人眼对目标进行跟踪、识别、分析、处理等任务，这个过程非常具有挑战性。经过多年努力，使用计算机视觉软件和硬件算法部署深度学习技术的企业在识别对象方面都取得了一定程度的成功。下面对计算机视觉中的常见任务进行简要介绍。

1. 图像分类

图像分类是计算机视觉研究中的一个重要技术问题。它可以根据图像的语义信息准确区分不同类别的图像，这是其他高层视觉任务（如目标检测、图像分割、目标跟踪、行为分析、人脸识别等）的基础。

图像分类广泛地被应用于许多领域，例如，采用人脸识别和智能视频分析技术的安防领域，采用交通场景识别技术的交通领域，采用基于内容的图像检索和相册自动归类技术的互联网领域，以及采用医学影像识别技术的医疗领域，等等。

由于深度学习的推动，图像分类的准确率大大提高。在经典的 ImageNet 数据集上，用于训练图像分类任务的常用模型包括 AlexNet、VGG、GoogLeNet、ResNet、Inception-v4、MobileNet、MobileNetV2、DPN、SE-ResNeXt、ShuffleNet 等。

图 12.16 为 CIFAR-10 数据集。通常使用上述模型作为特征提取网络，然后添加全连接网络作为分类器，对网络模型进行优化，最后得到一个分类任务的模型。

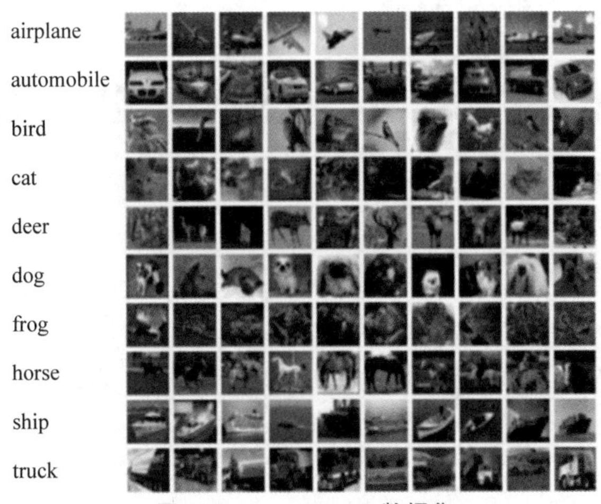

图 12.16　CIFAR-10 数据集

2. 目标检测

目标检测的任务是：给定图像或视频帧，让计算机找出所有目标的位置，并给出每个目标的具体类别。

对于人类来说，目标检测是一项非常简单的任务。然而，计算机可以“看到”的只是图像或视频帧经过数字编码之后的一系列数字，很难确定在具体图像或视频帧中出现了哪些人或对象，更难以确定目标出现在图像的哪个区域。

同时，由于目标会出现在图像或视频帧中的任何位置，目标的形态千变万化，图像或视频帧的背景千差万别，诸多因素都使得目标检测对计算机来说是一个具有挑战性的问题。

图 12.17 是 Faster R-CNN 检测效果示例。

图 12.17　Faster R-CNN 检测效果示例

3. 图像语义分割

图 12.18 为图像语义分割示例。顾名思义，图像语义分割就是根据图像所表达的不同语义信息对像素进行分割。图像语义指的是对图像内容的理解，分割指的是对图像中的每个像素点所属的类别进行标注。

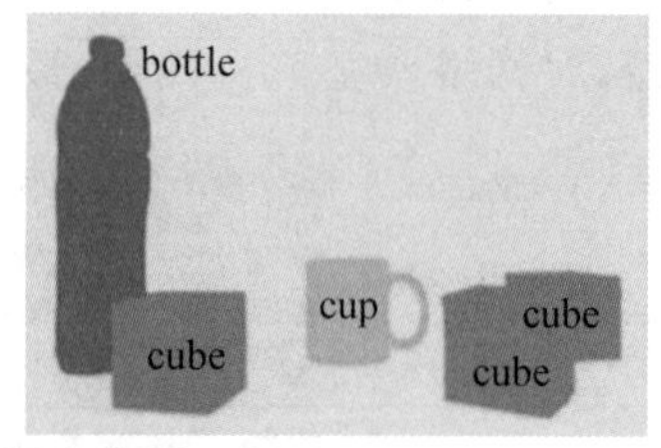

图 12.18　图像语义分割示例

4. 图像实例分割

图 12.19 为图像实例分割示例。机器通过对象检测方法自动从图像中提取不同的实例，然后用图像语义分割方法逐像素标记不同的实例区域。简单地说，图像语义分割主要用于区分不同类别的对象。例如，当图像中存在多只猫时，图像语义分割会将两只猫作为一个整体，然后将这个整体的像素预测为“猫”类别。而图像实例分割主要用于区分同一类别中的不同实例，例如，需要区分出第一只猫和第二只猫所对应的像素，其基本思想是目标检测和图像语义分割。

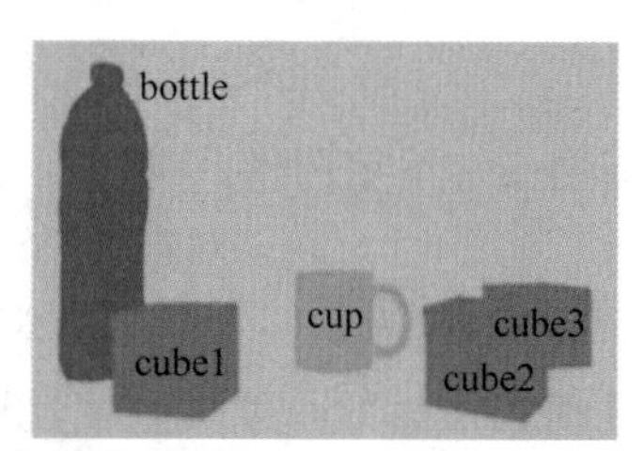

图 12.19　图像实例分割示例

5. 场景图像文字识别

场景图像有着丰富的图像信息和文字信息，这些信息对理解场景中的内容起着重要作用。场景图像文字识别指的是在图像背景比较复杂、分辨率低、字体样式多以及分布随机的情况下将图像信息转化为文字序列的过程。它可以看作一种特殊的翻译过程：将图像输入翻译为文字输出。场景图像文字识别技术的发展也促进了一些新应用的出现，例如通过自动识别路牌中的文字，帮助街景应用获取更加准确的地址信息等。

中国学者白翔为该领域的重要推动者，他在 2013 年提出一种名为卷积循环神经网络(Convolutional Cyclic Neural Network，CRNN)的文字识别方法，显著提升了精度和检测速度。图 12.20 为 CRNN 模型结构。从中可以看出，向模型输入一个图像，模型可以识别并返回图像中的文字信息。

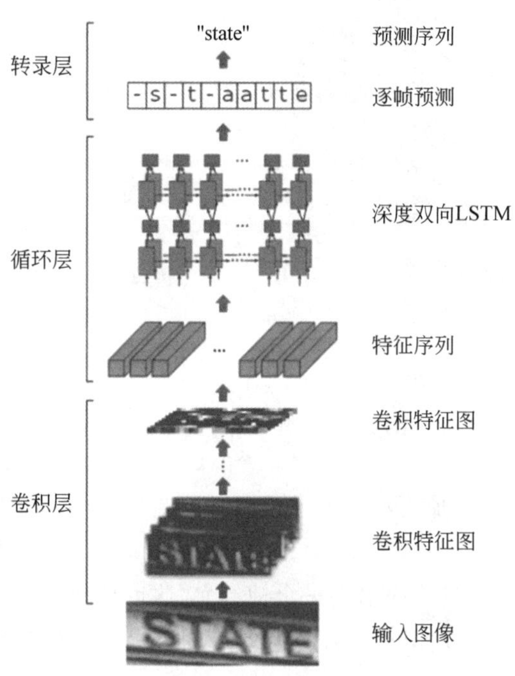

图 12.20　CRNN 模型结构

6. 图像生成

图像生成指的是根据输入向量生成目标图像。这里的输入向量可以是随机的噪声，也可以是用户指定的条件向量。具体的应用场景有手写体生成、人脸合成、风格迁移、图像修复、超分辨率重建等。目前，图像生成任务主要是通过生成对抗网络(Generative Adversarial Network，GAN)实现的。图 12.21 是 StyleGAN 生成的图像。

2014 年，Ian Goodfellow 提出了生成对抗网络，最初是为了通过神经网络生成数据，Ian Goodfellow 被称为生成对抗网络之父。生成对抗网络由两部分组成，分别是生成器和判别器。在训练的过程中，需要两者很好地配合。生成器就像从零基础“小白”慢慢成长为制造假钞高手的坏人，而判别器就像识别假钞的警察。通过警察与制造假钞的坏人之间的不断博弈，在能力上相互促进，最终达到这样的效果：警察难以识别出假钞，制造假钞的高手也难以制造出更逼真的假钞。

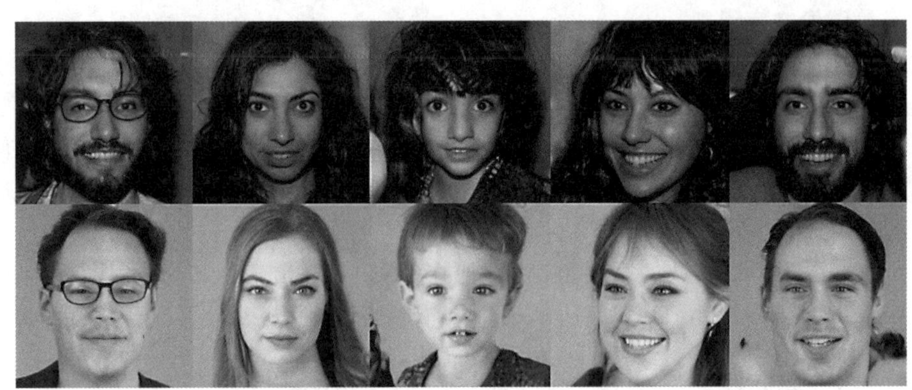

图 12.21 StyleGAN 生成的图像

12.2 计算机视觉中常用的神经网络层

在本节中,将介绍深度学习在计算机视觉中常用的神经网络层,从数学角度剖析深度神经网络的运算机制,并讲述常用的优化方法。

12.2.1 全连接神经网络

1. 激活函数

前面已经介绍了激活函数在神经元中的作用,但是很多读者可能还是有很多问题:激活函数是什么?为什么需要激活函数?有哪些常用的激活函数?下面一一讨论这些问题。

1) 激活函数的定义

简单地说,激活函数就是加入神经网络中的一个函数,目的在于帮助神经网络从数据中学习复杂模式。

激活函数决定将哪些信息传递给下一个神经元,这也是激活函数在神经网络中的作用。激活函数接收来自上一个神经元的信号,并将其转换为下一个神经元可以接收的形式。

2) 激活函数的用途

在神经网络中需要激活函数的原因有很多。激活函数有助于将神经元的输出限定在一定范围内。这很重要,因为激活函数的输入是 $wx+b$,其中 w 表示单元的权重,x 表示输入值,b 表示偏差。如果不把输出值限制在一定范围内,输出值可能会变得很大,尤其是在具有上百万个参数的深度神经网络中,会导致计算量过大。

激活函数最重要的特点是它能够在神经网络中引入非线性。为了便于理解,考虑以下情况:某个关于吸烟者和不吸烟者的线性函数有 3 个属性:体重、收缩压和年龄,利用它能够在三维空间中得到一条直线,但它永远无法学习到一种能将一个人准确地区分为吸烟者和不吸烟者的模式,主要原因是这个分类的模式不是线性的。通过加入非线性的激活函数,可以将非线性引入神经网络,使得神经网络能够解决图 12.22 所示的问题。

3) 常用的激活函数——sigmoid 函数与 softmax 函数

图 12.23 所示的 sigmoid 函数在实际模型中从未被使用过。其主要原因是 sigmoid 函数的计算量很大,会导致梯度消失的问题。另外,它不是以 0 为中心的。它通常只用于二进

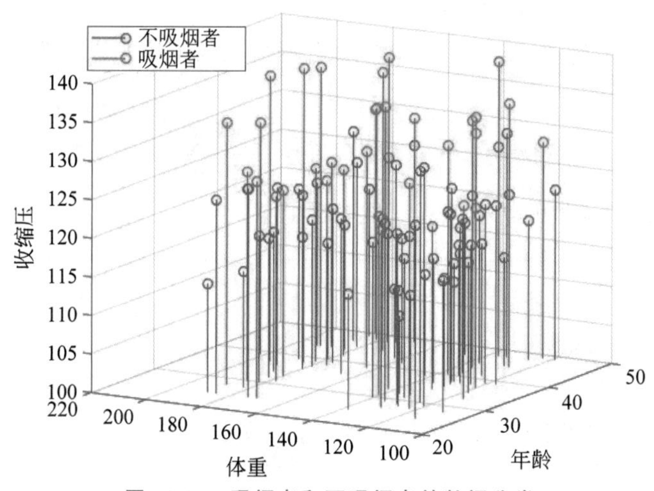

图 12.22　吸烟者和不吸烟者的数据分类

制分类。sigmoid 函数的表达式为

$$s(x)=\frac{1}{1+\mathrm{e}^{-x}} \tag{12.1}$$

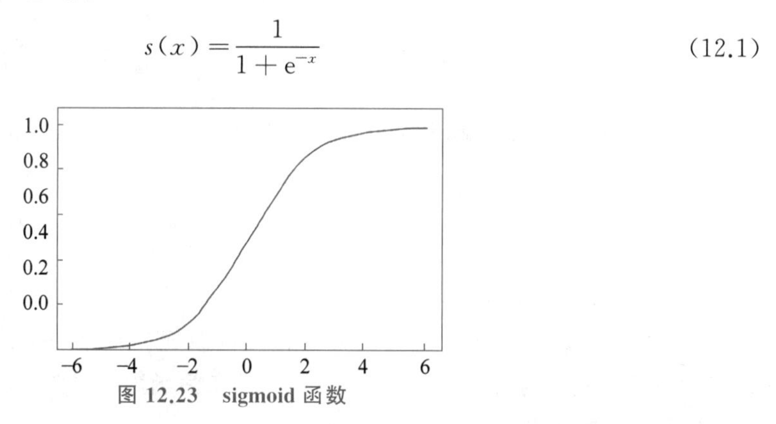

图 12.23　sigmoid 函数

在 PyTorch 中，sigmoid()函数的使用方法如下：

```
import torch.nn as nn
nn.sigmoid(x)
```

softmax 函数是 sigmoid 函数在多分类问题上的推广。与 sigmoid 函数类似，softmax 函数也生成 0～1 的值，因此它被用于分类模型的最后一层。softmax 函数的表达式为

$$y_i=\frac{\mathrm{e}^{a_i}}{\sum_{k=1}^{C}\mathrm{e}^{a_k}},\quad i=1,2,\cdots,C \tag{12.2}$$

式(12.2)可以保证 $\sum_{i=1}^{C} y_i=1$，即属于各个类别的概率和为 1。

在 PyTorch 中，softmax 函数的使用方法如下：

```
import torch.nn as nn
nn.softmax(x)
```

4）常用的激活函数——tanh 函数

相比于 sigmoid 函数，图 12.24 所示的 tanh 函数仅仅解决了以 0 为中心的问题。

tanh 函数的表达式为

$$\tanh x = \frac{\sinh x}{\cosh x} = \frac{\mathrm{e}^{x} - \mathrm{e}^{-x}}{\mathrm{e}^{x} + \mathrm{e}^{-x}} \tag{12.3}$$

其中，三角函数与指数函数的转换使用了欧拉公式。

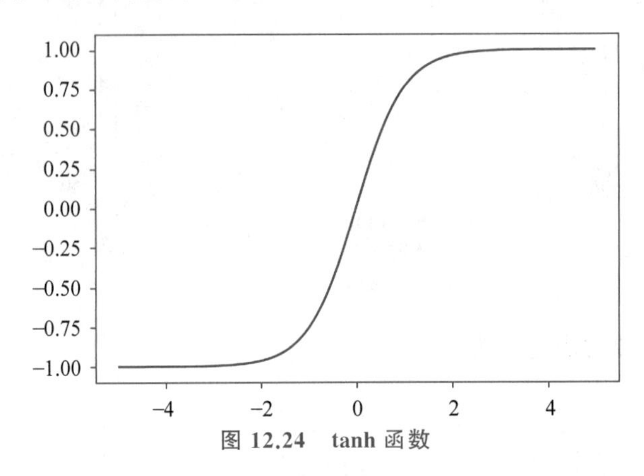

图 12.24 tanh 函数

在 PyTorch 中，tanh 函数的使用方法如下：

```
import torch.nn as nn
nn.tanh(x)
```

5）常用的激活函数——ReLU 函数

图 12.25 所示的 ReLU 函数又称修正线性单元。它是一个使用十分广泛的激活函数，尤其是在卷积神经网络中，常常会将卷积层的激活函数定义为 ReLU 函数。

ReLU 函数的表达式为

$$f(x) = \max(0, x) \tag{12.4}$$

图 12.25 ReLU 函数

使用 ReLU 函数的优势有以下几点：

- 不存在饱和区，也不存在梯度消失问题。
- 没有复杂的指数运算，计算简单，效率高。
- 实际收敛速度较快，比 sigmoid 函数和 tanh 函数快很多。

- 比 sigmoid 函数更符合生物神经激活机制。Geoffrey Hinton 认为 ReLU 函数是多个 sigmoid 函数的线性拟合。

尽管 ReLU 函数计算简单，不存在饱和问题和梯度消失问题，但是它不以 0 为中心。它还存在“死亡 ReLU”(dying ReLU)问题，即当输入值为负时，输出直接变成 0，这将导致一些节点完全无用，神经元也无法学习。

ReLU 函数的另一个问题是激活爆炸，因为它的上限是无穷大，有时会导致产生的节点不可用。

在 PyTorch 中，ReLU 函数的使用方法如下：

```
import torch.nn as nn
nn.relu(x)
```

下面介绍 ReLU 函数的变种 Leaky ReLU 函数和可以替代 ReLU 函数的 Swish 函数。

ReLU 函数的变种有很多，统称为 ReLU 函数族。这里以图 12.26 所示的 Leakly ReLU 函数为例进行介绍。

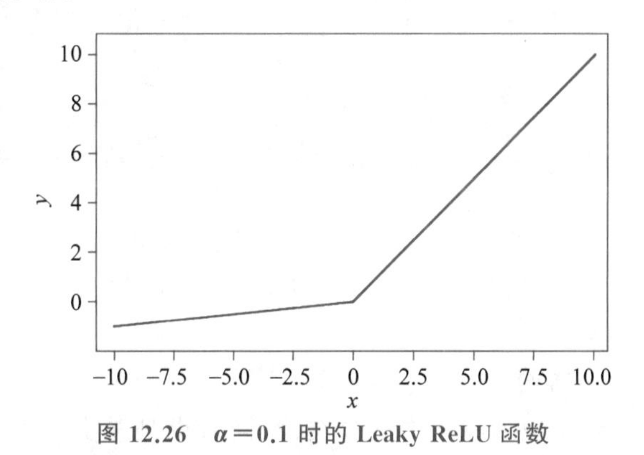

图 12.26　$\alpha=0.1$ 时的 Leaky ReLU 函数

Leaky ReLU 函数的表达式为

$$f(x)=\max(\alpha x, x) \tag{12.5}$$

这里的 α 是一个超参数，通常设置为 0.01。显然，Leaky ReLU 函数在一定程度上解决了“死亡 ReLU”的问题。如果把 α 设为 1，那么 Leaky ReLU 函数将变成一个线性函数。

在 PyTorch 中，Leaky ReLU 函数的使用方法如下：

```
import torch.nn as nn
nn.Leakyrelu(x)
```

如图 12.27 所示的 Swish 函数是由 Prajit Ramachandran 等在 2017 年提出的，其表达式为

$$\begin{aligned} f(x) &= x\ \text{sigmoid}(x) \\ &= x(1+\mathrm{e}^{-x})^{-1} \end{aligned} \tag{12.6}$$

虽然 ReLU 函数与 Swish 函数的图形非常相似，但是 Swish 函数的性能优于 ReLU 函数。当 $x=0$ 时，ReLU 函数的图形会突然发生改变，而 Swish 函数的图形不会突然改变，这使得 Swish 函数在训练中更容易收敛。

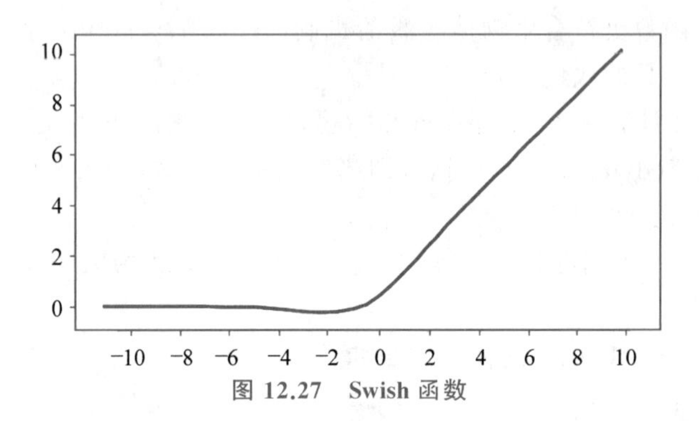

图 12.27 Swish 函数

由于在 PyTorch 中没有集成 Swish 函数，所以需要定义该函数，代码如下：

```
import torch.nn as nn
import torch.Function as F
class Swish(nn.Module):
    def __init__(self):
        super(Swish,self).__init__()
    def forward(self,x):
        x = x * F.sigmoid(x)
        return x
x = Swish(x)
```

在深度学习模型中，特征提取部分的激活函数通常使用 ReLU 函数；而针对分类器的激活函数一般视任务而定，回归任务通常会使用线性激活函数(即不使用激活函数)，分类任务一般使用 softmax 函数。

2. 全连接网络的基本结构

全连接网络一般用于卷积神经网络的分类器，同时也是深度学习各个应用领域中都需要用到的神经网络层。下面首先介绍全连接网络的表示。

全连接网络，顾名思义，就是相邻的两个神经网络层的所有神经元之间都是两两相连的。全连接网络的符号表示如图 12.28 所示。

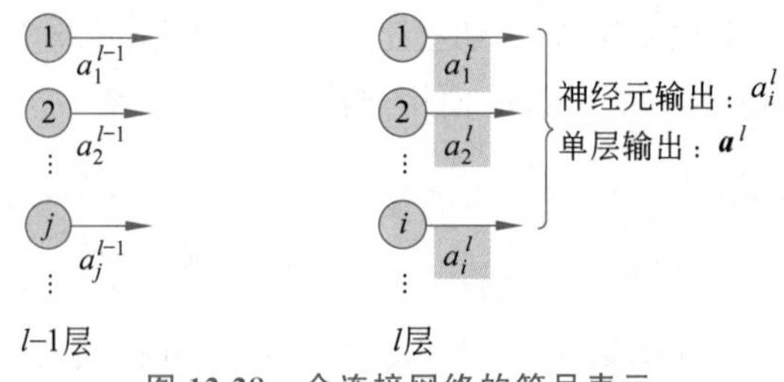

图 12.28 全连接网络的符号表示

设两个神经网络层分别为 $l-1$ 层和 l 层。这两层分别有 N_{l-1} 和 N_l 个节点。a_i^l 表示 l 层第 i 个节点的输出。每一层的输出为向量。例如，l 层的输出用向量 $\boldsymbol{a}^l$ 表示。

以上是全连接网络的基础结构。全连接网络相邻两层的神经元之间通过权重 w 和偏差 b 形成连接，如图 12.29 所示。

$l-1$ 层中的每个神经元通过不同的权重与 l 层的每个神经元连接。w_{ij}^l 中的下标 ij 表示权重的方向为从神经元 j 指向神经元 i。w_{ij}^l 中的上标 l 表示从 $l-1$ 层指向 l 层。例如，$l-1$ 层中的 1 号神经元和 l 层中的所有神经元连接的权重可以表示为 $[w_{11}^l \quad w_{21}^l \quad w_{31}^l \quad \cdots]$。$l-1$ 层中所有神经元和 l 层中所有神经元的连接可以用如图 12.30 所示的权重矩阵表示。

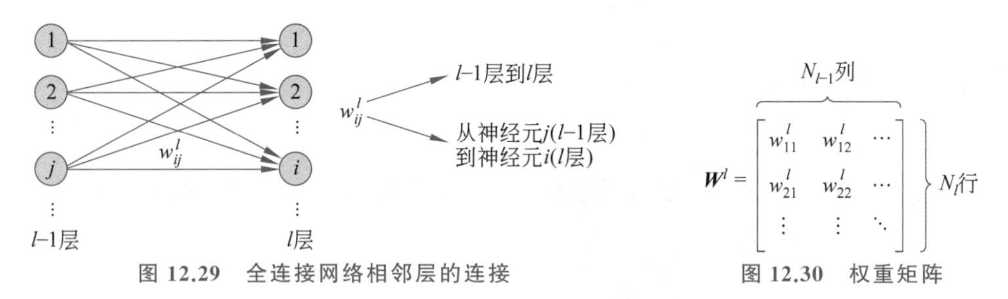

图 12.29　全连接网络相邻层的连接　　图 12.30　权重矩阵

$\boldsymbol{W}^l$ 的每一列代表 l 层中所有节点和 $l-1$ 层中一个节点的连接权重。$\boldsymbol{W}^l$ 的每一行代表 $l-1$ 层中所有节点和 l 层中一个节点的连接权重。

全连接网络中的偏差如图 12.31 所示。

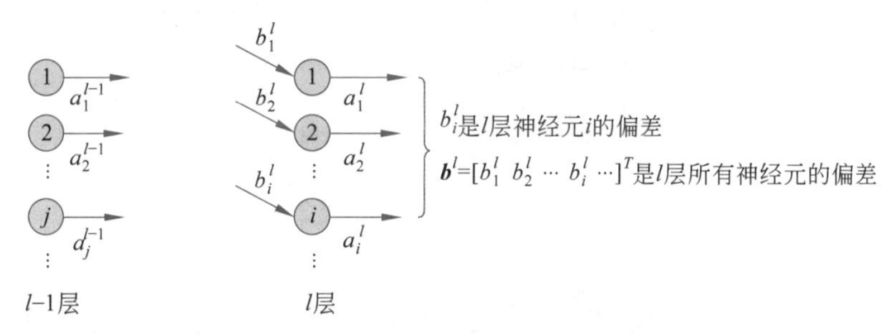

图 12.31　偏置

$l-1$ 层节点的输出乘以权重之后加上偏差，就得到 l 层的输出，此时的输出没有经过激活函数。

l 层的输出可以表示为

$$\boldsymbol{z}^l = \boldsymbol{w}^l \boldsymbol{a}^{l-1} + \boldsymbol{b}^l \tag{12.7}$$

注意，这里的 $\boldsymbol{b}^l$ 是一个向量而不是一个标量。l 层第一个节点的输出为

$$z_1^l = w_{11}^l a_1^{l-1} + w_{12}^l a_2^{l-1} + \cdots + b_1^l \tag{12.8}$$

以此类推：

$$z_2^l = w_{21}^l a_1^{l-1} + w_{22}^l a_2^{l-1} + \cdots + b_2^l \tag{12.9}$$

$$z_i^l = w_{i1}^l a_1^{l-1} + w_{i2}^l a_2^{l-1} + \cdots + b_i^l \tag{12.10}$$

l 层输出的矩阵运算如图 12.32 所示。

$$z_1^l=w_{11}^l a_1^{l-1}+w_{12}^l a_2^{l-1}+\cdots+b_1^l$$
$$z_2^l=w_{21}^l a_1^{l-1}+w_{22}^l a_2^{l-1}+\cdots+b_2^l$$
$$\vdots$$
$$z_i^l=w_{i1}^l a_1^{l-1}+w_{i2}^l a_2^{l-1}+\cdots+b_i^l$$

$$\begin{bmatrix} z_1^l \\ z_2^l \\ \vdots \\ z_i^l \\ \vdots \end{bmatrix} = \begin{bmatrix} w_{11}^l & w_{12}^l & \cdots \\ w_{21}^l & w_{22}^l & \cdots \\ \vdots & \vdots & \ddots \end{bmatrix} \begin{bmatrix} a_1^{l-1} \\ a_2^{l-1} \\ \vdots \\ a_i^{l-1} \\ \vdots \end{bmatrix} + \begin{bmatrix} b_1^l \\ b_2^l \\ \vdots \\ b_i^l \\ \vdots \end{bmatrix}$$

$$\boldsymbol{z}^l=\boldsymbol{w}^l\boldsymbol{a}^{l-1}+\boldsymbol{b}^l$$

图 12.32　l 层输出的运算

现在已经清楚了权重、偏差、上一层神经元输出与下一层神经元输出的关系，但是这里的运算与神经元模型还有所不同，缺少激活函数。激活函数用 α 表示，则最终的模型可表示为

$$\boldsymbol{a}^{l}=\alpha(\boldsymbol{W}^{l}\boldsymbol{a}^{l-1}+\boldsymbol{b}^{l}) \tag{12.11}$$

两个神经网络层的神经元之间的连接是通过权重和偏差实现的，其参数数量很大。例如，如果输入图像为 100×100×3，隐含层有 1000 个神经元，则参数有 100×100×3×1000+1000 个。如果神经元和隐含层数量较多，参数数量将非常大。为了减少参数数量，引入了卷积神经网络。

12.2.2 卷积神经网络

1. 卷积运算

卷积运算(符号为⊗)是在输入图像和特定的卷积核(特征检测器)之间进行的。卷积运算开始时如图 12.33 所示。

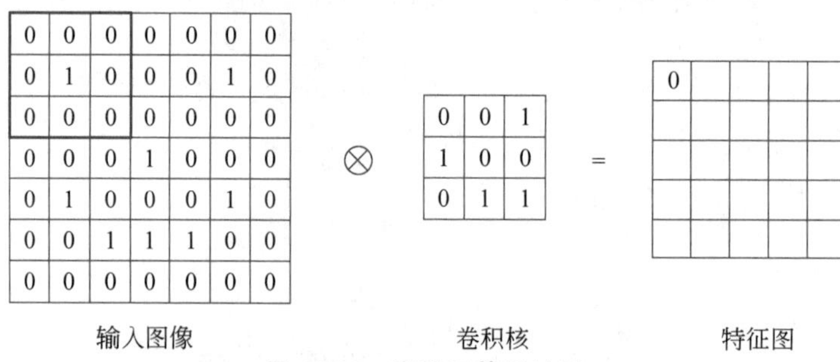

图 12.33 卷积运算开始时

每次移动一个像素。卷积运算完成时如图 12.34 所示。

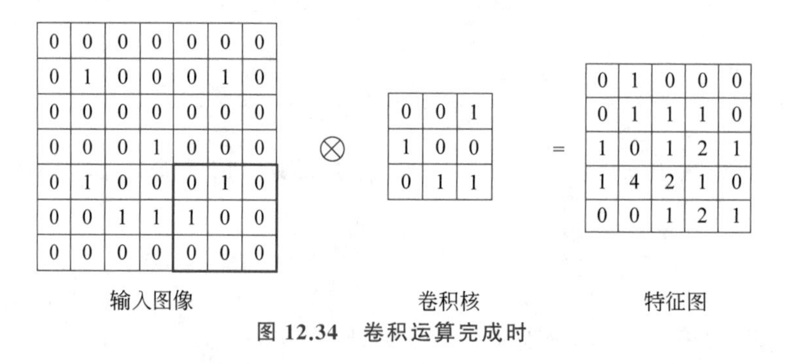

图 12.34 卷积运算完成时

图 12.34 和图 12.35 中的卷积核的大小为 3×3。卷积核的大小通常选用奇数，主要有以下两个原因：

(1) 更容易进行边缘填充。有时需要保持卷积前后图像的大小不变，这时就需要用到边缘填充。假设图像的大小为 $n\times n$，卷积核的大小为 $k\times k$，边缘填充的宽度为$(k-1)/2$，则卷积后的输出为$(n-k+2\times((k-1)/2))/1+1=n$，即卷积输出为 $n\times n$，从而确保了卷积前后图像的大小保持不变。如果 k 为偶数，则$(k-1)/2$ 不是整数。

(2) 卷积锚点更容易被找到。在卷积神经网络中进行卷积操作时，通常会以卷积核的某个位置(即卷积锚点)为基准进行滑动，而卷积锚点通常就是卷积核的中心。如果 k 为奇数，卷积锚点很容易确定。

常见的卷积核大小为 1×1、3×3、5×5、7×7。值得注意的是，上面的叙述默认输入图像的通道数为 1,所以对应的卷积核的深度也为 1。若输入图像的通道数不为 1,或者需要对特征图进行卷积运算时,又应该如何?

三通道图像(例如彩色图像)的卷积运算如图 12.35 所示。当输入图像的通道数为 3 时,卷积核的深度也为 3,而生成的特征图的深度为卷积核的个数。

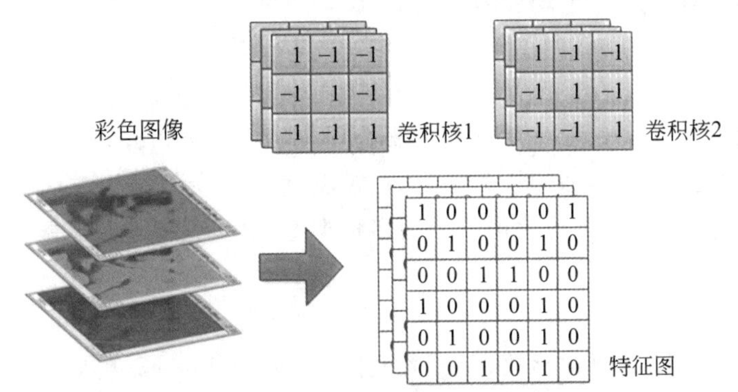

图 12.35　三通道图像的卷积运算

卷积核在图像上遍历每一个像素,每次移动的距离称为步长。特征图的大小与步长和卷积核大小直接相关。

2. 两种边缘填充方式

在分类任务或者目标检测任务中,通常希望卷积运算前后图像或特征图的大小保持不变。此外,因为卷积运算在移动到图像边缘时运算结束,所以边缘像素点对输出的影响比较小。中间像素点可能参与多次运算,但是边缘像素点可能只参与一次运算,可能导致边缘信息丢失。因此,通常需要进行边缘填充。边缘填充是在图像的四周添加一些像素,并将这些像素初始化为 0,如图 12.36 所示。

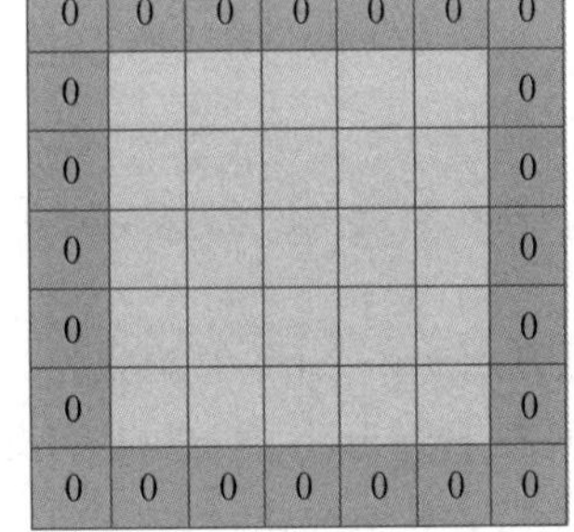

图 12.36　边缘填充

边缘填充有以下两种模式。

1) same 模式

设定原始图像的大小为 $n \times n$,卷积核的大小为 $k \times k$,步长为 s,边缘填充宽度为 p。特征图的边长为

$$N_{\text{out}} = (n + 2p - f)/s + 1 \tag{12.12}$$

要求特征图大小不变,令 $N_{\text{out}} = n$,得出需要填补的宽度 p 为

$$p = (ns - s + f - n)/2 \tag{12.13}$$

2) valid 模式

valid 模式即不填充 0,此时特征图大小为

$$N_{\text{out}} = (n - f)/s + 1 \tag{12.14}$$

假设现在对一个 28×28×3 的图像进行卷积运算,需要创建一个卷积核大小为 3×3、步长为 1、特征图深度为 10 的卷积层,且令特征图大小与输入图像大小一致,则在 PyTorch 中创建卷积神经网络的方法如下:

```
import torch.nn as nn
conv = torch.nn.Conv2d(in_channels=3, out_channels=10, kernel_size=3,
    stride=1, padding=1)
```

其中,根据式(12.13),padding 为

$$\text{padding} = (28 \times 1 - 1 + 3 - 28) \div 2 = 1 \tag{12.15}$$

3. 池化

在卷积神经网络中,还有一个重要的概念——池化(pooling)。它实际上是一种降采样。随着计算机视觉研究热度的快速提升,在模型优化和模型结构方面都涌现了许多新奇的思想,池化就是其中之一。池化可以分为多种类型,这里只讨论最常见的最大池化和平均池化。

1) 最大池化

有多种形式的非线性池化函数,而最大池化(max pooling)函数是最为常见的。它是把输入图像划分成若干矩形子区域,并为每个子区域输出最大值。直观地说,这种机制之所以有效,是因为在发现一个特征之后,它的确切位置远不如它与其他特征的相对位置的关系重要。池化层会逐渐缩小数据的空间,从而减少参数的数量和计算量,这在一定程度上也控制了过拟合。一般来说,卷积神经网络的卷积层之间都会周期性地插入池化层。

池化层通常分别作用于每个输入的特征并减小其大小。目前,最常用的池化层是将图像划分为 2×2 的子区域,然后对每个子区域中的数据取最大值,这将减少 75%的数据量。

在 PyTorch 中,最大池化的使用方法如下:

```
import torch.nn as nn
nn.MaxPool2d(kernel_size, stride=None)
```

其中,kernel_size 为池化窗口边长,stride 为移动时的步长。图 12.37 中的池化窗口边长为 2。在 PyTorch 中,默认步长为池化窗口的边长。

2) 平均池化

平均池化的原理与最大池化的原理类似,只是将对池化窗口元素取最大值的操作改成取平均值。平均池化用得较少。平均池化与最大池化的比较如图 12.38 所示。

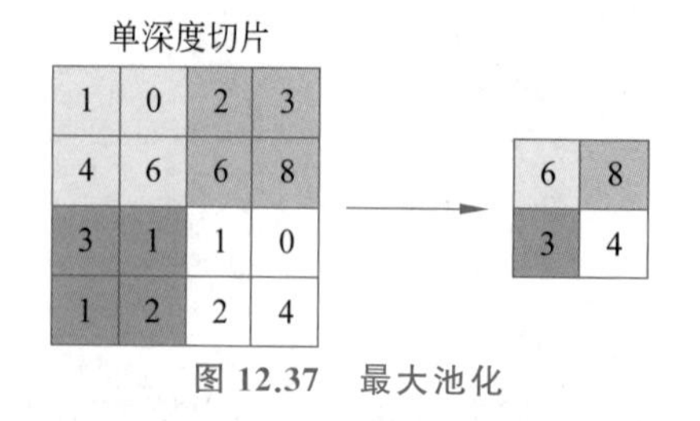

图 12.37 最大池化

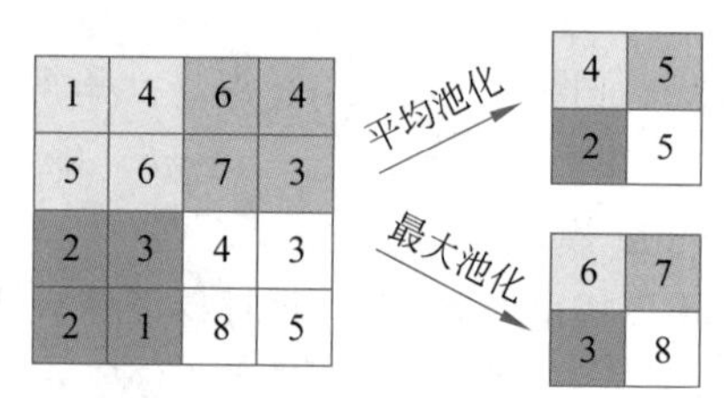

图 12.38 平均池化与最大池化的比较

在 PyTorch 中,平均池化的使用方法如下:

```
import torch.nn as nn
nn.AvgPool2d(kernel_size, stride=None)
```

其中 kernel_size 为池化窗口边长，stride 为移动时的步长。图 12.38 中的池化窗口边长为 2。在 PyTorch 中默认步长为池化窗口边长。

12.2.3　权重初始化

在深度学习中构建模型时，通常需要对模型的权重进行初始化，不同的初始化方法对模型的收敛速度和性能有至关重要的影响。由于本书介绍的算法都是带参数的算法，所以模型的优化基本上都是通过梯度下降方法实现的。随着模型规模的增大，在梯度下降的过程中，极易出现梯度消失或梯度爆炸问题，因此对权重的初始化显得尤为重要。下面介绍常见的权重初始化方法。

1. 高斯分布初始化

在高斯分布初始化方法中即使初始化的权重服从高斯分布，也需要给定权重的均值和方差。早期的参数初始化方法普遍是将数据和参数标准化(normalize)为标准正态分布(均值为 0，方差为 1)。随着神经网络深度的增加，这种方法显现出不能解决梯度消失问题的不足。

在 PyTorch 中对上述的卷积层和全连接层进行均值(mean)为 0、方差(std)为 1 的高斯分布权重初始化的方法如下：

```
import torch.nn as nn
conv2d = nn.Conv2d(1,10,kernel_size=5)
fc = nn.Linear(100,10)
nn.init.normal(conv2d.weight,mean=0,std=1)
nn.init.normal(fc.weight,mean=0,std=1)
```

2. Xavier 初始化

Xavier Glorot 是 Xavier 初始化方法的提出者，他在论文 *Understanding the Difficulty of Training Deep Feedforward Neural Networks* 中指出：激活值的方差是逐层递减的，这导致反向传播中的梯度也逐层递减。如果要解决梯度消失问题，就要避免激活值的方差衰减，最理想的情况是每层的激活值保持如图 12.39 所示的高斯分布。

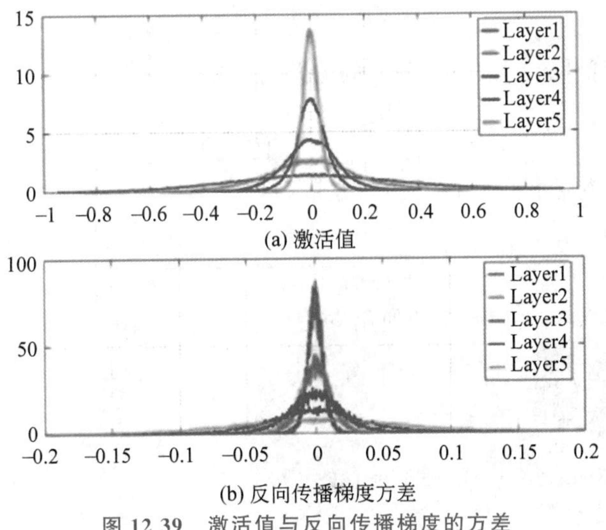

图 12.39　激活值与反向传播梯度的方差

Xavier 初始化的思想是使每一层输入与输出的方差保持一致。下面分析每一层的权重应该满足什么样的条件。

为了便于理解，这里分析全连接网络。假设激活函数是线性的，则输出 y 为

$$y = w_1 x_1 + w_2 x_2 + \cdots + w_{n_i} x_{n_i} + b \tag{12.16}$$

其中，n_i 表示输入的神经元个数，w_i 表示连接的权重。根据概率统计知识，有如下方差公式：

$$\text{Var}(w_i x_i) = E[w_i]^2 \text{Var}(x_i) + E[x_i]^2 \text{Var}(w_i) + \text{Var}(w_i)\text{Var}(x_i) \tag{12.17}$$

特别地，假设输入和权重的均值都为 0（该条件可以通过 12.2.5 节的批归一化实现），则式(12.17)可以化简为

$$\text{Var}(w_i x_i) = \text{Var}(w_i)\text{Var}(x_i) \tag{12.18}$$

进一步假设输入 x 和权重 w 独立同分布，则有

$$\text{Var}(y) = n_i \text{Var}(w_i)\text{Var}(x_i) \tag{12.19}$$

而对于多层全连接网络结构，则某一层的方差可以表示为

$$\text{Var}[z^i] = \text{Var}[x] \prod_{i'=0}^{i-1} n_{i'} \text{Var}[w^{i'}] \tag{12.20}$$

为了保证输入 x_i 与输出 y 的方差保持一致，应使

$$n_i \text{Var}[w^i] = 1 \tag{12.21}$$

上面为前向传播的情况。在反向传播时，有

$$\text{Var}\left[\frac{\partial \cos t}{\partial s^i}\right] = \text{Var}\left[\frac{\partial \cos t}{\partial s^d}\right] \prod_{i'=i}^{d} n_{i'+1} \text{Var}[w^{i'}] \tag{12.22}$$

同样，为了保证输入与输出的方差保持一致，应使

$$n_{i+1} \text{Var}[w^i] = 1 \tag{12.23}$$

综上所述，权重的方差应该满足如下条件：

$$\forall i, n_i, \text{Var}[w^i] = 1 \tag{12.24}$$

$$\forall i, n_{i+1}, \text{Var}[w^i] = 1 \tag{12.25}$$

综合式(12.24)和式(12.25)，权重的方差应该满足

$$\forall i, \text{Var}[w^i] = \frac{2}{n_i + n_{i+1}} \tag{12.26}$$

在概率论中，区间$[a,b]$的均匀分布的方差为

$$\text{Var} = \frac{(b-a)^2}{12} \tag{12.27}$$

则可以推出，Xavier 初始化服从以下均匀分布：

$$W \sim U\left[-\frac{\sqrt{6}}{\sqrt{n_j + n_{j+1}}}, \frac{\sqrt{6}}{\sqrt{n_j + n_{j+1}}}\right] \tag{12.28}$$

在 PyTorch 中，Xavier 初始化的使用方法如下：

```
import torch.nn as nn
conv2d = nn.Conv2d(1,10,kernel_size=5)
fc = nn.Linear(100,10)
nn.init.xavier_uniform(conv2d.weight)
nn.init.xavier_uniform(fc.weight)
```

3. **Kaiming 初始化**

Xavier 初始化只适用于线性激活函数。而对于神经网络来说,线性激活函数没有价值,神经网络需要非线性激活函数构建复杂的非线性系统。目前的神经网络普遍使用 ReLU 激活函数。

Kaiming He(何恺明)是 Kaiming 初始化方法的提出者,他在 *Delving Deep into Rectifiers: Surpassing Human-Level Performance on ImageNet Classification* 一文中提出了针对 ReLU 激活函数的 Kaiming 初始化方法。

经过验证发现,当初始化值缩小一半时效果最好,故 Kaiming 初始化可以认为是取 Xavier 初始化结果的一半,其权重服从以下分布:

$$w_i \sim [U(-\sqrt{6/(n_i+n_{i+1})},\sqrt{6/(n_i+n_{i+1})})]/2 \tag{12.29}$$

在 PyTorch 中,Kaiming 初始化的使用方法如下:

```
import torch.nn as nn
conv2d = nn.Conv2d(1,10,kernel_size=5)
fc = nn.Linear(100,10)
nn.init.kaiming_uniform(conv2d.weight)
nn.init.kaiming_uniform(fc.weight)
```

12.2.4 优化算法

本节讨论深度学习中常用的优化算法。优化算法作为机器学习三要素(模型、损失函数、优化算法)之一,有极其重要的地位。

1. **随机梯度下降算法与动量算法**

随机梯度下降(Stochastic Gradient Descent,SGD)算法每次迭代都用一个样本更新参数,使得训练速度大为加快。当前,SGD 算法受到研究者的高度关注。因为 SGD 算法具有较快的收敛速度,对参数进行精调后,SGD 算法可以提供更好的模型性能。

为了方便理解,这里使用只含有一个特征的线性回归进行讨论,此时假设线性回归的函数为

$$h_\theta(x^{(i)})=\theta_1 x^{(i)}+\theta_0 \tag{12.30}$$

其中,$i=1,2,\cdots,m$ 表示样本数。

对应的目标函数为(对于一般的回归问题,一般使用均方误差作为损失函数):

$$J(\theta_0,\theta_1)=\frac{1}{2m}\sum_{i=1}^{m}(h_\theta(x^{(i)})-y^{(i)})^2 \tag{12.31}$$

图 12.40 为损失函数与参数的关系。

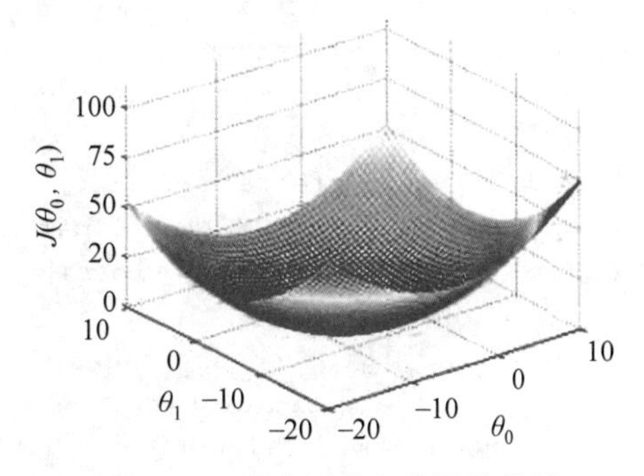

图 12.40　损失函数与参数的关系

但是 SGD 算法处理的是一个样本,所以第 i 个目标函数写为

$$J^{(i)}(\theta_0,\theta_1)=\frac{1}{2}(h_\theta(x^{(i)})-y^{(i)})^2 \tag{12.32}$$

对目标函数求偏导:

$$\frac{\Delta J^{(i)}(\theta_0,\theta_1)}{\theta_j}=(h_\theta(x^{(i)})-y^{(i)})x_j^{(i)} \tag{12.33}$$

参数更新：

$$\theta_j-\alpha(h_\theta(x^{(i)})-y^{(i)})x_j^{(i)}\rightarrow\theta_j \tag{12.34}$$

以上是SGD算法的原理。

在PyTorch的SGD算法中，通常会加入动量(momentum)算法。动量算法的原理可以描述为：如果把SGD算法看作一个小球从山坡滚到山谷的过程，那么动量算法就和SGD算法相差无几。从A点开始，先计算A点的坡度，找到最大坡度方向并前行一段路程，然后停在B点。接着在B点寻找最大坡度方向并继续前行一段路程，然后再停下来……确切地说，这个走走停停的过程就像一个人下山，他每走一步就停下来，用拐杖试探道路，走走停停，直到抵达山谷。然而，当小球从A点滚动到B点时有一定的加速度，这会让小球越来越快地滚向谷底。动量算法正是通过模拟了这一过程加快了神经网络的收敛速度。动量算法的原理如图12.41所示。

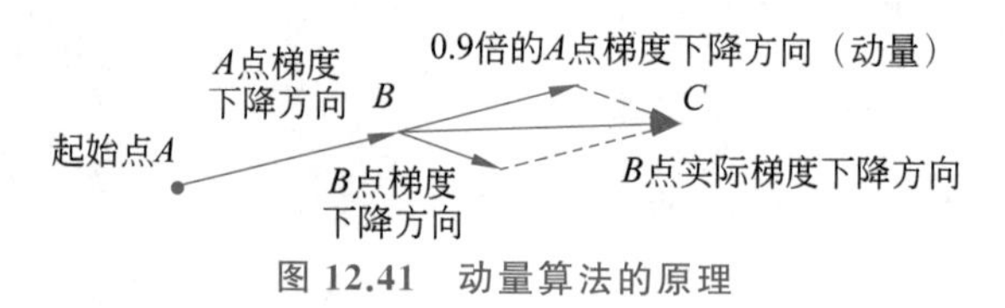

图12.41 动量算法的原理

在图12.41中，A为起始点，首先计算A点的梯度∇a，然后求下降到B点时的梯度参数：

$$\theta_{\text{new}}=\theta-\alpha\nabla a \tag{12.35}$$

其中，θ为梯度参数，α为学习率。

到了B点，需要加上A点的梯度参数衰减值γ，γ取0.9比较合适。该方法能够使前面的梯度对当前梯度的影响变得越来越小。如果不考虑衰减，模型难以收敛。因此，将B点的梯度参数公式修改为

$$\begin{aligned}v_t&=\gamma v_{t-1}+\alpha\nabla b\\ \theta_{\text{new}}&=\theta-v_t\end{aligned} \tag{12.36}$$

其中，v_{t-1}表示此前的过程中累积的动量和。这样一步一步下去，小球就会滚到谷底。

下面通过代码进一步讲解PyTorch中SGD算法的使用方法。

```
import torch.optim as optim
import torch.nn as nn
from torchvision.models.vgg import vgg16
#初始化
model = vgg16(pretrained=True)
optimizer = optim.SGD(model.parameters(),lr = 0.01, momentum = 0.9)
loss_fn = nn.CrossEntropyLoss()
#参数优化
for data,target in data_loader:
    optimizer.zero_grad()
    output = model(input)
    loss = loss_fn(output, target)
```

```
    loss.backward()
    optimizer.step()
```

上述代码为在 PyTorch 中针对一般分类任务的 SGD 算法流程。model 即定义的深度学习模型，这里为了方便讲解，直接调用了 PyTorch 框架下的 torchvision 中的 vgg 模型。初始化 SGD 优化器 optim.SGD()需要传入 3 个参数：第一个参数是模型参数，需要将定义的模型参数传入，为后面的优化模型做准备；第二个参数是学习率的初始值；第三个参数是 momentum，即动量算法中的衰减值 γ。

关于损失函数，在前面已经详细探讨过其用法，这里不再赘述。需要注意的是，在 PyTorch 中，首先需要定义损失函数，在这里定义为交叉熵损失函数：

```
loss_fn = nn.CrossEntropyLoss()
```

这时通过 loss_fn()函数即可计算出其损失值：

```
loss = loss_fn(output, target)
```

值得注意的是在 PyTorch 中交叉熵函数的定义。在交叉熵函数中传入的两个参数为模型对数据的预测值 output 和数据的真实值 target，由于交叉熵函数内部会对预测值进行 softmax 函数运算和取对数运算，所以无须在分类模型的最后一层加入 softmax 层。另外，也无须将数据的真实值转换为独热码，因为在交叉熵函数内部将会自动进行转换。其中，loss.backward()函数自动计算模型的损失函数对于每层神经网络的梯度；optimizer.step()函数的作用为更新模型参数的权重；而 optimizer.zero_grad()函数的作用为在每次循环时将计算出来的梯度值清零，避免上一次循环的数据影响本次循环的参数更新。

2. Adam 算法

Adam(Adaptive momentum)是一种基于自适应动量的随机优化算法，在深度学习中常被用作优化器算法。Adam 算法描述如下：

输入：步长 ε(建议采用默认值 0.001)；
　　矩估计的指数衰减速率 ρ_1 和 ρ_2(在区间[0,1)内，建议采用默认值 0.9 和 0.999)；
　　用于数值稳定的小常数 δ(建议采用默认值 10^{-8})；
　　初始参数 θ。
初始化一阶和二阶矩变量：$s=0, r=0$
初始化时间步：$t=0$
while 没有达到停止准则 do
　　从训练集中选取 m 个样本$\{x(1), x(2), \cdots, x(m)\}$，对应目标为 $y(i)$
　　计算梯度：$g \leftarrow \frac{1}{m} \nabla\theta \sum_i L(f(x^{(i)};\theta), y^{(i)})$
　　$t \leftarrow t+1$
　　更新有偏一阶矩的估计：$s \leftarrow \rho_1 s + (1-\rho_1) g$
　　更新有偏二阶矩的估计：$r \leftarrow \rho_2 r + (1-\rho_2) g \odot g$
　　修正一阶矩的偏差：$\hat{s} \leftarrow \frac{s}{1-\rho_1^t}$

修正二阶矩的偏差：$\hat{r} \leftarrow \frac{r}{1-\rho_2^t}$

计算更新：$\Delta\theta = -\varepsilon \frac{\hat{s}}{\sqrt{\hat{r}}+\delta}$（逐元素操作）

应用更新：$\theta \leftarrow \theta + \Delta\theta$

end whild

Adam 算法中的参数说明如下：

- t：更新的步数。
- ε：学习率。
- θ：模型的参数。
- L：损失函数。
- g：目标函数对模型参数求导得到的梯度。
- y：数据真实值。
- ρ_1：一阶矩衰减系数。
- ρ_2：二阶矩衰减系数。
- s：梯度 g 的一阶矩，即梯度 g 的期望。
- r：梯度 g 的二阶矩，即 g_2 的期望。
- $\hat{s}$：s 的偏差修正。
- $\hat{r}$：r 的偏差修正。

下面介绍 PyTorch 中 Adam 算法的使用方法，只需要将上面的 SGD 初始化函数 optim.SGD()换成 Adam 初始化函数 optim.Adam()即可：

```
optimizer = optim.Adam(model.parameters(),lr = 0.01, momentum = 0.9,
    betas=(0.9, 0.999))
```

其中，betas 二元组中的两个元素分别对应一阶矩衰减系数和二阶矩衰减系数。

12.2.5 深度学习中的正则化

深度学习在训练中常常会遇到过拟合问题。过拟合问题的解决方法有很多，可以通过添加训练数据，使训练数据的空间分布接近真实分布，从而解决模型过拟合问题。然而，在实际情况中收集数据是一件代价很高昂的事情，所以通常会使用正则化方法降低模型复杂度，使结构风险最小化。

1. L1、L2 正则化

由于在 4.1.4 节中已经介绍过 L1、L2 正则化，所以这里重点讲述 L1、L2 正则化在 PyTorch 中的应用。假设求解的都是回归问题。

1) L1 正则化

$$\min \frac{1}{2m}\sum_{i=1}^{n}(h_w(x^{(i)})-y^{(i)})^2+\lambda\sum_{j=1}^{m}|w_j| \tag{12.37}$$

在 PyTorch 中 L1 正则化的实现方法如下：

```
def l1_loss(model,a):
    running_loss = 0.0
    for param in model.parameters():
        running_loss += torch.sum(torch.abs(param))
    return a * running_loss
```

上面的代码定义了 L1 损失函数，在使用时只需要添加到模型训练时的损失函数中即可。在 l1_loss()函数中，model 为定义的神经网络；a 为超参数，即惩罚因子。

2）L2 正则化

L2 正则化的表达式为

$$\min \frac{1}{2m} \sum_{i=1}^{n} (h_w(x^{(i)}) - y^{(i)})^2 + \lambda \sum_{j=1}^{2} | w_j^2 | \tag{12.38}$$

在 PyTorch 中 L2 正则化的实现方法如下：

```
def l2_loss(model,a):
    running_loss = 0.0
    for param in model.parameters():
        running_loss += torch.sum(param**2)
    return a * running_loss
```

上面定义了 L2 损失函数，在使用时只需要添加到模型训练时的损失中即可，在上面的函数中，model 为定义的网络，而 a 为超参数，即惩罚因子。

2. Dropout

2012 年，Geoffrey Hinton 他的论文中提出了 Dropout 算法。当在小数据集中训练复杂的前馈神经网络时，很容易造成过拟合的现象。为了防止过拟合，可以通过阻止特征检测器的共同作用来提高神经网络的性能。

同年，Alex Krizhevsky 和 Geoffrey Hinton 在一篇论文中采用 Dropout 算法防止过拟合。此外，这篇论文中提到的 AlexNet 模型引发了神经网络应用热潮，并在 2012 年 ImageNet 图像识别大赛中获得冠军，使卷积神经网成为图像分类的核心算法模型。

1）Dropout 的含义

Dropout 可以用作深度神经网络训练的一种 trick 供选择。在每个训练批次中，通过忽略一半的特征检测器（让一半的隐含层节点值为 0）使过拟合的现象显著减少。这种方法能够降低特征检测器（隐含层节点）相互作用的次数。某些特征检测器单独无法发挥作用，需要依赖其他特征检测器才能发挥作用。

简单地说，Dropout 就是在前向传播时让某一神经元的激活值以一定的概率 p 停止工作。因为它不依赖于某些局部的特征，这样就可以使模型泛化性更强。

2）Dropout 算法原理

Dropout 算法原理如图 12.42 所示，虚线部分为随机删除的神经元和权重。Dropout 算法的流程如下：

（1）随机删除神经网络中一半的隐含层神经元，输入神经元和输出神经元保持不变。

（2）通过修改后的神经网络前向传播，把得到的损失结果通过修改后的神经网络反向传播。一小批训练样本执行完这个过程后，在没有被删除的神经元上按照 SGD 算法更新对应的参数(w,b)。

(3) 恢复被删除的神经元(此时被删除的神经元的参数保持原样,而没有被删除的神经元的参数已经更新)。

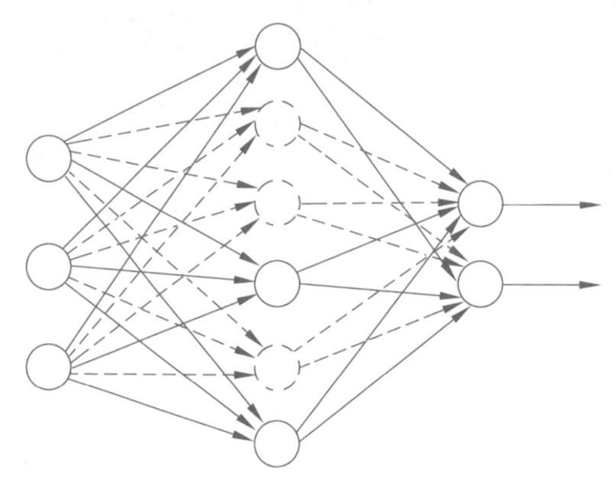

图 12.42 Dropout 算法原理

(4) 从隐含层神经元中随机删除一半神经元。

(5) 对一小批训练样本,先前向传播然后反向传播损失并根据 SGD 算法更新参数(w,b)。

需要注意的是,在网络测试的过程中不会使用 Dropout 算法。

在 PyTorch 中 Dropout 算法的使用方法如下:

```
import torch.nn as nn
fc = nn.Linear(100,10)
x = nn.Dropout(fc)
```

3. 批归一化

在训练模型前,通常要对数据进行预处理,其中很重要的一步就是归一化,也称为特征缩放(feature scaling)。如果不这样处理,不同的特征具有不同数量级的数据,它们对线性组合后的结果的影响很不相同,高数量级的特征显然影响更大。图 12.43 给出了归一化前后的损失函数的对比。

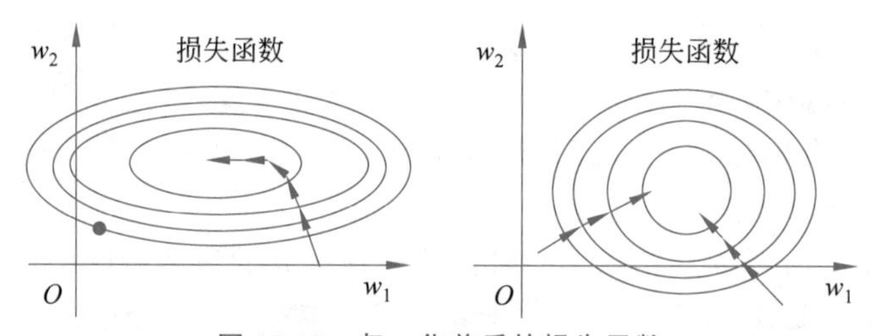

图 12.43 归一化前后的损失函数

从损失函数来看,在归一化之前,损失函数的切面图是椭圆形的,归一化之后就更接近圆形。无论优化算法在何处开始,都更容易收敛到最优解,由此可见归一化非常重要。在神经网络中,不仅在处理数据前需要对数据进行归一化,而且在隐含层同样需要进行归一化。在隐含层中的归一化称为批归一化(Batch Normalization,BN),其原理如图 12.44 所示。

批归一化可用公式表示为

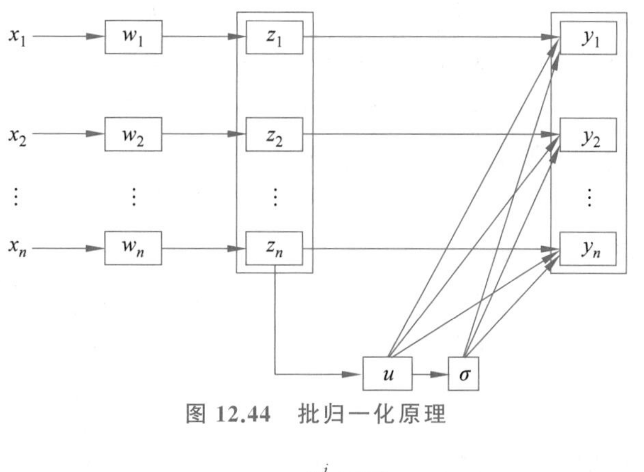

图 12.44　批归一化原理

$$y^i = \frac{z^i - u}{\sigma} \tag{12.39}$$

其中，y^i 为后一层神经元的输出，z^i 为前一层神经元的输出，u 为均值，σ 为方差。

在 PyTorch 中，批归一化的使用方法如下：

```
import torch.nn as nn
Bn = nn.BatchNorm2d()
```

批归一化基于 GPU 的平行运算，式(12.39)中的 u 和 σ 由输入数据和批量大小决定。当批量过小时，批归一化的效果就会非常差，所以当需要处理的图像的像素数较大，而硬件资源不能匹配，无法采用较大批量时，不推荐使用批归一化。

12.3　从零开始构建卷积神经网络模型

12.3.1　LeNet

LeNet 是 Yann LeCun 等在多次深入研究后提出的卷积神经网络结构。一般来说，LeNet 指 LeNet-5。其结构见图 12.7。

1. 网络结构解析

在图 12.7 中，输入图像大小为 32×32，而在本实例中使用 MNIST 数据集进行实验，所以输入图像为 28×28(所以模型的参数会有所不同)。12.3.4 节会进一步介绍 MNIST 数据集。在不计算输入层的情况下，共有 7 层网络。

(1) C1 是卷积层。它使用 6 个大小为 5×5 的卷积核，输入图像的通道数为 1，通过卷积运算便可得到深度为 6 的特征图(此时 LeNet 的卷积不使用边缘填充)。在 PyTorch 中创建 C1 的方式如下：

```
conv1 = nn.Conv2d(in_channel,6,5,padding=2)
```

在本实例中，使用 MNIST 数据集进行实验，所以默认 in_channel(输入图像的通道数)为 1，而为了使 LeNet 能在多个数据集上使用而不更改参数，使用边缘填充的方式使卷积前后特征图大小不发生改变，通过计算得到 padding=2。

(2) S2 是采样层。由于上一层使用了边缘填充,所以该层的输入特征图大小仍然为 28×28,但是深度已经变为 6。采用最大池化对特征图进行下采样(下采样不改变特征图的深度),其中池化窗口大小为 2×2,步长为 2。在 PyTorch 中创建 S2 的方式如下:

```
pool = nn.MaxPool2d(2,2)
```

(3) C3 是卷积层。该层使用了 16 个大小为 5×5 的卷积核,经过上一层的上采样后,C3 层输入的特征图大小为 14×14×6,此时继续使用边缘填充的方式进行卷积,其中输入特征图的通道数为 6,使用 16 个卷积核,而 padding=2。在 PyTorch 中创建 C3 的方式如下:

```
conv2 = nn.Conv2d(6,16,5,padding=2)
```

(4) S4 是采样层。由于参数无任何改变,所以在 PyTorch 中与 S2 一起调用即可。

(5) C5 是卷积层。对 S4 进行下采样后,特征图的大小变为 7×7×16。因此,该层的输入通道数为 16,采用 120 个大小为 5×5 的卷积核进行卷积,padding=2。在 PyTorch 中创建 C5 的方式如下:

```
conv3 = nn.Conv2d(16,120,5,padding=2)
```

(6) F6 是全连接层。这里要注意一个问题,此时经过卷积层得到的特征图大小为 7×7×120,不能够直接与全连接层相连,需要将特征图展开,才能够与全连接层进行运算。在 PyTorch 中,使用 view()函数可以达到展开特征图的效果,该函数可以改变张量的形状,具体使用方法如下:

```
out = out.view(x.size(0),-1)
```

其中,out 代表变形后的张量,x 代表传入的图像的张量表达形式,x.size(0)代表有多少张图像。

全连接层的定义为

```
fc1 = nn.Linear(120 * 7 * 7,84)
```

其中,输出长度根据定义为 84。

(7) F7 是全连接层。同样,该层也是分类器,由于 MNIST 数据集分为 10 类,所以定义输出神经元个数为 10,在 PyTorch 中的定义如下:

```
fc2 = nn.Linear(84,num_classes)
```

其中,num_classes 默认为 10。

下面将完整地构建神经网络。在 PyTorch 中,所有神经网络都作为类实现。创建一个 PyTorch 类的子类需要调用 nn.Module,并实现__init__()和 forward()方法。在__init__()方法中初始化层;而在 forward()方法中,通过调用__init__()方法进行"积木堆砌",并返回最终输出。非线性函数(如激活函数)常被 forward()函数直接使用。除了导入 torch.nn 以外,更为常用的是通过 torch.nn.Functional 直接调用相关函数。下面是完整的代码,展示了如何使用 PyTorch 构建深度学习架构。

2. 完整代码

以下代码保存在 LeNet.py 文件中。

```
import torch
import torch.nn as nn
import torch.nn.functional as F
class LeNet(nn.Module):
    def __init__(self,in_channel,num_classes):
        super().__init__()
        self.conv1 = nn.Conv2d(in_channel,6,5,padding=2)
        self.conv2 = nn.Conv2d(6,16,5,padding=2)
        self.conv3 = nn.Conv2d(16, 120, 5, padding=2)
        self.pool = nn.MaxPool2d(2,2)
        self.fc1 = nn.Linear(120 * 7 * 7,84)
        self.fc2 = nn.Linear(84,num_classes)
    def forward(self, x):
        out = F.relu(self.conv1(x))
        out = self.pool(out)
        out = F.relu(self.conv2(out))
        out = self.pool(out)
        out = F.relu(self.conv3(out))
        out = out.view(x.size(0),-1)
        out = F.relu(self.fc1(out))
        out =self.fc2(out)
        return out
```

值得注意的是,这里搭建的 LeNet 与 Yann LeCun 等在论文中采用的架构有所不同。论文中没有使用 ReLU 函数作为激活函数。本实例的 LeNet 中使用了边缘填充,令卷积前后特征图大小相同;而在上述论文中没有这个操作。上面的代码中定义网络的方式常常可以在 PyTorch 中见到,当需要计算输入图像的输出时,首先需要创建模型,然后将输入图像,其中 x 为图像的张量。代码如下:

```
model = LeNet()
output = model(x)
```

这样,通过将模型封装在独立的 py 文件中,就可以直接调用模型得到输出。

12.3.2　AlexNet

第一个经典的卷积神经网络是 LeNet-5,但实际上,当 LeNet-5 被提出的时候并没有引起很大的关注。深度学习与神经网络的第三次浪潮始于 2012 年 ImageNet 竞赛。Geoffrey Hinton 与他的学生 Alex Krizhevsky 提出的神经网络模型 AlexNet 以超过第二名 10.9 个百分点的绝对优势一举夺冠。Geoffrey Hinton 和 Alex Krizhevsky 还发表了论文 *ImageNet Classification with Deep Convolutional Neural Networks*(以下简称 AlexNet 论文)，自此，深度学习的发展迎来了井喷时期。本节将讨论这个框架，搭建 AlexNet。

1. 网络结构分析

AlexNet 与 LeNet 的不同是使用了 ReLU 函数、双 GPU 并行运行、局部响应归一化、覆盖的池化操作、使用 Dropout 算法防止过拟合。下面首先分析网络的整体架构。AlexNet 的网络结构见图 12.15。

AlexNet 一共有 8 层，分别为 5 个卷积层和 3 个全连接层。下面会逐个讨论每一层的结构。但是，由于本实例使用的图像较小，所以会对参数进行微调，与 AlexNet 论文有所不同。

在正式讨论各层结构之前，首先介绍 AlexNet 提出的局部响应归一化（Local Response Normalization，LRN），其思想和批归一化相似，但是后来研究者发现 LRN 对于网络的表现能力影响较小，所以 LRN 逐渐被摒弃。但是，为了使知识体系完整，下面将简要介绍 LRN 的知识。

在 AlexNet 论文中发现 LRN 对网络的性能有所提升，其公式如下：

$$b_{x,y}^{i}=\frac{a_{x,y}^{i}}{k+\alpha\sum\limits_{j=\max(0,i-n/2)}^{\min(N-1,i+n/2)}(a_{x,y}^{j})^{2}} \tag{12.40}$$

其中，$b_{x,y}^{i}$ 代表第 i 个卷积核在 (x,y) 处经过 LRN 计算后的结果；$a_{x,y}^{i}$ 和 $a_{x,y}^{j}$ 分别代表在特征图中第 i 个卷积核和第 j 个卷积核在 (x,y) 处经过 ReLU 函数后的输出；N 表示这一层总的卷积核数量；k、n、α 和 β 是超参数，它们的值是在验证集上得到的，$k=2$，$n=5$，$\alpha=0.0001$，$\beta=0.75$。这种归一化操作实现了某种形式的横向抑制，这是受生物神经元的某种行为启发而来的。

下面逐层分析网络结构。

(1) 第一层网络结构如图 12.45 所示。

AlexNet 论文：在第一层网络中，输入图像的大小为 227×227×3，使用 96 个大小为 11×11×3 的卷积核，卷积步长为 4。此时，特征图的大小是 55×55×96。当卷积运算完成后，添加 ReLU 函数。由于 AlexNet 论文采用了双 GPU，因此需要将特征图分成两组分别训练，此时特征图大小变为 55×55×48。经过卷积层操作后，使用重叠池化层，池化层的大小为 3×3，步长为 2。经过重叠池化后，两组特征图大小为 27×27×48。最后对特征图进行局部响应归一化处理。

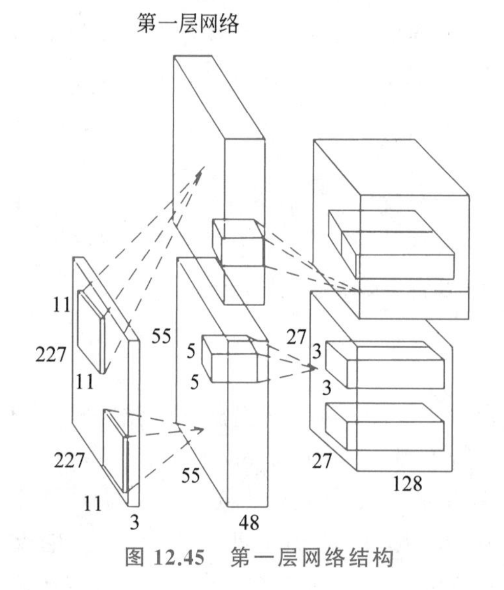

图 12.45 第一层网络结构

本实例：在创建网络时，不使用多 GPU 训练。为了适应 12.3.4 节中的数据集分类，假设输入图像大小为 28×28 并调整参数。假设卷积核的大小为 3×3，步长为 1，并且卷积前后特征图大小通过边缘填充的方式保持不变，通过计算可以得到 padding=1。此外，为了便于计算，本实例中没有使用重叠池化窗口，而是使用最大池化窗口，池化窗口大小为 2×2，步长为 1。

在 PyTorch 中创建第一层网络的代码如下：

```
conv1 = nn.Conv2d(in_channel,96,3,stride=1,padding=1)
pool = nn.MaxPool2d(2,2)
```

(2) 第二层网络结构如图 12.46 所示。

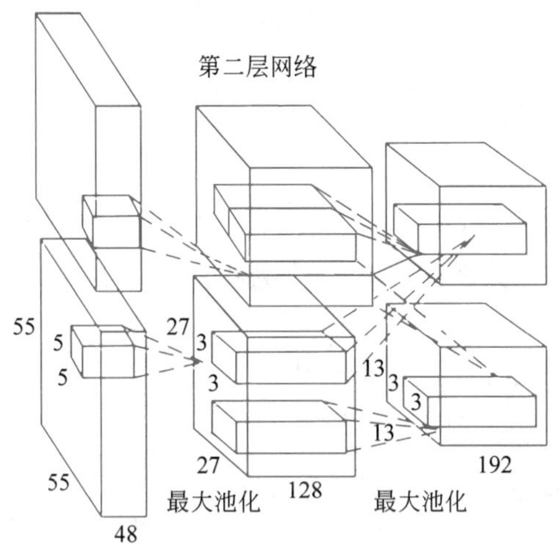

图 12.46　第二层网络结构

AlexNet 论文：在第二层网络中，输入每组大小为 27×27×48 的特征图。首先，对每组特征图进行卷积，每组使用 128 个卷积核，每个卷积核的大小为 5×5。通过边缘填充的方式使特征图卷积前后大小不变，从而得到两组大小为 27×27×128 的特征图。然后，利用重叠池化窗口对得到的特征图进行下采样，池化窗口大小为 3×3，步长为 2，得到的两组特征图大小为 13×13×128。最后，对下采样后得到的特征图进行局部响应归一化。

本实例：在创建网络时，同样不使用多 GPU 训练。采用 256 个大小为 3×3 的卷积核进行卷积操作，卷积前后特征图大小通过边缘填充的方式保持不变，通过计算可以得到 padding=1。然后使用大小为 2×2、步长为 1 的最大池化窗口进行下采样。

在 PyTorch 中创建第二层网络的代码如下：

```
conv2 = nn.Conv2d(96,256,3,stride=1,padding=1)
pool = nn.MaxPool2d(2,2)
```

(3) 第三层网络结构如图 12.47 所示。

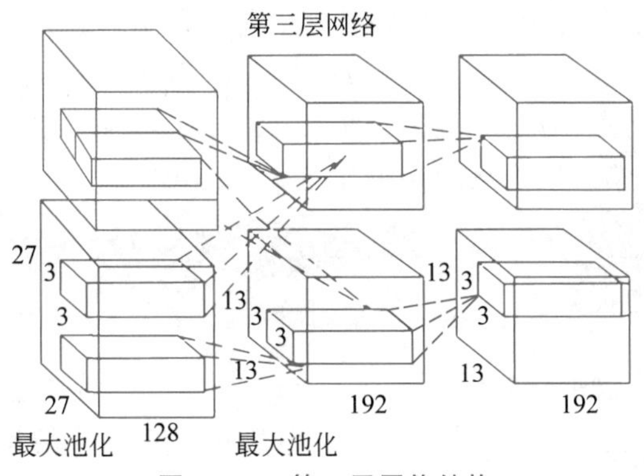

图 12.47　第三层网络结构

AlexNet 论文：在第三层网络中，输入两组数据，每组特征图大小为 13×13×128。对每组特征图分别使用 192 个卷积核进行卷积，每个卷积核的大小为 3×3，步长为 2，通过边缘填充的方式保持卷积前后特征图大小不变。

本实例：使用 384 个大小为 3×3 的卷积核，以步长为 1 进行卷积。

在 PyTorch 中创建第三层网络的代码如下：

```
conv3=nn.Conv2d(256,384,3,stride=1,padding=1)
```

(4) 第四层网络结构如图 12.48 所示。

AlexNet 论文：在第四层网络中，输入两组数据，每组特征图大小为 13×13×192，然后对每组分别使用 192 个卷积核进行卷积，每个卷积核的大小为 3，步长为 2，通过边缘填充的方式保持卷积前后特征图大小不变。

本实例：使用 384 个大小为 3×3 的卷积核，以步长为 1 进行卷积。

在 PyTorch 中创建第四层网络的代码如下：

```
Conv4=nn.Conv2d(384,384,3,stride=1,padding=1)
```

(5) 第五层网络结构如图 12.49 所示。

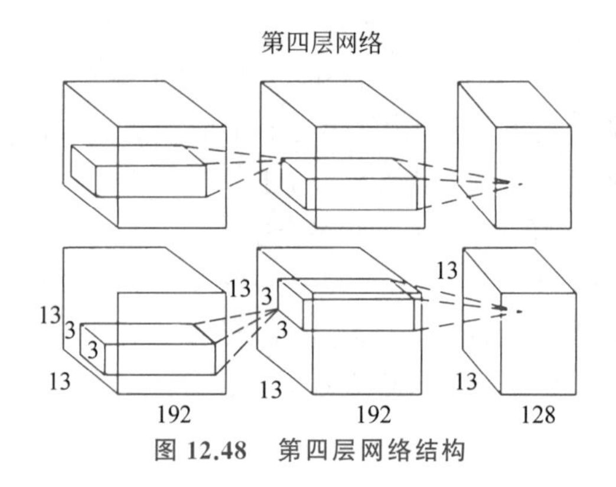

图 12.48 第四层网络结构

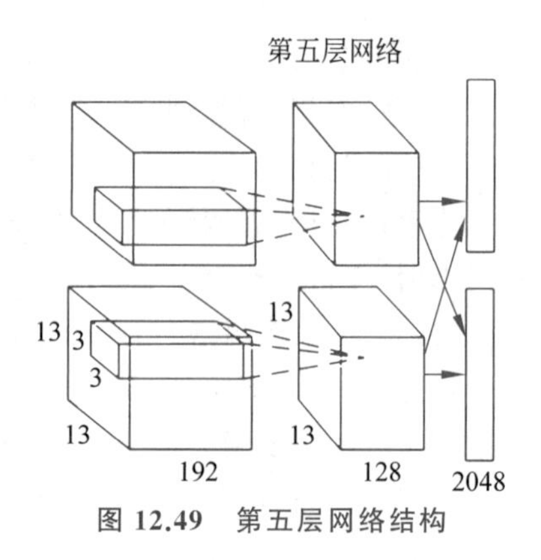

图 12.49 第五层网络结构

AlexNet 论文：在第五层网络中，输入两组数据，每组特征图大小为 13×13×192，然后对每组分别使用 128 个卷积核进行卷积，每个卷积核的大小为 3×3，步长为 2，通过边缘填充的方式保持卷积前后特征图大小不变。通过重叠池化对特征图进行下采样操作，其中池化窗口大小为 3×3，步长为 2，得到的两组特征图大小为 6×6×128。

本实例：使用 256 个核长为 3×3 的卷积核，以步长为 1 进行卷积。对卷积后的特征图进行最大池化，其中池化窗口大小为 2×2，步长为 2。

在 PyTorch 中创建第五层网络的代码如下：

```
Conv4=nn.Conv2d(384,384,3,stride=1,padding=1)
pool = nn.MaxPool2d(2,2)
```

(6) 第六层网络结构如图 12.50 所示。

AlexNet 论文：第六层输入数据为两组大小为 6×6×256 的特征图，首先对特征图进行平铺处理，然后与两组含有 2048 个神经元的全连接网络相连。这里需要添加 Dropout 层。

本实例：首先使用 PyTorch 中的 view 函数对特征图进行变形，具体代码如下：

```
out = out.view(x.size(0),-1)
```

然后与含有 4096 个神经元的全连接网络进行连接。当输入图像为 28×28 时，经过多个卷积层与池化层的运算后，输入的张量的阶数为 2304，具体代码如下：

```
fc1 = nn.Linear(2304,4096)
drop = nn.Dropout(0.5)
```

(7) 第七层网络结构如图 12.51 所示。

AlexNet 论文：第七层输入数据为两组阶数为 2048 的张量，与两组含有 2048 个神经元的全连接网络相连，这里要添加 Droput 层。

本实例：第七层输入数据为一组阶数为 4096 的张量，与一组含有 4096 个神经元的全连接网络相连，这里要添加 Dropout 层，具体代码如下：

```
fc2 = nn.Linear(4096,4096)
drop = nn.Dropout(0.5)
```

(8) 第八层网络结构如图 12.52 所示。

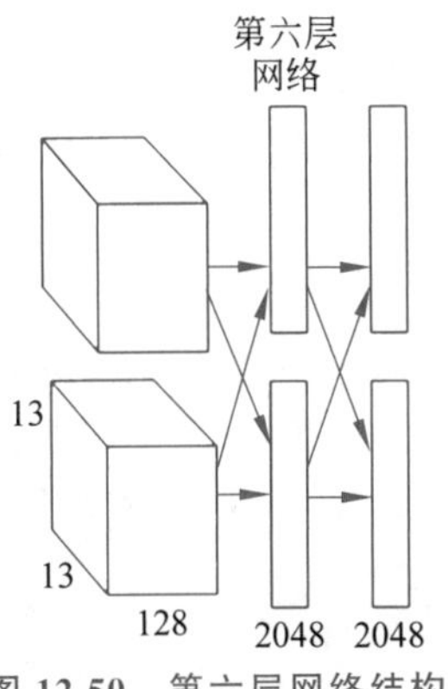

图 12.50　第六层网络结构

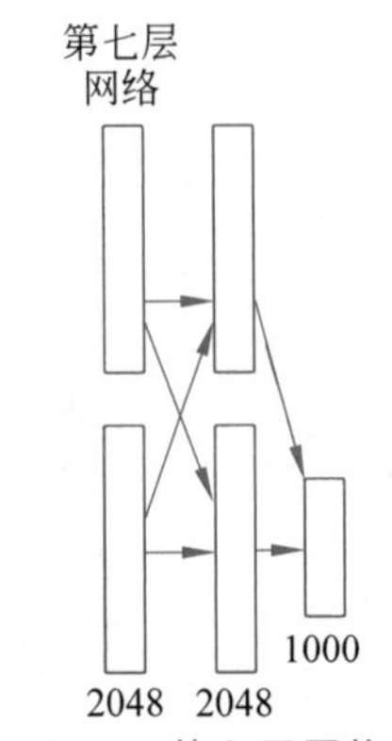

图 12.51　第七层网络结构

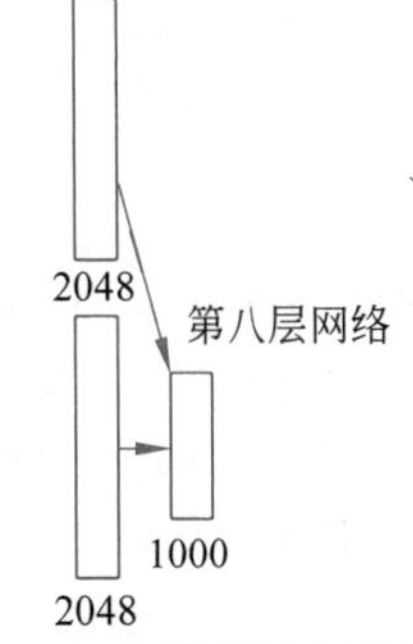

图 12.52　第八层网络结构

AlexNet 论文：第八层输入数据为两组阶数为 2048 的张量，与一组含有 1000 个神经元的全连接网络相连，这里的 1000 个神经元代表最后输出的类别。

本实例：第八层输入数据为一组阶数为 4096 的张量，由于在本实例中的分类任务均为 10 个类别，所以使其与一组含有 10 个神经元的全连接网络相连，具体代码如下：

```
Fc3 = nn.Linear(4096,10)
```

自此，AlexNet 的 8 个神经网络层创建完毕。下面给出完整代码。

2. 完整代码

本实例的完整代码保存在 AlexNet.py 文件中。

```
import torch
import torch.nn as nn
import torch.nn.functional as F
class AlexNet(nn.Module):
    def __init__(self,in_channel,num_classes):
        super().__init__()
        self.conv1 = nn.Conv2d(in_channel,96,3,stride=1,padding=1)
        self.conv2 = nn.Conv2d(96,256,3,stride=1,padding=1)
        self.conv3 = nn.Conv2d(256, 384, 3, stride=1,padding=1)
        self.conv4 = nn.Conv2d(384, 384, 3, stride=1,padding=1)
        self.conv5 = nn.Conv2d(384, 256, 3, stride=1,padding=1)
        self.pool = nn.MaxPool2d(2,2)
        self.drop = nn.Dropout(0.5)
        self.fc1 = nn.Linear(2304,4096)
        self.fc2 = nn.Linear(4096,4096)
        self.fc3 = nn.Linear(4096,num_classes)
    def forward(self, x):
        out = F.relu(self.conv1(x))
        out = self.pool(out)
        out = F.relu(self.conv2(out))
        out = self.pool(out)
        out = F.relu(self.conv3(out))
        out = F.relu(self.conv4(out))
        out = F.relu(self.conv5(out))
        out = self.pool(out)
        out = out.view(x.size(0),-1)
        out = self.drop(out)
        out = F.relu(self.fc1(out))
        out = self.drop(out)
        out = F.relu(self.fc2(out))
        out = self.fc3(out)
        return out
```

12.3.3 ResNet

ResNet(Residual Network,残差网络)来源于何恺明博士的论文 *Deep Residual Learning for Image Recognition*,该论文(以下称为 ResNet 论文)获得了 CVPR(Conference on Computer Vision and Pattern Recognition,计算机视觉与模式识别会议)最佳论文奖。ResNet 有不同层数的模型,包括 ResNet18、ResNet34、ResNet50、ResNet101 和 ResNet152。

1. 网络结构解析

卷积神经网络达到一定深度后,网络层数的增加不仅无法进一步提高分类性能,而且会导致网络收敛变慢,测试数据集的分类准确率也变得更低,如图 12.53 所示。

通过图 12.53 可以发现,简单地叠加网络层数而构建的深度神经网络却未必能带来更好的效果。而 ResNet 就是为了解决这个问题而提出的。

卷积神经网络的层数为什么如此重要?卷积神经网络可以提取低、中、高层特征。网络的层次越多,从不同层次提取的特征就越多。并且,越深的网络提取的特征越抽象,越具有语义信息。

为什么不能简单地增加网络层数呢?如果只是简单地增加网络层数,会出现梯度消失和梯度爆炸的问题。人们对此问题提出的解决办法就是 BN,这样就可以训练更深层的网络。但是,这样做又会出现另一个问题,就是退化问题,即随着网络层数地增加,训练集上的准确率趋于稳定甚至下降。因为过拟合应该表现为在训练集上的性能更好,所以这个问题

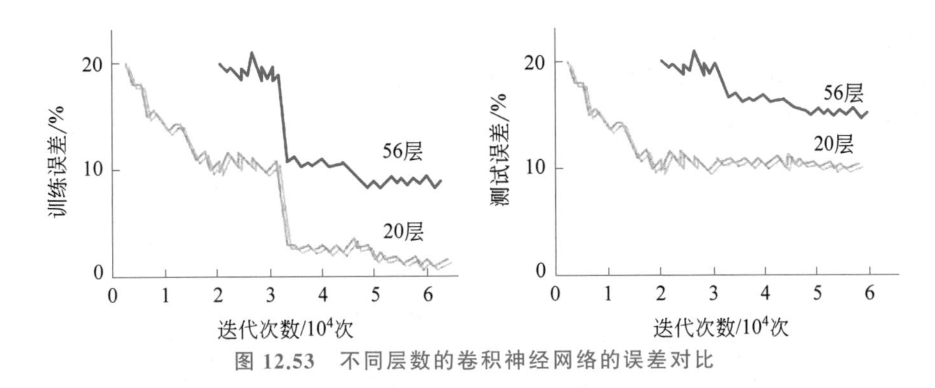

图 12.53　不同层数的卷积神经网络的误差对比

并不能解释为过拟合的现象。

因此，可以考虑通过残差网络解决退化问题。下面讲解残差网络。

1）直连

残差网络的主要思想是在网络中增加了直连通道，也就是说它借鉴了高速网络的思想。此前的网络结构是对原始输入进行非线性变换，而高速网络则允许保留前面的网络层一定比例的输出。残差网络的思想和高速网络的思想类似，允许原始输入信息直接传到后面的网络层中，如图 12.54 所示。

残差学习的定义如下：

$$Y=F(x)+x \tag{12.41}$$

残差块一共包含两个分支或者两种映射（mapping）：

- 自身映射：即图 12.54 右边的弧线。这里就是 x 自身。
- 残差映射：即图 12.54 中的 $F(x)$ 部分。

2）两种残差块

在 ResNet 论文中，针对不同深度的残差网络，何恺明博士提出了两种残差块，分别用于处理不同深度的网络。这两种残差块的结构如图 12.55 所示。第一种残差块命名为 Basic Block，是 ResNet18 和 ResNet34 使用的残差块；第二种残差块命名为 Bottle Block，是 ResNet50、ResNet101、ResNet152 使用的残差块。

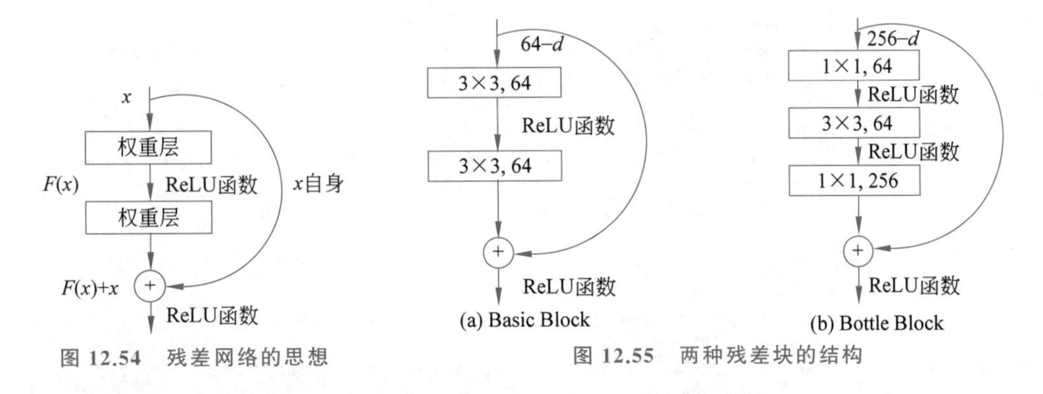

图 12.54　残差网络的思想　　图 12.55　两种残差块的结构

图 12.55(a)为基本的残差块，残差映射为两个 64 通道的 3×3 卷积，输入和输出均为 64 通道，可直接相加。这种残差块主要用于浅层网络，例如 ResNet34。

图 12.55(b)为针对深层网络提出的残差块，其主要目的就是降维。首先通过一个 1×1 卷积将 256 通道降为 64 通道，最后通过一个 256 通道的 1×1 卷积恢复。

上面的残差块都是处理维度相同的通道的。而残差映射和自身映射是按相同通道维度相加的。如果通道维度不同，则需要对残差块稍加变化，以解决不同维度的问题，也就是在自身映射部分使用 1×1 卷积进行处理，如图 12.56 所示。

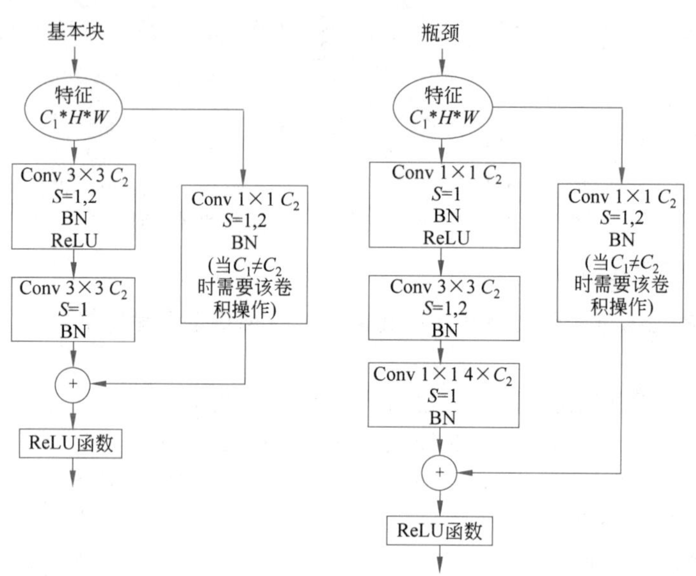

图 12.56　通道维度不同时的残差块

在 ResNet 论文中，何恺明博士给出了 ResNet34 的完整结构，如图 12.57 所示。

在图 12.57 的跳跃式连接中，实线连接表示自身映射和残差映射的通道数相同；虚线连接表示两者的通道数不同，需要使用 1×1 卷积调整通道维度，使两者可以相加。

基本块在 PyTorch 中的实现代码如下：

```
class BasicBlock(nn.Module):
expansion = 1
    def __init__(self, in_channels, out_channels, stride=1):
        super().__init__()
        #residual function
        self.residual_function = nn.Sequential(
            nn.Conv2d(in_channels, out_channels, kernel_size=3, stride=
                stride, padding=1, bias=False),
            nn.BatchNorm2d(out_channels),
            nn.ReLU(inplace=True),
            nn.Conv2d(out_channels, out_channels * BasicBlock.expansion,
                kernel_size=3, padding=1, bias=False),
            nn.BatchNorm2d(out_channels * BasicBlock.expansion)
        )
        #shortcut
        self.shortcut = nn.Sequential()
        if stride != 1 or in_channels != BasicBlock.expansion * out_channels:
            self.shortcut = nn.Sequential(
                nn.Conv2d(in_channels, out_channels * BasicBlock.expansion,
                    kernel_size=1, stride=stride, bias=False),
                nn.BatchNorm2d(out_channels * BasicBlock.expansion)
            )
    def forward(self, x):
        return nn.ReLU(inplace=True)(self.residual_function(x) + self.
            shortcut(x))
```

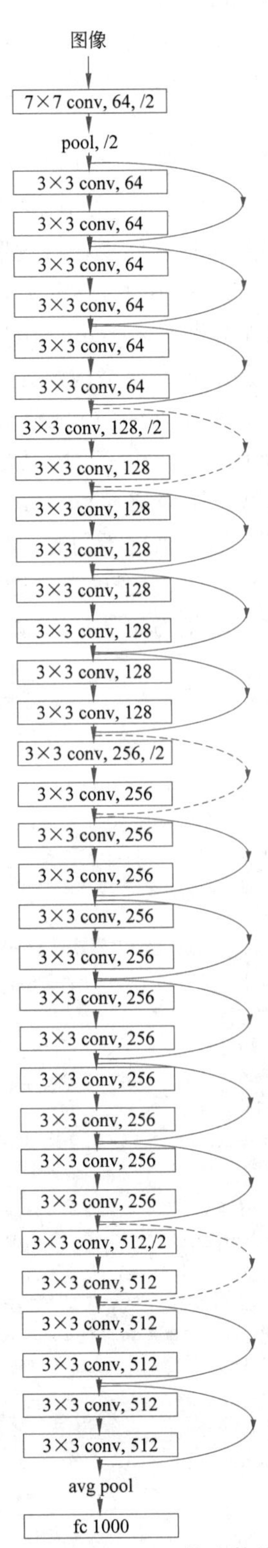

图 12.57　ResNet34 的完整结构

上面的代码定义的是针对 ResNet18、ResNet34 的残差块。上面的代码从结构上主要包括两部分：__init__()函数和 forward()函数。forward()函数十分简单，主要是将__init__()函数中的自身映射和残差映射相加。相对复杂的是__init__()函数，该函数主要完成自身映射和残差映射的初始化。

先来看残差映射，对应的是上面的 residual_function，它的构建使用了 PyTorch 中的 sequential()函数。通常对于可被反复调用的模块，都使用 sequential()函数进行搭建。sequential()函数是一个有序的容器，神经网络模块将按照在传入构造器中的顺序依次被添加到计算图中执行，所以按照 Basic Block 在 ResNet 论文中的定义，以 conv2d→批正则化→ReLU→conv2d→批正则化的顺序分别放入 sequential()函数定义的容器中。注意，这里的卷积核的大小为 3×3。自此，残差映射的网络构建完成。

下面再来看看自身映射，对应上面代码中的 shortcut。这里存在两种情况：一种情况是输入的通道维度与输出的通道维度相同；另一种情况是输入的通道维度与输出的通道维度不同。当维度相同时，上面的代码直接构建 sequential 容器，因为 forward()函数会将 x 传入 sequential 容器中，然后相加即可；当维度不同时，将 conv2d→批归一化放入 sequential 容器中。注意，这里的卷积核大小为 1×1，自身映射构建完成。

Bottle Block 在 PyTorch 中的实现代码如下：

```
class BottleNeck(nn.Module):
    expansion = 4
    def __init__(self, in_channels, out_channels, stride=1):
        super().__init__()
        self.residual_function = nn.Sequential(
            nn.Conv2d(in_channels, out_channels, kernel_size=1, bias=False),
            nn.BatchNorm2d(out_channels),
            nn.ReLU(inplace=True),
            nn.Conv2d(out_channels, out_channels, stride=stride, kernel_size=
                3, padding=1, bias=False),
            nn.BatchNorm2d(out_channels),
            nn.ReLU(inplace=True),
            nn.Conv2d(out_channels, out_channels * BottleNeck.expansion,
                kernel_size=1, bias=False),
            nn.BatchNorm2d(out_channels * BottleNeck.expansion),
        )
        self.shortcut = nn.Sequential()
        if stride != 1 or in_channels != out_channels * BottleNeck.expansion:
            self.shortcut = nn.Sequential(
                nn.Conv2d(in_channels, out_channels * BottleNeck.expansion,
                stride=stride, kernel_size=1, bias=False),
                nn.BatchNorm2d(out_channels * BottleNeck.expansion)
            )
    def forward(self, x):
        return nn.ReLU(inplace=True)(self.residual_function(x) + self.
            shortcut(x))
```

Bottle Block 是针对 ResNet50、ResNet101、ResNet152 的残差块，其代码结构与 Basic

Block 完全相同,只是参数有所不同,这里不再赘述。

2. 完整代码

完整代码保存在 ResNet.py 中,具体如下:

```
import torch
import torch.nn as nn
class BasicBlock(nn.Module):
    expansion = 1
        def __init__(self, in_channels, out_channels, stride=1):
        super().__init__()
        #residual function
        self.residual_function = nn.Sequential(
            nn.Conv2d(in_channels, out_channels, kernel_size=3, stride=
                stride, padding=1, bias=False),
            nn.BatchNorm2d(out_channels),
            nn.ReLU(inplace=True),
            nn.Conv2d(out_channels, out_channels * BasicBlock.expansion,
                kernel_size=3, padding=1, bias=False),
            nn.BatchNorm2d(out_channels * BasicBlock.expansion)
        )
        #shortcut
        self.shortcut = nn.Sequential()
        if stride != 1 or in_channels != BasicBlock.expansion * out_channels:
            self.shortcut = nn.Sequential(
                nn.Conv2d(in_channels, out_channels * BasicBlock.expansion,
                kernel_size=1, stride=stride, bias=False),
                nn.BatchNorm2d(out_channels * BasicBlock.expansion)
            )
    def forward(self, x):
        return nn.ReLU(inplace=True)(self.residual_function(x) + self.
            shortcut(x))
class BottleNeck(nn.Module):
    expansion = 4
    def __init__(self, in_channels, out_channels, stride=1):
        super().__init__()
        self.residual_function = nn.Sequential(
            nn.Conv2d(in_channels, out_channels, kernel_size=1, bias=False),
            nn.BatchNorm2d(out_channels),
            nn.ReLU(inplace=True),
            nn.Conv2d(out_channels, out_channels, stride=stride, kernel_size=
                3, padding=1, bias=False),
            nn.BatchNorm2d(out_channels),
            nn.ReLU(inplace=True),
            nn.Conv2d(out_channels, out_channels * BottleNeck.expansion,
                kernel_size=1, bias=False),
            nn.BatchNorm2d(out_channels * BottleNeck.expansion),
        )
        self.shortcut = nn.Sequential()
        if stride != 1 or in_channels != out_channels * BottleNeck.expansion:
```

```
            self.shortcut = nn.Sequential(
                nn.Conv2d(in_channels, out_channels * BottleNeck.expansion,
                    stride=stride, kernel_size=1, bias=False),
                nn.BatchNorm2d(out_channels * BottleNeck.expansion)
            )
    def forward(self, x):
        return nn.ReLU(inplace=True)(self.residual_function(x) + self.shortcut(x))
class ResNet(nn.Module):
    def __init__(self, block, num_block, num_classes=100):
        super().__init__()
        self.in_channels = 64
        self.conv1 = nn.Sequential(
            nn.Conv2d(3, 64, kernel_size=3, padding=1, bias=False),
            nn.BatchNorm2d(64),
            nn.ReLU(inplace=True))
        self.conv2_x = self._make_layer(block, 64, num_block[0], 1)
        self.conv3_x = self._make_layer(block, 128, num_block[1], 2)
        self.conv4_x = self._make_layer(block, 256, num_block[2], 2)
        self.conv5_x = self._make_layer(block, 512, num_block[3], 2)
        self.avg_pool = nn.AdaptiveAvgPool2d((1, 1))
        self.fc = nn.Linear(512 * block.expansion, num_classes)
    def _make_layer(self, block, out_channels, num_blocks, stride):
        strides = [stride] + [1] * (num_blocks - 1)
        layers = []
        for stride in strides:
            layers.append(block(self.in_channels, out_channels, stride))
            self.in_channels = out_channels * block.expansion
        return nn.Sequential(*layers)
    def forward(self, x):
        output = self.conv1(x)
        output = self.conv2_x(output)
        output = self.conv3_x(output)
        output = self.conv4_x(output)
        output = self.conv5_x(output)
        output = self.avg_pool(output)
        output = output.view(output.size(0), -1)
        output = self.fc(output)
        return output
    def resnet18():
        return ResNet(BasicBlock, [2, 2, 2, 2])
    def resnet34():
        return ResNet(BasicBlock, [3, 4, 6, 3])
    def resnet50():
        return ResNet(BottleNeck, [3, 4, 6, 3])
    def resnet101():
        return ResNet(BottleNeck, [3, 4, 23, 3])
    def resnet152():
        return ResNet(BottleNeck, [3, 8, 36, 3])
```

下面对上述代码进行简要分析。这段代码主要有 3 个类，分别为 ResNet、BasicBlock、

BottleNeck。后面两个类的作用就是产生残差块。因此，在这段代码中，ResNet 是主类，其作用是通过选择两个残差块的类，以搭积木的方式构建残差网络。在 ResNet 类的 init()函数中，分别初始化了卷积块 conv1、conv2_x、conv3_x、conv4_x、conv5_x、avg_pool 和 fc。其中 avg_pool 的构建使用了以前没有讨论过的函数 nn.AdaptiveAvgPool2d((1,1))，这个函数实际上就是全局平均池化(Global Average Pooling，GAP)函数。残差网络没有像 LeNet 一样使用全连接层处理最后一个卷积层输出的特征图，而是使用了 GAP 函数，目的就是减少网络的参数量，并且加快模型的拟合速度。fc 是分类器。

前 5 个卷积块的初始化使用 make_layer 函数，该函数共有 4 个参数，分别为残差块、卷积层输出的特征图的深度(即卷积核的个数)、构建残差块的个数、卷积的步长。通过迭代的方法将残差块放入列表中，就完成了对卷积块的构建，最后返回用 sequential 函数封装的列表。

使用上述代码中的几个 ResNet 函数的方式十分简单。例如，要构建 ResNet18，只需执行以下调用即可：

```
Model = resnet18()
```

具体的参数已经根据 ResNet 论文中的设计放入相应的函数中。

12.3.4 MNIST 数据集分类

在本节中，使用 LeNet 和 ResNet 两个网络对 MNIST 数据集进行分类。

1. 利用 PyTorch 加载数据

MNIST 数据集是机器学习领域中非常经典的数据集，由 60 000 个训练样本和 10 000 个测试样本组成，每个样本都是一张 28×28 像素的灰度手写数字图像。

PyTorch 提供了使用 MNIST 数据集的函数，所以用户无须从官网下载 MNIST 数据集，调用函数即可。首先讲述在 PyTorch 中如何加载数据。

在深度学习任务中，数据的准备是一件很复杂的事情。PyTorch 提供了 3 个很重要的工具：Dataset 类、DataLoader 类和 transforms 模块，下面介绍它们的使用方法。

1) Dataset 类

任何自定义的数据集类都需要继承 Dataset 类。在 Dataset 类中必须实现 3 个函数：__init__(self)、__len__(self)和__getitem__(self,idx)函数，其架构如下：

```
from torch.utils.data import Dataset
class defined_dataset(Dataset):
    def __init__(self):
        ...
    def __len__(self):
        ...
    def __getitem__(self, item):
        ...
```

其中__init__()函数一般用来初始化图像的对象地址和图像大小。当然，针对不同的任务有不同的设计。例如，检测任务通常需要目标坐标，此时需要将保存目标坐标的文件地址也考虑进来，所以在设计 Dataset 类时较为灵活。例如，使用彩色图像（即深度为 3），__init__()函数如下：

```
def __init__(self,root_dir,size=(224,224)):
    self.files = glob(root_dir)
    self.size = size
```

__len__()函数返回传入文件中的图像的数量：

```
def __len__(self):
    return len(self.files)
```

__getitem__()函数根据 idx 返回对应的元素，包括图像和标签，其中图像大小为(224，224，3)：

```
def __getitem__(self, item):
    img = np.asaaray(Image.open(self.files[idx]).resize(self.size))
    label = self.files[idx].split('/'[-2])
    return img, label
```

2）DataLoader 类

DataLoader 类位于 PyTorch 中的 utils 类中，它将数据集对象和不同的取样器（如 SquentialSampler 和 RandomSampler）联合，并使用单进程或者多进程的迭代器，批量提供图像。下面是 DataLoader 类的使用方法：

```
from torch.utils.data import DataLoader
dataloader = DataLoader(dataset=defined_dataset,batch_size=64,num_workers=4)
```

在上面的代码中，第一个参数是前面定义好的 Dataset 类生成的 defined_dataset；第二个参数是训练网络传入样本的批大小，批大小不仅影响训练的速度，而且对批归一化有极大影响；第三个参数是使用多少个子进程处理数据，默认为 4。

当使用 DataLoader 类时，利用 for 循环即可将数据弹出，使用方法如下：

```
for imgs,label in dataloader:
    ...
```

由于在创建 defined_dataset 时在__getitem__()函数中返回的是数组形式的图像和标签，又因为批大小为 64，所以在 for 循环中每次读取的数组图像的数组形状为(64，3，224，224)。

3）transforms 模块

从上面的例子中可以看到，defined_dataset 每次弹出的数据都是 NumPy 数组，而在神经网络中只能以张量的形式计算。另外，想要训练一个成功的模型，大量的数据往往是必需的，但是收集和标注数据是代价高昂的事情。也可以从另一方面增强模型的泛化能力，那就是数据增强，通过对原来的图片进行旋转、平移、随机裁剪等操作增加数据量，从而提高模型的表现能力。在 PyTorch 中，transforms 模块不仅能够将数据从 NumPy 数组和图像转换为张量,同时能够实现数据增强。其使用方法十分简单。

在使用前要导入包:

```
import torchvision.transforms as transforms
```

下面介绍 transforms 模块的各种操作。

(1) 由 NumPy 数组、图像转换为张量:

```
transforms.ToTensor()
```

(2) 由张量、NumPy 数组转换为图像:

```
transforms.ToPILImage()
```

(3) 对图像进行随机裁剪:

```
transforms.RandomCrop()
```

(4) 将图像裁剪成神经网络需要的大小:

```
transforms.Resize()
```

由于模型要进行下采样,因此对于输入图像的大小都有明确的限定。当要求裁剪后的尺寸大于原图大小时,可以选用不同的方法进行上采样,默认为双线性插值法。

(5) 对图像进行随机旋转:

```
transforms.RandomRotation()
```

(6) 对图像进行灰度变换。深度学习模型都针对彩色图像进行处理。如果为灰度图像,如 MNIST 数据集的图像,则无法进行训练。使用下面的函数,可以将图像变为黑白图像并且选择深度(1 或 3)。如果选择 3,则 3 个通道的值相等。

```
transforms.Grayscale(3)
```

(7) 对图像进行随机翻转:

```
transforms.RandomHorizontalFlip()
```

(8) 对数据进行归一化,下面的函数中的参数为 ImageNet 的归一化参数:

```
transforms.Normalize((0.4914, 0.4822, 0.4465), (0.247, 0.243, 0.261))
```

注意,上述归一化处理的对象是彩色图像,第一个元组中的数值分别对应 3 个通道的均值,第二个元组中的数值分别对应 3 个通道的方差。

(9) 通常对于图像不止进行一种变换。例如,要将图像裁剪成 128×128 像素大小并且将图像格式的数据转换为张量,那么就需要 Compose()函数将这两个操作组合在一起:

```
transformer = transforms.Compose(
    [
        transforms.Resize((128,128)),
        transforms.ToTensor() ...
    ]
)
```

基于上面的知识，接下来讲述如何构建 MNIST 数据集。

在 PyTorch 中封装了很多数据集，例如 MNIST、Fashion-MNIST、CIFAR-10 等，所以无须自定义 Dataset 类，但是要构建 DataLoader 类，构建方法如下：

```
transformer = transforms.Compose(
    [
        transforms.ToTensor(),
        transforms.Normalize((0.4914, 0.4822, 0.4465), (0.247, 0.243, 0.261))
    ]
)
```

准备训练集：

```
trainset = torchvision.datasets.MNIST(root="./", train=True, download=True,
    transform=transformer)
trainloader = DataLoader(trainset,batch_size=64, num_workers=4, shuffle=Ture)
```

准备测试集：

```
testset = torchvision.datasets.MNIST(root="./", train=False, download=True,
    transform=transformer)
testloader = DataLoader(testset,batch_size=64, num_workers=4, shuffle=Flase)
```

在上面的代码中，首先定义了图像处理函数。在使用 Compose()函数时要注意一点，方括号中的函数是根据列表顺序进行处理的。例如，在上面的代码中，必须首先将数据转换为张量，然后才可以进行归一化处理。接下来分别创建 MNIST 数据集的训练集和测试集。原本应该使用 Dataset 类创建数据集，这里使用了 torchvision.datasets 中的 MNIST 类创建数据集。其中有 4 个变量。第一个变量 root 是下载的数据集的存放路径。第二个参数 train 是一个布尔值，当为 True 时使用训练集，当为 False 时使用测试集。第三个参数 download 的作用是询问用户是否需要下载数据集，为 True 时自动下载数据集，为 False 时不下载数据集。值得注意的是，如果数据集的文件已存在，则即便为 True，也会显示文件已存在。第四个参数是对图像进行的处理。将上面定义的 transformer 代入，则会根据列表中的函数顺序对图像进行处理。对于 DataLoader 类的使用前面已讨论过，不再展开。

2. 训练及测试模型

下面正式开始训练及测试模型。

1) 初始化

在初始化模块中，需要初始化所需的模型，并且准备训练集，还需要将优化器初始化，为下面的模型训练做准备。具体代码如下：

```
from LeNet import LeNet
from AlexNet import AlexNet
from ResNet import resnet18
import torchvision.transforms as transforms
import torchvision
import torch.optim as optim
def initialize():
    print("Loading data...")
    DEVICE = torch.device("cuda" if torch.cuda.is_available() else "cpu")
    model = LeNet(1,10)
    #model = AlexNet(1,10)
    #model = resnet18()
    model.to(DEVICE)
    transformer = transforms.Compose(
        [
          transforms.ToTensor(),
          transforms.Normalize((0.4914, 0.4822, 0.4465), (0.247, 0.243, 0.261))
        ]
    )
    #准备训练数据
    trainset = torchvision.datasets.MNIST(root="./", train=True, download=
       True, transform=transformer)
    trainloader = DataLoader(trainset, batch_size=64, num_workers=4, shuffle=
       Ture)
    #准备测试数据
    testset = torchvision.datasets.MNIST(root="./", train=False, download=
       True, transform=transformer)
    testloader = DataLoader(testset, batch_size=64, num_workers=4, shuffle=
       Flase)
    #Prepare for the optimizer
    optimizer = optim.Adam(model.parameters(),lr=0.0002)
    return model,DEVICE,trainloader,testloader,optimizer
```

在上面的代码中，有如下一行代码：

```
DEVICE = torch.device("cuda" if torch.cuda.is_available() else "cpu")
```

其中，torch.device代表为PyTorch中的张量分配的设备对象。在该行代码中，首先判断用户实验机上的GPU是否可用。如果可用，则使用GPU进行运算；否则使用CPU进行计算。但是要注意，无论是模型还是数据都需要放入该设备中，所以有如下的代码：

```
model.to(DEVICE)
```

在model＝LeNet(1,10)中，第一个参数(1)代表传入图像的深度，第二个参数(10)代表需要分类的数量。最后该模块返回定义的模型、设备、训练集、测试集和优化器。至此，初始化工作完成。关于优化器与数据集的创建前面已经详细讨论过，这里不再展开讲述。

2）训练模型

利用初始化返回的模型、训练集、优化器、设备对模型进行训练，代码如下：

```
import torch.nn as nn
def train(model,device,train_loader,optimizer):
    model.train()
    running_loss =0.0
    correct_num = 0.0
    ce = nn.CrossEntropyLoss()
    ce.to(Device)
    for i,(data,target) in enumerate(train_loader):
        data,target = data.to(device),target.to(device)
        optimizer.zero_grad()
        out = model(data)
        loss = ce(out,target)
        loss.backward()
        optimizer.step()
        running_loss +=loss.item()
        prediction = torch.argmax(out,1)
        correct_num += (prediction==target).sum().float()
    train_loss = running_loss/ len(train_loader.dataset)
    acc = (correct_num / len(train_loader.dataset)) * 100
    return train_loss,acc
```

在上述代码中，因为需要对模型进行训练，所以首先要将模型转换为训练模式：

```
Model.train()
```

然后定义损失函数。由于要对 MNIST 数据集完成分类任务，所以将交叉熵函数作为损失函数，具体方法如下：

```
ce = nn.CrossEntropyLoss()
ce.to(Device)
```

值得注意的是，创建的损失函数也需要放入设备中。

接下来通过 for 循环将训练的数据弹出。由于在初始化模块中将批大小定义为 64，且 MNIST 图像的大小为 28×28 像素，所以返回的图像大小为(64,1,28,28)。那么，for 循环何时结束呢？将所有的数据都弹出(即遍历所有的数据)后，for 循环就会结束。这样就把所有数据都训练了一次，称为一个阶段(epoch)。

在 for 循环中，首先要将所有的图像数据与标签数据都放入设备中，然后每次循环都需要使用 optimizer.zero_grad()函数对反向传播的梯度进行清零。模型进行参数更新的步骤如下：

(1) out=model(data)。model()函数将传入模型的图像进行前向传播，计算出模型对图像的预测值。但是要注意，这里的预测值不是类别，而是 10 个类别对应的 10 个神经元的输出。

(2) loss = ce(out, target)。当计算出模型的预测值后，使用上面定义的交叉熵函数进行损失值的计算。但是要注意，此时没有计算损失函数对各个参数的梯度，只是计算出损失值。

（3）loss.backward()。该函数利用上面计算的损失值对各个参数的梯度进行求解。如果没有这一步，就不能计算梯度，但是此时没有更新模型参数。

（4）optimizer.step()。该函数的作用主要是利用计算出的梯度更新模型参数。

上面通过迭代已经能够训练模型了，但是通常要打印出训练时的损失值和准确率，所以还需要有下面的运算：running_loss += loss.item()。loss.item()函数会返回每次计算的损失值，通过迭代的方式将损失值累加到 running_loss 中，所以 running_loss 代表的含义是所有样本的损失值之和。然后通过 prediction = torch.argmax(out，1)将 10 个神经元中最大值的坐标返回，这个坐标代表的就是模型预测的类别。最后返回训练时的损失值和准确率。要注意，此时的损失值是各个样本的平均损失值，而不是总损失值。

3）测试模型

在每个阶段训练结束后，都会对模型在测试集上进行一次预测，评估其损失值和准确率，以此衡量模型在测试集上的泛化能力。具体代码如下：

```
def test(model,device,test_loader):
    model.eval()
    ce = nn.CrossEntropy()
    ce.to(device)
    running_loss = 0.0
    correct_num = 0.0
    with torch.no_grad():
        for i,(data,target) in enumerate(test_loader):
            data,target = data.to(device),target.to(device)
            out = model(data)
            loss = ce(out,target)
            running_loss +=loss.item()
            out = out.data.cpu().numpy()
            target = target.data.cpu().numpy()
            correct_num += calculate_correct_num(out,target)
    test_loss = running_loss/len(test_loader.dataset)
    acc = (correct_num/len(test_loader.dataset)) * 100
    return test_loss,acc
```

在测试模块中，并没有使用优化器，原因是在测试模块中不需要进行反向传播和梯度更新。与训练模块不同的是，测试模块包括两个函数调用：model.eval()与 with torch.no_grad()。model.eval()函数用于设置评估模型，而 with torch.no_grad()则表示不进行梯度更新。其余代码与训练模块一样，不再重复讲解。

4）主函数

在主函数中，主要的工作是协调各个模块的代码衔接，并且将训练和测试时的损失值和准确率打印出来。具体代码如下：

```
def main():
    model,device,trainloader,testloader,optimizer=initialize()
```

```
    print("The epoch of train is 30")
    print("-------Training Start-------")
    for epoch in range(30):
        train_loss,train_acc = train(model,device,trainloader,optimizer)
        test_loss,test_acc = test(model,device,testloader)
        print("[epoch {}]".format(epoch + 1))
        print('Train: loss: {:.6f}  acc:{:.2f}%'.format(train_loss, train_acc))
        print('Test: loss: {:.6f}  acc:{:.2f}%'.format(test_loss, test_acc))
        print("-"* 10)
    print("Finshed!")
```

5）完整代码

本实例的完整代码如下：

```
import torch
from torch.utils.data import DataLoader
import torch.optim as optim
import torch.nn as nn
import torchvision
import torchvision.transforms as transforms
from LeNet import LeNet
def initialize():
    print("Loading data...")
    DEVICE = torch.device("cuda" if torch.cuda.is_available() else "cpu")
    model = LeNet(1,10)
    model.to(DEVICE)
    transformer = transforms.Compose(
        [
            transforms.ToTensor(),
            transforms.Normalize((0.4914, 0.4822, 0.4465), (0.247, 0.243, 0.261))
        ]
    )
    #准备训练数据
    trainset = torchvision.datasets.MNIST(root="./", train=True,download=
        True, transform=transformer)
    trainloader = DataLoader(trainset, batch_size=64, num_workers=4)
    #准备测试数据
    testset = torchvision.datasets.MNIST(root="./", train=False,download=
        True, transform=transformer)
    testloader = DataLoader(testset, batch_size=64, num_workers=4)
    #准备优化器
    optimizer = optim.Adam(model.parameters(),lr=0.0002)
    return model,DEVICE,trainloader,testloader,optimizer
def train(model,device,train_loader,optimizer):
    model.train()
    running_loss = 0.0
    correct_num = 0.0
    ce = nn.CrossEntropyLoss()
    ce.cuda()
```

```
    for i,(data,target) in enumerate(train_loader):
        data,target = data.to(device),target.to(device)
        optimizer.zero_grad()
        out = model(data)
        loss = ce(out,target)
        loss.backward()
        optimizer.step()
        running_loss +=loss.item()
        prediction = torch.argmax(out,1)
        correct_num += (prediction==target).sum().float()
    train_loss = running_loss/ len(train_loader.dataset)
    acc = (correct_num / len(train_loader.dataset)) * 100
    return train_loss,acc
def test(model,device,test_loader):
    model.eval()
    ce = nn.CrossEntropyLoss()
    ce.to(device)
    running_loss = 0.0
    correct_num = 0.0
    with torch.no_grad():
        for i,(data,target) in enumerate(test_loader):
            data,target = data.to(device),target.to(device)
            out = model(data)
            loss = ce(out,target)
            running_loss +=loss.item()
            prediction = torch.argmax(out, 1)
            correct_num += (prediction == target).sum().float()
    test_loss = running_loss/len(test_loader.dataset)
    acc = (correct_num/len(test_loader.dataset)) * 100
    return test_loss,acc
def main():
    model,device,trainloader,testloader,optimizer=initialize()
    print("The epoch of train is 30")
    print("-------Training Start-------")
    for epoch in range(30):
        train_loss,train_acc = train(model,device,trainloader,optimizer)
        test_loss,test_acc = test(model,device,testloader)
        print("[epoch {}]".format(epoch + 1))
        print('Train: loss: {:.6f}  acc:{:.2f}%'.format(train_loss, train_acc))
        print('Test:  loss: {:.6f}  acc:{:.2f}%'.format(test_loss, test_acc))
        print("-" * 10)
    print("Finshed!")
if __name__ == '__main__':
    main()
```

6）实验结果

当需要可视化实验结果时，需要加入可视化函数 visualize_result()，并且在 main()函数中调用该函数。具体代码如下：

```
def visualize_results(train_acc,test_acc,train_loss,test_loss,model_name=
        "LeNet"):
    plt.figure(1)
    plt.plot(train_loss)
    plt.plot(test_loss)
    plt.title(model_name+"_Loss")
    plt.ylabel("Loss")
    plt.xlabel("Epoch")
    plt.legend(["Train", "Test"], loc="upper left")
    plt.savefig(model_name+'_loss.jpg')
    plt.figure(2)
    plt.plot(train_acc)
    plt.plot(test_acc)
    plt.title(model_name+'_Accuracy')
    plt.ylabel('Accuracy')
    plt.xlabel('Epoch')
    plt.legend(['Train', 'Test'], loc='upper left')
    plt.savefig(model_name+'_cifar10_acc.jpg')
    plt.show()
def main():
    model,device,trainloader,testloader,optimizer=initialize()
    train_acc_list,test_acc_list,train_loss_list,test_loss_list = [],[],[],[]
    print("The epoch of train is 30")
    print("-------Training Start-------")
    for epoch in range(30):
        train_loss,train_acc = train(model,device,trainloader,optimizer)
        test_loss,test_acc = test(model,device,testloader)
        train_acc_list.append(train_acc)
        test_acc_list.append(test_acc)
        train_loss_list.append(train_loss)
        test_loss_list.append(test_loss)
        print("[epoch {}]".format(epoch + 1))
        print('Train: loss: {:.6f}  acc:{:.2f}%'.format(train_loss, train_acc))
        print('Test:  loss: {:.6f}  acc:{:.2f}%'.format(test_loss, test_acc))
        print("-----------------------------")
    print("Finshed!")
    visualize_results(train_acc_list,test_acc_list,train_loss_list,test_
        loss_list)
```

下面给出分别使用 LeNet、AlexNet、ResNet18 训练 MNIST 数据集的实验结果。

(1) LeNet 的实验结果如图 12.58 和图 12.59 所示。

(2) AlexNet 的实验结果如图 12.60 和图 12.61 所示。

(3) ResNet18 的实验结果如图 12.62 和图 12.63 所示。

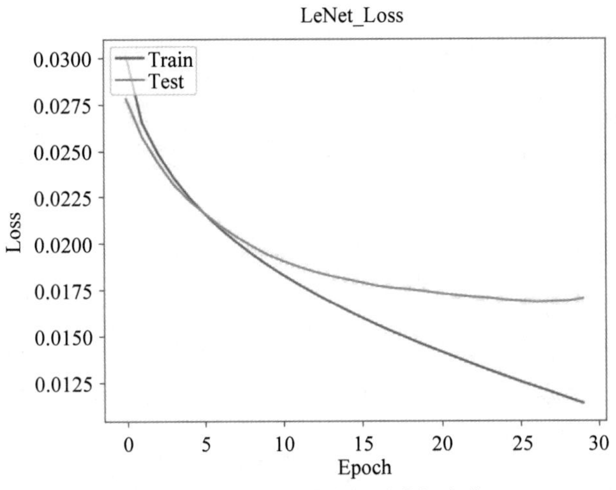

图 12.58　LeNet 训练和测试损失值

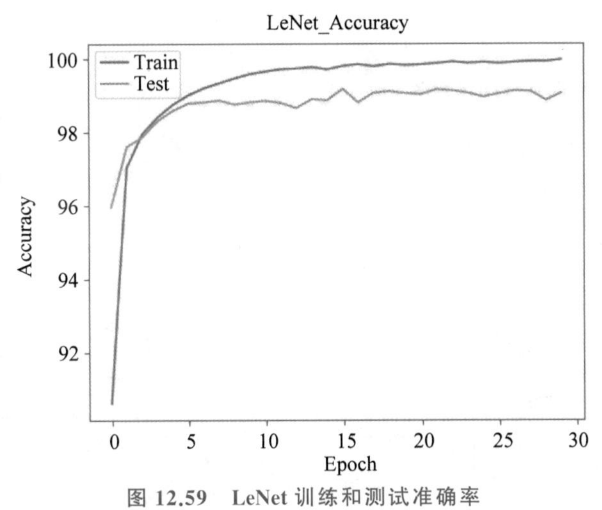

图 12.59　LeNet 训练和测试准确率

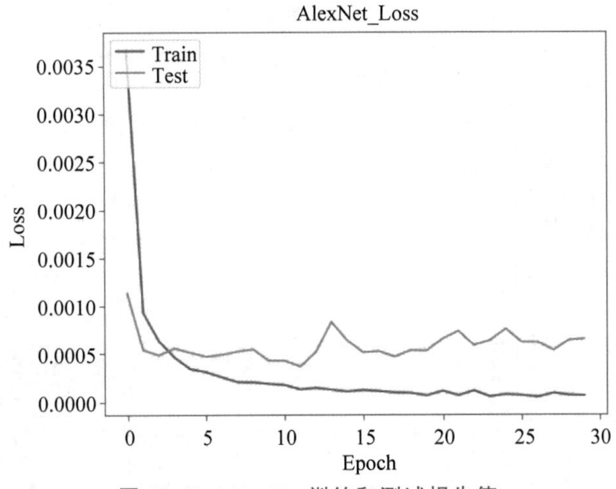

图 12.60　AlexNet 训练和测试损失值

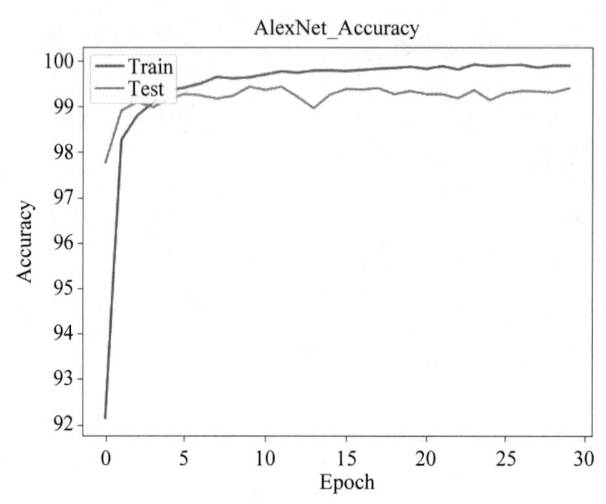

图 12.61 AlexNet 训练和测试准确率

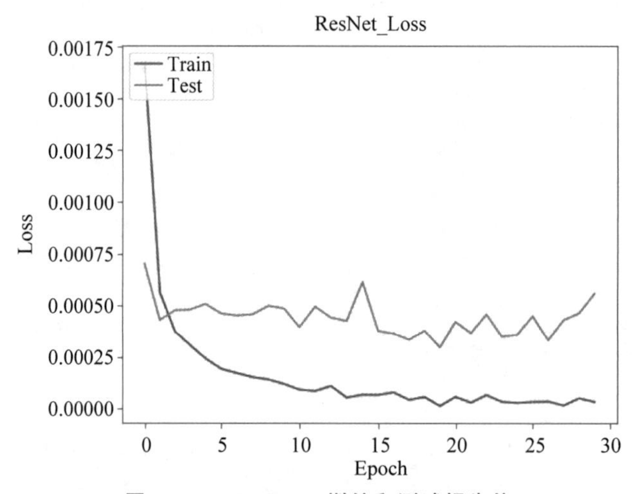

图 12.62 ResNet18 训练和测试损失值

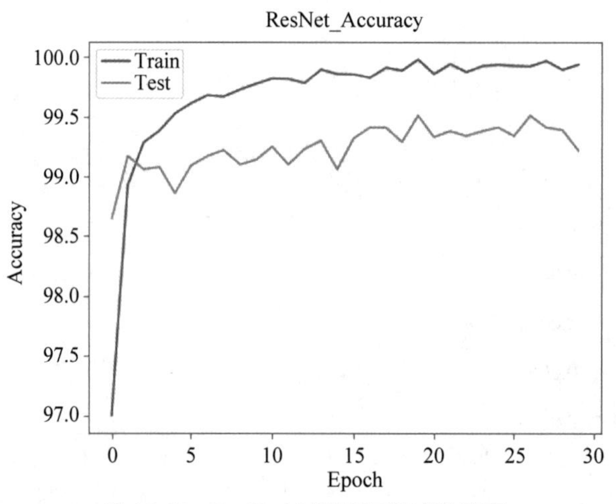

图 12.63 ResNet18 训练和测试准确率

从实验结果可以发现更深的网络表现更优秀。但是,使用深度神经网络有一个前提,就是需要准备大量的训练数据供模型在训练时使用,否则就会产生过拟合。至于多大的数据量才算足够,需要不断尝试才能得出结果。

3. CIFAR-10 数据集分类

在上面的例子中,使用了3种网络框架对MNIST数据集进行分类。由于MNIST数据集噪声小,模型很容易就能提取图像的特征,表现出很好的分类能力。下面介绍一种新的数据集,同样也是10个分类,这个数据集的分类难度大于MNIST数据集,这个数据集就是CIFAR-10。

1) CIFAR-10 数据集介绍

CIFAR-10数据集由10类32×32像素的彩色图像组成,一共包含60 000幅图像,每一类包含6000幅图像。其中50 000幅图像作为训练集,10 000幅图像作为测试集。

CIFAR-10数据集被划分成5个训练批次和1个测试批次,每个批次均包含10 000幅图像。测试批次的图像是从每个类别中随机挑选的1000幅图像组成的,训练批次以随机的顺序包含剩下的50 000幅图像。不过一些训练批次可能出现某一类的图像比其他类的图像数量多的情况。

图12.64是CIFAR-10数据集的类以及从每一类中随机挑选的10幅图像。

图12.64 CIFAR-10数据集

从官方网站下载的CIFAR-10数据集包含表12.1所示的文件。

表12.1 CIFAR-10数据集包含的文件

文件名	说明
batches.meta	程序中不需要使用该文件
data_batch_1	训练集的第一个批次,包含10 000幅图像
data_batch_2	训练集的第二个批次,包含10 000幅图像
data_batch_3	训练集的第三个批次,包含10 000幅图像
data_batch_4	训练集的第四个批次,包含10 000幅图像
data_batch_5	训练集的第五个批次,包含10 000幅图像
readme.html	网页文件,程序中不需要使用该文件
test_batch	测试集的批次,包含10 000幅图像

每一个批次的文件均采用 Python 的字典(dict)结构,如表 12.2 所示。

表 12.2 数据文件结构

名　　称	作　　用
b'data'	是一个 10 000×3072 的数组,每一行的元素组成一幅 32×32 像素的 3 通道图像,共 10 000 幅
b'labels'	一个长度为 10 000 的列表,对应每一幅图像的标签
b'batch_label'	本批次的名称
b'filenames'	一个长度为 10 000 的列表,对应每一幅图像的名称

同样,可以利用 torchvision 中集成的函数加载模型。

准备训练集:

```
trainset = torchvision.datasets.CIFAR10(root="./", train=True,
    download=True, transform=transformer)
trainloader = DataLoader(trainset,batch_size=64, num_workers=4)
```

准备测试集:

```
testset = torchvision.datasets.CIFAR10(root="./", train=False, download=True,
    transform=transformer)
testloader = DataLoader(testset,batch_size=64, num_workers=4)
```

2）训练及测试代码

由于在上面实例中将公共代码(如训练模型的函数、测试模型的函数等)封装为独立的函数,所以当更换数据集或者模型时,大多数模块不需要改动。需要改动的代码只有两处:加载数据和修改模型参数。加载数据的代码在上面已经给出,这里不再阐述。而在本实例中,由于输入图像大小为 32×32 像素,而上述模型是针对 28×28 像素的图像设计的,当改变图像大小时,特征图的大小会发生变化,从而导致权重的维度不匹配,所以需要对上述两个模型进行修改。而残差网络使用了全局平均池化,所以能够很好地适应维度的问题,不需要修改。

使用 LeNet 的模型时要将代码修改为

```
model = LeNet(3,10)
model.fc1 = nn.Linear(7680,84)
```

使用 AlexNet 的模型时要将代码修改为

```
model = AlexNet(3,10)
model.fc1 = nn.Linear(4096,4096)
```

从上面的代码可见,PyTorch 由于使用了动态图,所以在修改网络部分时十分方便,重新创建对象中的参数即可。同时也可以发现,由于改变了输入图像大小而需要修改网络权重的部分只有与最后一个卷积层相连的全连接层。其原因在于:改变图像大小,最后一个卷积层输出的特征图大小也会发生改变，从而在数据铺平后，输入全连接层的张量维度发生改变，从而导致权重维度不匹配，所以只需要第一层全连接网络的参数。

其余代码与 MNIST 数据集分类相同。但是，由于 CIFAR-10 数据集的分类任务难度大，所以需要更多的迭代次数使模型拟合，为此将训练的阶段数设置为 100。下面给出 3 个模型在 CIFAR-10 数据集上的实验结果：

（1）LeNet 的实验结果如图 12.65 和图 12.66 所示。

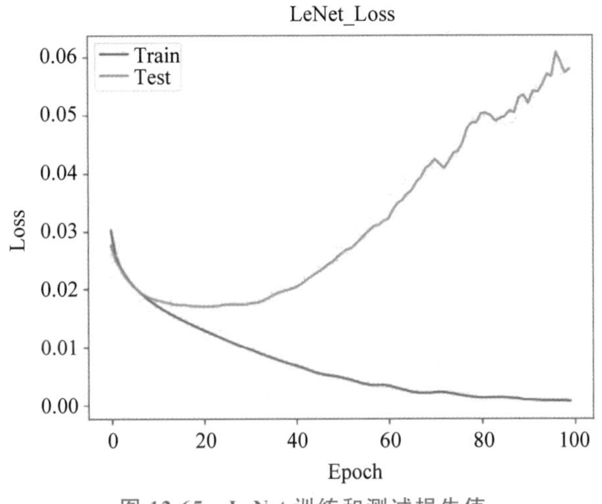

图 12.65 LeNet 训练和测试损失值

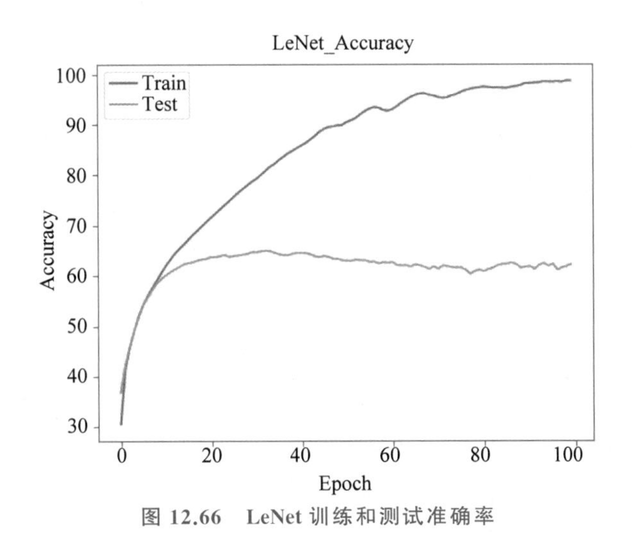

图 12.66 LeNet 训练和测试准确率

（2）AlexNet 的实验结果如图 12.67 和图 12.68 所示。

（3）ResNet 的实验结果如图 12.69 和图 12.70 所示。

上述实验结果并不代表模型的最优分类能力，因为没有利用调参技术进行模型优化。可以使用数据增强和正则化等技术使模型的泛化能力增强，提高测试准确率。

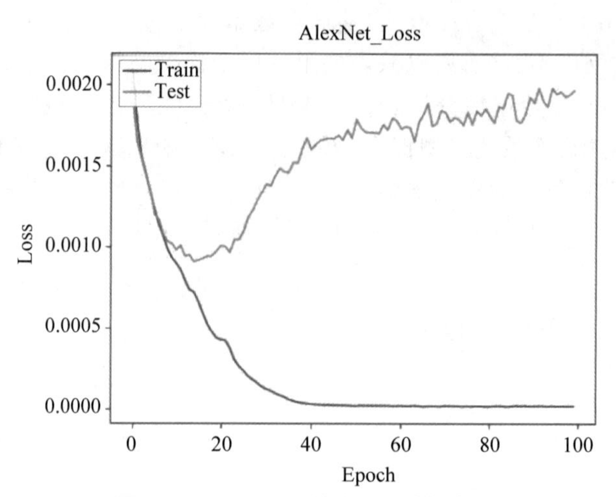

图 12.67 AlexNet 训练和测试损失值

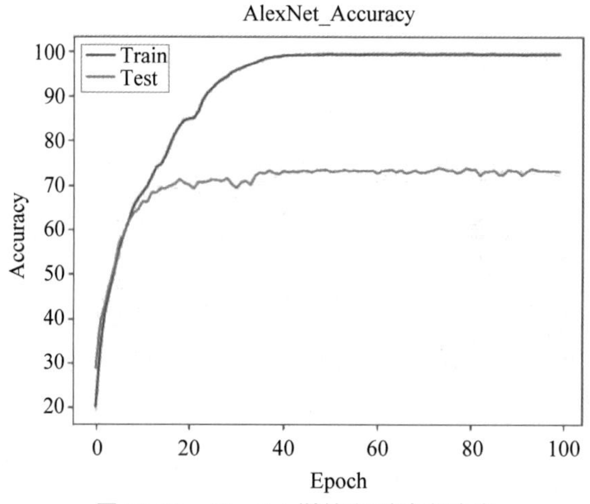

图 12.68 AlexNet 训练和测试准确率

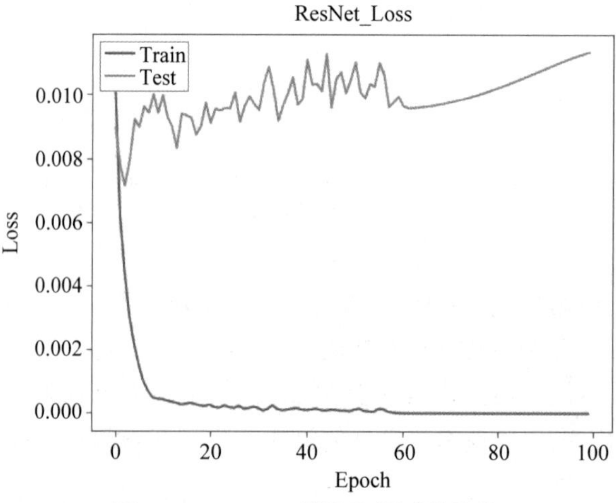

图 12.69 ResNet 训练和测试损失值

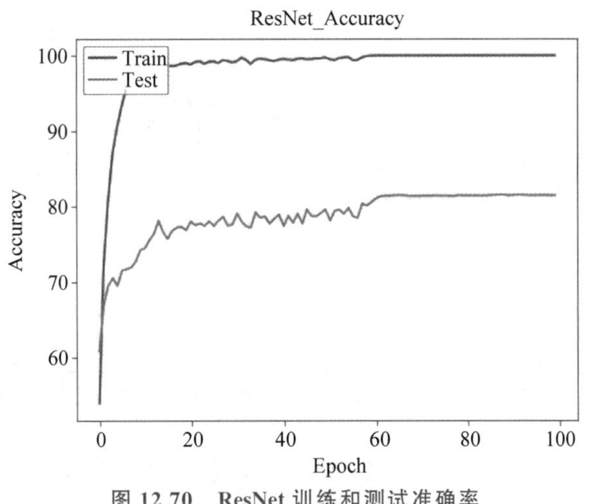

图 12.70 ResNet 训练和测试准确率

12.4 小 结

通过本章的学习,读者应该对深度学习有一定的了解,并掌握基于 PyTorch 执行分类任务的基本方法。

本章首先介绍了神经网络几十年的发展历程。随后,从全连接神经网络出发,介绍了神经元的基本模型,并讨论了深度学习领域中常见的激活函数。损失函数的作用是为深度神经网络引入非线性,以增强其拟合能力。其中,ReLU 函数是最为常用的隐含层激活函数。在此基础上,引入全连接神经网络的概念,从数学的角度剖析其计算过程。由于全连接神经网络通常会有数量庞大的参数,因此研究者又提出了卷积神经网络。

在卷积神经网络中,主要的网络结构就是卷积层和池化层。其中,卷积层的卷积运算能够以远少于全连接网络的参数对图像进行特征提取,并且保留图像的空间性;池化层的作用主要是下采样,减少运算量。而后讨论了在深度学习中如何使用 PyTorch 框架对神经网络层进行参数初始化,并且介绍了深度学习中的正则化。其中要注意,使用 BN 时,要保证批的大小,过小的批会恶化网络的表现能力。

接下来讨论了深度学习模型中的两个经典网络:LeNet 和 ResNet。其中,LeNet 是由 Yann LeCun 团队第一个提出的卷积神经网络,并且具有商用价值。其结构简单,但是当面对更为复杂的情况时,7 层的 LeNet-5 网络不具有解决这些问题的能力,而残差网络利用更深的网络层次能够提取更高级的特征,完成更复杂的任务。

最后利用 MNIST 数据集进行训练,搭建模型,完成了图像分类任务。

第13章

生成对抗网络

 13.1　生成对抗网络的提出与发展

随着深度学习的不断发展，神经网络除了完成识别和检测等任务以外，在逼真图像和音频生成领域也有很大的进展。

本章介绍较为先进的生成模型算法——生成对抗网络(Generative Adversarial Network,GAN)，以探索深度学习的创造性，最后给出逼真图像生成实例。

13.1.1　生成对抗网络简史

创造力是人类社会进步必不可少的条件。例如，通过百度百科将神经网络训练为优秀的撰稿人，可有效减小投入文书工作的人力；收集著名画家的作品，构建艺术作品图像数据集对神经网络进行训练，从而生成富有想象力的画作。而生成对抗网络是实现这些应用的关键技术。

深度学习权威 Yann LeCun 说：生成对抗网络及其变种已经成为近 10 年来机器学习领域最重要的思想。Ian Goodfellow 自 2014 年提出生成对抗网络以来，为深度学习的发展指引了另一个方向。在近年来的权威刊物中，有关生成对抗网络的论文更是层出不穷。

图 13.1 为生成对抗网络的时间线，按创新发展方向分为 6 方面(架构、条件技术、图像到图像的转换、标准化和约束、损失函数和验证度量)。

13.1.2　生成对抗网络的提出者 Ian Goodfellow

Ian Goodfellow 从本科开始就对人工智能展开了研究，当时的主流方法仍是支持向量机、提升树等。一天，Ethan Dreyfuss(目前在 Zoox 公司工作)告诉他两件事：一是 Geoffery Hinton 在谷歌技术演讲上提到了深度信念网络(Deep Belief Network,DBN)；二是图像处理器(GPU)可提供庞大的计算能力。他当即就意识到深度学习能弥补支持向量机的缺陷。支持向量机在模型设计中缺乏自由，当投入更多数据资源后，支持向量机并不会变得更智能(即缺乏强非线性拟合能力)；但深度神经网络可以随着投入数据量的增加获得性能提升。另外，GPU 允许训练更大的神经网络。

他在斯坦福大学完成了第一台 CUDA 计算机的搭建，并提出了生成对抗网络。

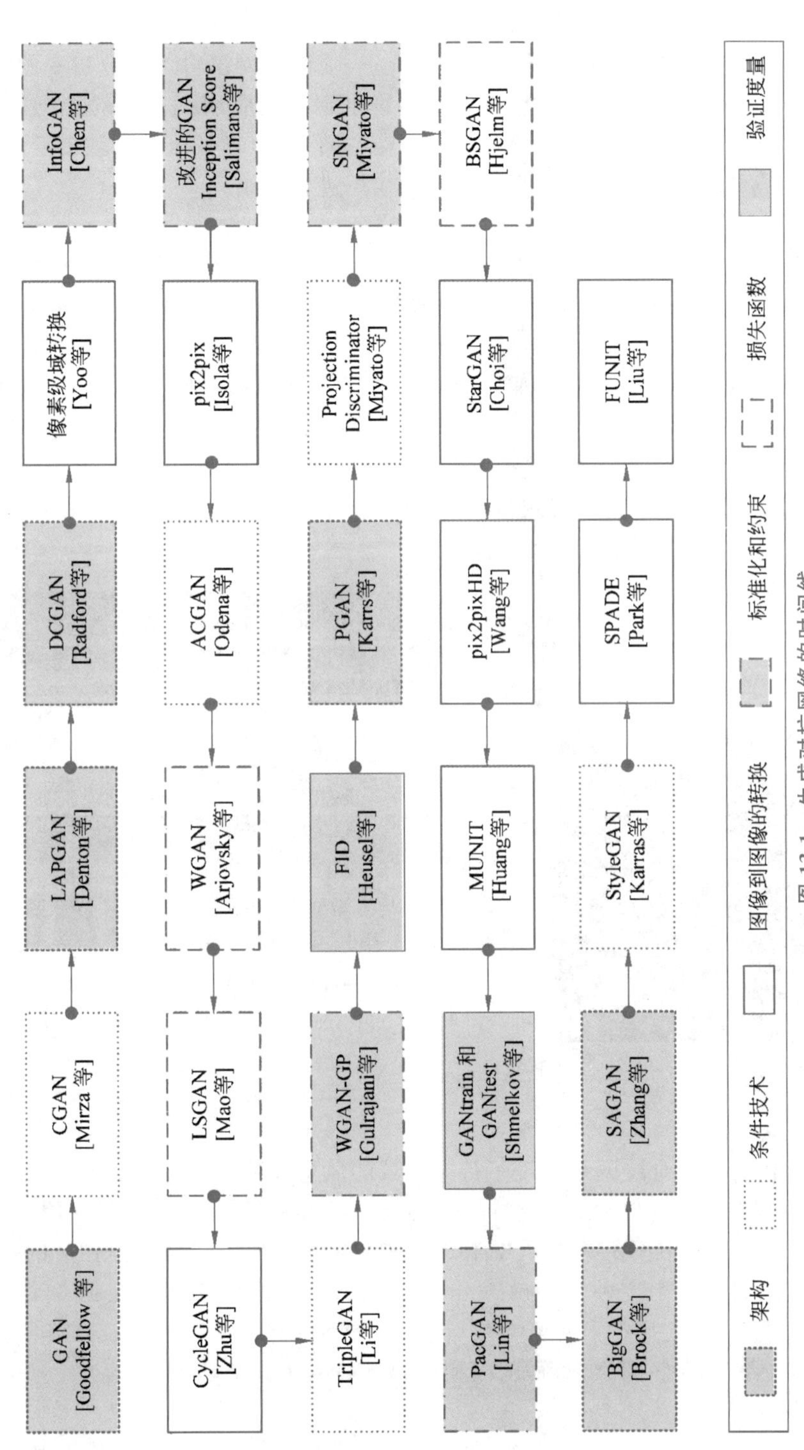

图 13.1 生成对抗网络的时间线

13.1.3 生成对抗网络应用——计算机视觉

经过多年发展，生成对抗网络已被成功应用于各领域。例如，生成对抗网络能够生成与真实数据分布相近的图像，进行原始数据集扩充；生成对抗网络可为低分辨率的图像补充丰富的图像细节，生成超分辨率图像；生成对抗网络也逐渐被应用于自动驾驶场景，工程师利用生成对抗网络生成与实际交通场景相近的图像，进行虚拟场景自动驾驶模型训练。

下面对生成对抗网络在计算机视觉领域的应用进行介绍。

1. 手写体识别与生成

手写体识别与生成是一个与人工智能相关的问题。20世纪七八十年代，国外部分银行曾采用识别系统进行手写体识别，但识别准确率一直无法满足行业需求，直到LeNet等神经网络出现，才使得识别准确率达到了较高水平。Ian Goodfellow在提出生成对抗网络后就将手写体识别数据集作为评估基准。图13.2是手写体生成的例子。

2. 人脸生成

由于人脸应用场景丰富多样，使得人脸生成的研究热度很高。例如，可以通过生成对抗网络将男人的脸变成女人的脸，将侧脸变成正脸，将严肃的脸变成笑脸，等等，通过属性因子的变化控制人脸生成，如图13.3所示。

图13.2 手写体生成的例子

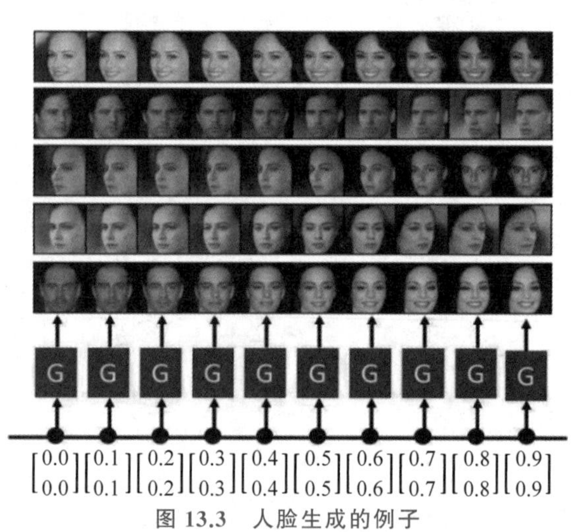

图13.3 人脸生成的例子

3. 风格迁移

Zheng等利用生成对抗网络实现了行人场景的风格迁移，如图13.4所示。

生成对抗网络不仅可以对人物进行定向修改，还能修改图像中的环境因素。例如，在图13.5中，(a)和(c)是下雨的场景，(b)和(d)是利用生成对抗网络“去雨”后的图像。该技术是生成对抗网络的一个变种，称为Conditional GAN，这项技术可以根据一个人小时候的照片生成其长大后、年老后的照片。当然，该技术有利也有弊。例如，DeepFake模型可生成逼真的假视频、假文本、假图像，这样的模型极容易被不法分子利用。

4. 三维结构生成

pix2vox是一个基于生成对抗网络的开源工具，能够根据手绘的二维图片生成对应的三维结构和颜色。有了这样的工具，就能降低三维建模的难度，从而让三维打印更容易实现。pix2vox实现的效果如图13.6所示。

图 13.4　行人场景的风格迁移

(a) 场景一　(b) 场景一去雨效果　(c) 场景二　(d) 场景二去雨效果

图 13.5　环境因素的风格迁移

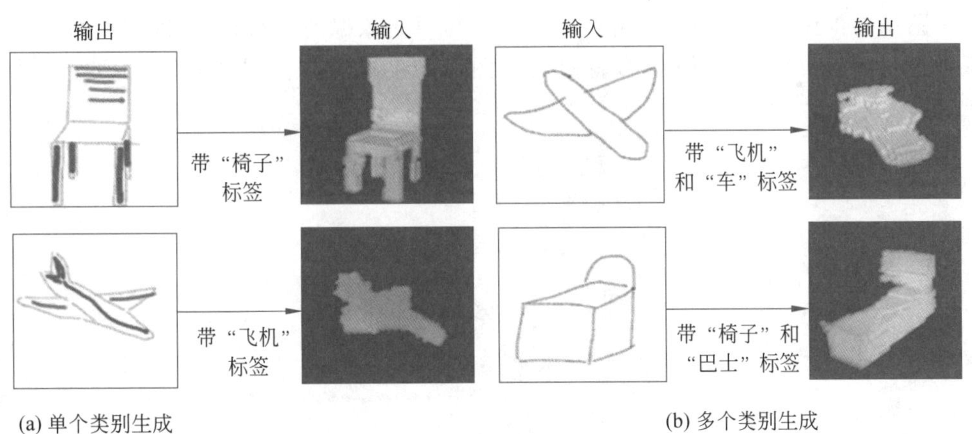

(a) 单个类别生成　(b) 多个类别生成

图 13.6　pix2vox 实现的效果

13.2　生成对抗网络原理

13.2.1　生成对抗网络简介

1. 基本概念

生成对抗网络主要由生成器(也称生成网络,表示为 G)和判别器(也称判别网络,表示

为 D)两个模块组成。生成器和判别器之间通过博弈相互学习,产生良好的输出。以图像数据为例,生成器的主要任务是学习真实图像的数据分布,使生成图像更接近真实图像;判别器的主要任务是对生成图像与真实图像进行区分,并判断其真假。在整个迭代过程中,生成器不断地尝试使生成的图像越来越真实,而判别器不断地尝试从各种图像中识别真实图像,这个过程可视为生成器与判别器之间的博弈。随着反复的迭代,最终达到平衡,即生成器生成的图像非常接近真实图像,而判别器很难判别图像的真假。

生成对抗网络的整体框架如图 13.7 所示。

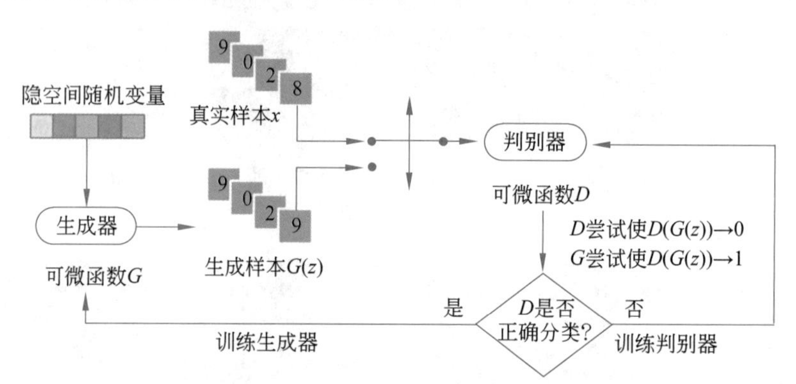

图 13.7 生成对抗网络的整体框架

从统计学的角度看,一开始生成器生成的图像数据服从一个分布(一般是高斯分布),原始数据服从另一个分布。判别器要做的就是在原始图像分布的地方返回一个接近 1 的值,而在生成图像分布的地方返回一个较低值,生成器和判别器各自反复做着生成和判别图像的工作。当生成器生成的数据分布与原始数据的分布相近,即原始数据的大量特征被迁移到生成数据上的时候,就完成了图像的生成工作。判别器训练过程如图 13.8 所示。

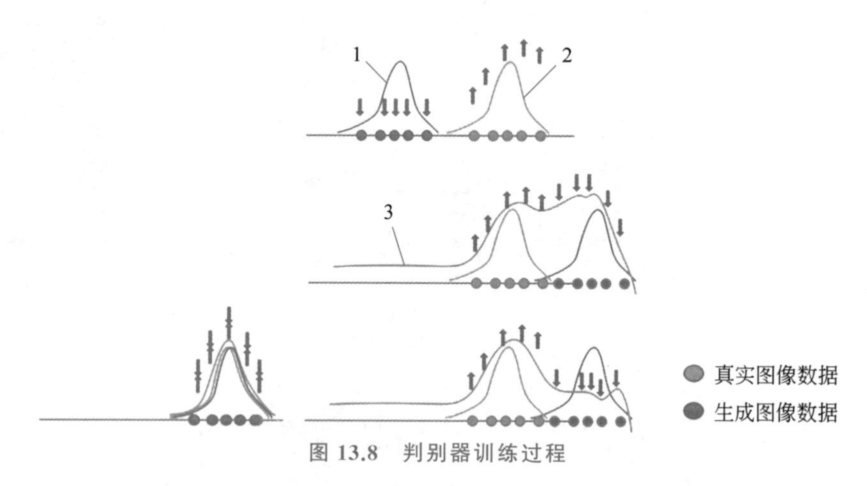

图 13.8 判别器训练过程

在图 13.8 中,3 号线代表判别器的数据分布,1 号线代表真实图像数据的分布,2 号线代表生成器生成数据的分布。因此,生成对抗网络的实质就是生成器 G 和对抗器 D 在训练过程中的动态博弈过程。生成器最基本的目标损失函数如下:

$$\min_G \max_D V(D,G)=E_{x\sim P_{\text{data}}(x)}[\log_2 D(x)]+E_{z\sim P_{\text{data}}(z)}[\log_2(1-D(G(z)))] \tag{13.1}$$

其中，x 为真实图像数据，z 表示输入 G 的随机噪声。

生成对抗网络之所以能产生对抗博弈的训练过程和效果是因为生成对抗网络把训练过程分为以下两部分：

(1) 优化判别器(D)的损失函数：

$$\max_D V(D,G)=E_{x\sim P_{\text{data}}(x)}[\log_2 D(x)]+E_{z\sim P_z(z)}[\log_2(1-D(G(z)))] \tag{13.2}$$

(2) 优化生成器(G)的损失函数：

$$\max_D V(D,G)=E_{x\sim P_{\text{data}}(x)}[\log_2 D(x)]+E_{z\sim P_z(z)}[\log_2(1-D(G(z)))] \tag{13.3}$$

2. 算法流程

首先将数据集 x 划分为 m 批数据，表示为 x_m；噪声表示为 z；z_m 代表生成器与噪声共同作用下的 m 批生成数据。V 的计算式由式(13.2)和式(13.3)转换而来；θ_{g} 和 θ_{d} 分别代表生成器和判别器的权重；η 代表学习率；由于式(13.1)～式(13.3)均含有连续变量，而网络涉及的是离散值，所以算法中对离散变量进行了求期望值运算。训练算法如图13.9所示。

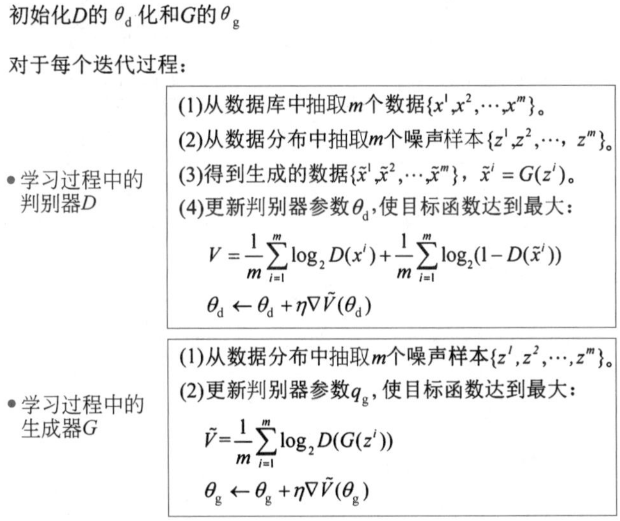

初始化 D 的 θ_{d} 化和 G 的 θ_{g}

对于每个迭代过程：

• 学习过程中的判别器 D

(1)从数据库中抽取 m 个数据 $\{x^1,x^2,\cdots,x^m\}$。

(2)从数据分布中抽取 m 个噪声样本 $\{z^1,z^2,\cdots,z^m\}$。

(3)得到生成的数据 $\{\tilde{x}^1,\tilde{x}^2,\cdots,\tilde{x}^m\}$，$\tilde{x}^i=G(z^i)$。

(4)更新判别器参数 θ_{d}，使目标函数达到最大：

$$V=\frac{1}{m}\sum_{i=1}^{m}\log_2 D(x^i)+\frac{1}{m}\sum_{i=1}^{m}\log_2(1-D(\tilde{x}^i))$$

$$\theta_{\text{d}}\leftarrow\theta_{\text{d}}+\eta\nabla\tilde{V}(\theta_{\text{d}})$$

• 学习过程中的生成器 G

(1)从数据分布中抽取 m 个噪声样本 $\{z^1,z^2,\cdots,z^m\}$。

(2)更新判别器参数 q_{g}，使目标函数达到最大：

$$\tilde{V}=\frac{1}{m}\sum_{i=1}^{m}\log_2 D(G(z^i))$$

$$\theta_{\text{g}}\leftarrow\theta_{\text{g}}+\eta\nabla\tilde{V}(\theta_{\text{g}})$$

图13.9　训练算法

注意：生成器的目标函数和判别器的是不一样的，原因在于式(13.1)等号右边的第一项与生成器无关，而与真实样本和判别器有关。

GAN 的判别器解决的是二分类问题(判1为真，判0为假)，就如同一个二项分布，随机变量只有两个值，因此采用二元交叉熵函数作为损失函数，具体形式如下：

$$-y\log_2\hat{y}-(1-y)\log_2(1-\hat{y}) \tag{13.4}$$

其中，变量 $\hat{y}$ 代表判别器对生成样本或真实样本判别的概率输出，其输出值为0～1；y 为先验分布，即对应生成样本或真实样本的标签，其中，$y=1$ 代表真实样本的标签，$y=0$ 代表生成样本的标签。

在 PyTorch 中，可通过 torch.nn.BCELoss(weight=True，size_average=True，reduce=True，Reduction = 'mean')构建一个二分类的交叉熵函数作为损失函数，具体定义如下：

$$l_n=-w_n[y_n\log_2\hat{y}_n+(1-y_n)\log_2(1-\hat{y}_n)] \tag{13.5}$$

其中，n 表示批量大小，w_n 表示损失函数权重。当参数 reduce 设置为 True 且参数 size_

average 设置为 True 时，表示对交叉熵求均值；当 size_average 设置为 False 时，表示对交叉熵求和。参数 weight 设置的是 w_n，代表损失函数权重。目标值 y 的取值为 0 或 1。

3. 网络结构

Ian Goodfellow 设计的生成对抗网络的生成器和判别器网络结构如图 13.10 所示。其中，生成器和判别器隐含层的激活函数均使用 Leaky ReLU 函数，目标在于提高神经网络的非线性拟合能力，生成逼真的图像；生成器的输出使用 Tanh 函数，使生成图像像素值符合以 0 为中心的特点；判别器的输出使用 Sigmoid 函数，将生成图像和真实图像的判别器输出转换为概率值，从而可进行二元交叉熵训练。Ian Goodfellow 以 MNIST 数据集为对象，因此使用全连接神经网络进行图像生成和判别。然而，对于高分辨率图像，这种网络结构往往不能获得良好的生成结果，因此在 DCGAN 及后续工作中，研究者均采用卷积范式进行图像生成和判别。

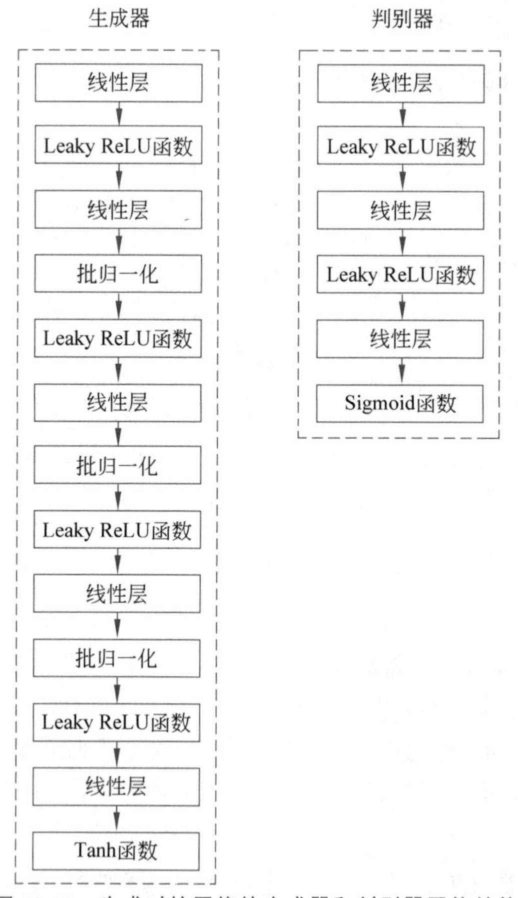

图 13.10　生成对抗网络的生成器和判别器网络结构

13.2.2　带有条件约束的生成对抗网络

早期的生成对抗网络属于无监督学习类型，由于不需要标签信息，模型在图像生成过程中过于自由，无法确保生成图像类别，无法为监督学习进行有效的数据增强。后来的研究者为生成对抗网络引入条件变量，将生成对抗网络的图像生成转换为监督学习任务，从而可通过控制条件变量实现对生成图像类别信息的约束。

1. 条件生成对抗网络

Mehdi Mirza 等首先提出了条件生成对抗网络（Conditional Generative Adversarial Network，CGAN），在生成器(G)和判别器(D)的建模中均引入条件变量 y，使用额外信息 y 为模型增加条件，以指导数据生成。条件变量 y 可以基于多种信息确定，例如类别标签和其他形式的标签。

早期的生成对抗网络的生成器 G 学习了数据分布后，生成的图像其实是随机的，也就是说，G 的生成过程处于没有指导的状态。条件生成对抗网络相当于在生成对抗网络的基础上增加了一个条件以指导 G 的生成过程。

图 13.11 描述了条件生成对抗网络的思想框架。直观地说，在 G 和 D 的输入端各增加了一个条件。D 相当于增加了一部分信息，可以作出更具体的判断；G 生成的数据就会有一个特定的方向。因此目标函数[式(13.1)]可改写为

$$\min_{G}\max_{D} V(D,G)=E_{x\sim P_{\text{data}}(x)}[\log_2 D(x \mid y)]+E_{z\sim P_z(z)}[\log_2(1-D(G(z \mid y)))] \tag{13.6}$$

这个目标函数是当输入为特定标签 y 时建立的。对于不同的标签，可以理解为有不同的目标函数。换言之，条件生成对抗网络可以理解为一个包含了所有种类个数 n 的生成器集合，因此，通过改变标签可以得到需要的生成图像，也可以用同一对抗生成网络生成不同的目标。

从总体熵分析，生成对抗网络的生成器所生成的图像具有随机性，就如 MNIST 数据集一样，虽然生成的图像的确是数字图像，但是不能预先指定它们是什么数字。利用条件生成对抗网络生成特定数字的效果如图 13.12 所示，可见这是有序的手写体。

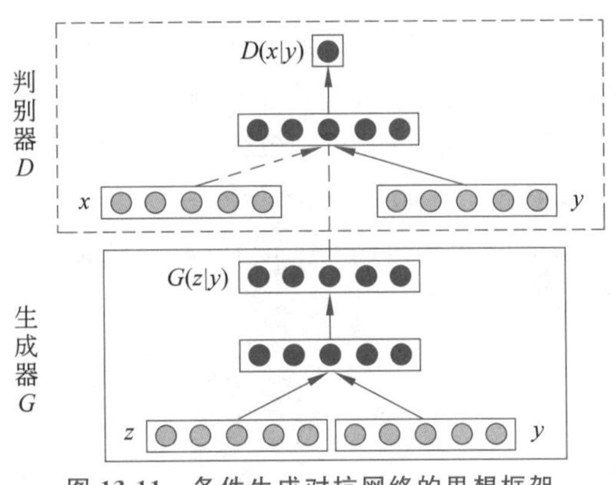

图 13.11　条件生成对抗网络的思想框架

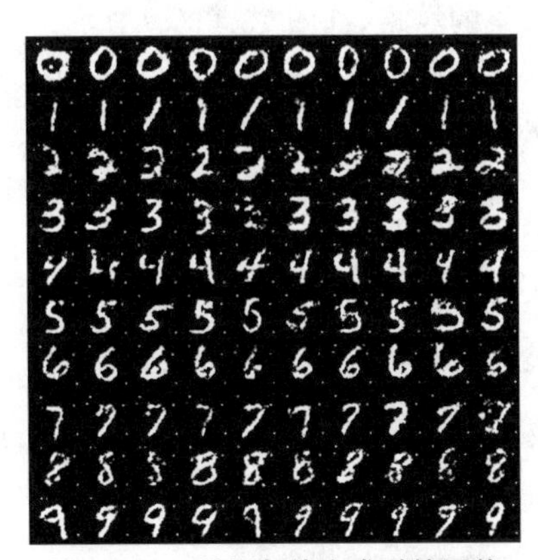

图 13.12　利用条件生成对抗网络生成特定数字的效果

2. 循环一致性生成对抗网络

风格迁移是近年来受到广泛关注的课题，具有重要的研究意义和应用价值。目前风格迁移技术已被应用于多种计算机视觉任务，例如，利用卫星图像生成谷歌地图，将男性特征转换成女性特征，把梵高的画作风格迁移到实际场景的图像中，将结构草图转换为实际的建筑结构图，等等。下面介绍循环一致性生成对抗网络（Cycle-consistent Generative

Adversarial Network,CycleGAN)的思想,它在风格迁移应用领域中能够实现较为良好的效果。

在 CycleGAN 被提出时已有效果显著的风格迁移工具——pix2pix,但由于该网络需要成对的数据,模型训练受成对数据条件的制约,因此很难被推广至其他场景。CycleGAN 通过提出全新的网络结构、训练方式和损失函数,解决了此前风格迁移领域受限于成对数据的问题,只需要两个数据风格相近即可。pix2pix 和 CycleGAN 的对比如图 13.13 所示。

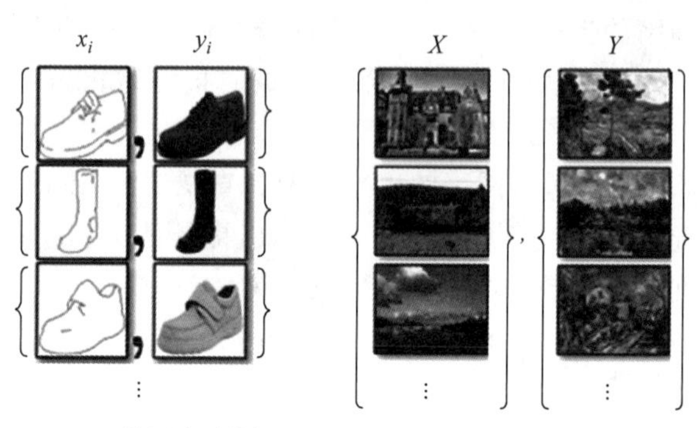

(a) pix2pix使用成对数据　　(b) CycleGAN使用非成对数据

图 13.13　pix2pix 和 CycleGAN 对比

下面简要介绍 CycleGAN 的思想,其基本架构如图 13.14 所示。图 13.14(a)是双生成器和双判别器的结构模型,用于源域和目标域风格迁移。图 13.14(b)解释了一致性损失函数,保证生成的 A 域数据集到 B 域数据集的像素分布存在映射关系 F。有了 A 域数据集到 B 域数据集的映射关系还不够,为了保证数据集间的可逆性,B 域数据集到 A 域数据集的映射关系 F 也需一一对应,从风格迁移角度来讲,就是 B 域数据集的风格要能生成 A 域数据集的风格,如图 13.14(c)所示。

注意:这里的映射关系不是图像之间的一一对应关系,可能是 A 域数据集之间与 B 域数据集之间一对多或多对一的映射关系,可以理解为数据集在分布上的对应关系。

CycleGAN 比较重要的创新点有两个:一是双判别器;二是一致性损失函数,用数据集中其他的图像检验生成器,这是防止 G 和 F 过拟合。例如,想把小狗照片转化成梵高画作风格,如果没有循环一致性损失函数(cycle consistency loss function),生成器可能会生成一张梵高的真实画作"骗过"判别器 D_X,而无视输入的小狗。

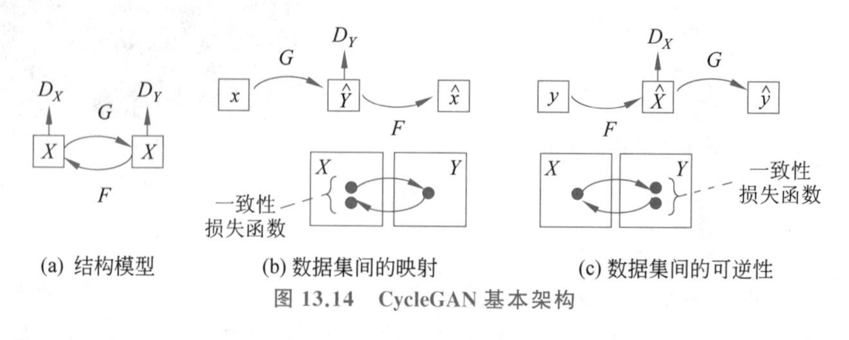

(a) 结构模型　　(b) 数据集间的映射　　(c) 数据集间的可逆性

图 13.14　CycleGAN 基本架构

3. 损失函数

许多研究表明,单纯地使用损失函数是无法进行训练的,原因在于映射关系 F 完全可

以将所有 x 都映射为 Y 空间中的同一张图像，使损失函数失效。因此，CycleGAN 设计者提出了循环一致性损失。再设置一个可以将 Y 空间中的图像 y 转换为 X 空间中的图像 $G(y)$ 的映射 G，CycleGAN 同时学习 F 和 G 两个映射，并满足 $F(G(y))\approx y, G(F(y))\approx x$ 这两个要求。即，将 X 空间中的图像转换到 Y 空间后，它应该能够转换回来，这将阻止模型把所有 X 空间中的图像都转换为 Y 空间中的图像。根据 $F(G(y))\approx y, G(F(y))\approx x$，循环一致性损失定义为

$$L_{\mathrm{cyc}}(F,G,X,Y)=E_{x\sim P_{\mathrm{data}}(x)}\lfloor \| G(F(x))-x \|_1 \rfloor+E_{y\sim P_{\mathrm{data}}(y)}\lfloor \| G(F(y))-y \|_1 \rfloor \tag{13.7}$$

同时，为 G 也引入一个判别器 D_X，从而可以定义 GAN 的损失 $L_{\mathrm{GAN}}(G,D_X,X,Y)$。最终的总损失为

$$L_{\mathrm{GAN}}(G,D_X,X,Y)+\lambda L_{\mathrm{cyc}}(F,G,X,Y) \tag{13.8}$$

其中，λ 用于定义总损失中循环一致性损失所占的比例，这里设置为 10。

CycleGAN 风格迁移效果如图 13.15 所示。莫奈的风景画转换成真实景色的照片，马变成斑马，夏天的图像变成冬天的图像，还可以进行与上述转换对应的逆向转换。真实的照片可以转换成莫奈、梵高、塞尚和日本浮世绘等风格的图像。

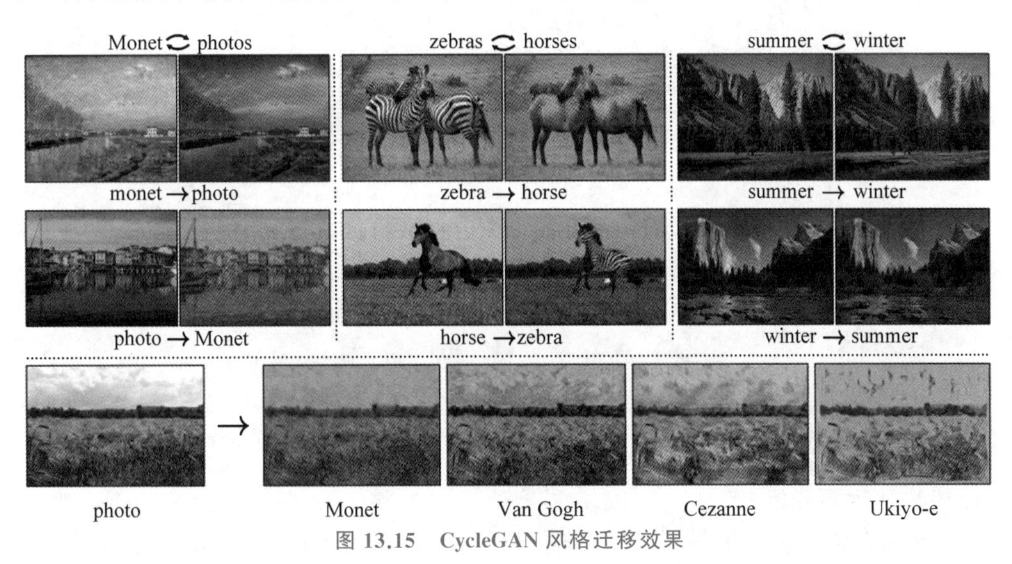

图 13.15　CycleGAN 风格迁移效果

4. 网络结构分析

1）生成器结构

生成器由编码器、转换器和解码器 3 部分组成，如图 13.16 所示。

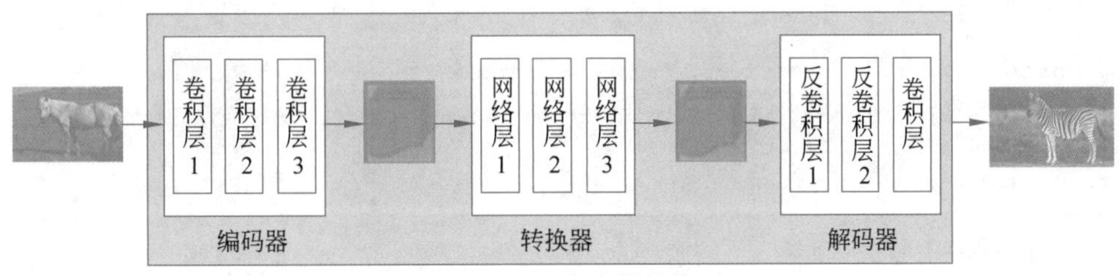

图 13.16　生成器结构

(1) 编码器利用卷积神经网络在输入图像中进行特征提取。卷积神经网络以图像为输入,利用不同大小的卷积核在输入图像上移动并提取特征,步长决定了图像中卷积核窗口的数量。

(2) 转换器采用残差网络中的残差块结构,其作用是组合图像的不同特征,然后基于这些特征,确定如何将 A 域图像的特征向量转换为 B 域图像的特征向量。残差块是由两个卷积层组成的神经网络层,其中部分输入数据直接加入到输出中。这是为了保证前一网络层的输入数据直接作用于后一网络层,减小相应输出与原始输入的偏差,否则输出中不会保留原始图像的特征,而且输出结果会偏离目标轮廓。残差网络的主要目标是保留原始图像的特征,如目标的大小和形状,因此残差网络非常适合完成这些转换。

(3) 解码器的解码过程与编码器的编码过程完全相反,首先利用反卷积层(deconvolution layer)从特征向量中还原出低级特征,然后将低级特征转换成图像发送给判别器进行判别。

2) 判别器结构

为了完成网络对抗训练,需要构建一个判别器,判别器以图像为输入,并尝试将该图像预测为原始图像或输出图像。判别器结构如图 13.17 所示。

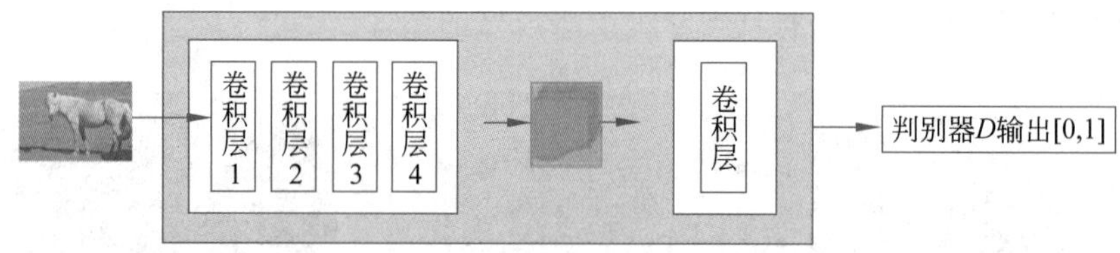

图 13.17 判别器结构

判别器本身属于卷积网络,所以需要从图像中提取特征。为了确定从图像中提取的特征是否属于该特定类别,需要增加一个通道数为 1 的卷积层以输出评价值。

13.3 实例分析

13.3.1 手写体生成

1. 模块化代码分析

(1) 导入必要的第三方库。如果未安装某些库,可以使用“pip install 库名”命令进行相应库的安装。

```
import argparse
import os
import numpy as np
import math
import torchvision.transforms as transforms
from torchvision.utils import save_image
from torch.utils.data import DataLoader
from torchvision import datasets
from torch.autograd import Variable
import torch.nn as nn
```

```
import torch.nn.functional as F
import torch
```

(2) 检查存储数据的文件夹是否存在，不存在则新建此文件夹。相应地，在此文件夹下面也会新建存储生成数据的文件夹。

```
os.mkdir("images", exist_ok=True)
```

(3) 利用 argparse 包进行命令行参数输入设置，在这里定义了一个 argparse. ArgumentParser()的类赋值给变量 parser。将分析迭代次数(n_epochs)、处理数据个数(batch_size)、学习率(lr)、优化函数偏差项(b1、b2)、使用的 CPU 线程数(n_cpu)、图像的潜在空间维数(latent_dim)、输入网络的每个图像尺寸(img_size)、图像的通道数(channels，手写体通道数为 1，RGB 图像通道数为 3)和生成数据取采样间隔(sample_interval)。最后，打印所有的外部参数。

```
parser = argparse.ArgumentParser()
parser.add_argument("--n_epochs", type=int, default=200, help="number of
epochs of training")
parser.add_argument("--batch_size", type=int, default=64, help="size of the
batches")
parser.add_argument("--lr", type=float, default=0.0002, help="adam: learning
rate")
parser.add_argument("--b1", type=float, default=0.5, help="adam: decay of
first order momentum of gradient")
parser.add_argument("--b2", type=float, default=0.999, help="adam: decay of
first order momentum of gradient")
parser.add_argument("--n_cpu", type=int, default=8, help="number of CPU
threads to use during batch generation")
parser.add_argument("--latent_dim", type=int, default=100, help="dimension of
the latent space")
parser.add_argument("--img_size", type=int, default=28, help="size of each
image dimension")
parser.add_argument("--channels", type=int, default=1, help="number of image
channels")
parser.add_argument("--sample_interval", type=int, default=400, help="
interval between image sampling")
opt = parser.parse_args()
print(opt)
```

(4) 定义 Generator(生成器)类，调用 nn.Module 类以便对网络进行定义。如前所述，这里先初始化，再定义一个块以便接下来进行网络模块化定义。正如前面的网络结构所示，第一个块取消了归一化操作，以潜在空间维数为输入，输出 128 个特征图，再将 128 个特征图转换为 256 个特征图，不断增加特征提取层数，直到 1024 个特征图，最后再将 1024 个特征图进行格式化输出(np.prod()函数执行连乘操作，将参数 img_shape 中的数字连乘，这里应为 28×28×1=784)，并经过激活函数 tanh()和必要的前向函数输出与输入维数相同的图像。

```
class Generator(nn.Module):
    def __init__(self):
        super(Generator, self).__init__()
        def block(in_feat, out_feat, normalize=True):
            layers = [nn.Linear(in_feat, out_feat)]
            if normalize:
                    layers.append(nn.BatchNorm1d(out_feat,0.8))
            layers.append(nn.LeakyReLU(0.2, inplace=True))
            return layers
        self.model = nn.Sequential(
            *block(opt.latent_dim, 128, normalize=False),
            *block(128, 256),
            *block(256, 512),
            *block(512, 1024),
            nn.Linear(1024, out_feat),
            nn.Tanh()
        )
    def forward(self, z):
        img = self.model(z)
        img = img.view(img.size(0), *img_shape)
        return img
```

(5) 定义 Discriminator(判别器)类,同样调用 nn.Module 类以便对网络进行定义。如前所述,先初始化并定义网络结构的函数。接下来在维度上执行生成器的逆向操作,然后经过二分类激活函数 sigmoid()和必要的前向函数输出评价数值(0～1)。

```
class Discriminator(nn.Module):
    def __init__(self):
        super(Discriminator, self).__init__()
        self.model = nn.Sequential(
            nn.Linear(int(np.prod(img_shape)), 512),
            nn.LeakyReLU(0.2, inplace=True),
            nn.Linear(512, 256),
            nn.LeakyReLU(0.2, inplace=True),
            nn.Linear(256, 1),
            nn.Sigmoid(),
        )
    def forward(self, img):
        img_flat = img.view(img.size(0), -1)
        validity =self.model(img_flat)
        return validity
```

(6) 定义 BCE 损失函数 BCELoss(),然后初始化生成器和判别器网络,最后根据前面选择的设备将数据分配到 GPU 上。

```
adversarial_loss = torch.nn.BCELoss()
generator = Generator()
```

```
discriminator = Discriminator()
if cuda:
    generator.cuda()
    discriminator.cuda()
    adversarial_loss.cuda()
```

(7) 获取数据。datasets.MNIST()函数的第一个参数指定存储数据的文件夹；第二个参数指定是否要训练；第三个参数指定是否下载数据，如果以前下载过，可以定义为 False 或者查找到数据时不下载。transforms 对数据进行预处理，包括裁剪、转换为张量和归一化。最后定义批大小和是否需要混合训练。

```
dataloader = torch.utils.data.DataLoader(
    datasets.MNIST(
        "./data/mnist",
        train=True,
        download=True,
        transform=transforms.Compose(
            [
                transforms.Resize(opt.img_size),
                transforms.ToTensor(),
                transforms.Normalize([0.5], [0.5])
            ]
        ),
    ),
    batch_size=opt.batch_size,
    shuffle=True,
)
```

(8) 定义优化器，这里采用的是 Adam 优化算法。

```
optimizer_G = torch.optim.Adam(generator.parameters(), lr=opt.lr,
    betas=(opt.b1, opt.b2))
optimizer_D = torch.optim.Adam(discriminator.parameters(), lr=opt.lr,
    betas=(opt.b1, opt.b2))
```

(9) 模型训练。因为设定了生成图像的采样频率，所以生成的图像就是需要的结果。读者可以尝试保存权重，在下次想生成同样的数据时可以直接加载模型参数。

```
for epoch in range(opt.n_epochs):
    for i, (imgs, _) in enumerate(dataloader):#对数据进行迭代,取出图像,设定 index
    #将真实的图像转换成张量并填充标签 1(即判别为原始图像)或 0(即判别为生成图像)
    valid = torch.tensor(Tensor(imgs.size(0), 1).fill_(1.0),
        requires_grad=False)
    fake = torch.tensor(Tensor(imgs.size(0), 1).fill_(0.0),
        requires_grad=False)
    #为真实图像赋予与原始图像相同的张量大小和类型
    real_imgs = imgs.type(Tensor)
    #-----------------
```

```
#   训练生成器
#------------------
#对生成器的优化梯度清零
optimizer_G.zero_grad()
#初始化生成器的输入,即生成高斯噪声下的图像
z = Variable(Tensor(np.random.normal(0, 1, (imgs.shape[0],
    opt.latent_dim))))
#对初始图像进行转换
gen_imgs = generator(z)
#鉴别器给生成器生成的图像打分
g_loss = adversarial_loss(discriminator(gen_imgs), valid)
#梯度更新(在测试时应关闭,否则会造成网络参数变更)
g_loss.backward()
optimizer_G.step()
#---------------------
#   训练判别器
#---------------------
#对判别器的优化梯度清零
optimizer_D.zero_grad()
#计算判别器的判别能力,即判别原始图像与生成图像的能力
real_loss = adversarial_loss(discriminator(real_imgs), valid)
fake_loss = adversarial_loss(discriminator(gen_imgs.detach()), fake)
d_loss = (real_loss + fake_loss) /2
d_loss.backward()
optimizer_D.step()
#常规的训练过程打印方法,查看训练效果并对部分图像进行保存(也可以使用 format 方法)
print(
    "[Epoch %d/%d] [Batch %d/%d] [D loss: %f] [G loss: %f]"
    % (epoch, opt.n_epochs, i, len(dataloader), d_loss.item(), g_loss.item())
)
batches_done = epoch * len(dataloader) + i
#对训练特定数据的图像进行拼接后保存
if batches_done % opt.sample_interval == 0:
    save_image(gen_imgs.data[:25], "images/%d.png" % batches_done, nrow=5,
        normalize=True)
```

2. 完整代码

手写体生成实例的完整代码如下：

```
import argparse
import os
import numpy as np
import math
import torchvision.transforms as transforms
from torchvision.utils import save_image
from torch.utils.data import DataLoader
from torchvision import datasets
from torch.autograd import Variable
import torch.nn as nn
```

```
import torch.nn.functional as F
import torch
os.makedirs("images", exist_ok=True)
parser = argparse.ArgumentParser()
parser.add_argument("--n_epochs", type=int, default=200, help="number of
    epochs of training")
parser.add_argument("--batch_size", type=int, default=64, help="size of the
    batches")
parser.add_argument("--lr", type=float, default=0.0002, help="adam: learning
    rate")
parser.add_argument("--b1", type=float, default=0.5, help="adam: decay of
    first order momentum of gradient")
parser.add_argument("--b2", type=float, default=0.999, help="adam: decay of
    first order momentum of gradient")
parser.add_argument("--n_cpu", type=int, default=8, help="number of CPU
    threads to use during batch generation")
parser.add_argument("--latent_dim", type=int, default=100, help="dimension of
    the latent space")
parser.add_argument("--img_size", type=int, default=28, help="size of each
    image dimension")
parser.add_argument("--channels", type=int, default=1, help="number of image
    channels")
parser.add_argument("--sample_interval", type=int, default=400, help=
    "interval between image sampling")
opt = parser.parse_args()
print(opt)
img_shape = (opt.channels, opt.img_size, opt.img_size)
#定义训练设备(CPU/GPU),程序会依据计算机配置自行选择
cuda = True if torch.cuda.is_available() else False
class Generator(nn.Module):
    def __init__(self):
        super(Generator, self).__init__()
        def block(in_feat, out_feat, normalize=True):
            layers = [nn.Linear(in_feat, out_feat)]
            if normalize:
                layers.append(nn.BatchNorm1d(out_feat, 0.8))
            layers.append(nn.LeakyReLU(0.2, inplace=True))
            return layers
        self.model = nn.Sequential(
            *block(opt.latent_dim, 128, normalize=False),
            *block(128, 256),
            *block(256, 512),
            *block(512, 1024),
            nn.Linear(1024, int(np.prod(img_shape))),
            nn.Tanh()
        )
    def forward(self, z):
        img = self.model(z)
        img = img.view(img.size(0), *img_shape)
        return img
```

```
class Discriminator(nn.Module):
    def __init__(self):
        super(Discriminator, self).__init__()
        self.model = nn.Sequential(
            nn.Linear(int(np.prod(img_shape)), 512),
            nn.LeakyReLU(0.2, inplace=True),
            nn.Linear(512, 256),
            nn.LeakyReLU(0.2, inplace=True),
            nn.Linear(256, 1),
            nn.Sigmoid(),
        )
    def forward(self, img):
        img_flat = img.view(img.size(0), -1)
        validity = self.model(img_flat)
        return validity
adversarial_loss = torch.nn.BCELoss()
generator = Generator()
discriminator = Discriminator()
if cuda:
    generator.cuda()
    discriminator.cuda()
    adversarial_loss.cuda()
os.makedirs("./data/mnist", exist_ok=True)
dataloader = torch.utils.data.DataLoader(
    datasets.MNIST(
        "./data/mnist",
        train=True,
        download=True,
        transform=transforms.Compose(
            [transforms.Resize(opt.img_size),
             transforms.ToTensor(),
             transforms.Normalize([0.5], [0.5])]
        ),
    ),
    batch_size=opt.batch_size,
    shuffle=True,
)
optimizer_G = torch.optim.Adam(generator.parameters(), lr=opt.lr,
    betas=(opt.b1, opt.b2))
optimizer_D = torch.optim.Adam(discriminator.parameters(), lr=opt.lr,
    betas=(opt.b1, opt.b2))
Tensor = torch.cuda.FloatTensor if cuda else torch.FloatTensor
for epoch in range(opt.n_epochs):
    for i, (imgs, _) in enumerate(dataloader):
        valid = torch.tensor(Tensor(imgs.size(0), 1).fill_(1.0), requires_grad
            =False)
        fake = torch.tensor(Tensor(imgs.size(0), 1).fill_(0.0), requires_grad
            =False)
        real_imgs = imgs.type(Tensor)
        optimizer_G.zero_grad()
```

```
z = Variable(Tensor(np.random.normal(0, 1, (imgs.shape[0],
    opt.latent_dim))))
gen_imgs = generator(z)
g_loss = adversarial_loss(discriminator(gen_imgs), valid)
g_loss.backward()
optimizer_G.step()
optimizer_D.zero_grad()
real_loss = adversarial_loss(discriminator(real_imgs), valid)
fake_loss = adversarial_loss(discriminator(gen_imgs.detach()), fake)
d_loss = (real_loss + fake_loss) / 2
d_loss.backward()
optimizer_D.step()
print(
    "[Epoch %d/%d] [Batch %d/%d] [D loss: %f] [G loss: %f]"
    % (epoch, opt.n_epochs, i, len(dataloader), d_loss.item(), g_loss.item())
)
batches_done = epoch * len(dataloader) + i
if batches_done % opt.sample_interval == 0:
    save_image(gen_imgs.data[:25], "images/%d.png" % batches_done,
        nrow=5, normalize=True)
```

3. 实验结果

训练的结果如图 13.18 所示。从图 13.18 中可以明显地看出，生成的数据从最初的噪声提升为人眼难以分辨的逼真的手写体数字。

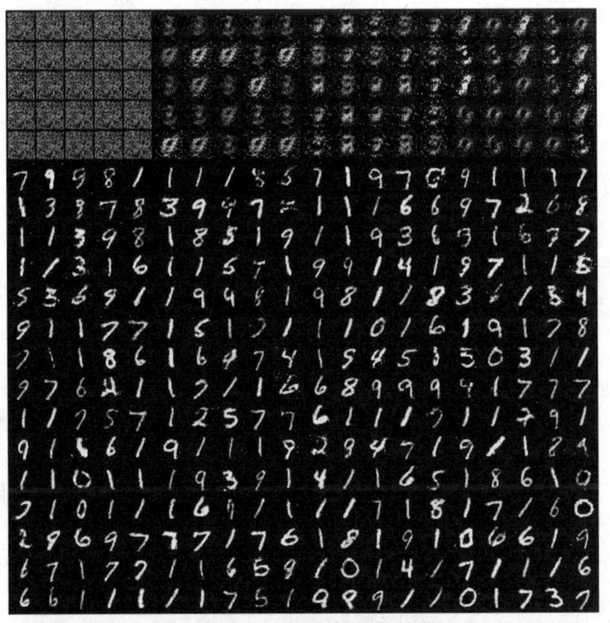

图 13.18 手写体生成效果

第 6～20 列从左到右对应的训练次数分别为 0、400、1200、88 000、88 400、88 800、89 200、136 000、136 400、136 800、137 200、186 000、186 400、186 800、187 200。

13.3.2 人脸生成

1. 模块化代码分析

本实例沿用上面的代码，只是数据的载入与处理不同。首先自行指定存放数据的文件夹，接下来将数据加载修改为如下代码，定义一个变换函数，用于数据预处理（包括裁剪、张量变换和归一化），以增强数据的泛化能力。

```
transforms = torchvision.transforms.Compose([
    torchvision.transforms.Resize(opt.img_size),
    torchvision.transforms.ToTensor(),
    torchvision.transforms.Normalize((0.5, 0.5, 0.5), (0.5, 0.5, 0.5)), ])
```

接着定义数据集变量，用于读取指定文件夹下的数据并进行图像转换。

```
dataset = torchvision.datasets.ImageFolder(root=opt.data_path, transform=
    transforms)
```

同样，使用 torch.utils.data.DataLoader()函数对数据进行处理（分块化、混合和剔除操作）。

```
dataloader = torch.utils.data.DataLoader(
    dataset=dataset,
    batch_size=opt.batch_size,
    shuffle=True,
    drop_last=True,
)
```

2. 完整代码

本实例的完整代码如下（此处省略包的导入代码）：

```
data_path ="..\\data"
os.makedirs(data_path, exist_ok=True)
parser = argparse.ArgumentParser()
parser.add_argument('--data_path', default=data_path, help='folder to train
    data')
parser.add_argument ("--n_epochs", type=int, default=200, help="number of
    epochs of training")
parser.add_argument("--batch_size", type=int, default=64, help="size of the
    batches")
parser.add_argument("--lr", type=float, default=0.0002, help="adam: learning
    rate")
parser.add_argument ("--b1", type=float, default=0.5, help="adam: decay of
    first order momentum of gradient")
parser.add_argument ("--b2", type=float, default=0.999, help="adam: decay of
    first order momentum of gradient")
parser.add_argument ("--n_cpu", type=int, default=8, help="number of CPU
    threads to use during batch generation")
parser.add_argument("--latent_dim", type=int, default=100, help="dimension of
    the latent space")
```

```
parser.add_argument("--img_size", type=int, default=96, help="size of each
    image dimension")
parser.add_argument("--channels", type=int, default=3, help="number of image
    channels")
parser.add_argument("--sample_interval", type=int, default=400, help=
    "interval between image sampling")
opt = parser.parse_args()
print(opt)
img_shape = (opt.channels, opt.img_size, opt.img_size)
cuda = True if torch.cuda.is_available() else False
class Generator(nn.Module):
    def __init__(self):
        super(Generator, self).__init__()
        def block(in_feat, out_feat, normalize=True):
            layers = [nn.Linear(in_feat, out_feat)]
            if normalize:
                layers.append(nn.BatchNorm1d(out_feat, 0.8))
            layers.append(nn.LeakyReLU(0.2, inplace=True))
            return layers
        self.model = nn.Sequential(
            *block(opt.latent_dim, 128, normalize=False),
            *block(128, 256),
            *block(256, 512),
            *block(512, 1024),
            nn.Linear(1024, int(np.prod(img_shape))),
            nn.Tanh()
        )
    def forward(self, z):
        img = self.model(z)
        img = img.view(img.size(0), *img_shape)
        return img
class Discriminator(nn.Module):
    def __init__(self):
        super(Discriminator, self).__init__()
        self.model = nn.Sequential(
            nn.Linear(int(np.prod(img_shape)), 512),
            nn.LeakyReLU(0.2, inplace=True),
            nn.Linear(512, 256),
            nn.LeakyReLU(0.2, inplace=True),
            nn.Linear(256, 1),
            nn.Sigmoid(),
        )
    def forward(self, img):
        img_flat = img.view(img.size(0), -1)
        validity = self.model(img_flat)
            return validity
#损失函数
adversarial_loss = torch.nn.BCELoss()
#初始化生成器和判别器
generator = Generator()
```

```
discriminator = Discriminator()
if cuda:
    generator.cuda()
    discriminator.cuda()
    adversarial_loss.cuda()
#配置数据加载器
transforms = torchvision.transforms.Compose([
    torchvision.transforms.Resize(opt.img_size),
    torchvision.transforms.ToTensor(),
    torchvision.transforms.Normalize((0.5, 0.5, 0.5), (0.5, 0.5, 0.5)), ])
dataset = torchvision.datasets.ImageFolder(root=opt.data_path,
    transform=transforms)
dataloader = torch.utils.data.DataLoader(
    dataset=dataset,
    batch_size=opt.batch_size,
    shuffle=True,
    drop_last=True,)
#优化
optimizer_G = torch.optim.Adam(generator.parameters(), lr=opt.lr,
    betas=(opt.b1, opt.b2))
optimizer_D = torch.optim.Adam(discriminator.parameters(), lr=opt.lr,
    betas=(opt.b1, opt.b2))
Tensor = torch.cuda.FloatTensor if cuda else torch.FloatTensor
#----------
#    训练
#----------
save_png = "images/Comics/"
os.makedirs(save_png, exist_ok=True)
for epoch in range(opt.n_epochs):
    for i, (imgs, _) in enumerate(dataloader):
        #对抗准确率
        valid = torch.tensor((imgs.size(0), 1).fill_(1.0), requires_grad=False)
        fake = torch.tensor((imgs.size(0), 1).fill_(0.0), requires_grad=False)
        #配置输入
        real_imgs = imgs.type(Tensor)
        #-----------------
        #       训练生成器
        #-----------------
        optimizer_G.zero_grad()
        #噪声采样,作为生成器的输入
        z = Variable(Tensor(np.random.normal(0, 1, (imgs.shape[0],
            opt.latent_dim))))
        #生成一批图像
        gen_imgs = generator(z)
        #用损失度量生成器欺骗判别器的能力
        g_loss = adversarial_loss(discriminator(gen_imgs), valid)
        g_loss.backward()
        optimizer_G.step()
        #---------------------
        #       训练判别器
        #---------------------
        optimizer_D.zero_grad()
        #度量判别器从生成的样本中判别原始图像的能力
```

```
        real_loss = adversarial_loss(discriminator(real_imgs), valid)
        fake_loss = adversarial_loss(discriminator(gen_imgs.detach()), fake)
        d_loss = (real_loss + fake_loss) / 2
        d_loss.backward()
        optimizer_D.step()
        print(
            "[Epoch %d/%d] [Batch %d/%d] [D loss: %f] [G loss: %f]"
            % (epoch, opt.n_epochs, i, len(dataloader), d_loss.item(), g_loss.item())
        )
        batches_done = epoch * len(dataloader) + i
        if batches_done % opt.sample_interval == 0:
            save_image(gen_imgs.data[:25], save_png+"%d.png" % batches_done,
                nrow=5, normalize=True)
```

3. 实验结果

人脸生成效果如图 13.19 所示。从图 13.19 中可以明显地看出，生成的数据从最初的噪声提升为人脸图像。例如，提取并学习到眼睛的特征后，眼睛就被描绘得逐渐清晰。

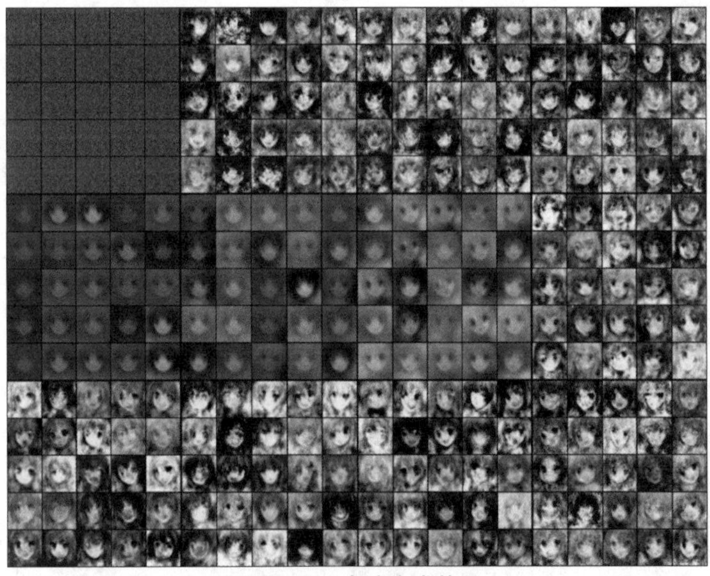

图 13.19　人脸生成效果

迭代 100 000 次后的人脸生成效果如图 13.20 所示。

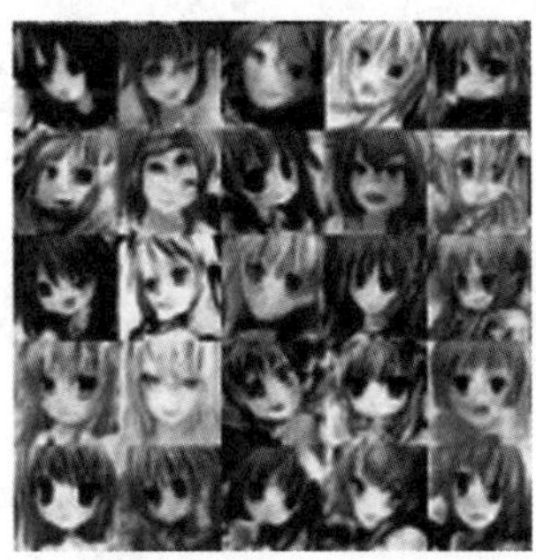

图 13.20　迭代 100 000 次后的人脸生成效果

13.3.3 条件生成对抗网络

本节对 CycleGAN 的代码实现进行分析。由于条件生成对抗网络涉及可视化和存储等后处理操作，限于篇幅，这里不对代码进行细致的讲解，只对关键代码进行分析。

1. 模块化代码分析

1）生成器

生成器的超参数定义如下：

```
import argparse
parser.add_argument('--batchSize', type=int, default=1, help='size of the
    batches')
parser.add_argument('--size', type=int, default=256, help='size of the data
    crop (squared assumed)')
opt = parser.parse_args()
```

在上面的代码中采用了 argparse 模块定义的方式，其中包括批数量(1)和输入图像的格式(256×256)等，然后将定义的 parser 类赋予 opt 变量。

导入相应的第三方模块：

```
import argparse
import torch.nn as nn
import torch.nn.functional as F
```

接下来定义残差块。根据前面对网络的叙述，将残差块定义为 Sequential 类，这是一个基本固定的结构。首先利用 ReflectionPad2d()函数对图像进行适当的填充，并进行卷积和归一化操作；然后执行 ReLU 函数；接下来再对图像进行适当的填充，并进行卷积和归一化操作；最后返回输入值和特征值。代码如下：

```
class ResidualBlock(nn.Module):
def __init__(self, in_features):
    super(ResidualBlock, self).__init__()
    conv_block = [nn.ReflectionPad2d(1),
                  nn.Conv2d(in_features, in_features, 3),
                  nn.InstanceNorm2d(in_features),
                  nn.ReLU(inplace=True),
                  nn.ReflectionPad2d(1),
                  nn.Conv2d(in_features, in_features, 3),
                  nn.InstanceNorm2d(in_features)]
self.conv_block = nn.Sequential(*conv_block)
def forward(self, x):
    return x + self.conv_block(x)
```

接下来定义完整的生成器。首先利用 ReflectionPad2d(3)函数对输入图像的边界进行填充，这里图像的通道数为 3，然后对图像进行初始的卷积操作。

```
model = [nn.ReflectionPad2d(3),
```

```
            nn.Conv2d(input_nc, 64, 7),
            nn.InstanceNorm2d(64),
            nn.ReLU(inplace=True)]
```

接下来定义初始的卷积核个数和输出的卷积核个数，进行两层卷积操作。这里采用 range(2)函数定义了两个相同的层。因为不需要用到迭代值，所以在 for 后面用“_”表示。

```
in_features =64
out_features = in_features * 2
for _ in range(2):
    model += [nn.Conv2d(in_features, out_features, 3, stride=2, padding=1),
              nn.InstanceNorm2d(out_features),
              nn.ReLU(inplace=True)]
```

接下来对特征图进行下采样处理。为了提取更多的特征以及后面将特征输入残差块的需要，定义了输入和输出特征图数，用来构造两层卷积网络并进行归一化处理。卷积就是一种下采样的方式。

```
in_features = out_features
out_features = in_features * 2
for _ in range(2):
    model += [nn.Conv2d(in_features, out_features, 3, stride=2, padding=1),
              nn.InstanceNorm2d(out_features),
              nn.ReLU(inplace=True)]
```

接下来调用前面定义的残差块。

```
for_ in range(n_residual_blocks):
    model += [ResidualBlock(in_features)]
```

接下来对输出的特征进行上采样处理。

```
out_features = in_features //2
for _ in range(2):
    model += [nn.ConvTranspose2d(in_features, out_features, 3, stride=2,
padding=1, output_padding=1),
              nn.InstanceNorm2d(out_features),
              nn.ReLU(inplace=True)]
    in_features = out_features
    out_features = in_features //2
```

最后利用 ReflectionPad2d()函数对图像进行填充，执行卷积操作，定义激活函数 Tanh()，将特征转换成图像。

```
model += [nn.ReflectionPad2d(3),
          nn.Conv2d(64, output_nc, 7),
          nn.Tanh()]
```

完整的生成器定义如下：

```
import torch.nn as nn
import torch.nn.functional as F
class ResidualBlock(nn.Module):
    def __init__(self, in_features):
        super(ResidualBlock, self).__init__()
        conv_block = [nn.ReflectionPad2d(1),
                      nn.Conv2d(in_features, in_features, 3),
                      nn.InstanceNorm2d(in_features),
                      nn.ReLU(inplace=True),
                      nn.ReflectionPad2d(1),
                      nn.Conv2d(in_features, in_features, 3),
                      nn.InstanceNorm2d(in_features)]
        self.conv_block = nn.Sequential(*conv_block)
    def forward(self, x):
        return x + self.conv_block(x)
class Generator(nn.Module):
    def __init__(self, input_nc, output_nc, n_residual_blocks=9):
        super(Generator, self).__init__()
        #初始的卷积操作
        model = [nn.ReflectionPad2d(3),
                 nn.Conv2d(input_nc, 64, 7),
                 nn.InstanceNorm2d(64),
                 nn.ReLU(inplace=True)]
        #下采样
        in_features = 64
        out_features = in_features * 2
        for _ in range(2):
            model += [nn.Conv2d(in_features, out_features,3, stride=2, padding=1),
                      nn.InstanceNorm2d(out_features),
                      nn.ReLU(inplace=True)]
            in_features = out_features
            out_features = in_features * 2
        #残差块
        for _ in range(n_residual_blocks):
            model += [ResidualBlock(in_features)]
        #上采样
        out_features = in_features //2
        for _ in range(2):
            model += [nn.ConvTranspose2d(in_features, out_features, 3, stride=
                     2, padding=1,output_padding=1),
                      nn.InstanceNorm2d(out_features),
                      nn.ReLU(inplace=True)]
            in_features = out_features
            out_features = in_features //2
        #输出层
        model += [nn.ReflectionPad2d(3),
                  nn.Conv2d(64, output_nc, 7),
                  nn.Tanh()]
```

```
        self.model = nn.Sequential( * model)
    def forward(self, x):
        return self.model(x)
```

2）判别器

实际上，在判别器中使用了完全卷积网络。在使用 avg_pool 之前，有以下代码：model += [nn.Conv2d(512, 1, 4, padding=1)]，此后，输出通道为 13030。然后使执行 return F.avg_pool2d(x, x.size()[2:]).view(x.size()[0], -1)，返回的通道形状为 1×1，所以不需要使用 sigmoid 函数。使用平均池化方法代替完全连接层可以减小网络规模，并有助于防止过拟合。

```
class Discriminator(nn.Module):
    def __init__(self, input_nc):
        super(Discriminator, self).__init__()
        #连续 4 次卷积
        model = [nn.Conv2d(input_nc, 64, 4, stride=2, padding=1),
                    nn.LeakyReLU(0.2, inplace=True)]
        model += [nn.Conv2d(64, 128, 4, stride=2, padding=1),
                    nn.InstanceNorm2d(128),
                    nn.LeakyReLU(0.2, inplace=True)]
        model += [nn.Conv2d(128, 256, 4, stride=2, padding=1),
                    nn.InstanceNorm2d(256),
                    nn.LeakyReLU(0.2, inplace=True)]
        model += [nn.Conv2d(256, 512, 4, padding=1),
                    nn.InstanceNorm2d(512),
                    nn.LeakyReLU(0.2, inplace=True)]
        #FCN 分类层
        model += [nn.Conv2d(512, 1, 4, padding=1)]
        self.model = nn.Sequential( * model)
    def forward(self, x):
        x = self.model(x)
        #平均池化
        return F.avg_pool2d(x, x.size()[2:]).view(x.size()[0], -1)
```

3）损失函数

判别器和一致性的损失函数采用 L1Loss()，生成器则采用常规的 MSELoss()。

```
criterion_identity = torch.nn.L1Loss()
criterion_GAN = torch.nn.MSELoss()
criterion_cycle = torch.nn.L1Loss()
```

4）优化函数和学习策略

首先传入起始迭代次数、最终迭代次数和初始学习率。优化方式采用 Adam 优化算法（位于 torch.optim 中），学习策略采用阶梯式的方式，学习率采用默认值。

起始迭代次数是 0，所以最终迭代次数和迭代次数相同。

```
parser.add_argument('--epoch', type=int, default=0, help='starting epoch')
parser.add_argument('--n_epochs', type=int, default=200, help='number of
    epochs of training')
parser.add_argument('--lr', type=float, default=0.0002, help='initial
    learning rate')
optimizer_G=torch.optim.Adam(itertools.chain(netG_A2B.parameters(),
    netG_B2A.parameters()),lr=opt.lr, betas=(0.5, 0.999))
optimizer_D_A = torch.optim.Adam(netD_A.parameters(),lr=opt.lr,
    betas=(0.5, 0.999))
optimizer_D_B = torch.optim.Adam(netD_B.parameters(), lr=opt.lr, betas=(0.5,
    0.999))
lr_scheduler_G = torch.optim.lr_scheduler.LambdaLR(optimizer_G, lr_lambda
    =LambdaLR(opt.n_epochs, opt.epoch, opt.decay_epoch).step)
lr_scheduler_D_A = torch.optim.lr_scheduler.LambdaLR(optimizer_D_A, lr_lambda
    =LambdaLR(opt.n_epochs, opt.epoch, opt.decay_epoch).step)
lr_scheduler_D_B = torch.optim.lr_scheduler.LambdaLR(optimizer_D_B, lr_lambda
    =LambdaLR(opt.n_epochs, opt.epoch, opt.decay_epoch).step)
```

2. 数据加载过程

使用 torchvision 的 transforms 模块对数据进行基本的预处理，这里将输入图像的大小调整为 256×256。预处理部分将图像的大小乘以 1.12，主要是为了避免图像边缘在下面的裁剪过程中被裁掉。然后将图像大小裁剪为 256×256，进行水平翻转，再将其转换成张量，最后再进行归一化操作。

```
import torchvision.transforms as transforms
transforms_ = [transforms.Resize(int(opt.size * 1.12), Image.BICUBIC),
               transforms.RandomCrop(opt.size),
               transforms.RandomHorizontalFlip(),
               transforms.ToTensor(),
               transforms.Normalize((0.5, 0.5, 0.5), (0.5, 0.5, 0.5))]
```

导入数据加载包。将前面对数据进行处理的风格和常见的配置（如批大小、是否混合以及线程数）导入，这样可以避免训练文件和测试文件的写入流程。

```
from torch.utils.data import DataLoader
dataloader=DataLoader(ImageDataset(opt.dataroot, transforms_=transforms_,
   unaligned=True), batch_size=opt.batchSize, shuffle=False, num_workers=
   opt.n_cpu)
```

3. 训练代码（train.py）

首先利用起始迭代次数（opt.epoch）和迭代的次数（opt.n_epoch）定义一个 for 循环，采用批处理的方式对数据进行处理，然后将数据对应的标签以张量的形式返回给变量 real_A 和 real_B（采用.copy_()的方式在影响原来图像的情况下开辟新的存储空间存储图像数据），最后将处理好的数据输入网络，进行前面提到过的学习策略定义、损失函数定义等。CycleGAN 的提出者在论文中提及，将生成器生成的前 50 张图像再原样输入到生成器中，可保证生成的数据更加稳定，算法更高效。

```
for epoch in range(opt.epoch, opt.n_epochs):
    for i, batch in enumerate(dataloader):
        #Set model input
        real_A = torch.tensor(input_A.copy_(batch['A']))
        real_B = Variable(input_B.copy_(batch['B']))
```

为了保证不同设备下测试的复现,将训练数据以.pth 文件格式(按照 PyTorch 网络的状态保存要求)保存起来,使用网络函数的状态字典属性 state_dict()即可实现这一点。这里将数据保存在 output 文件夹下,以方便后续测试网络时使用。

```
torch.save(netG_A2B.state_dict(),'output/netG_A2B.pth')
torch.save(netG_B2A.state_dict(), 'output/netG_B2A.pth')
torch.save(netD_A.state_dict(), 'output/netD_A.pth')
torch.save(netD_B.state_dict(), 'output/netD_B.pth')
```

4. 测试代码(test.py)

将训练过程中生成的.pth 文件加载到网络中,这时网络中每个节点的权重已经赋值成功,只需要开启网络的验证属性 eval()即可。测试代码需要做的就是将输入的数据转换为张量,输入网络,最后将生成器产生的图像保存起来。

首先导入 argparse 包,对参数进行设置,如批大小、数据根文件夹、输入通道数、输出通道数、数据的大小、是否使用 GPU 设备、CPU 线程数和加载训练参数的对应路径。

```
import argparse
import sys
import os
import torchvision.transforms as transforms
from torchvision.utils import save_image
from torch.utils.data import DataLoader
from torch.autograd import Variable
import torch
from models import Generator
from datasets import ImageDataset
parser = argparse.ArgumentParser()
parser.add_argument('--batchSize', type=int, default=1, help='size of the
    batches')
parser.add_argument('--dataroot',type=str, default='datasets/facades/', help
    ='root directory of the dataset')
parser.add_argument('--input_nc', type=int, default=3, help='number of
    channels of input data')
parser.add_argument('--output_nc', type=int, default=3, help='number of
    channels of output data')
parser.add_argument('--size', type=int, default=256, help='size of the data
    (squared assumed)')
parser.add_argument('--cuda',action='store_true',default=True,help='use GPU
    computation')
parser.add_argument('--n_cpu', type=int, default=4, help='number of CPU
    threads to use during batch generation')
```

```
parser.add_argument('--generator_A2B',type=str,default='output/netG_A2B.pth',
    help='A2B generator checkpoint file')
parser.add_argument('--generator_B2A',type=str,default='output/netG_B2A.pth',
    help='B2A generator checkpoint file')
opt = parser.parse_args()
print(opt)
```

通过设置的输入通道数和输出通道数定义网络结构：

```
netG_A2B = Generator(opt.input_nc, opt.output_nc)
netG_B2A = Generator(opt.output_nc, opt.input_nc)
```

导入训练完成的模型数据，初始化网络各节点权重值：

```
netG_A2B.load_state_dict(torch.load(opt.generator_A2B))
netG_B2A.load_state_dict(torch.load(opt.generator_B2A))
```

设定网络的模式为测试验证模式，这是因为梯度只存在正向传播，而不存在反向传播。

```
netG_A2B.eval()
netG_B2A.eval()
```

对输入的数据进行批处理、张量转换、归一化等操作，最后将其封装成一个 DataLoader 类，赋值给 dataloader 变量，至此就完成了输入数据的预处理工作。

```
input_A = Tensor(opt.batchSize, opt.input_nc, opt.size, opt.size)
input_B = Tensor(opt.batchSize, opt.output_nc, opt.size, opt.size)
transforms_ = [transforms.ToTensor (), transforms.Normalize((0.5, 0.5, 0.5), (0.5,
0.5, 0.5))]
dataloader = DataLoader (ImageDataset (opt. dataroot, transforms _= transforms _,
mode='test'),
batch_size=opt.batchSize, shuffle=False, num_workers=opt.n_cpu)
```

按照前面训练的模式，将数据分批输入网络，这里只用到了生成器，最后将生成器生成的数据以.png 的格式保存到对应的目录下。

```
for i, batch in enumerate(dataloader):
    #分批输入
    real_A = Variable(input_A.copy_(batch['A']))
    real_B = Variable(input_B.copy_(batch['B']))
    #生成输出
    fake_B = 0.5 * (netG_A2B(real_A).data + 1.0)
    fake_A = 0.5 * (netG_B2A(real_B).data + 1.0)
    #保存数据
    save_image(fake_A, 'output/A/%04d.png' % (i + 1))
    save_image(fake_B, 'output/B/%04d.png' % (i + 1))
```

在风格迁移时采用马和斑马的示例，如前面的代码所示，只需要把数据集下载到

datasets 文件夹下，并把 train.py 中的 parser.add_argument('--dataroot', type=str, default='datasets/facades/', help='root directory of the dataset')改成对应的文件路径即可。马和斑马示例的风格迁移效果如图 13.21 所示。

图 13.21　马和斑马示例的风格迁移效果

在人脸转换实验中将女人脸转换为男人脸，效果如图 13.22 所示。

图 13.22　女人脸转换为男人脸的效果

13.4　小　结

2016 年，Zhang 等提出了基于生成对抗网络的文本生成方法，在语音、诗词和音乐生成方面都可以超过传统的方法。同年，Reed 等提出了基于生成对抗网络文本描述生成图像的方法。2017 年，Li 等提出了用生成对抗网络表征对话之间的隐式关联性，从而生成对话文本的方法。在其他领域，生成对抗网络还可以与强化学习相结合、如生成对抗网络和模仿学习融合，生成对抗网络和 Actor-critic 方法结合等。2017 年，Hu 等提出使用 Mal GAN 帮助检测恶意代码，使用生成对抗网络生成具有对抗性的病毒代码样本。同年，Childambaram 等基于风格转换提出了一个扩展的生成对抗网络生成器。

生成对抗网络是一种生成式方法，对于生成式模型的发展有很大的推动作用，它能解决不易生成具有自然解释性的数据的问题。生成对抗网络采用的神经网络结构具有不限制生成维度的特点，能够极大地拓宽高维数据样本的生成范围。另外，生成对抗网络整合各类的损失函数，让设计更加自由化。生成对抗网络的训练过程使用反向传播的方法，以两个神经网络的对抗为训练准则进行训练，这个方法相对于低效的马尔可夫链和各种近似推理无疑更加简单、高效。生成对抗网络的生成过程同样高效，它不需要复杂的采样序列，而是直接推断新样本。对抗训练方法摒弃了对真实数据的直接复制或平均，提升了生成样本的多样性。生成对抗网络生成的样本易于理解。例如，生成对抗网络生成清晰图像的能力为创造性地生成对人类有意义的数据提供了可能的解决方法。

生成对抗网络不仅有助于生成式模型，而且对半监督学习也有启发意义。在生成对抗网络学习过程中不需要数据标签。尽管生成对抗网络的目的不是半监督学习，但是它的训练过程可以用来实施半监督学习中未标记的数据对模型的预训练过程。具体来说，首先利用未标记的数据训练生成对抗网络，然后根据训练好的生成对抗网络对数据的理解，再使用少量的标记数据训练判别器完成传统的分类和回归任务。

尽管生成对抗网络解决了生成式模型的一些问题，对其他方法的发展具有一定的启发意义，但同时也引入了一些新的问题。生成对抗网络最突出的优势也是其最大的问题根源。首先，理论上，想要得到更好的训练效果，就要使对抗训练中的两个网络能够保持平衡和同步。而在实际的对抗训练中，由于不能准确判断生成对抗网络的收敛性和均衡点的存在，难以保证两个网络的平衡和同步，所以可能会出现训练效果不稳定的现象。其次，基于神经网络的生成对抗网络存在可解释性差的缺陷。最后，生成对抗网络存在崩溃模式问题，可能生成多样但差异不大的样本。研究表明，虽然生成对抗网络存在这些问题，但这并不妨碍它具有广阔的发展前景。例如，Wasserstein GAN 完全解决了训练效果不稳定问题，基本解决了崩溃模式问题。如何彻底解决崩溃模式问题，不断优化训练过程是生成对抗网络的一个重要研究方向。另外，生成对抗网络收敛性和均衡点存在性也是一个重要的研究课题。

从应用的角度看，生成对抗网络的近期发展方向是能够根据一个简单的随机输入生成多样的、与人类交互的数据；从与其他方法交叉融合的角度来看，生成对抗网络的发展方向是与特征学习、模仿学习、强化学习等技术融合。从长远来看，如何利用生成对抗网络推动人工智能的发展与应用，促进人工智能的智能理解能力甚至激发人工智能创造力，是研究者需要共同探讨和思考的长期问题。